생태학

생태학

유진 오덤 지음

이도원 · 박은진 · 김은숙 · 장현정 옮김

사이언스북스
SCIENCE BOOKS

개정판을 내면서

이 책의 초판이 발간된 지 7년이 지나는 동안, 생태학은 지속적인 변화를 거듭하였다. 즉 생물학에 뿌리를 두고 계속 부상하면서 생물, 물리적 환경, 인간사회에 대한 연구들을 통합하는 보다 독립된 분야로 발전하였다. 생태학은 그리스어 기원인 〈oikos〉, 즉 〈거주지 —— 우리가 살아가는 전체로서의 환경 —— 에 관한 학문〉이라는 의미를 견지하면서 이제 환경을 다루는 기초과학으로 인식되고 있다. 많은 대학에서 생태 및 환경 연구소와 센터, 생물적·물리적 그리고 사회적 양상을 함께 다루는 전문학부들을 새로이 조직하거나 확대시키고 있고 초등학교에서 대학에 이르기까지 환경에 관한 교양과정이 개설되고 있다.

특별히 유의할 점은 〈학제간 연계〉가 활발해지고 이에 따라 새로운 학회, 잡지, 심포지엄, 서적 그리고 직업이 등장하고 있다는 점이다. 몇 가지 예를 들면 생태학-경제학(생태경제학), 생태학-공학(복원생태학), 생태학-야생생물관리(보존생물학), 생태학-분류학(생물다양성), 생태학-화학(생태독성학), 생태학-지리학(경관생태학), 생태학-수문학(습지생태학), 생태학—농업(농경생태학), 생태학—철학(환경윤리) 등이다. 만약 환경 분야에서 일을 하고자 한다면, 이와 같이 실질적인 문제들이 쌓여 있는 분야에서 직업을 찾도록 권유하고 싶다. 생태학은 통합과학이기 때문에 자연과학과 사회가 서로 의사소통을 할 수 있는 다리 역할——이는 이 개정판에서 새로이 강조될 개념이다——을 할 수 있는 커다란 잠재력을 가지고 있다. 그럼에도 불구하고 초판과 2판의 부제였던 〈환경의 위기와 우리의 미래〉는 글의 문맥 안에 여전히 중요한 주제로 남아 있다.

1959년에 영국인 작가 스노우 C.P. Snow는 『두 문화 *The Two Cultures*』라는 책을 집필했다. 이 책에서 그는 대학 안에서 인문학과 자연과학 사이에 교류가 없게 된 것을 지적했다. 그리고 1963년에 출간된 제2판에서는 점점 더 벌어지고 있는 두 문화 사이의 괴리를 줄이기 위해 〈제3의 문화〉가 나타나야 한다고 제안했다.* 이 책은 생태학이 자연과학과 사회과학을 연결시켜 줄 뿐 아니라 더 넓게는 과학과 사회를 연결시켜 줄 〈제3의 문화〉 형성에 중요한 자리를 차지하고 있다는 것을 보여준다.

이번 개정판에서는 특히 현재의 환경 문제들과 직접 또는 간접적으로 관련이 있는 원리들을 갱신하는 데 초점을 맞추었다. 각 장의 마지막에 제시된 읽을거리 목록에는 1990–1995년 사이에 나온 많은 환경 관련 문헌들 중에서 새로운 개념과 접근법들을 가장 잘 요약해 놓은 것들을 선택하여 기재했다.

초판 서문에서 말한 바와 같이 이 책은 공부를 처음 시작하는 학생들을 위한 교재일 뿐만 아니라, 일반인들에게도 근대 생태학의 원리에 관한 지침서가 될 수 있도록 하였다. 이것은 생태학이 오늘날의 전지구적 위기와 연관되어 있기 때문이다. 이 책은 또한 인문학, 사회과학, 공학, 농학, 임학, 공중보건학, 법학, 정치학 그리고 경제학 분야 전문가들의 입장을 염두에 두었다. 이들 전문가들은 각 분야에서 환경 문제와 점점 더 많은 관련을 맺고 있거나 자신들의 전문성을 넓히기 위해서 생태학의 주요 원리를 이해해야 하는 사람들이 대부분일 것이다.

전반적으로 이 책은 인간 활동과의 연관성을 계속해서 강조하고 있기 때문에 인간생태학에 대한 지침서라고 할 수 있다. 이런 이유로 이번

---

* C.P. Snow, *The Two Cultures: A Second Look* (New York: Cambridge University Press, 1963); C.P. 스노우, 『두 문화』, 오영환 옮김(서울: 사이언스북스, 2001)

제3판은 특히 환경 소양을 기르는 데 도움이 되고 과학 전공자뿐만 아니라 비전공자를 위한 교양 교육 과정에도 적당한 교재가 될 것이다. 내가 강조한 점은 여러 환경 문제에 대해 이제까지 우리가 지녀왔던 입장을 그대로 가지고 단기적 처방만을 서두를 것이 아니라 보다 장기적인 안목의 해결을 위해 노력해야 한다는 것이다. 자연생태계, 농경생태계 그리고 도시생태계 사이의 에너지적 연관성에 대해 관심을 가져야 한다는 것과 오염을 줄이기 위해 생산체계의 결과물보다도 생산체계의 입력에 더 관심을 가지고 관리해야 된다는 두 가지 점을 특별히 강조하였다.

일반인이 이 책을 읽는다면, 먼저 머리말과 제1, 2, 3장을 읽고 바로 응용 사례들이 많이 소개된 맺음말을 읽을 것을 권한다. 더 자세히 알고자 한다면 나머지 글들을 읽을 수 있는데, 여기에서는 상세한 기술적 정보들과 개념 및 사례 그리고 주요한 생태학 연구에 대한 논의들을 접할 수 있다. 그리고 나는 독자들이 본문 사이 여기저기 삽입해둔 상자 글들에 관심을 가져주길 바란다——나는 이러한 자극적이고 도발적인 짧은 글들을 좋아한다.

유진 오덤

차례
Ecology

A Bridge Between
Science and Society

Ecology

A Bridge Between Science and Society

생태학

8 세계 주요 생태계 · 291

맺음말 — 미숙에서 성숙으로의 전환 · 345

머리말

—— 아폴로 13호의 달나라 여행

19 70년 4월 14일, 달의 프라 마우로 지역[1]에 사람들이 있었다면, 그들은 지구에서 오기로 되어 있는 우주선 아폴로 13호를 오랫동안 기다려야 했을 것이다. 미국 동부 시각으로 오후 7시에 착륙하기로 계획되어 있던 착륙선은 그 시간에 달에 도착하지 못하고 있었다. 아폴로 13호 내부에서 폭발이 일어나 주요 생명부양계가 손상되었기 때문이다. 따라서 달 착륙선은 달에 착륙하는 대신 우주비행사들을 안전하게 지구로 돌아오게 하기 위한 〈구조선〉으로서의 임무를 수행해야 했다. 생명이 없는 공간으로부터 생명을 부여하는 어머니, 곧 지구로 세 우주인이 되돌아오는 데 소요된 3일 동안의 귀환 비행은 극적이었으며 온 세계의 주목을 끌었다. 모든 나라들이 국내의 어려운 일들을 제쳐놓고 우주선의 귀환을 위해 협조와 기도를 아끼지 않았다. 생

---

1) 프라 마우로 언덕은 아폴로 13호와 14호가 착륙한 달의 지명이다. 이 지명은 15세기 지도학자이며 수사였던 프라 마우로 Fra Mauro의 이름을 기념하여 붙였다. Fra는 종교적인 용어로 라틴어 frater에서 유래되었으며 이탈리아어 frate의 줄임말이다. 수도원에서 수도를 하던 일반 수사들을 공통적으로 부르는 말이다.

명이 위협받게 될 때는 오직 생존해야 한다는 사명만이 중요한 것이기 때문에 아폴로 13호가 지구로 귀환하는 3일 동안만큼은 세계가 하나가 된 듯한 분위기였다.

아폴로 13호의 이야기는 1994년 영화로 만들어졌고, 작전 지휘를 맡았던 제임스 러벨James A. Lovell 선장은 자신의 경험을 『잃어버린 달: 아폴로 13호의 위태로운 항해 *Lost Moon: The Perilous Voyage of Apollo 13*』(by James Lovell and J. Kluger)라는 제목의 책으로 출판하기도 하였다. 이 불운한 비행에 관한 이야기는 재앙의 골짜기로부터 무사히 빠져 나올 수 있는 재치와 인간의 영웅적 자질을 보여주는 좋은 예가 된다. 뿐만 아니라 현재의 〈우주선 지구호 Spaceship Earth〉가 겪고 있는 어려움을 적절히 비유할 수 있는 이야기 거리이다.

지구에서 공기, 물, 식량, 동력을 제공하는 생명부양계는 오염과 부적절한 관리, 인구증가 압력으로 고통받고 있다. 예를 들면 과도한 옥토의 침식, 공장지대에서 죽어가는 나무들, 감소하고 있는 해양자원, 그리고 환경오염과 관련된 인류의 건강 문제의 증가이다. 이러한 현상들

■ 틀 안에 있을 때는 전체 그림을 볼 수가 없다

가끔 사람들은 단기적인 문제에 몰두하여 전체를 포괄하는 큰 그림을 보지 못함으로써 우리의 복지와 관련된 어떤 국면을 간과하곤 한다. 위기 상황에 봉착하거나 끔찍한 일을 당하고 나서야 갑작스럽게 그걸 깨닫고 부랴부랴 잘못을 바로잡는다. 전세계적인 환경 자각 운동은 1968년에서 1970년까지 2년 동안 우주비행사가 우주로 나가 처음으로 멀리서 바라보는 지구의 사진을 찍어왔을 때 갑자기 일어났다. 역사상 처음으로 우리는 갇혀 있던 틀 밖으로 나가 지구 전체를 볼 수 있었던 것이다. 그 결과 1970년에 지구의 날이 제정되었고 미국을 비롯하여 많은 나라에서 여러 가지 환경 보호법이 제정되었다. 여론은 정부와 산업계가 환경영향평가를 하는 동안 계획된 토지이용과 수자원의 사용 및 변경에 관한 사업의 악영향 가능성을 고려하도록 종용했다. 그러나 1980년대에 범죄, 냉전, 정부 예산, 복지 등 인간과 직접 관련된 문제에 대한 관심이 커지면서 환경 이슈는 정치적 문제에 가려지게 되었다. 이제 21세기를 맞이하면서 환경에 대한 관심사는 다시 전면으로 나서고 있다. 의학에서 그러하듯이 우리는 이제 환경오염의 처리보다 먼저 방지에 역점을 두어야 할 것이다.

은 우주선 지구호의 비상 사태를 알리는 초기 경보신호로 받아들여져야
할 것이다.

초읽기

미국 항공우주국 NASA은 아폴로 13호의 비행을 10일로 계획했다. 달
까지 가는 데 3일, 돌아오는 데 3일, 그리고 달의 궤도를 도는 데 4일
이 소요될 것으로 보았던 것이다. 궤도를 도는 4일 중 33시간 동안 달 착
륙선이 달 표면에 착륙해 있을 예정이었다. 그 시간 동안 탐사와 암석 수
집(약 95파운드의 암석을 지구로 가져오기로 되어 있었다)을 하고, 4-5시
간의 도보여행을 두 번 반복하면서 기구를 설치할 계획이었다. 바위 표
면에 구멍을 뚫기 위해 처음으로 동력 굴착기를 사용할 계획이었고 최
초로 컬러 텔레비전 사진들을 지구에 보낼 계획도 마련되어 있었다. 착
륙하기로 되어 있었던 달의 프라 마우로 지역은 많은 분화구들이 있는
저지대로서, 굴곡이 심한 피드몬트 Piedmont 같은 지형이었다.[2] 그곳의

그림 1
달에서 본 지구 지구는 커다라 대
양(검은 지역)과 구름덮개를 가지고
있으며 물이 있는 행성이다. 하지만
육지의 20%는 사막이고 그 면적은
인류의 잘못된 관리로 더욱 넓어지
고 있다.

____

2) 미국 동부의 고원지대.

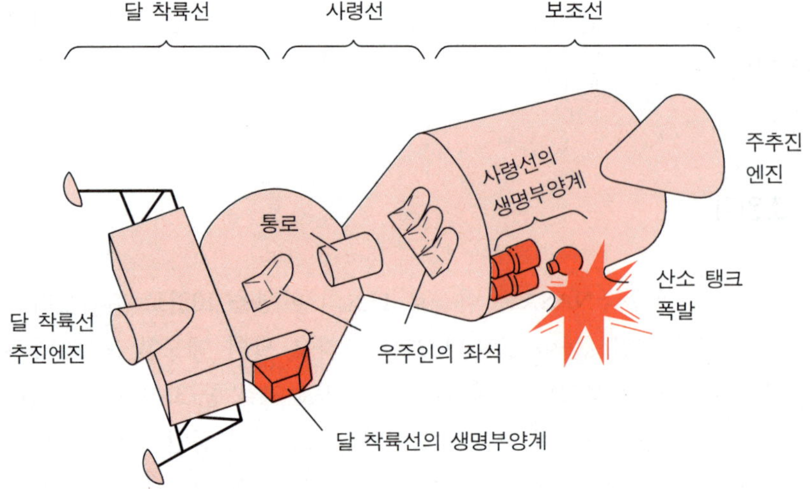

그림 2
아폴로 13호. 산소탱크가 폭발했을 때 사령선의 생명부양계가 훼손되었기 때문에 세 명의 우주인들은 달 착륙선에 모여야 했다. 달 착륙선에는 그들 우주인들이 지구로 돌아가기에 빠듯한 생명부양 소모품들이 있었다.

암석들은 생명이 없는 달이 처음 형성되었을 때 생성된 것으로 보여지며 따라서 그곳은 달에서 가장 오래된 지역으로 추정된다.

1970년 4월 11일. 다섯번째의 달 탐사를 위해 아폴로 13호는 미국 플로리다 주의 케이프 커내버럴 Cape Canaveral에서 이륙했다. 그로부터 1년 전 봄에, 최초로 달 표면에 발을 내디딘 닐 암스트롱은 아폴로 11호의 달 착륙선에서 내려서면서, 〈비록 한 사람에겐 작은 발걸음이지만, 인류에겐 거대한 도약이다〉라는 역사적인 말을 했다. 그리고 1969년 가을 아폴로 12호가 두번째로 달 착륙에 성공했다. 착륙해 있는 동안 달에서 촬영한 지구의 사진은 우리의 행성이 얼마나 아름다우며 동시에 얼마나 망가지기 쉽고 또 하나밖에 없는 유일한 것인지 보여주었다(그림 1).

그림 2에서 보는 바와 같이, 우주선은 세 개의 모듈로 구성되어 있다. 그것은 (1) 큰 로켓 엔진들과 연료실, 그리고 에너지, 산소, 물을 공급하는 생명유지 장치를 포함하는 보조선, (2) 우주비행사들의 거처로 오디세이 Odyssey라 불리는 사령선, (3) 아쿠아리우스 Aquarius라 명명된 달 착륙선이다. 달 착륙선은 달 표면에 내려간 다음 지구로 귀환할 때는 사령선과 분리된다.

아폴로의 사령관 제임스 러벨, 착륙선 조종사 프레드 헤이즈 2세 Fred W. Haise, Jr., 사령선 조종사 존 스위거트 2세 John L. Swigert, Jr.로 구성된 세 명의 우주인들은 아폴로 13호가 아름다운 플로리다의 아침 여행을 시작할 때 사령선에 있었다. 스위거트는 풍진에 노출되어 우주

여행 동안 병에 걸릴 가능성을 보인 부사령관 매팅리 T.K. Mattingly를 대신하여 출발 직전에 가담했다.

아폴로 13호의 초읽기와 출발은 완벽했다. 지구 궤도를 이탈하기 직전 러벨 대장이 한 첫 보고는 〈여기 이렇게 다시 올라와 보니 아주 좋아 보인다〉였다(그는 전에 아폴로 8호로 달을 선회한 적이 있었다). 그 후 이틀 동안의 비행은 아주 잘 진행되었다. 그래서 실제로 세상 사람들과 방송 매체들은 흥미를 잃고 다른 사건과 뉴스에 관심을 돌렸다. 두번째 날 저녁 러벨 대장은 우주선에서 보내는 텔레비전 전파를 통해 〈아폴로 13호의 승무원들은 모든 분들이 안녕히 주무시기를 바랍니다. 우리는 조사를 마치고 오디세이의 즐거운 밤을 맞을 준비가 되었습니다〉라고 말했다.

폭발

4월 13일 저녁 10시 8분, 우주선이 달에 가까워져 갈 때 갑자기 보조선에서 폭발이 일어났다. 사령선 조정판에 있는 경보기가 깜빡거렸다. 스위거트의 날카로운 고함소리가 들렸다. 〈휴스턴, 우리에게 문제가 생겼다.〉 휴스턴에 있는 우주 센터의 수신인 루즈마 Jack Lousma가 〈다시 말해 주시오〉라고 응답했다. 러벨 대장은 〈주버스 B가 작동을 멈추었다〉라고 말했다(이것은 버스라고 불리는 두 개의 주요 전기장치 중 하나에 전기가 나갔다는 것을 의미한다). 그는 계속해서 〈위험스러울 정도로 큰 폭발이 일어났다〉고 말했다.

그리고 보조선에 있는 두 산소 탱크 중 하나의 압력이 영으로 떨어졌고 곧 다른 탱크의 압력도 떨어지기 시작했다. 폭발이 하나 또는 두 탱크 모두를 손상시켰다는 증거였다. 우주인들은 귀중한 산소가 보조선 쪽에서 빠져 나가고 있다는 것을 알 수 있었다. 또한 산소로 전기가 충전되는 세 개의 연료실 중 두 개가 빠른 속도로 약해지고 있었다.

이때 달 여행 본연의 임무는 모두 중단되었다. 사령부에 있는 컴퓨터와 직원들은 달 착륙선이 본래 가지고 있는 자체 생명부양 장치를 이용하여 구명선으로서 기능을 하도록 급박하게 작업을 개시하였다. 그리하여 자정 직후, 역사상 최대 규모의 최장거리 구조 작업이 진행되었다.

사령부에 있는 천 명 이상의 사람들과 태평양 함선에서 우주인들의 귀환을 기다리고 있던 수천 명의 사람들이 그 작업에 관련되었다.

우선 우주선 내에 〈소모품들〉이 얼마나 남았는지에 대한 정보가 모두 흩어진 데다가 전체적인 상황이 파악되지 않아 우주선이 버틸 수 있는 시간이 얼마나 될지 추정할 수 없었다. 따라서 우주인들을 안전하게 귀환시키는 데 이용할 수 있는 시간이 얼마나 남았는지도 알 수가 없었다. 단편적인 정보들을 종합하는 데 귀중한 시간들이 많이 소요되었다 (이와 비슷한 상황들이 지구에서 전개되고 있다고 생각된다. 우리는 인류의 생명부양에 필요한 〈소모품들〉에 대한 전체적인 상황 목록을 가지고 있지 않다. 또한 그들이 어떻게 상호작용하고 있는지 이해하지 못하고 있다. 그리고 지구에 〈핵폭발〉이 일어난다면 우리가 얼마나 오래 지구에서 살 수 있을지도 모르고 있다).

러벨과 헤이즈는 아쿠아리우스에 들어가서 달 착륙선에 있는 독립된 전기 및 산소계를 작동시켰다. 스위거트는 우주복의 호스를 달 착륙선과 연결되도록 하여 호스를 통해 달 착륙선의 산소를 이용하면서 사령선에 남아 있었다. 달 착륙선으로부터 전기를 끌어쓰기 위해서 임시 변통의 전선이 조립되었다. 손상되었을지도 모르는 보조선의 주엔진은 작동시 폭발할 위험이 있었다. 그러나 그런 위험은 무릅쓰지 않아도 되었다. 달 착륙선의 로켓 엔진들을 사용하여 달의 뒤쪽으로 돌아 우주선을 지구로 향하게 하는 것이 가능했기 때문이다. 이렇게 수행하기 위해 필요한 네 개의 엔진이 모두 무리없이 작동되었다.

우주인들은 3일 동안의 귀환 여행 중 산소 및 전기 공급이 불충분할 것에 대비하여 가능한 한 산소와 전기를 덜 쓰기 위해 노력했다. 선실의 온도가 거의 어는점까지 내려가는 불안한 여행이 계속되었다. 달 착륙선 내의 이산화탄소 농도는 위험 수위에 이르기 시작했다. 이산화탄소를 제거하기 위해 설치된 수산화리튬 저장통은 우주인들이 달에 머무는 제한된 시간만을 고려해서 설계되었기 때문이다. 임시로 급조한 호스를 사령선의 수산화리튬 통에 연결하여 위험에서 벗어날 수 있었다.

우주인들이 지구 대기권에 도달했을 때 전기는 오디세이에 있는 배터리를 충전할 수 있을 만큼 충분히 남아 있었다. 보조선과 달 착륙선은 성공적으로 분리되었고 사령선은 기다리고 있던 태평양의 함선에 착륙할 수 있었다.

그 이후 미신을 믿는 사람들은 왜 하필 미국 항공우주국이 우주 여행이라는 특수임무에 13이라는 숫자를 썼는지 궁금해했다.[3] 보조선이 지구로 되돌아오지 않았기 때문에 폭발 원인은 규명할 수 없었다. 미국 항공우주국은 산소 탱크의 내부에 있는 환풍기나 그것에 연결된 전선의 합선이 아마도 문제의 원인이었던 것 같다고 발표했다. 즉각 산소 탱크를 다시 설계하도록 지시가 내려져 환풍기들이 떼어지고 전선은 교환되었다. 그 이후에 있었던 다섯 번의 달 여행(마지막이 아폴로 18호였다) 동안 탱크에서는 더 이상 문제가 발생하지 않았다.

귀환 여행 동안에는 그 외의 다른 문제들도 있었다. 그 중 하나가 소변 처리 문제였다. 배설되는 소변이 우주인의 발을 적셨다. 달 착륙선의 작은 규모에 비해 우주인들은 많았기 때문에 소변을 어떻게 처리해야 할 것인가 하는 문제가 있었던 것이다(이것은 인구과잉인 도시에서의 오수처리 문제를 상기시킨다). 우주 공간에 소변을 내다 버리면 우주선의 행로가 변경될지도 모르기 때문에 바닥에 뒹굴고 있는 부대에 그것을 저장했다. 달에 설치할 실험장치에 동력을 공급하기 위해 가져갔던 8파운드의 플루토늄을 어떻게 할 것인가 하는 문제도 있었다(여기서 다시 우리는 지구상의 방사성 폐기물을 어떻게 해야 할 것인가 하는 미해결 문제를 상기하게 된다). 그것은 달 착륙선이 떨어져 나갈 때 태평양에 버리는 것으로 결정되었다. 그래서 태평양의 깊은 바닷속 어딘가에는 불운했던 아폴로 13호의 방사성 유물이 방치되어 있다.

우주선과 지구 생명부양계의 비교

유인 우주비행선의 생명부양계는 기계적으로 통제되는 〈저장장치〉이다. 산소 및 음식물과 같이 생명에 필수적인 것들은 대부분 지구에서 생산되어 갑판에 저장되는데, 지구에서처럼 재생되지는 않는다. 이산화탄소나 오줌과 같은 폐기물들도 화학적으로 자정되거나 재순환되지 않는다. 이와 달리 생명부양계로서 지구는 생물학적으로 재생력을 가지고 있다. 식물, 동물, 미생물들이 생명에 필수적인 것들을 재생하고, 재순

---

3) 문제가 발생한 것은 4월 13일이었으나 그 날은 금요일이 아닌 월요일이었다. 13일의 금요일은 서양에서 재수 나쁜 날을 의미한다.

환시키며 조절한다. 한편 우주선은 인간이 만들었지만 지구의 생명부양계는 우리 자신이 만들지 않았다. 이것은 수많은 하위체계들로 복잡하게 뒤얽혀 있다. 그래서 우리는 생명부양계의 총체적 요소들이 어떻게 작동하고 있는지 명확하게 이해하지 못하고 있다. 현재까지 지구와 〈탯줄〉로 연결되지 않으면서도 생물적으로 재생되고 많은 사람들을 부양할 수 있는 생명부양계를 우주에 건립하려고 했던 모든 시도들은 실패하고 말았다. 그러므로 우리가 우주공간에 머무르는 활동은 생명유지에 필요한 〈소모품들〉을 우주선 갑판에 실을 수 있는 양에 의해 제한을 받게 된다. 하지만 몇 가지 재생 가능한 생명부양계가 고안되어 실험 중에 있다. 그 중 하나가 제1장에 소개될 〈바이오스피어2〉이다. 우주정거장에서 사용할 물질들의 원형이 미국과 러시아의 우주항공 기관들에 의해 개발되고 있는 중이다.

우리는 이러한 체계의 질을 보전하고 유지할 수 있을 뿐만 아니라 언젠가 자체 유지될 수 있는 우주선을 건립하여 대규모의 우주 식민지 건설을 계획할 수 있도록 현재 지구의 생명부양계에 대해서 더 많이 알아야 할 필요가 있다. 더 중요한 것은, 자연환경에 의해 제공되는 비시장성(가격이 매겨질 수 없고 당연히 주어지는 것으로 받아들여지는) 생명부양 재화goods와 용역services이 어떻게 경제, 사회, 문화와 기타 인간 활동을 지탱하고 상호작용하는지를 이해하는 일이다. 매우 넓은 의미에서 생태학이라는 학문은 이러한 이해를 돕는 데 유용하다.

앞으로 나오는 각 장들은 지구의 생명유지를 위해 필수적인 과정들에 대한 개념을 흥미롭고 쉽게 이해할 수 있도록 설명할 것이다. 총 여덟 장으로 구성된 이 책의 처음 세 장에는 우주선 지구호의 생명에 대한 〈전체적이고 개괄적인 설명〉이 담겨 있고, 나머지 다섯 장에는 보다 자세한 부분들에 대한 설명과 〈실례〉가 제시되어 있다. 맺음말에서는 인간의 곤경을 다루고 이해하는 데 도움이 되는 생태학으로부터 우리가 배울 수 있는 것들을 다시 살펴본다.

생명부양 환경

지질학적 역사에 의하면 태초에 지구는 생명체를 부양하지 않았다. 20억 년 이전에 나타났던 최초의 아주 작은 미생물들은 산소는 없고, 치명적인 자외선과 독성 가스가 존재하며, 온도 변화가 극단적인 환경에서 생존해야 했다. 이들 환경은 오늘날의 많은 생명들에게는 치명적인 조건들이다. 유기체들은 수백만 년에 걸쳐서 지질화학적 과정들과 상호 작용하여 산소를 대기로 내놓고 녹색의 껍질을 지표에 입힘으로써 점진적으로 환경을 변화시켰다. 그리하여 태양광선이 지구 표면에서 갖가지 형태의 먹이로 변할 수 있었고(제3장과 제7장은 이 믿기 어려운 과정들에 대하여 더욱 자세히 설명할 것이다. 이들 과정은 주기적인 지질학적 변동과 대량 사멸에도 불구하고 계속되어 왔다), 궁극적으로 지구는 인간을 포함하여 수없이 많고 다양한 피조물들을 부양할 수 있게 되었다. 살기 적합한 환경을 유지하기 위해서 수백만 생물체들과 수백 가지 과정들이 조화롭게 작동하고 있기 때문에 우리는 편안하게 숨쉬고, 마시며, 먹을 수 있다. 그러나 우리는 자연이 주는 대부분의 혜택들에 대해 돈을 지불하지 않기 때문에 이것을 당연한 것으로 받아들이는 경향이 있다. 몇몇 경제학자들이 얘기하는 사실과는 달리 고갈되는 동시에 악화되어 가고 있는 대부분의 자연 자원을 대신할 대체물은 없다.

생명부양은 여러 가지 시간 규모의 과정들이 거대하고 확산적인 얼개를 형성함으로써 이루어지고, 결정적인 최종 제어 수단(이를테면 지구 차원의 자동온도조절장치)이 없기 때문에, 우리는 이러한 생명부양 환경과 바로 접할 수 없다. 그리고 우리 가정에 있는 에어컨이나 우주선에 있는 생명부양선을 손으로 가리키며 〈보시오, 똑딱거리고 있는 우리의 생명부양계가 여기 있지 않소〉라고 말할 수도 없다. 〈눈에서 멀어지면 마음도 멀어진다〉는 오래된 속담처럼 어디에선가 문제가 생겨 말썽이 되기 전까지는 그럴 것이다. 그러나 생명을 부양하는 생태적 계ecological system와 과정들이 인식될 수는 있다. 이것을 위해서 우리는 전체 환경에 대해 생각하고 경관landscape을 어떤 체계적 방식에 따라 기능적 단위들로 나누어 봐야 한다.

시카고에서 유럽으로 비행기 여행을 한다면, 그 대부분의 시간 동안 거대한 수체water body(대서양, 호수들, 강, 만 등)를 내려다 보게 될 것이다. 이들은 우리에게 필요한 물을 제공해 주고 공기정화기, 온도조절기, 폐기물 동화기관의 역할을 한다. 따라서 이 수체는 지구라는 생명부양선에서 매우 중요한 부분이다. 물은 지표의 3분의 2 이상을 덮고 있다. 육지 위를 나는 동안 우리는 같은 종류의 서식지들——농경지, 초지, 삼림——이 크고 길게 이어져 있는 것을 볼 수 있다. 그러나 인간이 밀집되어 있는 곳의 경관은 논밭, 삼림, 읍, 도시, 교외, 고속도로 등으로 조각조각 나누어져 있는 것을 볼 수 있다. 이들은 되는대로 배열되어 있는 것처럼 보인다. 이렇게 우리가 조감하는 환경은 조경 설계 분야의 학생들이나 직업인들이 자주 사용하는 분류에 따라 세 가지 범주로 나눌 수 있다. 즉 인조환경fabricated environments, 순치환경domesticated environments, 자연환경natural environments으로 구별한다. 좀 덜 공식화된 용어로는 개발지developed sites, 경작지cultivated sites, 자연지 natural sites로 경관을 나눌 수 있다.

인조 또는 개발환경은 도시와 공업단지, 그리고 도로, 철도, 공항을 포함하는 교통지역들을 포함한다. 에너지 사용의 관점에서 인조환경은 연료 에너지 동력계fuel-powered system로 볼 수 있다. 오늘날 세계의

그림 1-1
생명을 부양하는 주요한 경관의 두 가지 예. (A)경사지에 초지와 옥수수밭의 줄무늬가 나타나는 잘 관리된 아이오와 주의 농업 경관. (B)노스캐롤라이나 주에 있는 피사 국유림의 자연활엽수림. 자연경관들의 비시장성 가치는 가꾸어진 경관의 시장가치와 같거나 그 이상이다. 모두 인간 사회의 계속적인 안녕에 필수적이다.

많은 거대 도시들과 공장들을 작동시키는 연료는 석탄, 석유, 천연가스 등의 화석연료로서, 이상하게 들릴지도 모르지만 이들은 과거 지질학적 시대에 생산된 자연산물이다. 도시-공업 개발환경은 사실상 전체 경관 중 작은 부분을 차지한다. 그러나 에너지 사용은 집약적이다. 즉 이 지역은 많은 양의 에너지를 요구하며 아주 많은 폐열 waste heat과 오염을 야기한다. 그래서 이 지역은 다른 두 환경에 지대한 영향력을 발휘한다. 예를 들면 도시-공업지역에서는 삼림지역보다 에너지 밀도 energy density(연간 단위면적당 소비되는 에너지 양)가 천 배 이상이다. 도시는 자신의 폐기물을 농촌지역으로 쏟아 넣을 뿐만 아니라 생명부양에 필요한 거의 모든 자원을 또 농촌에 의존한다. 도시-공업지역은 이보다 에너지를 덜 사용하는 아주 거대한 환경에 의해 지탱되는 〈열점〉이다.[1] 매우 흥미롭게도 인류는 이 열점에 모여 사는 유일한 유기체가 아니다(제3장 상자글 〈차가운 바탕 속의 열점〉 참조).

순치환경은 그림 1-1A에서 보듯이 농장과 같은 농경지를 포함한다. 이 환경에는 경작식물들과 가축들이 지배적으로 많으며, 식량, 섬유 생산, 휴양과 기타 이용을 위해 변경되고 관리된다. 또 이 경관을 생태학자들은 종종 태양 및 보조 에너지 동력계 subsidized solar-powered systems라고 부른다. 즉 기본 에너지는 태양이 공급하지만 노동, 기계, 비료 등과 같이 인간이 통제하는 일 에너지가 보조된다. 이 보조 에너지의 대부분이 화석연료에서 비롯된다. 이 환경의 일부인 공업화된 농장 같은 것은 매우 에너지 집약적이고 물, 토양, 비료, 농약 등이 유출되어 다른 두 환경에 상당한 영향을 미친다.

〈자급〉 또는 〈자립〉은 자연환경을 특징짓는 핵심적인 말이다. 그림 1-1B의 삼림과 같이 자연지역들은 인간에 의해 직접 조절되는 에너지나 경제적 흐름 없이 작동된다. 이들은 태양광선과 그 외의 자연력에 의존하는 태양에너지 기본 동력계 basic solar-powered systems이다. 태양에

---

1) 보존생물학에서는 처음에 예외적으로 훼손될 확률이 높고 또한 예외적으로 다양성이 큰 토착식물종의 열대 서식지를 지칭하기 위해 열점 hot spot이라는 말을 제안하였으나 최근에는 멸종이 급박하지 않고 토착종이 아니더라도 특별히 많은 종이 있는 곳도 여기에 포함시킨다. 이 책에서는 그 특성을 더욱 일반화하여 인간이나 생물 활동이 뚜렷하게 많으며, 주변 바탕보다 사용되는 에너지의 밀도가 특별히 높다는 특성을 고려하고 있기 때문에 열점이라 옮긴다(Veech, J.A. 2000. Conservation Biology 14:140-147 참고).

그림 1-2
(A)아칸소 주의 버려진 농경지에 형성된 자연 소나무림으로 다양한 종을 갖추고 있다. (B)인공적으로 조성된 소나무 식재 지역으로 보통 하층식물과 다양성은 완전히 사라져버렸다. 자연생태계에서는 에너지 투입이나 인공적인 관리 없이도 천이가 저절로 이루어진다.

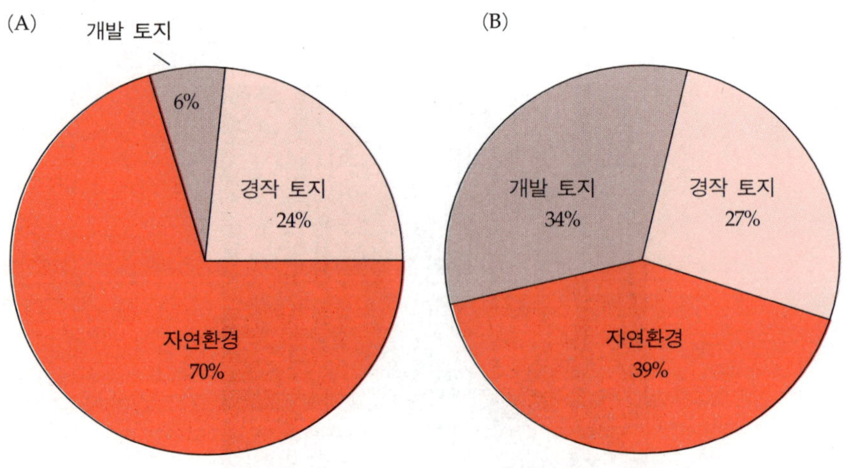

그림 1-3

1980년 당시 미국 대륙의 토지 이용. (A)세 범주의 토지 이용에 의해서 차지되는 면적. (B)에너지 밀도를 고려한 토지 이용. 경작되는 환경에서는 에너지 밀도가 자연환경보다 두 배나 높다. 개발된 환경에서는 열 배 정도 높다. 1980년 이후 개발된 환경은 자연환경과 농경환경이 지불하는 비용을 막대하게 증가시키는 한편 에너지 균형 상태에 있던 체계를 위태롭게 만들고 있다.

너지가 아닌 자연력이란 비, 물의 흐름, 바람 같은 것으로 이들은 태양에너지의 간접 형태들이다. 그 밖에 중력이 물과 여타의 물질 이동에 관련된다. 자연환경은 사람들이 거의 가지 않는 진짜 야생지역뿐만 아니라 우리 모두에게 친숙한 곳들, 예를 들면 자연 시냇물, 강, 삼림, 평원 prairies, 산, 호수, 대양 등을 포함한다. 여기서 〈자립한다〉는 것은 자연환경이 사용되지 않거나 인간의 활동에 영향을 받지 않음을 의미하지는 않는다. 이를테면 자연 수풀은 양 떼들에 의해서 뜯길 수도 있고 선택적으로 벌목될 수도 있다. 그러나 이러한 이용 때문에 수풀의 구조와 기능 또는 재생할 수 있는 능력이 감지할 수 있을 정도로 변하지 않는 이상 우리들의 정의에서 그 수풀은 자연지역으로서 자격을 가진다. 반면 사람들의 엄격한 관리로 줄지어 나무를 심고 한꺼번에 모든 나무를 수확하는 소나무 재배지는 자연지역이 아니라 옥수수 밭과 같은 경작지역이다. 그림 1-2는 대표적인 자연삼림과 경작삼림을 비교하고 있다.

그림 1-3A는 이상 세 가지 형태의 경관들에 의한 미국의 토지 이용 상태를 보여주는 것이다. 전체 토지 면적 중 개발환경은 작은 부분을 차지한다(주변의 바다까지 포함하면 더욱 작은 부분이다). 그러나 그림 1-3B가 보여주는 세 경관의 에너지 사용 비율을 보면, 인조환경이 차지하는 비중이 매우 크다. 야간 위성 사진인 그림 1-4는 미국 동부, 오대호 지역, 서부 해안 지역에서 도시와 고도로 개발된 지역들이 시골보다 훨씬 많음을 보여준다.

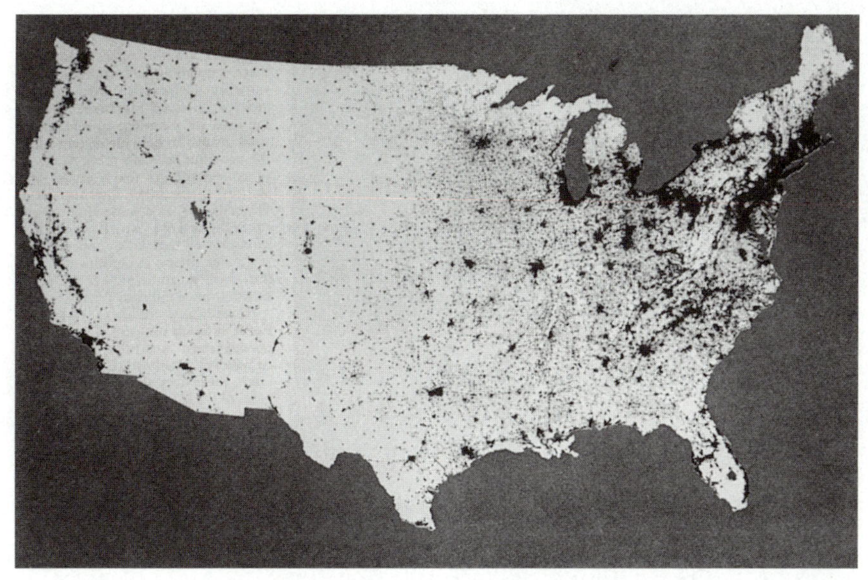

그림 1-4
미국의 도시화. 어두운 부분은 밤중에 인공위성에서 볼 수 있는 빛을 나타낸다. 평방마일당 50명 혹은 그 이상의 인구밀도를 가져 높은 에너지 사용률을 가지는 면적이 빠르게 증가하고 있다.

이제 우리는 생명부양 환경에 대한 개념을 더욱 정확하게 정의할 수 있다. 생명부양 환경 Life-support environment이란 생명의 생리적인 필수품들, 즉 음식, 다른 에너지, 무기영양물질, 공기, 물 등을 제공하는 지구의 부분을 말한다. 또한 상호작용하여 물리적 필수품을 제공하는 환경, 생물체, 과정, 자원에 대한 기능적 용어로서 사용할 것이다. 여기서 과정이란 식량생산, 물순환, 폐기물 동화, 공기정화 등을 의미한다. 이 과정들 중 일부는 인간에 의해서 만들어지고 통제된다. 그러나 많은 것들이 자연적이어서 태양이나 다른 자연 에너지에 의해서 운행된다. 생명을 부양하는 모든 과정에는 식물, 동물, 미생물과 같은 인간이 아닌 유기체들의 활동이 포함된다.

경관의 관점에서 보면 〈농업계 + 자연계 = 생명부양계〉가 된다. 농업계는 각 개인이 매년 필요로 하는 백만 칼로리의 에너지를 제공하며 이 칼로리 중 15%는 단백질이다(근래에 많은 사람들이 적절한 음식물을 섭취하지 못하고 있다). 이미 제시된 바와 같이 자연계는 생명의 다른 생리적 필수품들을 제공한다. 생명유지가 단지 하나의 지역뿐만 아니라 물, 토양, 영양염류들, 대기 등과 상호작용하고 있는 식물, 동물, 미생물들과 관련되어 있기 때문에, 〈계〉(사전식 정의: 하나의 통일된 전체를 이루고 규칙적으로 상호작용하고 있는 요소들)란 용어가 타당한 의미를 갖는다.

생물권2 실험

1992년에 부분적으로나마 생물이 재생될 수 있도록 설계된 지상 캡슐이 완성되었다. 생물권1을 지구라고 보고, 이 캡슐을 생물권2라고 불렀는데 그림 1-5는 항공사진 모습이다.[2] 이 캡슐의 지상 면적은 1.27헥타르이며, 그림에서 (1)-(5)는 생물권2의 밀폐된 유리덮개를, (6)-(9)는 외부 지원구조물을 나타낸다. 지원구조물은 기압을 유지하는 〈허파〉에 해당하는 곳, 공기와 물의 순환과 시설물 작동에 필요한 전기와 천연기체를 제공하는 에너지 센터, 커다란 온실에 축적되는 열을 식히기 위한 냉각탑들로 이루어져 있다. 1991년 가을 여덟 명이 캡슐 안에 입주했다. 충분한 에너지 흐름(어떤 생명부양계라 해도 필요한 만큼)과 라디오, 텔레비전, 전화 연락과 같은 정보교환은 무제한으로 허용되지만 외부와의 물질교환은 차단된 속에서 2년 동안 살아갈 수 있기를 기대하면서 이 밀폐된 캡슐 안으로 들어간 것이다.

생물권2 내부 공간 중 대략 80%는 열대우림에서 사막에 이르는 6종

그림 1-5
생물적 재생을 위한 실험 캡슐과 지원 구조물의 항공사진. 유리로 덮인 3에이커의 공간은 자연계와 인공계 그리고 통제장치들을 포함한다. 1991년부터 1993년까지 2년 동안 여덟 명이 캡슐 안에서 생활하였다. 에너지와 정보교환은 허용되었으나, 외부와의 가스 및 물질교환은 차단되었다. 이 밀폐된 온실은 (1)우림지대, (2)사바나/대양/습지, (3)사막, (4)집약적 농경지, (5)인간 거주지 등의 생명부양 환경을 포함하고 있다. 또한 그림에서 볼 수 있는 바와 같이 (6, 7)허파 기능 장치, (8)에너지 센터, (9)냉각탑 등도 가지고 있다.

---

2) 생물권2는 영어 단어를 그대로 발음하여 바이오스피어 Biosphere 2라고 부르기도 하는데 그것의 설치 배경과 문제점에 대해서는 《과학동아》 1992년 3월호와 1993년 4월호에 소개된 바 있다.

류의 자연서식지로 되어 있다. 그 안에서 일부 종은 적응하지 못해 죽어 없어지고 일부 종은 번창할 것으로 기대했기 때문에 이런 다양한 서식지는 커다란 생물다양성을 제공할 것이다. 나머지 면적의 대부분, 즉 전체의 16%에 해당하는 0.2헥타르는 경작지(농경구역)로 되어 있다. 농경지는 여덟 명의 사람과 그들에게 우유, 달걀, 콜레스테롤 저함유 고기를 조금씩 제공해 주는 염소, 돼지, 닭 등을 먹이기 위한 것이다. 도시지역이라 할 수 있는 곳으로 여덟 명을 위한 방이 있는 인간거주지의 면적은 아주 적어서 전체 공간의 4%에 해당한다. 이 장에서 언급한 기본환경형태(자연지역, 경작지역, 개발지역)의 공간 배당은 그림 1-3A에서 보여주는 바와 같은 미국의 토지 이용 분포비율과 유사하다. 그러나 생물권2의 〈개발지역〉에 자동차와 오염물을 발생시키는 공장은 없다. 만약 생물권2 안에 그러한 자동차와 공장이 있었거나 인구가 증가했다면 훨씬 더 큰 생명부양 환경이 필요했을 것이다. 자세한 내용과 그림은 관련 문헌(Allen 1991 ; Alling and Nelson 1993)에서 참고할 수 있다.

1993년 가을 여덟 명의 〈생물권2 거주자들〉은 그들이 들어갔을 당시보다 더 건강한 상태로 밖으로 걸어나왔다(Walford 1994). 공기와 물의 재순환, 가열과 냉각 등을 유지하는 데 사용되었던 복잡한 기계장치들은 매우 잘 작동하고 있었다. 유입되는 태양에너지는 햇빛이 미치는 곳에 위치하여 바나나 등이 자라는 노동 집약적 식량 정원을 유지하기에 충분했다. 하지만 그 안에서 일어난 전체 광합성량은 공기 중의 산소-이산화탄소 균형을 유지하기에 충분하지 않았다. 마지막 여섯 달 동안에는 〈고소증〉을 막기 위해 산소를 공급했다. 유리지붕에 의한 햇빛의 감소, 유난히 흐린 날씨 그리고 농경을 위해 일부러 공급했던 유기물이 풍부한 토양은 예상했던 것 이상으로 산소 소비를 증가시키고 오히려 생산성을 감소시켰다(Severinghaus et al. 1994).

몇몇의 과학자들은 탑승원이 〈과학자〉가 아니라, 단지 그 안에서 생활하고, 작물을 기르며, 장치들을 통제하는 정도의 능력과 2년 동안 최소 생존 수준에서 살아갈 만한 의지만으로 선택된 사람들이었다는 점에서 생물권2 실험은 과학적 접근이라고 할 수 없다고 비난했다. 예를 들어 탑승원들은 식량을 준비하고 기르는 데 작업 시간의 45%를, 유지와 수리를 위해 25%를, 의사소통을 위해 20%를, 그리고 소규모 연구 작업을 위해 5%를 써야만 했고, 여가 활용 시간은 거의 가지지 못했다. 그런 일들에 적격인 과학자들은 거의 없다! 그러나 인류 생태학과 환경공학 원리의 실습이라는 점에서 보면 생물권2 실험은 매우 성공적이었다.

생물권2는, 물과 기타 원소 등의 물질 교환은 폐쇄되었지만 지속적인 생명부양계에서 필요한 태양광선과 화석연료와 같은 에너지는 들어올 수 있도록 개방되어 있었다. 장래에는 양수기와 기계의 동력 공급에 충분한 발전을 하기 위해 태양전지판을 사용하는 것도 가능할 것이다. 이렇게 해서 생물권1과 미래의 우주식민지에서처럼 태양동력만으로 전체를 운행할 수 있을 것이다.

같은 시기에 미국 항공우주국은 우주정거장이나 달 기지에 사용할 목적으로 더욱 작고 간결한 생명부양선을 설계, 시험하고 있다. 통제된 생태적 생명부양계 Controlled Ecological Life–Support System(CELSS)라 부르는 최근 설계장치에는 물리화학과 생물 재생적인 혼합 기술을 활용하고 있다. 이것은 공기, 물, 식량을 물리적, 화학적 또는 생물적 수단으로 생산하거나 재생하여 물질의 양과 동력 필요량을 최소화하는 기술이다(Schwartzkopf 1992).

◼ 생명부양에 드는 많은 비용

첫번째 생물권2 실험에서 얻은 가장 중요한 결과는 아마도 자연이 주는 무료 봉사를 재생 불가능한 화석연료를 사용하여 제공하고자 할 때 소요되는 비용이 엄청나다는 사실을 확인한 것이다. 생물권2 안에서는 외부와 차단되어 있는 상태로 생명 부양을 위해 한 시간에 700킬로와트의 전기와 2,300만 킬로줄의 천연가스를 소비했다(Dempster 1993). 다시 말하면 2년 동안 전기는 1,250만 킬로와트시(kWh), 천연가스는 380만 섬(therm)을 소비하였으며, 미국의 평균 에너지 사용료인 킬로와트시당 10센트, 섬당 70센트를 고려하면, 전기료 125만 불과 천연가스 사용료 260만 불로 총 에너지 사용료가 400만 불에 달한다. 만약 그 안에 살았던 8명이 함께 사용한 에너지 비용을 지불해야 한다면 각 개인에게 매달 청구되는 비용은 15만 불이 넘는다. 이렇게 계산해 보면 미래의 인조 온실 도시에서 살 수 있는 사람은 전체 인구 100-200억 중에서 극히 소수에 불과할 것이다(Odum 1996 참조).

도시 – 공업지역의 부양

지구의 전체 면적 중 농업이 차지하는 면적은 도시–공업지역 면적보다 수배나 더 크다(그림 1–3A). 이로부터 우리는 도시지역의 단위 평방마일 안에 살고 있는 수천 명의 사람들을 먹여 살리기 위해서는 수 평방마일의 농경지가 필요하다는 것을 알 수 있다. 많은 사람들이 믿는 것과 달리 좋은 농장은 한정되어 있기 때문에 우수한 농경지가 도시 발달로 잠식되는 것에 대해 염려할 필요가 있다. 세계 육지 면적의 약 4분의 1만이 지구의 수십억 거주인들을 먹여 살리는 데 필요한 높은 수준의 음식물을 생산할 수 있는 토양, 물, 기후를 갖추고 있다.

벨기에, 이스라엘, 일본 같이 작은 토지 면적에 인구가 밀집되어 있는 나라는 생명을 부양하는 필수품을 주로 나라 밖에 의존한다. 예를 들어, 일본의 많은 인구가 필요로 하는 단백질을 얻기 위해, 일본 어선들은 대서양과 태평양을 두루 돌아다닌다. 농산물 필요량의 약 30%만이 일본 본토에서 생산된다. 『굶주린 행성 *The Hungry Planet*』(1967)이라는 책을 쓴 게오르그 보르그스트롬 Georg Borgstrom은, 한 국가 안에 거주하는 인구를 유지하기 위해 필요한 지역으로, 국가 밖까지 경계가 없는 면적을 지칭하기 위해서 유령 면적 ghost acreage이라는 용어를 사용한다. 일본의 유령 면적은 일본 영토와 얕은 연해 면적의 합보다 훨씬 크다. 대조적으로 미국은 더욱 넓은 토지 면적과 덜 밀집된 인구를 가지고 있다. 따라서 에너지나 필수 무기염류들의 경우에는 그렇지 않지만 식량에 관한 한 자급자족하고도 남는다.

그림 1–3A에서 보여주는 바와 같이, 미국에서는 생명에 필수적인 여러 가지 물질을 제공하는 데 넓은 면적의 자연환경을 이용할 수 있다. 도시에 대한 많은 수요, 즉 도시화에 따른 많은 요구들은 다시 또 그들을 유지하는 데 필요한 수평방마일의 자연지역을 요구한다. 자연토지와 개발토지의 최적 면적 비율이 얼마여야 하는지는 추정하기 어렵다. 그 비율이 인구밀집 지역의 에너지 밀도에 따라 다르기 때문이다. 뿐만 아니라 〈자연재화와 용역〉을 계량화하기도 쉽지 않다. 또한 도시가 공기와 물, 쓰레기 등의 보존, 정화, 재순환에서 실패할 때 얼마나 많은 생명부양 자원들이 〈낭비〉될지를 추정하는 것도 지극히 어렵다.

이제 상당히 큰 면적의 자연환경이 인류 전체 환경의 필수 부분이라고 말하면 된다(Odum and Odum 1972). 당신이 비행기에서 내려다 볼 때, 외관상으로 공허해 보이는 땅과 물이 모두 황무지는 아니다. 그것은 당신과 다른 모든 동식물들이 계속해서 살아 있고 건강하게 유지되도록 밤낮으로 일하고 있다.

미국과 세계의 많은 지역에서 도시 면적이 증가하고 있다. 도시가 자연환경 및 순치환경의 기생충임을 인식하는 것이 중요하다. 도시는 식량을 생산하지 않고, 공기를 정화하지 않으며, 물을 재사용할 수 있는 상태로 정화하지 못하는 것이다. 도시가 커질수록 도시라는 기생충에게 필요한 숙주를 제공하기 위하여, 개발되지 않은 또는 약간 개발된 시골의 필요성은 더욱 커진다. 나중에 숙주–기생충 관계를 논의할 때 기생충이 자기의 숙주를 죽이거나 손상시킨다면 곧 자신도 죽게 되는 것을 보게 될 것이다. 매우 잘 적응된 기생충은 자기의 숙주를 파괴하지 않는다. 실제로 자신과 숙주 모두가 번성할 수 있도록 양자 모두에게 이로운 교환 또는 〈되먹임 feedback〉을 개발한다. 그러므로 미래의 지속성을 가진 잘 적응된 도시도 그와 같아야 할 것이다.

자연 및 인공재화와 용역이 도시로 유입되는 대신 도시에서 생산된 부는 시골로 흘러 나간다. 도시에서의 삶의 질이 유지되려면 도시에서 생산된 부의 일부는 자연 및 농업환경을 보전하고, 보조하며, 수선하기 위해서 사용되어야 한다. 현재 우리는 그것들이 생명에 얼마만큼 필수적인지 알아차리지 못하고 있기 때문에 우리의 생명부양 환경을 돌보는 데 적절한 조치를 취하지 않고 있다. 실례를 들어 이것을 증명하기 위해서 뉴욕과 시카고, 두 도시가 〈하류 유역〉에 의존하고 있는 정도를 살펴보기로 하자.

보기 1: 뉴욕 만

그림 1–6에서와 같이, 뉴욕 지역 2,000만 주민들이 배출한 폐수는 롱아일랜드 섬과 뉴저지 주에 접한 허드슨 강 입구의 만으로 흘러 들어간다. 이 일대는 연안이 쑥 들어가 있기 때문에 뉴욕 만이라 부른다. 이곳에는 매년 천만 톤 이상의 고형 폐기물이 버려진다. 뿐만 아니라 그 양을 정확히 알 수 없는 처리 하수, 산업 폐수, 도로 지표 유출수, 배

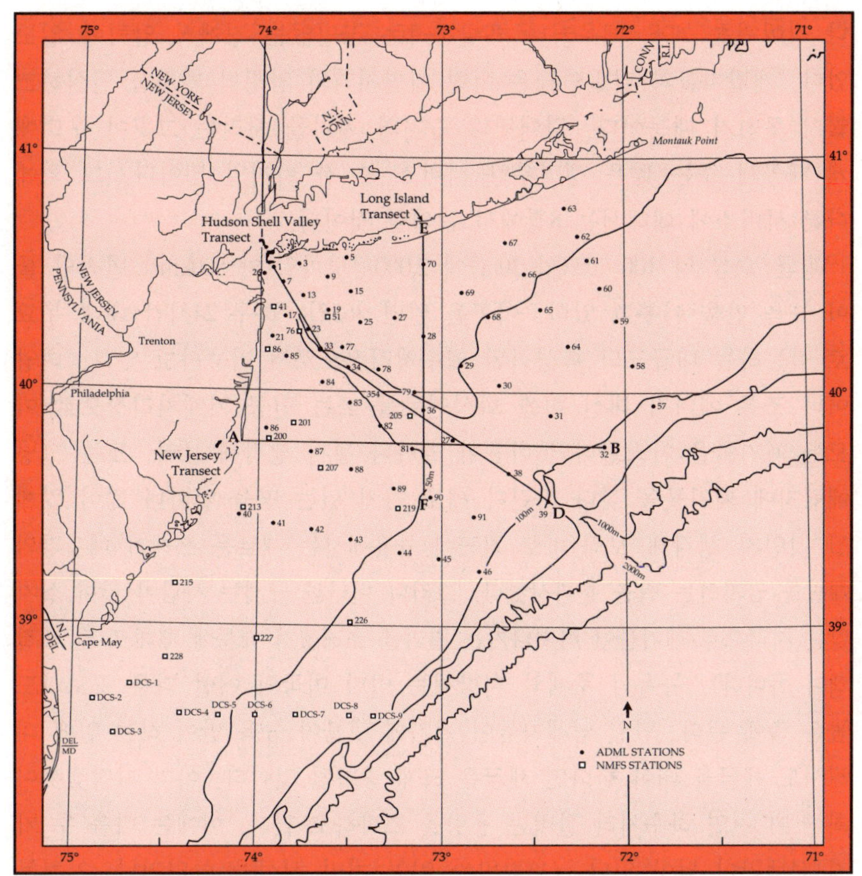

그림 1-6

뉴욕 만. 이곳은 뉴욕과 인접 도시 지역을 위한 거대한 자연 폐수처리장이 되고 있다. 등고선과 수질 측정을 위한 시료 채취 지점들이 보인다. 그림 안의 숫자는 그 지점을 나타낸다(Young et al. 1985).

에서 나오는 배출수 등도 이곳으로 흘러든다. 막대한 분량의 물은 물리적 생물학적으로 활성이 강하여(활발한 해류와 조수, 강력한 세균 활동 등에 의해서), 최근까지 배출수 중 상당량을 〈소화〉해 낼 수 있었다.

그러나 지금은 해안 오염, 물고기의 죽음 같은 스트레스 지표가 증가되고 있는데 이는 생명부양 환경의 폐수가 처리용량을 초과하고 있음을 의미한다. 심지어 해안에 피하주사 바늘이나 기타 병원 폐기물이 투기된 사실이 보고되기도 했다. 미국 해양대기관리처 NOAA의 연구비 지원으로 수행된 근래의 연구에서는 유독 물질들(살충제, 납, 다른 독성물질을 함유하고 있는 것들)이 미세한 입자의 퇴적물에 흡착되어 내부 해안 지대의 습지, 강어귀, 개펄 등의 기슭으로 천천히 이동한다는 것이 밝혀졌다(Young et al. 1985). 이 지역은 그러한 여러 가지 잔류물질들에 대하여 높은 동화용량을 가지고 있다. 그러나 불행하게도 연안 늪지대나 강어귀를 계속 메우거나 개발하려는 끊임없는 경제적 압력이 일고 있다. 개발자들과 일반인들은 이런 자연지역의 엄청난 가치를 인식하고 있지 못하기 때문이다. 강어귀나 습지의 폐기물 처리는 그곳이 우리에게 제공해 주는 많은 생명부양 서비스 중 한 가지일 뿐이다. 그 외에 다른 서비스에 대해서는 8장에서 논의할 것이다.

평균 수심 약 100피트(약 30m)에 2,000평방마일(약 500km²) 면적의 물이 뉴욕 만을 이루고 있다. 이곳은 일년 365일, 하루 24시간 내내 무료로 작동하는 대규모의 활성화된 폐수처리장으로서 기능하고 있다. 태양이나 조류 에너지 대신 비싼 화석연료를 쓰는 인공 기계처리장으로 이 모든 폐기물을 처리한다면 비용이 얼마나 될지 생각해 보라. 또는 그냥 매립지에 폐기물을 갖다 버린다 해도 가치 있는 땅을 얼마나 많이 잃게 될 것인지 생각해 보라(바로 최근에 뉴욕에서는 새로운 쓰레기 매립장의 개발을 금지하는 법을 통과시켰다. 그러나 이러한 규제는 사람이 많이 살지 않는 지역으로 폐기물이 빠져나가는 결과를 초래했기 때문에 제대로 된 해결책이 아니다). 뉴욕의 주세와 지방세는 이미 미국의 어떤 다른 곳보다도 높은 축에 든다. 만일 납세자들이 거기에 덧붙여 뉴욕 만이 하는 일에 대해서도 세금을 내야 한다면 세금은 크게 증가될 것이다. 이미 지적했듯이 최근 이 천연 하수처리 설비는 용량을 초과하고 있다. 이제는 다음 두 가지 선택만이 남아 있다. (1)값비싼 인공 처리 시설을 늘리거나 (2)처분 또는 처리해야 할 폐기물의 양을 줄이는 것이다. 이 책의 뒷부분에서 언급하겠지만 오염 방지와 폐기물 감소 기술은 지금 필요한 것들이다.

　시카고에서는 뉴욕 만이 뉴욕을 위해서 수행하는 것과 같은 역할을 일리노이 강 유역이 하고 있다. 1900년 시카고에서는 미시간 호로 흘러 드는 하수를 일리노이 강으로 보내기로 결정하였다. 이 강은 남쪽으로 흘러 미시시피 강과 합류한다(그림 1-7). 이 목적을 달성하기 위해 미시간 호에서부터 강의 상류까지 운하를 팠다(여기에는 수로로 사용할 목적도 있었다). 일리노이 강 계곡은 넓으며, 수백 개의 얕은 호수와 수렁들이 주요 수로들과 경계를 이루고 있다. 그리고 세계에서 가장 비옥한 토지 중 일부를 흐르고 있다. 인디언들과 초기 정착자들은 이 유역이

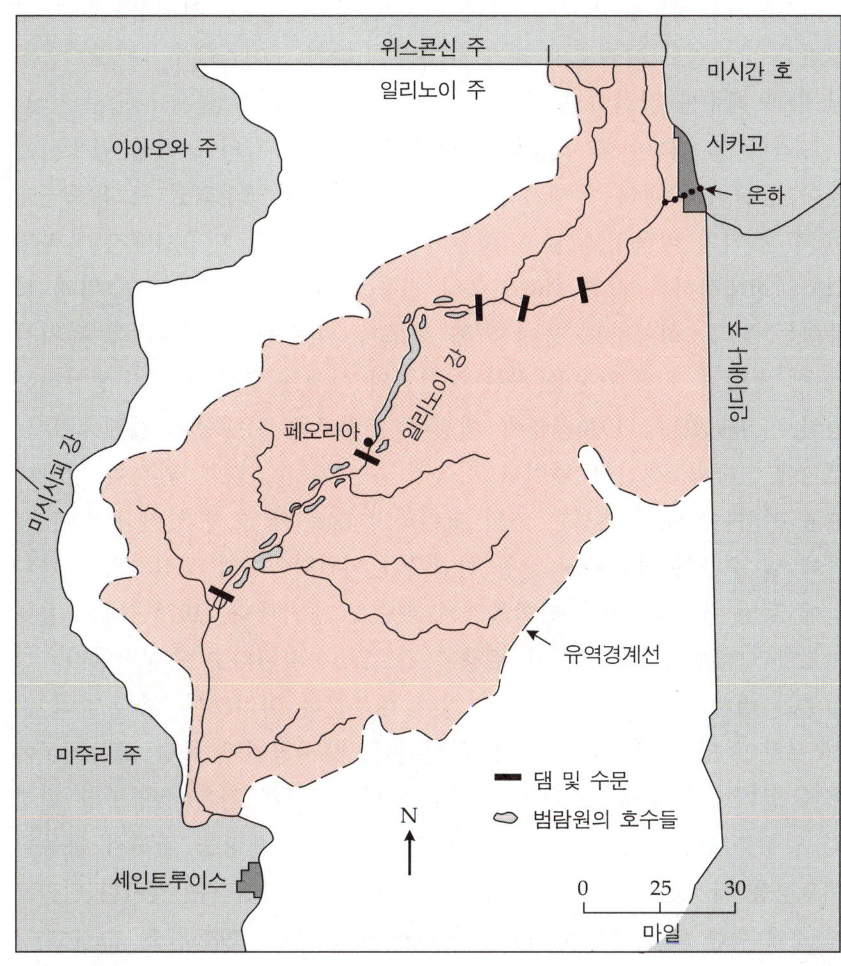

그림 1-7

일리노이 강 유역(점선으로 둘러싸인 부분)은 시카고 시의 폐수 및 농경지로부터 나오는 비점원 오염인 토양과 화학적 오염물질에 의해 점점 많은 영향을 받고 있다(Havera and Bellrose 1985).

물새, 물고기, 섭조개, 모피동물들의 서식지여서 좋은 사냥터이며 낚시의 천국이라는 것을 알고 있었다. 1908년경에는 2,500여 명의 어부들이 일리노이 강에서 연간 1,100만 킬로그램의 물고기를 잡았다. 그리고 낚시가 취미인 사람들도 어부들만큼 지방경제에 기여한 것으로 추정된다. 또한 2,600여 척의 섭조개잡이 배들이 작업했다. 이 강은 곡식과 연료의 운송로로도 중요했으며, 지금도 그렇다.

수로가 바뀐 미시간 호의 물 때문에 곧 이 강의 폭은 증가되었고 처리되지 않은 하수량의 증가로 강 상류 부분의 수질은 저하되어 어획량이 급속히 줄어들었다. 이러한 상태는 시카고 시가 1920년에서 1930년 사이에 폐수처리 설비를 건설하고 수질오염법을 발효시켰을 때에야 좋아졌다. 이 기간 동안 건설된 수문과 댐들은 하천 유역에 긍정적인 영향과 부정적 영향을 모두 주었다. 1940년에 이 강은, 전체적으로는 견딜만한 상태였고 시카고와 계곡에 자리한 다른 도시들에서 나오는 엄청난 양의 폐수를 정화하고 있었다.

그러나 몇 십 년 가지 않아 생명부양계로서의 강의 능력을 감소시키거나 완전히 파괴하는 새로운 스트레스 요인이 생성되었다. 1930년대 이후 유역의 비옥하고 넓은 평원이 옥수수나 콩의 단종재배지로 바뀌었다. 경제정책과 값싼 화석연료의 이용, 최대 곡물 생산량을 위해 사용하는 농약·화학비료 등에 의해 목초지, 삼림용지, 저지대에 위치한 호수, 울타리 보호 기능을 하는 하천변의 식생은 모두 곡물을 생산하는 평야로 바뀌었다. 1930년대에 제정된 토양보존 시행령은 폐지되었다. 토지에서 곡물 생산이 얼마나 지속될 수 있는지, 다른 환경에 얼마나 해를 끼치는지에 대해서는 거의 고려하지 않은 채 오직 얼마나 많이 생산해 낼 수 있는가만이 유일한 관심사가 되었다. 농업 생산력의 증가와 함께 토양 침식과 독성 화학물질의 배출도 증가했다. 1975년에는 농경지로부터 매년 2,500만 톤의 토양이 강으로 유실된다고 추정되었다. 그 일부는 미시시피로 들어간다. 그러나 대부분은 일리노이 강 유역의 값진 부분인 얕은 호수나 개펄에 침전된다. 토사침전과 독성 화학물질은 이제 일리노이 강에 큰 위협이 되고 있다. 곤란한 점은 생명부양 환경의 일부분(농업지역)의 기능을 높이려는 노력이 생명을 위해서 동등한 중요성을 가지는 다른 부분(자연계)의 질을 저하시킨다는 것이다(일리노이 강에 관한 더 자세한 이야기는 Havera and Bellrose 1985 참조. 그리고 강의 복원에 대한 최근의 노력들은 Sparks 1992 참조).

　일리노이 강에 대해서 기술한 것과 유사한 경향들이 전국적으로, 그리고 세계적으로 곳곳에서 일어나고 있다. 샌프란시스코 만은 계속되는 독성 폐기물의 배출과 관개용수의 유출, 농업용수와 가정용수의 배출 등에 기인하는 염도 증가로 위협받고 있다(Nichols et al. 1986). 세계적으로 뛰어난 연안 중 하나이며 전설적인 굴과 청색꽃게 blue crab의 본고장인 체서피크 만 Chesapeake Bay의 물은 산소 고갈로 항상 고통받게 되었다. 그리고 수질이 일반적으로 악화되었다. 이러한 수질 저하는 체서피크 유역(인구 약 1,500 만 명이 살고 있는 뉴욕의 시러큐스 Syracuse 남부에서 버지니아 주의 노퍽 Norfolk에 이르는 120,000평방마일 면적의 유역)의 토지 이용을 고려할 때에만 회복될 수 있다. 이 지역은 현재 인구가 감소하고 있기 때문에 토양 침식물, 살충제 그리고 중금속 등의 유입을 줄이기 위한 고통스런 조치로서 사회적, 경제적 그리고 환경적 이익의 연합이 함께 이루어진다면(그리고 그것이 크다면) 치유될 수 있을 것이다. 만약 그 치유 활동이 성공한다면 일명 〈체서피크 사업〉이라 불리는 이 사업은 〈경쟁력 있는 지속 가능한 생태계 경영 ecosystem management[3] 모형이 될 수 있을 것이다(Costanza and Grier 1995). 그러나 발트 해, 지중해, 카스피 해, 홍해, 흑해, 중국남해, 아일랜드 해, 영국해협과 같이 점점 인구가 증가하고 있고 해역이 바다에 완전히 개방되어 있지 않은 지역에서는 이러한 성공을 기대하기 힘들다(Platt 1995).

점원 오염과 비점원 오염

　공장, 발전소, 폐수처리 시설의 폐수배출량을 통제하는 법령의 시행으로 대기와 하천의 점원 오염 point-source pollution이 감소되고 있다. 그림 1-8의 공장과 같이 하수도관, 배수구, 굴뚝 등이 오염원으로부터 배출 되는 오염물질은 비교적 그 배출위치를 쉽게 알 수 있고 또 통제할 수 있다. 그러나 비점원 오염 nonpoint-source pollution(농경지로부터 유출되는 토양과 살충제 또는 자동차 배기가스같이 오염원이 일정한 곳이 아

---

　3) ecosystem management는 흔히 생태계 관리로 옮겨왔으나 미리 계획하고, 계획을 실행하며 또한 사후관리하는 과정을 모두 포함하기 때문에 생태계 경영이라 옮긴다.

닌 경우)은 증가하고 있다(Smith et al. 1987). 따라서 간혹 감소하는 경우를 보이기는 하지만, 수질이나 대기질은 거의 개선되지 않고 있다. 그러나 생명부양 환경에 대한 스트레스를 줄이는 방법에 대한 새로운 착상이 생겨나고 있다는 것을 가슴에 새겨두자.

이리 호와 다른 오대호의 점원 오염에 대한 통제는 수질을 개선시켰고 물고기 떼들을 되돌아오게 했다. 그러나 지하수로 흐르는 공장이나 농장의 화학물질이 수질을 위협하고 있다. 현재 호수, 강, 바다와 대기를 위협하는 비점원 오염물질은 평가하기가 어렵고 점원 오염물질을 통제하듯이 조절할 수도 없다. 단지 입력관리input management에 의해 조절될 수 있다. 입력관리란, 예를 들어 경작지에 투여되는 농약의 독성과 양을 줄이고, 발전소에서 석탄을 태우기에 앞서 석탄에 포함된 황이 생태학에 대한 연구는 우리에게 실용적 지식 이상의 도움을 준다. 또 우리에게 지구의 환상적인 아름다움과 믿을 수 없을 만큼 다양한 삶을 보여준다. 기계와 인공구조물에 대한 의존도가 증가하고는 있지만 자연에 대한 사랑은 인간 정신에 여전히 강력한 힘으로 남아 있다. 비록 탐욕과 경제적, 정치적 단기 이익을 추구하는 성향 때문에 자주 감춰지기는 하지만, 심미적 가치와 보존 윤리가 인간의 내면에 깊숙이 자리잡고 있다(불행히도 많은 사람들은 경제적, 정치적 이익의 추구를 행복의 추구와 같은 것으로 간주하고 있다). 모순되게도 도시화가 점점 우리를 자연적 환경으로부터 분리시키는데도 불구하고, 우리는 더욱더 자연에 의존하고 있기 때문에 더욱더 자연에 대해 걱정하고 있다.

나 그 밖의 오염물질을 제거하며, 종이를 폐기하지 않고 재사용하는 것 등을 포함한다(입력관리의 개념에 대해서는 맺음말에서 다시 언급함). 배출량을 감소시키는 것은 농업 및 공업생산력에 있어 이익을 증가시키기 때문에 입력관리는 경제적으로도 강력한 타당성을 가진다. 쓰레기 매립장 또는 〈땅에 그냥 버리는 것〉은 이제 시대에 뒤떨어진 짓이다. 이제는 폐기물 재활용 산업으로 대치되어야 한다.

뉴욕 만과 일리노이 강은 생명부양계로서 자연환경의 가치를 보여주는 보기들이다. 뿐만 아니라 자원 사용의 효율을 높이기 위해서 더 많은 배려가 필요하다는 것을 알려준다. 그리하여 인조환경과 순치환경이 생명부양 환경에 미치는 나쁜 영향을 감소시켜 준다.

이제 전체 경관을 총체적으로 관리할 때가 왔다. 여기에 생태학이라는 학문이 유용할 것이다. 생태학은 자연과 사람의 상호관련성을 다루기 때문이다. 생태학 ecology이라는 단어는 〈집〉을 의미하는 그리스어 〈oikos〉가 〈학문〉을 의미하는 〈logy〉와 결합하여 유래되었다. 따라서 생태학이란 문자 그대로 우주선 지구호에서 상호의존하는 존재들로서 더불어 살고 있는 동물, 식물, 미생물, 사람들을 포함한 거주지에 대해서 연구하는 학문 the study of households이다. 이미 강조했듯이 인간이 만든 구조물을 설치하고 기계를 운행하는 장소인 환경 가옥 environmental house은 생명의 근원이 되는 생물의 필수요소들 대부분을 제공해 준다.

그러므로 우리는 생태학을 지구의 생명부양계에 대한 학문으로 생각할 수 있다.

양식 있는 시민이라면 미래의 〈진보〉를 위해서 전체 환경의 질이 잘 유지되어야 함을 알게 되리라는 믿음으로 다음의 몇 장에 총체적 생태학 원리들을 소개할 것이다. 만약 생명을 부양하는 자연 재화와 서비스가 인간에 의해 생산되는 재화와 서비스와 같은 가치를 가지면서 현명하게 관리된다면 삶의 질과 경제적 발전 욕구는 상충되는 목적이 될 필요가 없다.

*Allen, J. 1991. *Biosphere－2: The Human Experiment.* Penguin Books, London.

*Alling, A. and M. Nelson. 1993. *Life under Glass*: *The Inside Story of Biosphere－2.* The Biosphere Press, Oracle, AZ.

*Borgstrom, G. 1967. *The Hungry Planet.* Macmillan, New York.(Concept of "ghost acres," Chapter 5, pp. 70－86.)

Cloud, P. 1988. *Oasis in Space*: *Earth History from the Beginning.* Norton, New York.

Costanza, R., and J. Greer. 1995. The Chesapeake Bay and its watershed: A model for sustainable ecosystem management? In *Barriers and Bridges*, ed. C.S. Holling and S.S. Light, pp. 169－213. Columbia University Press, New York.

*Dempster, W.F. 1993. Biosphere－2 systems dynamics during the initial two－year closure trial. Society of Automotive Engineers(SAE) technical paper series, no. 932290. Warrendale, PA.

Dorney, R.S., and P.W. McLellan. 1984. The urban ecosystem: Its spatial structure, its subsystem attributes. *Environments* 16(1): 9－20.(Natural, agro, and urban landscapes are considered as the three basic ecosystems, with the latter two considered as "islands" or "subsystems" in the matrix of natural landscape.)

Echart, P., ed. *Life Support and Biospherics.* Herbert Utz Publishers, Munich.

Ehrlich, A.H., and P.R. Ehrlich. 1987. *Earth.* Franklin Watts, New York.

*Greeson, P.E., J.R. Clark, and J.E. Clark, eds. 1979. *Wetland Functions and Values*: *The State of Our Understanding.* American Water Resources Association, Minneapolis.

*Havera, S.P., and F.C. Bellrose. 1985. The Illinois River: A lesson to be learned. *Wetlands* 4 : 29－40.

Hutchinson, G.E., ed. 1970. *The Biosphere.* Special issue, *Sci. Am.* 223(3): 44－208.(Also published in book form by Freeman, San Francisco.)

*Nichols, F.H., J.E. Cloern, S.N. Luoma, and D.H. Peterson. 1986. The modification of an estuary. *Science* 231: 567－573.

Odum, E.P. 1977. The life support value of forests. In *Forests for People*, pp.101－105. Society of American Foresters, Washington, D.C.

Odum, E.P. 1996. The high cost of domed cities. *Nature* 382: 18.

Odum, E.P., and E. H. Franz. 1977. Whither the life－support system? In *Growth Without Ecodisasters?* ed. N. Polunin, pp. 264－274. Macmillan Press, London.

*Odum, E.P., and H.T. Odum. 1972. Natural areas as necessary components of man's total environment. *Trans. N.A. Wildl. and Nat. Res. Conf.* 37: 178－189. Wildlife Management Institute, Washington, D.C.

*Platt, A.E. 1995. Dying seas. *Worldwatch* 8(1): 10－19.

*Schwartzkopf, S.H. 1992. Design of a controlled ecological life support system: Regenerative technologies are necessary for implementation in a lunar base CELSS. *BioScience* 42: 526–535.

*Severinghaus, J.P., W.S. Broecher, W.F. Dempster, T. MacCallum, and M. Wahlin. 1994. Oxygen loss in Biosphere–2. *Trans. Am. Geophysical Union* 75: 33, 23–37.

*Smith, R.A., R.B. Alexander, and M.G. Wolman. 1987. Water quality trends in the nation's rivers. *Science* 235: 1067–1615.(Between 1974 and 1981 some point–source pollution has declined, but nonpoint source pollution has increased.)

*Sparks, R. 1992. The Illinois River–floodplain ecosystem. In *Restoration of Aquatic Ecosystems*, ed. J. Cairns, pp. 412–432. National Academy Press, Washington, D.C.

*Young, R.A., D.J.P. Swift, T.L. Clarke, G.R. Harvey, and P.R. Betzer. 1985. Dispersal pathways for particle–associated pollutants. *Science* 229: 431–435.

*는 이 장에서 인용된 참고문헌을 가리킨다.

조직의 계층구조

제1장에서는 인류 문명을 지탱시켜 주는 체계를 강조하고 세 가지의 주요 환경인 개발환경, 순치환경, 자연환경으로 지구에 대한 조감도를 나타냈다. 이제 우리의 이 복잡한 세계를 더욱 완전하고 본질적으로 이해하기 위해서 〈조직적인 계층구조 hierarchy〉라는 관점에서 생각해 볼 필요가 있다(Simon 1973; Allen and Starr 1982; O'Neill et al. 1986). 계층구조 hierarchy란 구분된 요소들이 정돈되어 있는 일련의 계열로 정의할 수 있다. 예를 들어서 커다란 상자 속에 작은 상자가, 또 그 작은 상자 속에 더욱 작은 상자가 계속해서 들어 있는 중국 상자 Chinese boxes를 마음속에 그려 보라. 다섯 가지 보기를 표 2-1에서 보였다. 이 보기들에서는 일련의 수준들이 규모가 큰 것에서부터 작은 것으로 정리되어 있다. 그러나 우리가 수준을 낮은 것에서 출발하고자 한다면 그 순서는 반대로 될 수도 있다.

우리는 지리적 계층구조와 군대의 계급구조에 다소 익숙하다. 생물학의 기초과정에서 학생들은 인간의 몸이 어떻게 구성되어 있고, 생물들이 어떻게 분류되는지 보여주는 생리학적 사다리와 분류학적 계급들을

(A) 대규모 계층구조	
지리, 정치	생태학
세계	**생물권**
대륙	생물지리적 지역
국가	**광역과 생물군계**
지역	경관
주(또는 도)	생태계
군	생물군집
마을(또는 마을 단위)	개체군
인구(인종 등)	생물개체
개인	

(B) 소규모 계층구조		
생물분류학	생리학	군대계급
계	개체	장군
문	기관계	중령
강	기관	소령
목	조직	대위
과	세포	중위
속	세포 소기관	상사
종	분자	사병

배운다. 오늘날 점점 자주 접하게 되는 또다른 보기는 컴퓨터 프로그램이다. 이것은 프로그램의 목적을 수행하기 위해 일련의 순서에 따라 실행되는 루틴과 서브루틴으로 이루어져 있다. 지리적·생물적 그리고 생태적 계층구조는 각 수준들이 그보다 더 낮은 수준의 집합으로 구성되어 있다.[1] 반면에 정부, 대학, 군대의 계급과 기타 인간 조직의 계층구조는 높은 수준이 낮은 수준을 포괄하지 않는다(이를테면 하사관은 사병들의 집합으로 이루어지지 않는다).

---

1) 이 구조는 상위수준이 하위수준을 포함하기 때문에 내포 계층구조 nested hierarchy라고 한다. 군대는 소대, 중대, 대대, 연대로 이어지는 내포 계층구조이며 이 단위의 지휘 계급인 소위, 대위, 중령, 대령은 비내포 계층구조가 된다.

생태적 계층구조

생태학에서 개체군population이라는 용어는 본래 한 그룹의 사람들을 표현하기 위하여 만든 것으로, 어떤 특정한 지역에 함께 살고 있는 같은 생물종 개체들의 집단을 의미하는 것으로 확대되어 사용된다. 단수로 개체군a population은 동일종끼리 서로 교배할 수 있는 생물종의 한 무리이며, 복수로 개체군들populations은 동일 조상이나 서식지에 의해서 연계된 서로 다른 생물종들의 한 무리이다(예를 들어 식물 개체군들, 새의 개체군들, 플랑크톤의 개체군들). 생태학에서 군집community은 어떤 한 지역에 살고 있는 모든 개체군들을 포함하는 생물 공동체biotic community라는 의미로 사용된다. 군집과 살아 있지 않는 환경은 더불어 생태적 계ecological system 또는 생태계ecosystem를 이룬다. 독일 또는 러시아 문헌에서 종종 사용되는 같은 의미의 용어로 생물지질 공동체 biogeocoenosis가 있다. 이는 〈더불어 기능을 발휘하는 생물과 지구〉라는 의미로 번역된다.

다시 표 2-1을 보자. 인공물과 함께 여러 생태계들은 경관landscapes을 구성하고, 경관은 다시 생물군계biome(예를 들면 대양, 초지)라 불리는 더욱 큰 지역 단위들의 부분이 된다. 주요 대륙과 대양은 생물지리학적 지역biogeographic region이 되며, 그들 각각은 자신들의 특이한 식물군과 동물군을 가지고 있다. 생물권biosphere은, 범지구적인 규모로 더불어 기능을 발휘하는 지구생태계 모두를 포함하여 지칭할 때 널리 사용되는 용어다. 생태권ecosphere은 가끔 생물권과 비슷한 말로 사용되지만 어떤 환경 과학 책들은 다음과 같이 이들을 구분한다.

생물권＝지구상의 모든 생물(모든 군집)
생태권＝모든 생물, 그리고 이들과 상호작용을 하는 무생물 물질
　　　　(모든 생태세)

생태학적 계층구조에 포함되는 모든 수준들은 생명과 생물학적 과정을 포함하고 있다. 따라서 생물권을 생물들과 사람들이 살아가는 지구의 부분들, 즉 생물학적으로 거주할 수 있는 토양, 공기, 물로 이루어진 것이라 생각할 수 있다. 생물권은 지권lithosphere(암석, 퇴적토, 지

각, 지구의 핵), 수권 hydrosphere(지표수와 지하수), 우주선 지구호의 다른 주요 부분인 기권 atmosphere 안에 식별할 수 없을 정도로(즉 뚜렷한 경계가 없이) 합체되어 있다.

혼돈에서 질서로

　계층구조에서 각 수준은 이웃한 수준들에서 일어나고 있는 것에 영향을 준다. 하위수준의 과정들은 어떤 방식으로든 종종 더 높은 수준들에 의해 제한 받는다. 예를 들면 기생자와 숙주 관계 같은 개체군 수준에서의 상호작용은 비평형, 주기성, 심지어 혼돈을 나타내는 경향이 있다. 반대로 느리고 장기적인 특징을 갖는 더 높은 수준의 상호작용은 맥박식 정상 상태 pulsing steady state로 접근하는 경향이 있다. 말하자면, 대양생태계나 삼림생태계 같은 거대 생태계는 개별적인 구성요소보다 더 안정하다. 우리는 이것을 계층구조적 제약 hierarchical constraint이라고 생각할 수 있다. 따라서 우리가 바라보는 수준에 따라 동일 대상이 다르게 나타난다.

시간과 규모의 중요성

　시간과 규모 문제도 역시 중요한 고려의 대상이 된다. 짧은 기간에는 기생자와 숙주는 서로 경쟁하며 우세 정도가 파도 모양으로 변동하는 〈무기 구축 경쟁〉 상태에 있는 것처럼 보인다. 그러나 장기간에 걸쳐서는 서로에게 적응하여 공존의 균형 상태를 이루어내는 것을 볼 수 있다. 이러한 균형은 조절이 더 큰 규모의 교란에 의해 방해받지 않는 한 지속될지도 모른다(제7장에서 공진화coevolution 개념에 대해 더 논의함). 이처럼 삼림의 일부 소영역에서의 개체군 생존과 형태는 대규모의 경관 속성에 의해 좌우될 것이다(제4장 〈생성–소멸 에너지론Source–Sink Energetics〉 절에서 규모 효과scaling effects를 더 자세히 논의함. Meentemeyer and Box 1989 참조).

생태학 – 경제학의 시발과 다른 공통 영역

　경제학economics이라는 용어는 생태학이라는 말과 같은 어원 〈oikos〉에서 유래되었다. 〈nomics〉는 〈관리〉를 의미하기 때문에 〈economics〉는 〈가계의 관리〉로 해석된다. 이론적으로 생태학과 경제학은 동료 학문이어야 한다. 그러나 실제로 경제학자들은 인간사, 즉 시장의 재화와 용역을 다루는 반면 생태학자들은 최근까지 자연환경, 즉 대부분 비시장적이지만 그럼에도 불구하고 생명에 필수적인 자연의 재화와 용역(공기 정화, 물의 재순환, 토양의 비옥화 등)에 관심을 집중시켜 왔다. 두 학문 분야가 지나치게 좁은 견해를 가진 결과 일반 대중들은 생태학과 경제학을 정반대의 시각을 가진 적으로 간주하는 경향을 갖게 되었다. 우리는 나중에 가계에 대해 가져야 할 보다 총체적인 견해의 중요성에 대해서 자세히 얘기할 것이다. 또한 생태학과 경제학의 괴리를 좁히기 위해서 수행되고 있는 것들도 자세히 언급할 것이다. 맺음말에서는 궁극적인 다리 역할로서의 〈이중 자본주의dual capitalism〉 개념을 소개할 것이다.
　대부분의 현실 세계의 문제 해결에 하나 이상의 재래적 학문의 관점이 요구되자 많은 새로운 공통 분야, 고유한 전문 학회로 구성된 각 영역, 논문집, 교과서 그리고 수업 과정이 생겨나게 되었다. 생태경제학

은 그러한 공통 영역 분야 중의 하나이다. 다른 분야로는 환경보건, 환
경공학, 환경법, 보존생물학, 경관생태학 그리고 복원생태학 등이 있다. 이
러한 새로운 전문 분야들이 미래의 의사 결정과 계획에 미치게 될 영향
은 적용되는 생태학적 이론의 견실성과 기초생태학 원리들에 대한 일반
인들의 이해 그리고 보다 나은 관리를 위한 많은 실용적인 전략들이 그
원리들로부터 도출될 수 있는 방법에 달려 있다.

대부분의 사람들은 일상사에서 환경의 질에 대한 인식과 관심이 계속
해서 우선권을 가져야 한다는 데 동의한다. 그러나 우리의 배려를 요망
하는 여러 가지 문제들이 있을 때 대중의 흥미를 환경 문제에 높은 수
준으로 붙들어 두는 것은 쉽지 않다. 그 많은 문제들이 〈생태적 우려
ecological concerns〉와 직접적으로 관련되어 있음을 보여줄 수 있을 때
조차도 그럴 것이다.

중요한 것은 조직의 수준들이 서로 다르고 때로는 유일한 특징들을
갖고 있다는 점이다. 그들은 에너지론energetics, 성장, 진화, 되먹임
조절, 그리고 다른 공통 분모와 같은 초월적 기능들로 서로 연계되어
있다(Barrett, Peles and Odum 1997 참조). 따라서 한 수준에서 일어난 것
은 다른 수준에서 일어나는 것에 영향을 미칠 수 있다. 그리고 이 점이
아래의 중요한 생태적 원리에 대한 우리의 관심을 불러일으킨다.

창발성 원리

계층구조적 조직의 중요한 결과는, 하나의 구성요소 또는 하위 단위가 조합하여 더 크고 기능적인 전체를 이룰 때 그 하위 수준에서는 존재하지 않던 또는 뚜렷하지 않던 새로운 특성들이 생겨나는 것이다. 따라서 생태적 수준 또는 단위의 창발성emergent property은 구성요소들의 기능적 상호작용의 결과로 생긴다. 그러므로 전체 단위로부터 고립된 또는 분리된 구성요소들에 대한 연구만으로는 예상할 수 없다(Salt 1979). 이 원리는 〈전체는 부분들의 합보다 크다〉 또는 〈숲은 나무들의 집합 이상이다〉라는 오래된 금언이 가지는 의미를 격식을 갖추어 표현한 것이다. 이제 물리학 영역의 한 가지 보기와 생태학 영역의 두 가지 보기로 창발성을 예증할 것이다. 산소와 수소가 분자구조로 결합할 때 물이 생성된다. 그런데 물은 가스 구성분자들과는 아주 다른 새로운 특성을 가지는 액체이다. 어떤 종류의 조류와 강장동물들이 함께 진화하여 산호를 만들 때, 효율적인 영양소 순환 기작들이 유도된다. 이 기작은 산호초로 하여금 낮은 영양소 함량을 가진 물에서도 높은 생산성을 유지할 수 있게 한다. 마찬가지로 균근mycorrhizae으로 알려진 곰팡이가 나무의 뿌리에 서식할 때 곰팡이-뿌리 공동체는 뿌리 혼자서 하는 것보다 더욱 효율적으로 토양으로부터 영양물질들을 흡수할 수 있다.[2]

이렇게 상호이익을 주는 관계는 자연에서 흔히 나타나며 질서 정연한 인간 사회에서도 자주 나타난다.

새로운 생태학

생태학은 지금 더욱더 부분과 전체 모두에 대한 총체적 연구를 강조하는 학문 분야이다. 전체는 그 부분들의 합보나 크나는 개념이 널리 인식되어 있는 반면에, 그것이 현대의 과학과 기술에서는 간과되는 경향이 있다. 현대의 과학과 기술은 전문화가 곧 복잡한 것들을 다루는 방법이라는 이론을 바탕으로 더욱더 작은 단위들에 대해 상세한 연구를

---

2) 제6장의 마지막 부분에서 균근에 대해 자세히 설명한다.

강조한다. 현실 세계에서 한 수준에서 이루어진 발견들이 다른 수준의 연구에 도움이 된다 하더라도, 그것들로 다른 수준에서 일어나고 있는 현상들을 완전히 설명할 수 없다는 것은 진리이다. 완전한 이해를 위해서는 여러 가지 다른 수준에서 연구가 이루어져야 한다. 즉 숲을 이해하고 적절히 관리하기 위하여 우리는 나무에 대해 알아야 할 뿐만 아니라 전체로서 기능을 발휘하는 숲의 독특한 특징들에 대해서도 알아야 하는 것이다.

확실히 작은 단위에서 큰 단위로 연구가 진전됨에 따라 일부 특성들은 더욱 복잡해지고 변화무쌍하게 된다. 그러나 앞에서 이미 언급한 바와 같이 동시에 기능의 변화율이 점점 낮아진다. 이를테면 숲 전체 또는 옥수수밭 전체의 광합성 속도는 군집 안에 있는 개개의 식물 또는 잎의 광합성 속도만큼 심하게 변하지 않는다. 하나의 잎, 개체 또는 생물종의 광합성이 느리게 될 때, 다른 것이 보충하는 식으로 속도를 내기 때문이다. 전문적으로 말하면, 변동을 상쇄하는 견제와 균형(또는 힘과 대응력)이라고 할 수 있는 항상성 기작homeostatic mechanism이 모든 수준에서 작동한다. 이를테면 우리는, 환경의 변화에도 불구하고 체온을 일정하게 유지하는 신경계의 조절 기작 같이 개체에서 일어나는 항상성에 익숙하다. 또한 조절 기작들은 더 높은 수준에서도 작동한다. 예를 들어 대기권에서는 이산화탄소-산소 균형이 유지된다. 그러나 제3장에서 살펴보겠지만, 이렇게 더 높은 수준에서의 조절은 자동온도조절장치나 화학적 조절장치와 같은 〈최종 제어〉가 없다는 점에서 다르다.

마지막으로, 수준이 다르면 특성도 다를 뿐만 아니라 수준에 따라 외부 교란이 미치는 영향도 달라지게 됨을 인식하는 것이 중요하다. 예를 들어, 수년마다 건조기에 주기적으로 불이 나는 채퍼랠chaparral이라 불리는 캘리포니아 주 남부의 식생들을 고려해 보자(제8장의 그림 8-16A 참조). 이 토착 식생은 불에 적응되어 있고 불이 없이는 존재할 수 없다. 불에 의해서 죽거나 손상되는 개개의 종들에게 또는 채퍼랠에 집을 지어야 하는 사람에게는 확실히 불이 해롭다. 그러나 식생군집 수준에서는 불이 없으면 오히려 해롭다. 주기적인 불이 없는 곳에서는 불에 의존하는 생물종들이 다른 종들에 의해서 밀려나게 될지도 모른다. 그리고 그 식생의 전체 특성과 식생과 관련을 맺고 있는 동물들도 변하게 될 것이다(불에 적응한 생태계는 제5장에서 더 자세히 논의함). 마찬가지로 범람원의 홍수는 불어난 물에 빠져죽는 동물과 범람원에 집을 지을 정도로 현명하지 못한 사람에게는 나쁜 것이다. 그러나 적응된 범람원 식생들에게 그것은 반갑고 필요한 것이다. 최근의 연구들은 캘리포니아에서 〈관목불 brush fires〉을 억제하려는 사람들의 노력은 불의 발생 빈도는 감소시키지만 일단 발화된 불의 강도는 더욱 크게 할 수 있음을 보여준다. 이것은 작은 화재의 억제가 연료(죽어서 마른 나무줄기와 잎)의 축적을 가져오기 때문이다(Minnich 1983). 잘 계획된 홍수 조절 노력 중 일부에 대해서도 같은 말이 가능하다. 작은 홍수는 막을 수 있다. 그러나 큰 홍수는 막을 수 없어 그 피해가 막심하다(Belt 1975).

해충과 외래종

생물종이 군집 내에서 잘 통합되는 경우와 통합되지 않는 경우의 차이는 곤충이 자연생태계에서 위치를 옮길 때 해충으로 되는 예에서 볼 수 있다. 대부분의 농업 해충은 그들의 자연 서식지에서는 비교적 해가 없는 삶을 산다. 그러나 그들이 새로운 지역 또는 농업계에 침입하거나 부주의하게 도입될 때에는 성가신 존재가 된다. 예를 들면 지중해초파리, 왜콩풍뎅이, 유럽옥수수뚫이(나열하자면 매우 많다)같은 아메리카의 많은 해충들은 다른 대륙으로부터 들어왔다(반대로 곤충이 아메리카에서 다른 대륙들로 건너가 해충이 되기도 했다). 원래의 서식지에서 이들 생물종들은 오랜 기간 동안의 진화적 조정 결과 과도한 생식과 섭식이 조절되어 질서가 잘 짜인 생태계의 일부로서 기능을 발휘했다. 이러한 조절 작용들이 부족한 새로운 상황에서 개체군들은 조절 작용들이 확립되기 전에 전체 체계를 파괴할 수 있는 암세포처럼 행동하게 된다. 다음 장에서 볼 수 있는 것처럼 높은 경작물 수확을 위해서 지불해야 하는 내가 중 하나는, 사연적인 것을 내신하여 화학적 조절을 하게 되었을 때 환경 교란이라는 비용의 증가이다. 다행히 자연 제어와 인공제어를 포함하는 종합 해충관리 integrated pest management라 불리는 새로운 기술이 개발되어 비용을 절감할 수 있는 가능성을 보인다(Allen 1980; Murdoch et al. 1985: Stone 1992).

도입종은 종종 농경지뿐만 아니라 자연환경도 쑥대밭으로 민들기도 한다. 좋은 보기는 얼룩무늬홍합zebra mussel이다. 이것은 중앙아시아 남부의 카스피 해 지역이 원산지인 작은 조개의 일종이다. 이들은 배의 선체에 붙어서 미국의 오대호와 캐나다로 들어왔다. 1980년대에 개체군이 크게 증가하여, 수도관을 막고 물고기 먹이사슬의 기본이 되는 플랑크톤 (물을 여과하여 먹이를 섭취한다)의 수도 감소시켜서 흔하고 성가신 생물이 되었다(Ludansky, McDonald, and Neal 1993; Benson and Boydstun 1995).

사람들은 북아메리카의 포식성 동물이 풍부하고 새로운 먹이자원을 발견할 것이라고 기대했을런지 모르지만 그러한 진화적인 조절이 발달 되는 데는 종종 시간이 걸리기 마련이다. 그 동안에 얼룩무늬홍합을 먹 는 최상위 포식성 동물은 카스피 해역에서 들어온 고비스gobies(작은 어류)의 두 종인 듯싶었다. 실제로 도입된 위해성 생물이 원래 서식지 에서 기생자나 질병에 감염됨으로써 통제된 사례는 많았다.

국제 무역과 항공 수송이 증가하면서 독성이 매우 강한 인류의 질병 을 포함한 기회주의적 식물, 동물 그리고 질병의 확산이 증가하였다. 명백하게 생태계나 숙주 개체군이 압박을 받으면 침입종들은 더욱 기승 을 부린다. 예를 들어 가끔 자연 초지에서 과다한 방목의 첫 신호는 외 래 잡초의 출현이다. 침입종에 의해 일어나는 문제들에 대해 좀더 알아볼 수 있는 많은 참고문헌이 있다(Mooney and Drake 1986; Bright 1996 참조).

계층구조 이론을 적용하며

계층구조적 조직, 기능적 통합, 항상성과 같은 현상들은 인접한 수준 에 있는 것으로 알려진 모든 것들을 배우지 않고도 어떤 수준을 연구할 수 있다는 사실을 암시한다. 즉 여러 가지 수준 중 일정 수준에서 생태 학 연구를 시작할 수 있다. 이때의 과제는 선택한 수준이 가지는 독특 한 특징을 인식하고 그 다음 연구나 적당한 활용방법들을 고안해내는 것이다. 그림 2-1에서와 같이, 다른 수준에서 수행해야 할 연구는 다 른 연구 수단을 필요로 한다. 쓸모 있는 대답을 얻기 위해서는 올바른 질문을 제기해야 한다. 환경 문제를 해결하려고 할 때 잘못된 질문을 제기하거나 잘못된 수준에 초점을 맞추었기 때문에 실패하거나 심지어 예상에 어긋나는 결과를 초래하는 경우도 많이 있다. 예를 들면, 물고

(A)

(B)

그림 2-1
수준이 다른 생물계 연구에서는 다른 과정과 연구 수단이 필요하다. (A)염습원의 곤충 채집 같은 생물종 수준의 연구에는 간단한 곤충 채집 그물 정도면 충분하다. (B)연안의 만에서의 군집의 신진대사에 대한 독성물질의 영향 측정과 같은 군집 수준의 연구에서는 전체 물기둥을 감싸면서 떠 있는 중간 규모의 실험 장치와 같이 더욱 정교하고 값비싼 기구들이 필요할 것이다.

기가 죽는 원인을 찾기 위해 물 자체를 살피는 것도 한 방법이지만 물이 아닌 경관의 다른 부분에서 독성물질이 왔다면 그 방법으로는 미래의 물고기 죽음을 예견할 수 없을 것이다.

다음 장에서 우리는 생태계 수준에서 중요한 생태학 원리들에 대해 검토할 것이다. 생태계는 개체로서 존재하는 당신과 당신이 살고 있는 세계, 즉 생물권 사이에서 가장 중요한 중간 수준이다.

모형에 대하여

그러면 생태적 계와 같이 아주 복잡하고 만만찮은 것에 대한 연구는 어떻게 시작할 것인가? 우리는 어떤 복잡한 체계의 연구를 시작할 때처럼 좀더 중요한 기본적인 특성과 기능을 포함하는 단순화된 요소들을 기술하는 것으로 연구를 시작한다. 과학에서는 현실 세계의 단순화된 요소들을 모형model이라 부른다. 모형은 복잡한 상황들에 대한 이해와 예상이 가능하도록 현실 세계의 현상을 모방하여 단순하게 공식화한 것이다. 가장 단순한 형태의 모형으로 언어와 그림이 있다. 즉 간결한 설명 또는 그림, 그래프들로 모형을 나타낼 수 있다. 이 책에서는 대부분 비공식 모형informal model을 다루겠지만 전문 생태학과 일반 과학에서는 모형화가 점점 더 중요한 역할을 하고 있기 때문에 공식 모형formal model에 대한 이론에 대해서도 생각해 보아야 한다. 요즘은 컴퓨터와 특별한 모형 소프트웨어가 있어 수학과 물리학에 대한 최소한의 지식을 가진 사람도 생태적 상황을 모형으로 만들 수 있게 되었다.

공식적으로 생태학적 상황들을 나타내는 대부분의 모형들은 다음의 다섯 가지 구성요소를 가진다(괄호 안은 모형을 다루는 사람들이 사용하는 기술적인 용어들이다).

1) 특성 properties(P, 상태 변수)
2) 힘 forces(E, 추진 함수) : 체계를 움직이는 외부의 에너지원 또는 인자.
3) 흐름의 경로 flow pathways(F) : 에너지와 물질 이동에 의해 특성들과 추진력이 연결되는 것을 보여준다.
4) 상호작용 interactions(I, 상호작용 함수) : 힘과 특성들이 상호작용하여 흐름을 변경, 증폭 또는 제어한다.
5) 되먹임 루프 feedback loops(L) : 출력이 되돌아가서 앞쪽의 구성요소나 흐름에 영향을 준다.

모형화는 대부분 도식이나 그래프 모형을 만드는 것으로 시작된다. 그것은 그림 2-2와 같이 구획으로 나누어진 도식 형태일 수도 있다. 이 그림에서는 추진 함수 E가 이 계에 작용할 때 특성 P_1과 P_2는 I에서 상호작용하여 제3의 특성 P_3를 만들어내거나 영향을 준다. 여기에는 다

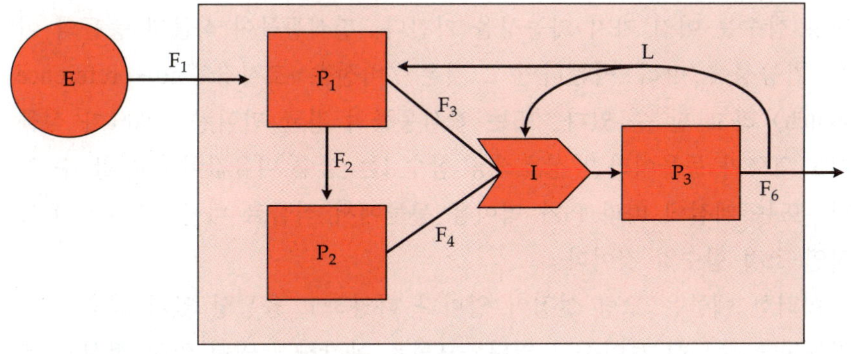

그림 2-2
생태계를 모형으로 표현하는 데 중심이 되는 다섯 가지 기본 구성요소를 보여주는 도식. E: 힘, P: 특성, F: 흐름의 경로, I: 상호작용, L: 되먹임 루프.

섯 가지 흐름의 경로가 나타나 있다. F_1은 전체 계에 대한 입력을, F_6는 출력을 나타낸다. 또한 되먹임 루프 L은 뒤에 나타나는 출력 전체 또는 일부가 되먹임되거나 재순환하여 앞의 구성요소와 과정들에 영향을 주는 것을 나타낸다.

그림 2-2는 미국 로스앤젤레스(또는 다른 어떤 대도시) 상공에서 일어나는 스모그 생성에 대한 모형으로 사용될 수 있다. 이 경우 P_1과 P_2는 각각 자동차 배기가스의 두 구성요소인 탄화수소와 질소산화물을 나타낼 수 있다. 이들은 태양광선에 의한 추진력 E에 의해 상호작용하여 새로운 물질인 〈광화학 스모그photochemical smog〉를 생성한다. 이 경우 P_1과 P_2가 각각 작용하는 것보다 이들의 상호작용으로 생성된 P_3가 더욱 골치 아픈 오염물이라는 점에서 상호작용 함수 I는 상승적이고 증폭적이다. 만약 스모그 농도가 증가함에 따라 새로운 스모그 생성률이 증가 또는 감소하게 된다면 이 모형처럼 되먹임 경로가 있어야 한다. 이때 되먹임은 촉진적으로 혹은 억제적으로 작용한다(도식에서는 +와 −부호로 나타낼 수 있다). 일반적으로 〈양성 되먹임positive feedback〉은 (정부 보조금이 경제 발전을 촉진하는 것처럼) 계 또는 과정을 촉진시킨다. 반면에 〈음성 되먹임negative feedback〉은 (용도지역지구제 계획에 따라 질서 있는 도시 발전을 노보하는 섯처럼) 과정을 늦추거나 일징한 속도로 유지하게 만든다. 앞으로 보게 되겠지만 두 가지 형태의 되먹임은 자연에서 흔히 나타난다.

또한 그림 2-2는 녹색식물인 P_1이 태양에너지 E를 유기물로 전환하는 초지 생태계를 설명하고 있다. P_2는 식물을 먹는 초식동물을, P_3는 초식동물과 식물을 먹을 수 있는 잡식동물을 대표한다. 이 경우에 상호작용 함수는 여러 가지 가능성을 가진다. 잡식동물이 식물과 동물의 이용 가능성에 따라 먹는다면 그것은 〈비선호 조절장치 no-preference switch〉라고 할 수 있다. 또는 잡식동물의 평균 먹이량의 80%가 식물이고 20%가 동물이라면 상호작용 함수 I는 상수 비율값이라고 할 수 있다. 또는 계절에 따라 P_3가 먹이를 동물에서 식물로 바꾼다면 I는 계절적인 조절 함수일 것이다.

이러한 예들은 모형 설정이 얼마나 다양하고 융통성 있게 적용될 수 있는지를 충분히 보여주고 있다. 모형은 복잡하게 얽혀 있는 현실 세계를 단순화된 요소들만으로 쉽게 이해할 수 있게 해줄 뿐만 아니라, 〈이렇게 하면 어떻게 될까?〉 식의 가설 검정 사례들을 마련하기 위해서도 다양하게 이용될 수 있다. 예를 들면, 하나의 특성이 제거되거나 다른 특성이 추가된다면, 상호작용이 변한다면, 에너지원이 감소된다면, 혹은 되먹임이 바뀐다면 무슨 일이 일어날 것인가 하는 질문들이다. 어떤 이론적이나 실용적인 목적으로 모형을 사용하거나 모형으로 실험하기 위해서는 우리가 논의하고 있는 도표 모형 chart model이, 특성들을 정량화하고 흐름과 상호작용들을 기술하는 방정식들을 도출함으로써 수학적 모형으로 전환되어야 한다. 이미 알고 있는 바와 같이, 요즘은 컴퓨터 소프트웨어를 이용하여 보다 크고 복잡한 공식들을 다룰 수 있게 되었다. 그러나 이것은 이 책의 범위를 벗어나는 주제이다. 다만 여기에서는 모형 작성자들이 어떻게 일을 하고 있는지 이해할 수 있으면 된다 (H.T. Odum 1971; Hall and Day 1977; Hannon and Ruth 1994).

참고문헌

*Allen, G.E., ed. 1980. Integrated pest management. Special issue of *BioScience* 30: 655–701.

*Allen, T.F.H., and T.B. Starr. 1982. *Hierarchy: Perspectives for Ecological Complexity.* University of Chicago Press.

*Barrett, G.W., J.D. Peles, and E.P., Odum. 1997. Transcending process and the levels–of–organization concept. *BioScience*(in press).

*Belt, C.B., Jr. 1975. The 1973 flood and man's constriction of the Mississippi River. *Science* 189: 681–684.

Benson, A.J., and C.P. Boydstun. 1995. Invasion of the zebra mussel in the United States. In *Our Living Resources*, ed. T. LaRoe, pp. 445–448. National Biological Service, U.S. Department of the Interior, Washington, D.C.

Bright, C. 1996, Understanding the threat of bioinvasions. Chapter 6 in *State of the World 1996*, ed. L. R. Brown, pp. 95–113. Worldwatch institute, Washington, D.C. (See also *Worldwatch* 8(4): 10–19, 1995)

Fiebleman, J.K. 1954. Theory of integrated levels. Brit. J. Phil. Sci. 5: 59–66.

*Gardner, Gray. 1996. IPM (Integrated Pest Management) and the war on pests. *Worldwatch* 9(2): 21–27.(Chemical weapons are a losing proposition, so what are hopes for IPM?)

*Hall, C.A.S., and J.W. Day. 1977. Systems and models ; Terms and basic principles. In *Ecosystem Modeling in Theory and Practice*, pp. 5–36. John Wiley, New York.

Hannon, M., and M. Ruth. 1994. *Dynamic Modeling.* Springer–Verlag, New York. (Graphical languages softwares STELLA used to demonstrate developing and then running models of real–world systems).

Higashi, M., and T. Ohgushi. 1990. Three interconnections of ecology. Chapter 14 in *Ecology for Tomorrow.* Special issue, *Physiol. Ecol. Japan* Vol 27.(Hierarchical perspective, network perspective, and evolutionary perspective are the three interconnections.)

Hutchinson, G.E. 1964. The lacustrine microcosm reconsidered. *Am. Sci.* 52: 334–341.(Discusses the holological [wholes] and merological [parts] approaches as contrasting philosophies in the study of lakes and other complex systems.)

*Ludansky, M.L., D. McDonald, and D. MacNeill. 1993. Impact of the zebra mussel, a bivalve invader. *BioScience* 43: 533–544.

*Meentemeyer, V., and E.O. Box. 1989. Scale effects in landscape studies. In *Landscape Heterogeneity and Disturbance*, ed M.G. Turner. Springer–Verlag. New York.

*Minnich, R.A. 1983. Fire mosaics in southern California and northern Baja California. *Science* 219: 1287–1294.

*Mooney, H.A., and J.A. Drake, eds. 1986. *Ecology of Biological Invasions in North America and Hawaii.* Ecological Studies. Springer–Verlag, New York.

*Murdoch, W.W., J. Chesson, and P.L, . Chesson. 1985. Biological control in theory and practice. *Am. Nat.* 125: 344–366.

National Research Council. 1995. *Ecological Based Pest Management: New Solutions for a New Century.* National Research Council, Washington, D.C.

Novikoff, A.B. 1945. The concept of integrative levels in biology. *Science* 101: 209–215.

Odum, E.P. 1977. The emergence of ecology as a new integrative discipline. Ecology must combine holism with reductionism if applications are to benefit society. *Science* 195: 1289–1293.

*Odum, H.T. 1971. The world system. Chapter 1 in *Environment, Power, and Society*, pp. 1–25. Wiley–Interscience, New York.

*O'Neill, R.V., D.L. DeAngelis, J.B. Waide, and T.F.H. Allen. 1986. *A Hierarchical Concept of Ecosystems.* Monographs in Population Biology No. 23, Princeton University Press, Princeton, NJ.

*Salt, G.W. 1979. A comment of the use of the term emergent properties. *Am. Nat.* 113: 145–148.

*Schlesinger, A.M. 1986. *The Cycles of American History.* Houghton Mifflin, Boston.(Picking up a theme from Henry Adams, he discusses the apparent alternation of periods of conservatism and liberalism.)

Simon, H.A. 1973. The organization of complex system. In *Hierarchy Theory*, ed. H.H. Pattee. George Braziller, New York.

*Stone, R. 1992. Researchers score victory over pesticides–and pests–in Asia. *Science* 256: 1272–1273.(When pesticide use actually increased rice pest outbreak by causing loss of natural enemies and development of resistant strains, a modified "integrated pest management" increased production and reduced pesticide use sharply.)

Turner, M.G. 1989. Landscape ecology: The effect of pattern and process. *Annu. Rev. Ecol. Syst.* 20: 171–197.

Urban, D.L., R.V. O'Neill, and H.H. Shugart. 1987. Landscape ecology. *BioScience* 37: 119–127.

*는 이 장에서 인용된 참고문헌을 가리킨다.

생태계

영국의 식물학자인 탠슬리 Arthur Tansley 경(1871–1955)은 세계 최초의 생태학회인 영국 생태학회의 창립 회원 중 한 사람이었다. 그의 전문 분야는 식생이었으나 많은 전문가들과 달리 지질학, 심리학, 과학철학과 과학방법론 등 광범위한 분야에 관심을 가지고 있었다. 그는 동물들이 식물에 의존할 뿐만 아니라, 식물도 여러 가지 방법으로 동물에 의존하며, 둘 다 무생물계와 밀접하게 얼개를 이루고 있음을 알아차렸다. 1935년 생물적 구성요소와 무생물적 구성요소를 하나로 묶어서 생각할 수 있도록 생태계 ecosystem라는 용어를 제창했다. 계 system라는 단어의 선택은, 생태계를 식생에 영향을 주는 온갖 잡동사니를 포괄하는 수머니로서가 아니라 체계적으로 조직된 단위에 대한 적절한 명칭으로 생각했음을 명확히 보여주고 있다. 그 자신의 글에서, 생태계에 대한 중심 개념은 〈결코 완전히 도달할 수는 없지만 작동하고 있는 요소들이 충분히 긴 시간 동안 일정하고 안정될 때는 대략적으로 평형상태를 향해서 나아간다는 생각이다〉(Tansley 1935). 생태계라는 용어는 그가 세상을 떠난 다음에도 한동안은 생태학에서 널리 사용되지 않았다. 이 용어가 일상적으로 사용하는 언어의 일부가 된 것은 극히 최근의 일이다.

생태계는 장기간에 걸쳐 생존을 위해 필요한 모든 구성요소와 기능이 완벽하게 갖추어져 있으며, 계층구조에서 가장 차원이 낮은 것이기 때문에(제2장의 표 2-1 참조) 생태학에서 이론과 실습을 체계화하는 데 편리한 논리적인 수준이다. 같은 이유 때문에 우리는 요즘 생태계 경영 ecosystem management에 관한 말을 더 자주 듣고 있다——구성 요소들을 분리하여 다루려고 했던 노력에서 전체로서 계를 관리하려는 노력으로 바뀌고 있는 것이다.

생태계 모형

모든 종류, 모든 수준의 생물계(생물적 계)가 그렇듯이 생태계도 열린계 open systems이다. 즉 생태계의 일반적인 외양과 기본 기능들은 장기간 동안 변화가 없는 듯하지만, 무엇인가 끊임없이 생태계로 들어오고 또 나가고 있다. 따라서 그림 2-2의 일반화된 계 모형 system model에서 처음으로 보인 바와 같이 출력과 입력은 생태계라는 개념에서 중요한 일부분이다. 그리고 그림 3-1의 모형은 우리가 계 system라고 부르는 사각형과, 입력환경 input environment과 출력환경 output environment이

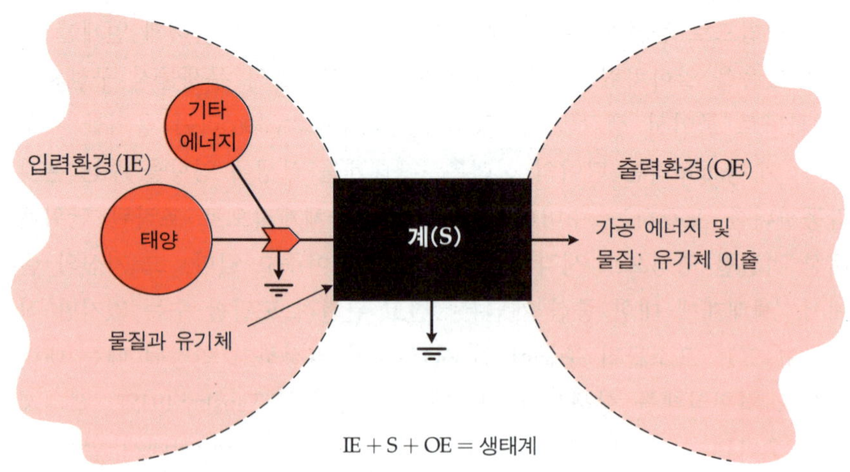

그림 3-1
열역학적으로 열린 비평형계로서의 생태계 모형. 여기서는 생태계 개념의 총체적인 부분으로서 고려되어야 할 외부 환경이 강조되고 있다.

라고 부르는 두 개의 커다란 깔때기 모양으로 구성된다. 여기서 계가 우리의 관심 영역이다. 계에 대한 경계선은 삼림의 한 부분 또는 해변의 한 구역과 같이 임의로 정해질 수 있다. 혹은 호소 전체가 하나의 계인 곳에서는 호소 기슭이 자연적인 경계가 된다.

생태계에 있어서 에너지의 입력은 필수적이다. 태양은 생물권에 있어 근본적인 에너지원이며 생물권 안에 있는 대부분의 자연생태계들을 직접적으로 유지시킨다. 하지만 생태계에는 중요한 다른 에너지원들도 있다. 예를 들면 바람, 비, 물의 흐름, 연료(현대 도시를 위한 주요 에너지원) 등이다. 에너지는 열의 형태로 또는 유기물(예를 들어 음식물이나 폐기물)이나 오염물질 등으로 변환되거나 가공된 형태로 계로부터 흘러나간다. 모든 종류의 다른 물질들과 더불어 생명에 필요한 물, 공기, 영양소들이 끊임없이 생태계로 들어오고 빠져나간다. 물론 유기체와 그들의 번식체(예를 들면 씨앗과 기타 생식구조물 등)도 들어오고 나간다.

그림 3-1에서 생태계의 계 부분은 〈어둠 상자 black box〉로 나타난다. 모형 구축자들에 의하면, 어둠 상자란 내용물을 명확히 파악하지 않고도 일반적인 역할이나 기능이 평가될 수 있는 단위라고 정의된다. 그러나 우리는 그 어둠 상자 내부가 어떻게 조직되어 있는지 들여다보

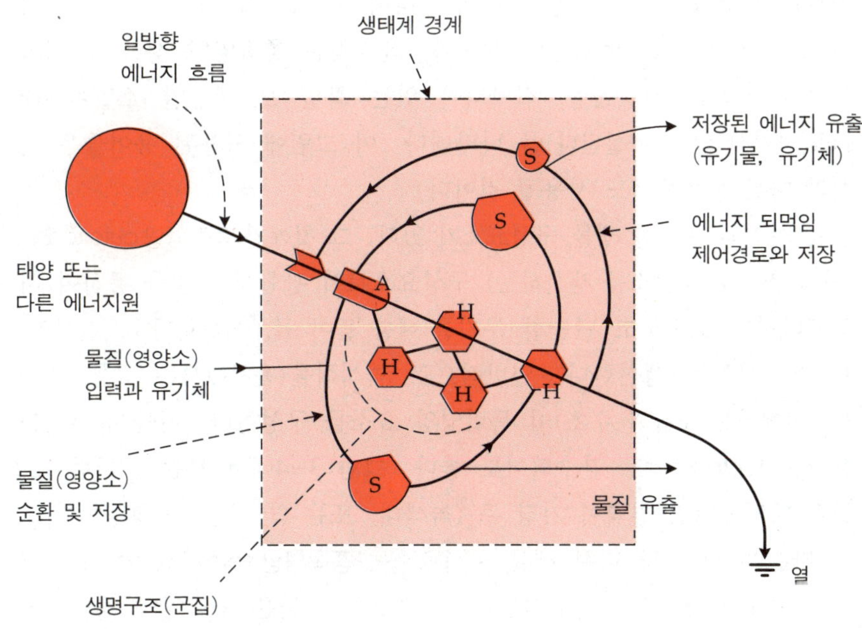

그림 3-2
생태계의 기능적인 그림. 에너지 흐름, 물질순환과 저장(S), 독립영양 생물(A)과 종속영양 생물(H)로 이루어지는 먹이그물 등 내부적 역동성을 강조한다.

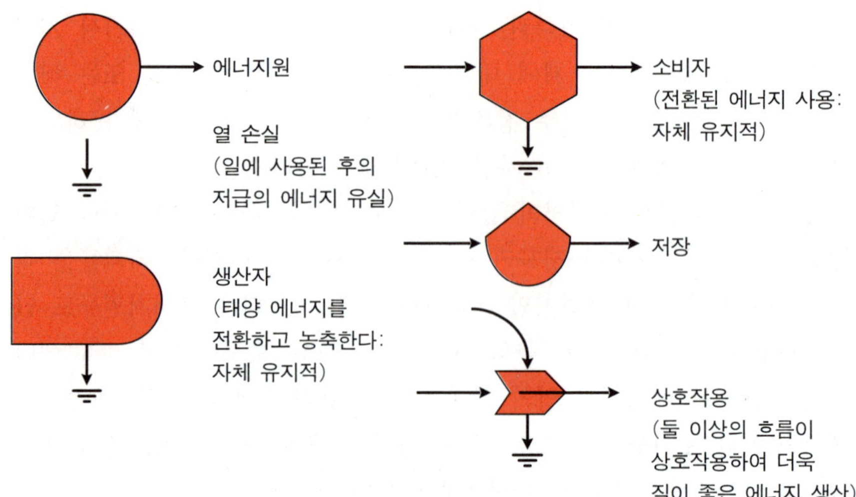

그림 3-3
이 책의 모형 도식들에서 사용되는 오덤H. T. Odum의 〈에너지 상징 용어〉.

기를 원하며, 모든 입력들에 대해서 어떻게 반응하는지 밝혀내기를 원한다. 이를테면 그림 3-2는 어떤 생태계의 내용물 또는 구성요소들을 모형으로 보여준다(그림 3-4와 3-5에서는 그림으로 나타난다).

그림 3-2에서 모형의 구획물(상자)들은 그들이 가진 기본 기능의 차이에 따라 다른 모양으로 표현되었다. 그리고 그림 3-3에 요약되어 있는 바와 같이 오덤 H.T. Odum(1971)에 의해서 개발된 〈에너지 상징 용어들energy language〉을 사용했다. 동그라미 모양은 재생될 수 있는 에너지를, 총알 모양은 독립영양 생물을, 육각형은 종속영양 생물을, 탱크 모양의 상자는 저장물을, 접지되어 있는 화살 모양은 열 소멸처heat sink(여기서 열이 손실된다)를 나타낸다. 이 그림에 사용된 용어들은 이 책의 다른 모형에서도 사용될 것이다.

두 가지의 주요한 생물 구성요소가 있다. 그 첫째가 독립영양autotrophic(자기 스스로 영양소를 생산하는) 구성요소로서 광합성 과정을 통하여 태양에너지를 고정하고 단순한 무기물(예를 들어 물, 이산화탄소, 질산염)로부터 식량을 생산한다. 일반적으로 녹색식물(육지에서는 식생, 수중 서식지에서는 조류와 수초)이 독립영양 요소를 구성한다. 이들 유기체들은 생산자producer로 간주되어도 좋다. 그림 3-4에서 보는 것처럼, 그들은 태양에너지 입력이 가장 큰 〈녹색대〉 또는 〈녹색층〉을 형성한다.

생태계에서의 또 다른 생물 구성요소는 종속영양heterotrophic(다른 것들에 의해서 영양소가 공급되는) 구성요소로 이들은 독립영양 생물들에

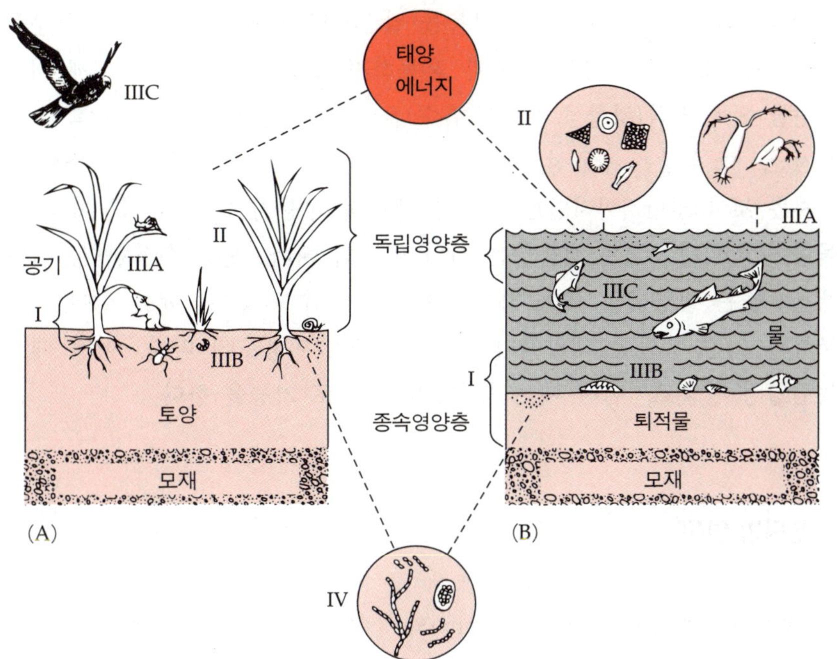

의해 합성된 복잡한 물질들을 활용하고, 재배열하고, 분해한다. 곰팡이, 비광합성 세균, 기타 미생물, 사람을 포함하는 동물들이 종속영양 생물이 된다. 이들은 주로 녹색 임관(林冠) 아래에 있는 토양과 침적토의 〈갈색대 brown belt〉나 그 주위에서 활동한다. 마찬가지로 이들 유기체들은 스스로 먹이를 생산할 수 없고 다른 유기체들을 소비함으로써 음식물을 얻어야 하기 때문에 소비자 consumer로 보아도 좋다. 그림 3-2는 모형 도식에서 독립영양(A), 종속영양(H) 구성원들이 먹이그물 food web이라 불리는 에너지 이동의 얼개에서 서로 연관되어 있음을 보여준다. 먹이그물에 대해서는 제4장에서 더욱 자세히 설명할 것이다.

종속영양 생물들은 먹이 에너지원에 따라, 식물을 먹는 초식동물 herbivores 또는 풀을 뜯어 먹는 동물 grazers, 다른 동물을 먹고 사는 육식동물 carnivores 또는 포식자 predators, 식물과 동물 모두를 먹고 사는 잡식동물 omnivores, 썩고 있는 유기물질을 먹고 사는 부식자 saprovores (주로 미생물)로 구분하기도 한다.

생물 구성원들의 생태적 구분은 영양물질 획득 양식, 즉 활용되는 주에너지원의 종류에 기반하고 있음을 알 수 있다. 이러한 생태적 구분을 생물종에 대한 분류학적 구분과 혼동하지 말아야 한다(생물의 세 가지 영양물 획득 양식(광합성, 섭식, 흡수)은 주로 분류학적 생물계와 짝을 이루지만, 즉 식물은 광합성, 동물은 섭식, 곰팡이는 흡수라는 섭취 양식을 가지는 것이 일반적이지만). 그러나 생태적 구분의 바탕은 기능이지 생물종이 아니다. 많은 생물종은 하나 이상의 에너지원을 활용한다. 어떤 생물종들은 영양물질 획득 양식을 변화시킬 수도 있다. 예를 들어 수중조류의 어떤 종들은 태양에너지와 유기물의 이용도에 따라, 어떤 때는 독립영양 생물로, 어떤 때는 종속영양 생물로 기능을 한다.

초원과 연못

〈육상생태계 terrestrial ecosystem〉와 〈수중생태계 aquatic ecosystem〉는 서로 대비되는 형태이며, 그림 3-4는 이들의 유사점과 차이점을 강조하고 있다. 육상생태계와 수중생태계의 개체군들은 전형적으로 다른 종류의 생물들로 이루어진다(오리와 개구리 같은 생물들은 생활사 중 일정기간이나 다른 어떤 시기에 두 생태계 모두에서 살기도 한다). 종 조성에서 나타나는 큰 차이에도 불구하고 두 생태계에는 생태적으로 같은 기본 구성요소들이 존재하며 이들은 같은 방식의 기능을 발휘한다. 육지에서 지배적인 독립영양 생물들은 보통 뿌리가 있는 식물인데 건조하거나 최근에 불모지가 된 곳에서 우점하는 초본류부터 습한 땅에 적응한 삼림수목까지 다양한 크기를 가진다. 연못 주변이나 습지 같은 수심이 얕은 곳에서는 부들이나 수련 같은 뿌리를 가지는 수생식물들이 나타나기도 하지만 연못, 호소, 대양 같은 넓은 수체에서는 독립영양 생물들이 대개 식물 플랑크톤 phytoplankton (phyto는 〈식물〉을, plankton은 〈떠돌아 다니는〉을 의미한다)이라 불리는 현미경으로나 볼 수 있는 부유식물들이다. 이들 식물 플랑크톤은 다양한 종류의 조류 algae, 녹색세균 green bacteria, 녹색원생동물 green protozoa들을 포함한다.

---

1) 여기서는 살아 있는 생물의 무게를 말한다. 때로 biomass를 생체량이라고 번역하지만 분명하게 규정하지 않을 때는 생물이 만든 주검의 양도 포함하기 때문에 생체량보다는 생물량으로 옮기는 것이 더 적절하다.

살아 있는 것이든 아니든 재생할 수 있는 자원들의 대체시간을 고려하는 것은 매우 중요한 일이다. 우리는 계속해서 대체되는 속도보다 더 빠른 속도로 바다로부터 물고기를 잡을 수도 없고, 우물로부터 물을 퍼 올릴 수도 없다. 그러나 지금 우리는 많은 곳에서 그런 일을 자행하고 있다. 이론적으로는, 자원이 희소해지면 물가는 상승하고 그에 따라 소비가 줄어듦으로써 우리의 경제계는 이 막다른 과정을 당연히 고칠 것이다. 그러나 실제로는 그러한 물가상승이 종종 고기를 잡거나 우물을 파는 사람들의 이익을 증가시킨다. 그래서 우리가 정치적 또는 법적인 행위로 시장을 조정하지 않으면 자원 착취는 계속될 것이다(현재 멸종 위기에 처한 몇몇 종의 고래잡이가 계속해서 자행되고 있다). 그러한 통제가 비민주적이라고 나무랄 수는 없다. 공공의 안녕과 이익이나 환경의 질이 위협받을 때는 언제든지 규제를 가해야 한다. 우리가 이 책에서 계속해서 강조하는 것처럼 시장 경제는 인공 재화와 용역의 분배는 잘 하고 있지만 많은 자연자원에 대해서는 그렇지 못하다.

식물 크기의 차이 때문에 육상계 terrestrial system의 생물량 biomass[1] 또는 현존량 standing crop은 수중생태계와 다르다. 삼림에서 평방미터당 식물체의 건중량은 10,000그램에 이르나 연못, 호소, 대양에서는 5그램 이하에 불과하다. 이 생물량의 차이에도 불구하고 주어진 시간에 같은 양의 빛 에너지와 영양소들이 주어지면 5그램의 식물 플랑크톤이 큰 식물 10,000그램이 생산하는 것만큼 생산할 수 있다. 이것은 큰 유기체보다 작은 유기체에서 단위 무게당 물질대사율이 훨씬 크기 때문이다. 더구나 나무와 같은 큰 육상식물들은 광합성을 거의 하지 않는 목질부가 식물체의 대부분을 차지하고 있다. 광합성은 잎에서만 일어나는데 삼림에서 잎은 전체 생물량의 1-5%에 불과하다. 따라서 경관에서 우리들이 보는 살아 있는 물질의 양(생물량)이 반드시 살아 있는 물질의 생산율을 나타내는 것은 아니다.

이제 구조와 기능을 연결시키는 첫 단계로서 대사회전 turnover이라는 개념을 소개한다. 우리는 생물적 또는 무생물적 구성요소의 현존량(즉 어떤 시기에 존재하는 양)이 대체되는 속도에 대한 현존량의 비(즉, 현존량/현존량의 대체속도)를 대사회전으로 간주한다. 예를 들어 삼림의 생물량이 1평방미터당 20,000그램(20,000g/m²)이고 매년 성장 증가량이 1,000그램이면 그 비 20:1은 20년의 대사회전 시간 turnover time 또는 대체 시간 replacement time으로 표현될 수 있다. 역수, 즉 1/20=0.05는 대사회전율 turnover rate이다. 연못에서는 식물 플랑크톤의 대사회전 시간이 아주 짧아서 측정을 1년 단위로 하는 것보다 1일 단위로 하는 것이 바람직하다.

육상과 수중생태계에서 생물량과 대사회전 시간의 차이는 우리가 음식물과 섬유를 얻는 방법에 반영된다. 육상에서는 식물량이 시간이 지남에 따라——작물은 생육기 동안, 삼림은 수년에 걸쳐——축적된다. 그리고 매우 크거나 거의 최대의 현존량이 축적되었을 때 편리하게 수확할 수 있다. 따라서 육상에서 생산되는 인간의 기본 음식물은 식물의 형태(곡물, 채소 등)가 된다. 대조적으로 바다에서 독립영양 생물들의 대사회전은 매우 빨라서 그 생물량이 거의 축적되지 않는다. 바다에 축적되는 것은 동물의 생물량(물고기, 게, 고래 등)이기 때문에 아시아와 아프리카에서 기르는 대형 해초의 경우는 예외지만 양식장에서 기르고 거두어들이는 식량자원들은 모두 동물의 형태이다.

종속영양 생태계

다양한 생태계(예를 들면 삼림, 초지, 농경지, 호소, 연못, 시내 등)를 포함하는 자연 또는 반자연 경관들에서 독립영양 활동과 종속영양 활동은 전체적으로 균형을 이루고 있는 경향이 있다. 생산된 유기물은 일년을 순환 단위로 성장과 유지에 이용된다. 때때로 생산량이 사용량을 초과하는데 그런 경우 유기물은 저장되거나(예를 들어 소택지의 이탄질로서) 다른 생태계나 경관으로 유출된다(농업에서처럼). 대조적으로 도회지(그리고 일반적으로 공업화된 경관들)에서는 생산한 것보다 훨씬 많은 양의 음식물과 유기물을 소비한다. 따라서 이 지역들은 종속영양 생태계이다.

그림 3-5는 하나의 자연 종속영양 생태계인 굴 양식장을 도시와 비교한 것이다. 둘 다 식량과 기타 에너지를 외부에서 얻어야 한다. 단위 면적을 기준으로 하면 매일 도시는 굴 양식장이 필요로 하는 것보다 더

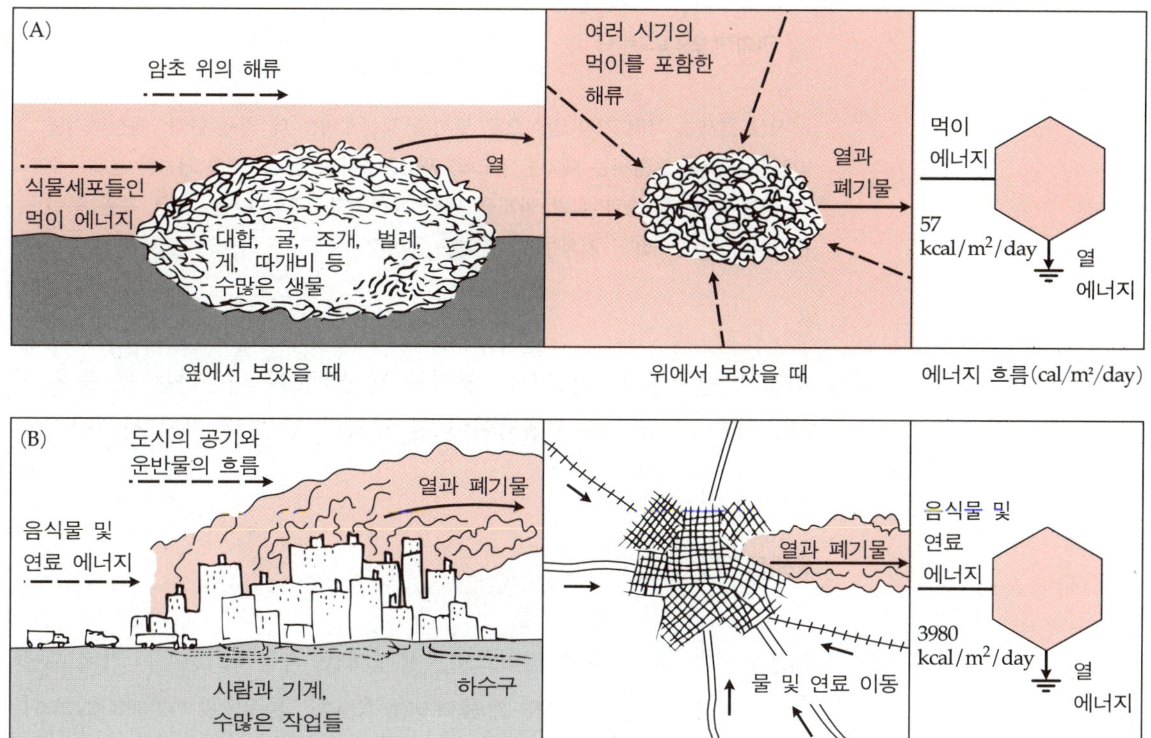

많은 에너지를 필요로 한다(주어진 보기에서는 70배가 크다). 우리들의 도시가 적절한 독립영양계와 연결되어 있는 한 종속영양이라는 점이 잘못되었거나 나쁜 것은 아니다. 독립영양계는 종속영양계가 필요로 하는 식량(원료들은 말할 것도 없고) 및 다른 에너지를 공급할 수 있으며 또한 도시에 의해서 생산되는 많은 양의 폐기물을 소화할 수 있다. 자연지역 및 순치된 농촌지역에 대한 절대적인 의존과 기생자로서의 도시 개념은 제2장에서 강조되었다.

이것은 이 책의 기본 주제인 우주선 지구호가 생명부양신으로서의 자연환경이라는 데 우리의 관심을 되돌린다. 이미 얘기한 것처럼 도시는 점점 더 팽창하고 있으며, 그만큼 요구량이 많아지고 있다. 따라서 그것을 부양할 수 있는 자연의 능력은 여러 곳에서 한계에 이르고 있다. 이제 도시로부터 유출되는 양을 감소시킬 수 있는 도시 재설계(제2장에서 대략적으로 설명한 입력환경 관리라는 개념)에 대해서 생각해야 할 시기이다. 물과 폐기물의 재활용, 지붕에서의 식용식물 재배, 태양에너지

그림 3-5
종속영양 생태계. (A)자연의 〈도시〉 중 하나인 굴 암초지역은 큰 면적의 주변 환경으로부터 들어오는 먹이 에너지에 의존한다. (B)공업화된 도시는 막대한 양의 연료와 식량 유입 및 그에 해당하는 폐기물과 열의 막대한 유출에 의해서 유지된다. 도시의 에너지 요구량은 하루에 약 1평방미터당 4,000kcal 또는 일년에 150만kcal로서 굴 암초지역의 약 70배에 이른다(H. T. Odum 1971).

를 직접 빌딩에 열로 전달하여 전기를 생산하도록 이용하는 것 등은 지금보다 더욱 큰 규모로 수행되어야 할 필요가 있는 몇 가지 사례이다.

무생물 구성요소

그림 3-2는 (단순화된 양식으로) 생태계를 작동시키는 두 가지 무생물적 기본 기능, 즉 에너지 흐름 energy flow과 물질순환 material cycles을 보여준다. 에너지는 태양이나 다른 외부 에너지원으로부터 유래된다. 그리고 생물군집과 먹이그물을 통하여 열과 유기물, 유기체의 형태로 생태계 밖으로 흘러나간다. 에너지는 저장되고 나중에 활용될 수 있다 할지라도, 한번 사용되면, 즉 한 형태에서 다른 형태로(예를 들어 태양광선에서 음식물로) 전환되면 다시 사용될 수 없다는 의미에서 일방통행이다. 식량 생산이 계속되기 위해서는 태양광선이 계속 흘러들어와야 한다. 그 이유는 제4장에서 설명될 것이다. 반면 화학물질 원소와 화합물들은 이용되는 동안 손실되지 않고 계속 사용될 수 있다. 질서정연한 생태계에서는 많은 양의 화학물질들이 생물적, 무생물적 구성원들 사이에서 순환한다. 이러한 생지화학적 순환 biogeochemical cycles은 제5장의 주제이다.

지구 표면 또는 가까이에서 발견되는 수많은 원소 및 간단한 무기화합물들 중 일부는 생명에 필수적이다. 이들을 생기물질 biogenic substances 또는 영양소 nutrients라 부른다. 이들은 비필수원소들보다 생물계 안에 더 많이 존재하고 그 안에서 재순환되는 경향이 있다. 이들 중에서 탄소, 수소, 질소, 인, 칼슘은 비교적 많은 양이 필요하며, 그래서 다량

영양소 macronutrients라 부른다. 이들은 주로 유기체들이 직접 이용할 수 있는 이산화탄소, 물, 질산염과 같은 간단한 화합물로 존재한다. 하지만 직접 이용할 수 없는 화학물질의 형태로 존재하기도 한다. 예를 들면, 공기 중에서 기체 형태로 존재하는 질소는 그것이 특수한 미생물 또는 다른 방법에 의해 무기염의 형태(질산염, 암모니아)로 바뀌지 않으면 식물이 이용할 수 없다(제5장 참조). 토양에서 인은 식물의 뿌리가 직접 이용할 수 없는 화학적 형태로 존재한다. 여러분의 토마토가 충분한 인을 흡수할 수 있는지의 여부는 토양이 함유한 인의 총량이 아니라 이용할 수 있는 형태로 존재하는 인의 양에 달려 있다. 정원 토양의 영양 상태 조사를 의뢰하면, 실험실에서는 이용 가능한 영양소의 양과 채소에게 필요한 적절한 양을 보장하기 위해서 얼마나 많은 양의 영양소를 첨가해 주어야 하는지 알려줄 것이다.

다량영양소에 비해 생명체에 덜 필수적이어서 생명활동에 적은 양만 있어도 되는 기타 원소들을 미량영양소 micronutrients 또는 미량원소 trace elements라고 한다. 이들 중 식물과 대부분의 동물들에게 필수적인 것은 약 십여 가지이다. 철, 마그네슘, 망간, 아연, 코발트, 몰리브덴 같은 여러 금속이온들이 여기에 포함된다. 이외의 것들도 특수한 유기체들에겐 필수적일지도 모른다고 알려져 있다. 사람의 건강을 위해 필요한 미량무기물들의 종류와 양에 대해서는 제대로 알려져 있지 않으며, 현재 많은 연구와 논쟁의 주제이기도 하다. 토지 1헥타르에서 정상적인 옥수수 수확을 하기 위해서는 질소, 인, 칼륨과 같은 다량영양소는 각각 50-150kg 정도 필요하고 대부분의 미량영양소는 0.1Kg 이하의 적은 양만이 필요하다. 그러나 대부분의 미량영양소들은 지구 표면에서 희소하기 때문에 결핍 현상이 자주 일어나며, 생태계의 생산성에 다량영양소들만큼이나 큰 영향을 줄 수 있다. 예를 들어 몰리브덴이 부족하면, 위에서 언급한 미생물들은 대기의 질소를 식물이 사용할 수 있는 암모니아나 질산염으로 전환시킬 수 없다.

탄수화물(설탕, 녹말, 셀룰로오스 등), 단백질(아미노산을 포함), 지질(지방과 기름 등)은 살아 있는 유기체의 몸을 이루고 있으며, 또한 살아 있지 않은 것들에도 널리 분포하고 있다. 이들과 수백 가지의 다른 복잡한 화학물질들은 무생물적 환경에서 유기 구성요소 organic component가 된다. 되먹임 조절자로서 그들의 중요한 역할은 뒤에 논의될 것이다.

유기체의 몸은 부패되면서 작은 파편들fragments과 용해성 물질로 나누어지는데 이들을 합쳐 유기부니질 또는 유기쇄설물organic detritus(분해의 산물로서 닳아 없어짐을 의미하는 라틴어 〈deterere〉에서 유래되었다. 지질학에서는 〈detritus〉가 암석분쇄물을 가리키기도 한다)이라 부른다. 일반적으로 식물체가 동물체보다 크기 때문에 식물에서 유래된 유기부니질이 동물에서 유래된 것보다 더 많다. 유기부니질은 부식자의 먹이일 뿐만 아니라 토성texture 및 물과 무기염류들의 보유력을 증진시킨다. 이것이 짚깔개와 퇴비가 정원에 좋은 이유이다.

생태학자들은 종종 두 가지 형태의 유기부니질에 대해서 용존 유기물dissolved organic matter(DOM)과 입자상 유기물particulate organic matter(POM)이라는 용어를 사용한다. 해양에서 DOM은 유기탄소의 주요 저장고이고 지구 탄소 순환에서도 중요하다(Benner et al. 1992). 이들은 또 세균의 먹이이며 빛이 투과하는 데 영향을 미친다. 어떤 조건 하에서 DOM은 POM으로 바뀌어 물을 걸러서 섭식하는 동물의 먹이가 되기도 한다.

유기물의 분해가 진행됨에 따라 부식질humus or humic substances이라 불리는 물질이 생성된다. 이 부식질은 더 이상 분해가 잘 되지 않는 것들이 남아서 형성된 것이다. 이는 부식질들이 생태계의 구조적인 부분으로 얼마 동안 남아 있다는 것을 의미한다. 부식질은 토양과 퇴적물에서 쉽게 찾아볼 수 있다. 강 또는 호소의 물(특히 늪지와 수렁의 물)에 떠돌아다니는 어두운 황갈색의 무형 또는 콜로이드 물질이 부식질이다. 이들은 화학적으로 특징짓기 어렵다. 유기화학 강의를 들은 사람들에게는 그들이 질소복합체와 탄수화물 곁가지를 가지고 있는 〈방향족aromatic 또는 페놀성 벤젠phenolic benzene〉들로 구성되어 있다고 말할 수 있다. 부식질이 생태계에서 하는 역할은 완전히 이해되지 않고 있다. 그러나 환경 조건에 따라 식물 성장을 촉진하거나 저해한다는 것이 알려져 있다. 과거 지질시대에 있었던 것처럼 어떤 조건에서는 유기물들이 처음에는 이탄으로 되고 그 다음 오늘날 우리들 공업사회들이 의존하고 있는 석탄, 석유나 다른 화석연료들로 된다. 불행하게도, 최근 몇십 년 동안 (석유로부터 생산되는) 석유화합물을 포함한 공업 부산물의 양이 점점 많아지고 있고 또 그 해독이 증가하고 있다. 그러나 폐기물 처리 기술은 독성 물질을 생산하는 능력보다 훨씬 뒤처져 있다. 독성 폐기물 문제는 제5장에서 논의된다.

이제 우리는 생태계의 입력환경에서 세번째 무생물 구성요소, 즉 생물군집의 존재 조건을 결정하는 물리적 요인에 이르렀다. 기후(온도, 강우, 습도 등), 토양과 물의 물리화학적 특성(예를 들면 염분도, pH), 지반지층의 특성 등이 이 범주에 속하는데, 이들은 생물의 종류를 결정하며 간접적으로 그 생물들이 어떻게 군집을 이루고 에너지와 자원을 얼마나 잘 활용할 수 있는지를 결정한다.

경사와 점이대

생물권은 일련의 점진적 변화를 보이는 물질적 요인들의 경사 gradient 또는 구역 zonations을 따라 특징적으로 나타난다. 이러한 경사의 예로, 극지방에서부터 열대까지, 또 산정에서 계곡까지 이르는 동안 나타나는 온도경사 temperature gradient, 주요 기후계를 따라 습한 곳에서부터 건조한 곳까지 이르는 동안 나타나는 수분경사 moisture gradient, 연안에서 수체로 들어감에 따라 나타나는 수심경사 depth gradient 등을 들 수 있다. 때때로 주어진 환경 조건에 적응된 유기체들은 어떤 요인의 경사를 따라 점진적으로 변한다. 그러나 갑작스런 변화가 일어나는 지점이 있는데 이를 점이대 ecotone라 한다. 예를 들면, 평원과 삼림이 만나는 부분과 해변의 조간대 intertidal zone가 점이대이다.

점이대는 단순한 경계나 가장자리가 아니다. 즉 둘 이상의 생태계가 능동적으로 상호작용함으로써 인접한 생태계에는 없는 독특한 특성을 가진다(Decamps and Naiman 1990). 연속적이지 않은 환경 경사의 원인인 외부 과정 외에도 침적토가 계속 쌓이는 것이라든지, 뿌리층, 특별한 토양–수분 조건, 억제물질, 동물의 행동(예를 들면 비버가 쌓는 댐) 등과 같은 내부 과정이 이웃한 군집들과는 구별되는 점이대를 유지한다(W.E. Odum 1990).

점이대는 식물상과 동물상이 다양하기 때문에 특별한 흥미를 끈다. 예를 들어 삼림이나 들판의 내부보다 삼림과 들판(또는 초지)의 경계에서 더 많은 종류의 새들이 발견된다. 야생동물 관리인들은 이 현상을 가장자리 효과 edge effect라 부르며, 이러한 동물들의 수를 증가시키기 위하여 들판과 삼림 사이에 특별한 나무를 심도록 권하곤 한다. 그러나 완전 벌채지역과 벌채되지 않은 삼림 사이의 경계처럼 뚜렷하게 차이가 나는 가장자리라든지 인간에 의해 경관이 잘게 쪼개지고 이용되어 전체 경관에서 가장자리가 너무 많이 차지할 경우에는 일반적으로 다양성이 줄어든다. 다음에서 살펴볼 것처럼 인류는 경관에서 다소 자연적인 경사와 점이대를 제거하고 매우 좁은 가장자리를 가진 띠와 구역으로 쪼개려는 경향이 있다.

생물 군집: 서식지와 생태적 지위

세계 여러 지역의 농촌과 도시에서 발견되는 생물의 종류는 존재 조건들(즉 무덥거나 춥거나, 습하거나 건조한 것)뿐만 아니라 지리적 조건에 따라 다르다. 주요 대륙과 대양은 각각 특이한 식물상과 동물상을 가지고 있다. 오스트레일리아에서는 캥거루를 볼 수 있으나 다른 지역에서는 찾아볼 수 없다. 신대륙에서는 벌새와 선인장들을 볼 수 있으나 구대륙(유럽지역)에서는 찾아보기 힘들다. 서로 다른 대륙들에는 서로 다른 인종과 다른 농작물 및 가축들이 살고 있다. 생태계의 전체 구조 및 기능의 관점에서 보면, 단지 군집을 구성하는 생물학적 단위들(생물종 등)이 지역에 따라 변할 뿐이라는 것을 인식하는 것은 중요하다(표 2-1에서 〈생물지리학적 지역〉들이 생태적 계층구조의 주요 수준으로 나열되었음을 참조).

생태적으로 유사한 종, 즉 생태적 동등종 ecological equivalent들이 물리적 환경이 비슷한 지구의 다른 부분에서 발견된다는 사실은 널리 알려져 있다. 오스트레일리아의 온난한 반건조지역의 벼과 식물 군집들은 북미의 비슷한 기후지역에 있는 것들과는 다른 생물종으로 이루어져 있다. 그러나 이들은 생태계에서 생산자로서 동일한 기본 기능을 수행한다. 마찬가지로 오스트레일리아 초지에서 풀을 뜯고 있는 캥거루는 북미 초지의 들소와 영양류(또는 그들을 밀어낸 가축인 소들)에 대한 생태적 동등종이다. 왜냐하면 이들은 생태계에서 비슷한 기능적 지위를 가지기 때문이다. 생태학자들은 어떤 생물종이 발견되는 곳을 의미하는 용어 서식지 habitat와 군집 안에서 어떤 유기체의 생태적 역할을 의미하는 용어 생태적 지위ecological niche를 구분하여 사용한다. 말하자면 서식지가 주소라면(생물종이 사는 곳) 생태적 지위는 직업(어떤 생물종이 다른 생물종들과 어떻게 상호작용하고, 또 다른 종에 의해 어떻게 제어되는가를 포함하는 생존 방법)이다. 그러므로 우리는 캥거루, 물소, 가축소가 초지생태계에 있을 때, 유전학적으로는 긴밀하게 연관되어 있지 않지만 비슷한 지위를 차지한다(즉 생태적 동등종이다)고 말할 수 있다(생태적 지위의 넓이, 중복 부분 및 다른 차원들을 어떻게 가름하고 측정할 것인가는 생태학자들이 많이 논의하는 주제이다).

인간을 포함하여 식물과 동물은 그들의 조상이 머물던 지역에 그대로 남아 있지는 않는다. 그들은 종종 새로운 지역과 서식지로 침입해 들어가거나 옮겨간다. 물론 사람들은 그들이 선택한 곳이 어디든 의식적이거나 무의식적으로 다른 유기체들보다 더 많이 환경을 변화시킬 뿐만 아니라 기존 생물종을 제거하기도 하고 새로운 종을 도입하기도 함으로써 생물군집의 구성을 크게 변화시킨다. 새로운 종의 도입이 같은 생태적 지위에 있는 다른 종을 대체하든 또는 비어 있던 지위를 충당하든 간에 생태계의 기능에 이들이 미치는 전체적인 영향은 중립적인 것, 이로운 것, 해로운 것 중 하나일 것이다. 미국 중서부 평원이 농지로 바뀌었을 때(유럽 이주민들이 원주민인 인디언을 밀어냄으로써), 평원의 야생닭은 크게 변경된 환경에 적응할 수 없었다. 그러나 도입된 목도리꿩ringnecked pheasant은 유럽의 농촌에 적응되어 있었기 때문에 변경된(순화된) 경관에서 번성했다. 사냥꾼들에게는 꿩을 쏘는 것이 야생닭을 쏘는 것만큼, 아니면 그보다 더 좋기 때문에 〈사냥감으로서의 새의 지위game bird niche〉는 적절히 채워지고 있다. 그러나 제2장에서 논의한 바와 같이 도입된 생물종들이 성가신 존재가 되기도 한다. 이것이 어떤 종류의 식물 또는 동물들을 한 나라에서 다른 나라로, 특히 한 대륙에서 다른 대륙으로 옮기려고 할 때 세관에서 까다롭게 검역하는 이유이다.

특히 재배품종과 가축화된 동물이 자연으로 다시 도망칠 경우, 인공적 그리고 자연적 제어작용이 없기 때문에 심상치 않은 문제들이 발생한다. 예를 들어 하와이의 몇몇 섬에서 도망간 염소들(가축이었다가 야생상태에 다시 적응한)은 토양, 식물상, 동물상에 불도저보다도 더 심각한 영향을 미치고 있다. 또한 가장 끈질긴 〈잡초들〉 중 몇 종은 미치듯이 행패부리는 도망자들이다.

생물 군집: 종 구조

질서정연한 인간 사회와 마찬가지로 자연에는 생태적 지위 또는 직업의 관점에서 특수한 일을 하는 전문화된 생물과 여러 가지 잡다한 일을 하는 전문화되지 않은 생물이 있다. 예를 들어 한 식물만을 먹는 곤충이 있는 반면 수십 가지의 식물을 먹을 수 있는 곤충도 있다. 일반적으로 전문화된 생물은 자원을 효율적으로 사용한다. 왜냐하면 그들의 모든 적응력과 행동이 특수한 방식에 집중되어 있기 때문이다. 그러므로 이들은 자원이 충분할 때에는 번성한다. 반면에 좁은 생태적 지위 때문에 해로운 영향을 주는 변화 또는 교란에 해를 입기 쉽다. 전문화되지 않은 생물종은, 전문화된 생물처럼 좁은 지역에서 번성하지는 않지만, 생태적 지위가 더 넓기 때문에 변화하거나 주기적 변동이 있는 환경에 더 잘 적응할 수 있다.

대부분의 자연군집들은 아주 많은 생물종들로 이루어진 다양성(전문화된 생물과 비전문화된 생물 모두 포함하여)을 보이고 있다. 큰 호소 또는 삼림지대와 같이 넓은 지역에서는, 발견되는 모든 종류의 식물, 동물, 미생물 목록을 만드는 것이 불가능할 정도로 생물종이 다양하다. 그러나 다행히 군집의 구조와 기능을 평가하기 위해서 모든 종의 생물을 알 필요는 없다. 그 까닭은 어떤 특정한 장소와 시간에 따라 생물종의 수는 적지만 개체수가 많거나(많은 수의 개체들 또는 큰 생물량에 의해서 나타나는) 개체수는 적지만 비교적 생물종의 수가 상대적으로 많은 것이 자연 군집의 고유하고 일관된 특성이기 때문이다. 예를 들어 활엽수림지대에는 50종 이상의 목본식물이 있지만 그 중에서 6종 정도가 목재의 90% 이상을 차지한다. 따라서 우리는 흔히 나타나는 몇 종의 식물이 삼림 생물량의 대부분을 구성하므로 그들에게만 관심을 집중시킬 수 있다.

평원 생태계에 대한 한 강의에서 만들어진 표가 이 일반적인 조망을 보여주고 있다. 표 3-1에서 보는 바와 같이, 전체 식생대에서 2종이 36%를, 7종이 48%를, 그리고 나머지 20종들은 단지 16%(1% 미만)를 차지한다. 특정 군집군에서 가장 많이 나타나는 몇몇 종을 **생태적 우점종 ecological dominants**이라 부른다.

생물종	장소의 점유율(%)*
Sorghastrum natans(벼과 식물의 일종)	24
Panicum virgatum(벼과 기장속의 일종)	12
Andropogon gerardi(벼과 쇠풀속의 한 식물)	9
Ailphium laciniatum(국화과 식물의 일종)	9
Desmanthus illinoensis(미모사과 식물의 일종)	6
Bouteloua curtipendula(벼과 식물의 일종)	6
Andropogon scoparius(벼과 쇠풀속 식물의 일종)	6
Helianthus maximiliana(국화과 해바라기속 식물의 일종)	6
Schrankia nuttallii(미모사과 식물의 일종)	6
20종의 기타 식물(평균 0.8%)	16
합계	100

* 전체 토지 표면의 34%가 식생으로 덮인 것을 기준으로, 소수점 이하는 버렸다(자료: Rice 1952, 40개의 1평방미터 방형구에서 채취된 시료를 기준으로).

우점종들이 현존량의 대부분을 차지하고 있고 대부분의 군집 대사를 맡고 있다 하더라도 희소종이 중요하지 않다는 것을 의미하지는 않는 다. 어떤 종류의 지배적 영향력을 발휘하고 있는 생물종을 그들이 우점 하든 않든 중추종keystone species이라 부른다. 대체로 희소종들은 다소 의 영향력을 발휘하며 전체로서 그 군집의 다양성을 결정한다. 조건이 우점종들에게 불리해지면 변화에 적응할 수 있거나 내성이 있는 희귀종 들이 증가하여 필수적인 기능들을 물려받게 될 수도 있다. 1940년대에 남 애팔래치아 산맥의 우점종이던 밤나무들이 고조병(곰팡이에 의한 병) 으로 죽었을 때, 여러 종의 참나무들이 점차적으로 밤나무를 대체하여 약 50년 후에는 나무 밀도가 고조병 이전의 상태로 돌아왔다.

〈잡초〉 문제

인간에게 높은 경제적 가치와 유용성이 있는 특정 생물종이 풍부해지 도록 조장함으로써, 농업과 임업 활동들은 광범위한 경작지와 관리지역

생물종	장소의 점유율(%)*
Panicum ramosum(벼과 기장속 식물의 일종)	93
Cyperus sp.(방동사니속 식물의 일종)	5
Amaranthus hybridus(비름과 비름속 식물의 일종)	1
Digitaria sanguinalis(벼과 바랭이속 식물의 일종)	0.5
Cassia fasciculata(미모사과 차풀속 식물의 일종)	0.2
다른 6종의 식물(각각 평균 0.05%)	0.3
합계	100.0

* 7월 하순 20×20m 방형구에서 채취된 지상부 식물체의 건조량 기준.

에서 생물종의 다양성을 감소시켰다. 그리하여 어떤 변화에도 쉽게 손상을 입을 수 있는 정도까지 되었다. 생육기간 중 곡물 경작지의 생물종 구조를 표 3-2에 나타내었다. 여기서는 어떤 제초제도 사용하지 않았고 기계적인 제초작업도 하지 않았다. 그래서 식물군집의 약 7%는 기장밭으로 침입해 온 열 가지의 다른 식물종으로 구성되어 있다. 모든 〈잡초들〉을 제거하고 완벽한 단종재배 monoculture(한 식물종으로 이루어진 경작물이나 삼림)를 유지하기 위해서는 아주 많은 에너지와 값비싼 화학물질들이 요구된다. 많은 해충들이 제초제와 살충제에 대한 내성을 발달시키기 때문에 완전한 단종재배를 이루기 위해서는 독성이 더욱 강한 화학물질들이 필요하게 된다. 더구나 잦은 경작과 과중한 화학물질들의 사용은 심각한 토양 침식과 수질오염을 유발할 수 있다.

　많은 과학자들은 이제 조금 더 많은 수확을 얻기 위해 농업의 집약도를 증가시키는 것이 이익보다는 해를 가져오는 것이 아닐까 하고 의문을 제기한다. 일부 연구들은 잡초가 적당히 존재하는 것이 유익한 곤충의 서식지를 제공하고 토양 조건을 개선함으로써 경작물에 이롭다는 것을 보여주고 있다. 다른 연구들은 혼합경작(다종재배 polyculture)이 단종재배보다 단위면적당 더 많은 식량이나 다른 산물을 생산할 수 있다는 것을 보여주고 있다. 최근 들어 농업 생태학자들은 멕시코와 중앙아메리카에서 오늘날까지 행해지고 있는 옥수수-콩-서양호박의 혼합 경작에 새로운 관심을 가지게 되었다(그림 3-6). 이들 흥미 있는 가능성들 모두 대학과 농업시험소들에서 지금 연구되고 있는 중이다.

그림 3-6
현대적인 등고선 재배 방식이 옥수수와 콩이 자라고 있는 과테말라 고산 지대의 인디언 재래 다종재배지에 적용되고 있다. 많은 개발도상국의 경우는 비용이 많이 들고 에너지 투입이 많은 선진국의 단종재배보다 위와 같은 재래 농경방식이 더 타당할 수 있다.

〈잡초〉 또는 〈해충〉을 지구상에서 제거해야 할, 즉 원하지 않는 생물종으로 생각해서는 안 된다. 오히려 잘못된 시기에 잘못된 장소에 존재하는 하나의 생물종으로 보아야 한다. 정원에서 화초와 채소를 말라 죽이고 있는 식물이, 야외 식물군집에서는 매우 유용한 구성원이라고 밝혀지거나 길섶을 따라서 나타나는 매혹적인 야생초(바랭이의 일종, 민들레, 나팔꽃이 그 보기이다)임이 판명될지도 모른다.

경관생태학과 인간 영역

식량과 작물의 수확량을 극대화한, 〈생산생태계〉라 부를 수 있는 곳에서 단종재배가 관리하기(특히 기계로) 편하다는 것은 흥미롭다. 반면에 우리가 집 주위에 〈보호생태계〉를 만들 때는 증가된 다양성을 좋아하는 경향이 있다. 미국 위스콘신 주 매디슨 주거지역의 식생연구(G.J. Lawson et al. 미발표 자료)에서, 150종의 수목과 관목이 동정되었는데, 이는 가까운 삼림보전지에서 동정된 단지 약 30종과 비교된다. 풀, 화초, 작은 새들의 다양성은 자연 삼림에서보다 도시의 교외에서 훨씬 크다. 그리고 평균 교외 거주자들은 자신의 잔디밭을 돌보기 위해서 농부가 옥수수를 생산할 때 하는 것만큼 많은 비료와 노동(단위면적당)을 투입하는 것으로 밝혀졌다.

　인간은 많은 생태계 유형의 모자이크mosaic인 파편화된fragmented 또는 조각난 경관patchy landscape을 만드는 경향이 있기 때문에 인간이 우점하는 지역에서 조사 연구와 토지 이용 계획은 생태적 계층구조의 광역과 경관 정도의 수준에서 가장 잘 조직화되어 있다(제2장 표 2-1 참조).

　오늘날 우리가 알고 있는 것처럼 경관생태학의 선구자는 탐험가, 자연학자, 지리학자이면서 찰스 다윈Charles Darwin의 스승들 중 하나였던 알렉산더 폰 훔볼트Alexander von Humboldt(1769-1859)이다. 남아메리카 탐험에서 훔볼트는 인간 문화(토착적인 것과 유럽적인 것 모두)와 지방 특유 환경의 상호의존성에 큰 인상을 받았다. 1886년 어니스트 헤켈Ernest Haeckel에 의해 〈oecology〉라는 단어가 만들어지기 전에 철학적으로 그는 이미 총체적 생태학자였다. 예를 들어 그는 인류를 포함하여 지구상의 모든 생명 요소들이 상호 의존하고 있다는 〈연결의 사슬 chain of connections〉에 대해 썼다(훔볼트에 대한 더 자세한 내용은 Jordan 1981과 Sachs 1995 참조).

　1930년대와 1940년대에 항공사진을 어느 정도 보편적으로 사용할 수 있게 되었을 때, 유럽에서는 경관 수준의 연구가 꽃피게 되었다. 그 무렵 유럽은 경관이 파편화되어 있었을 뿐만 아니라 경관 유형이 급변하는 미국에 비해 상대적으로 이미 조각난 경관이 어느 정도 안정성을 유지하고 있었다. 최근에 컴퓨터로 작업이 용이해진 지리정보체계 geographic information system(GIS) 기술의 발달로 환경 관리와 계획을 향상시키기 위한 기초로서 경관 모자이크를 기술하고, 비교하며, 모형화하는 능력이 아주 많이 향상되었다(이 분야에 대한 더 자세한 내용은 Turner 1989와 Forman 1990의 종합논평과 Naveh and Lieberman 1984, Zonneveld and Forman 1990, Forman 1995a 참조).[2]

　생태계 조각으로 이루어진 경관에서는, 조각 크기patch size와 조각 모양patch shape이 어떤 종의 동물이 생존할 수 있는지를 결정하는 중요한 요소이다. 조각이 작을수록 분할에 의한 부정적 영향은 증대되고, 가

---

2) 이도원, 『경관생태학: 환경 계획과 설계, 관리를 위한 공간 생리』, 서울대학교출판부, 2001.

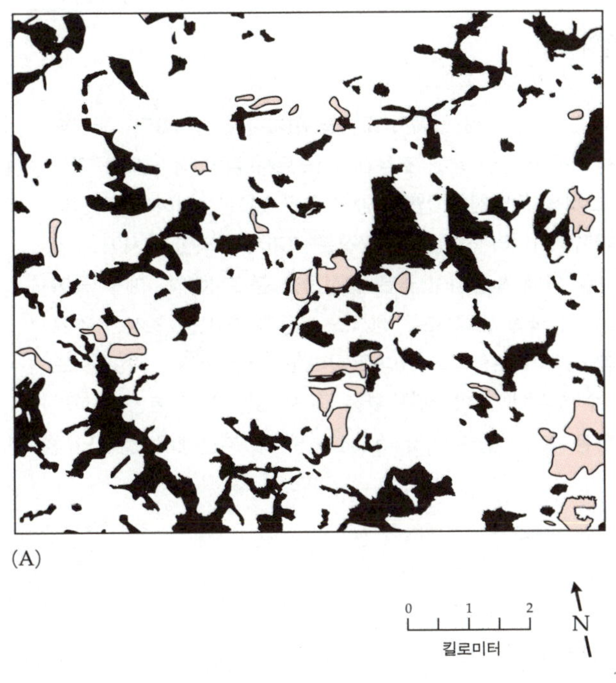

(A)

(B)

그림 3-7

메릴랜드 주 중부의 삼림 지역에서 농경지(A)와 도심 지역(B) 확장으로 일어난 경관의 파편화 현상을 보여주는 사진. 그림에서 검은 지역은 삼림이며, 하얀 지역이 농경지나 나지(裸地)이고, 회색 지역은 호수이며, 분홍색 지역은 주거지가 발달한 곳이다.

장자리의 긍정적인 영향은 감소한다. 그림 3-7은 메릴랜드 중부에서 숲이 어떻게 농경지와 교외 지역 개발에 의해 파편화되었는지 보여주고 있다. 농경지 발달(그림 3-7A)은 삼림을 흩어져 있는 숲과 날카로운 가장자리를 가진 다른 조각들로 축소시키는 경향이 있다(Janzen 1987은 이를 경관 〈깎기 sharpening〉 현상이라 했다). 반면에 교외 지역 개발(그림 3-7B)은 도로와 하천을 따라 숲을 띠와 통로로 줄여놓고 있다(Feinsinger 1994는 이를 경관 〈찢기 shredding〉 현상이라 했다). 어떤 경우든 대부분의 경관 조각과 통로는 너무 작아서 지빠귀류나 솔새류와 같이 삼림 내부에 사는 명금류를 유지할 수 없다.[3]

대신에 소위 가장자리종 edge species이라고 불리는 내륙검은지빠귀 blackbirds와 푸른어치 bluejays, 굴뚝새류 house wrens, 그리고 방울새류

---

3) 지빠귀류는 〈thrushes〉에 해당하는 말로 호랑지빠귀, 흰배지빠귀, 개똥지빠귀 등의 새가 포함된다. 영어 〈warblers〉는 솔새류, 개개비류, 휘파람새류 등 세 가지로 쓸 수 있다. *Phylloscopus*속이면 솔새류, *Arundinaceus*속이면 개개비류, *Cettia*속이면 휘파람새류로 한다. 이들은 각각 숲, 초지, 하천지역에 주로 산다. 명금류는 〈songbirds〉의 우리말이다. 참새목에 속하는 새로 예쁜 소리를 내므로 그렇게 부른다 (서울대학교 산림자원학과 박찬열 자문).

house finches 등이 파편화된 경관에 서식하게 되었다(Whitcomb et al. 1981). 크루이스와 찬키(Kruess and Tscharntke 1994)는 파편화의 영향에 관한 재미있는 실험 연구에서 붉은토끼풀red clover이 있는 작은 섬은 큰 섬과 비교해 볼 때 자연적 기생성이나 포식성이 있는 생물의 통제력은 감소하는 반면, 초식성 곤충들에 의해서는 오히려 더 빠르게 공격받는다는 사실을 밝혔다.

파편화와 가장자리 지역의 지나친 확대를 막기 위해서는 개발이 너무 많이 진행되기 전에 넓은 보전지를 마련하거나 동물들이 조각난 경관을 자유롭게 이동할 수 있는 통로corridor를 마련해 줄 필요가 있다(Harris 1984). 이렇게 〈앞서서 생각하는〉 토지 이용 계획은 교외 도심지를 위한 생명부양계뿐만 아니라 삶의 미학적 질을 현실적으로 만드는 데 공헌할 것이다.

다양성은 삶의 양념 이상이다

다양성diversity은 흥미진진하고 중요한 주제이기 때문에 자세하고 체계적으로 연구할 만한 가치가 있다. 먼저 다양성의 두 가지 구성요소를

알 필요가 있다. 그 하나는 종 풍부도 species richness 또는 변이도 variety라
는 요소로, 단위공간에 존재하는 유전적 변이, 생물종, 토지 이용 유형
등과 같이 종류의 수 또는 전체 수에 대한 종류의 비로 표현될 수 있
다. 또 하나는 상대수도 relative abundance라는 요소로, 종류들 가운데서
개체들이 차지하는 할당량이다. 그러므로 어떤 두 생물군집은 생물종의
수는 같으나 상대수도 또는 생물종의 우점도가 서로 다를 수 있다. 예
를 들면 두 생물군집이 각각 10종의 생물들로 이루어져 있을 때, 한 군
집은 각 생물종의 개체수가 똑같은 반면 다른 군집에서는 대부분의 개
체들이 하나의 우점종에만 속할 수 있다.

다양성을 표현하고 비교하는 편리한 방법 중 하나는 전체에 대한 부분
들의 비 또는 n_i/N에 기초하여 다양성 지수를 계산하는 것이다. 여기서
n_i는 각 구성요소(예를 들면 생물종)의 수 또는 다른 중요가 importance
value(생물량, 생산성 등)이며 N은 중요가의 총량이다. 표 3-1과 3-2에
서 보여주는 바와 같이, 기준에 대한 백분율 또는 전체에 대한 백분율
은 소수점이 두 자릿수만큼 왼쪽으로 옮겨지면 된다(예를 들어 24%는
0.24가 된다). 우점도를 비교하는 데는 심프슨 지수 Simpson index가 종종
사용된다. 이것은 각 종류에 대한 비를 제곱하여 합함으로써 계산된다.

$$D = \Sigma(n_i/N)^2$$

표 3-3은 표 3-1과 3-2에서 보여준 평원과 기장밭 식생의 변이도와
우점도를 비교하기 위해서 심프슨 지수를 사용한 것이다. 널리 사용되
는 또다른 지수는 섀넌 지수 Shannon index로 원래 정보 측정의 수단으로
제안되었던 함수의 근사값이다.

$$H = -\Sigma n_i/N \log_e n_i/N$$

표 3-3 평원과 기장밭의 식생에서 식물종 변화도와 우점도의 비교*

	생물종 수	우점도(심프슨 지수)
자연평원	29	0.13
재배 기장밭	11	0.89

*표 3-1과 3-2의 자료를 기초로 계산되었다.

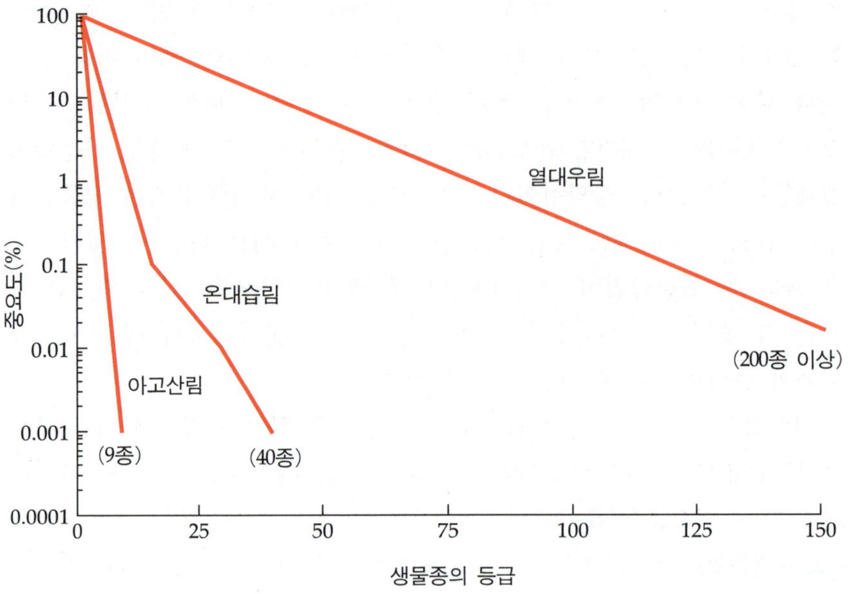

그림 3-8

대조적인 세 가지 삼림의 우점도-다양성 곡선. 각 생물종의 중요가를 큰 것에서부터 작은 것의 순서로 등급을 나누었는데, 두 온대림에 대해서는 순일차생산성을, 열대우림에 대해서는 지상부 생물량을 기준으로 계산했다(Hubbell 1979).

여러 군집의 다양성을 비교하는 다른 방법은 그림 3-8에서 보는 바와 같은 우점도-다양성 곡선dominance-diversity curve이다. 여기서는 각 생물종(또는 다른 구성요소)의 중요도가 가장 높은(가장 풍부한) 것에서부터 가장 낮은(가장 적은) 것의 순서로 그래프를 그린다. 그림은 세 가지 삼림식생에 대한 모습을 보여준다. 높은 우점도와 적은 수의 생물종이 있는 아고산림은 낮은 우점도와 많은 생물종이 있는 열대우림과 대조된다. 생태적 집단(예를 들면 생산자 혹은 기생자)의 다양성을 평가하든 혹은 분류학적 집단(예를 들면 새, 곤충, 물고기 등)의 다양성을 평가하든, 이 그래프에 나타나는 범위는 자연에서 발견할 수 있는 정도를 거의 포함한다. 다양성은 물리적인 조건들이 생명을 제한하는 곳(예를 들면 극지, 염호수, 오염된 하천)에서 가장 낮고, 매우 다양한 생명들에 대해서 조건이 유리하며 온화한 환경에서 가장 높은 경향이 있다. 〈중간 교란 가설 intermediate disturbance hypothesis〉(Sousa 1984)에 의하면, 환경 경사에서의 위치에 상관없이 군집 외부의 힘에 의한 적당한 교란은 모든 군집의 다양성을 증가시킨다고 한다.

다양성과 관련이 있으며 일상의 대화에서 자주 듣게 되는, 여러 세대를 통한 인간의 경험에서 비롯된 두 가지 격언이 있다. 그 하나는 〈다

◼ 생물다양성의 상실

생물다양성 biodiversity이란 단어는 종의 상실을 염려하면서 〈즐겨 사용하는 단어〉가 되었다. 이 장에서 밝혔듯이 생물다양성에 대한 우리의 관심은 종 수준을 넘어 모든 계층구조 수준에서의 기능과 생태적 지위의 상실을 포함해야 할 것이다. 이러한 맥락에서 윌콕스 Wilcox(1984)는 생물다양성을 〈생활형과 생태학적 역할의 다양성 그리고 그들이 가지고 있는 유전적 다양성〉이라고 정의한다.

생태계 내에서 중복성을 유지하는 것, 즉 먹이그물에서 중요한 과정을 수행하거나 중요한 연결을 제공해 주는 종이나 종군이 하나 이상 있다는 것은 특별히 중요하다. 종의 제거 또는 첨가의 효과를 평가하여, 그것이 이 장의 첫 부분에 이미 소개된 용어로 중추종인지를 아는 것은 중요하다. 채핀 Chapin 등(1992)은, 중추종을 〈대체할 수 없는 기능적 집단 a functional group without redundancy〉으로 정의한다. 그러한 종이나 종군의 상실은 군집 구조나 생태계 기능에 중요한 변화를 야기할 것이다.

장기적인 호수 산성화 실험을 통해 쉰들러 Schindler(1990)는 식물 플랑크톤이 큰 중복성을 가지고 있어서 어느 정도의 호수 산성화에 대해서는 일차생산성이 영향을 받지 않는다는 것을 발견했다. 산성에 민감한 종이 사라지는 대신 이와 동일한 기능적 생태 지위를 가진 다른 종이 나타났다. 하지만 호소 바닥에 사는 저서생물들은 더 낮은 중복성을 가지고 있었다. 전체 호수의 먹이사슬 구조와 기능은 한 갑각류 종의 감소로 인해 영향을 받았는데 이것은 먹이사슬에서 일차 생산자와 어류 사이의 중요한 연결고리로서 그들을 대체할 수 있는 다른 종이 존재하지 않았기 때문이다. 따라서 이 갑각류는 진정한 중추종으로 판명되었다.

양성은 삶의 양념이다〉이고 다른 하나는 〈한 광주리에 모든 달걀을 두지 마라〉이다. 살아 있는 유기체 사이의 다양성은 확실히 우리들의 삶을 윤택하게 하고 또한 매우 실용적인 가치를 지닌다. 한 종류 이상의 필수적인 기능을 하는 유기체를 가지고 있는 것이 훨씬 더 안전하다. 희귀 동·식물종이 앞으로 새로운 의약품을 제공할 수도 있고 질병으로 죽어 없어진 생물종을 대신할 수도 있다.

최근에는 인간 활동에 기인하는 생물종 다양성 species diversity의 손실뿐만 아니라 유전적 다양성 genetic diversity의 손실에 대해서도 많은 관심이 일고 있다. 20세기 말에 이르러 생물종 다양성의 보진에 대한 관심이 공공적·정치적 수준에 이르고 있는 것이다(Wilson 1988). 미국에서는 야생 생물종의 다양성을 유지하기 위해서 절멸위험종 endangered species 들을 확인하고 보호하려는 노력이 정부, 법, 개인 차원에서 이루어지고 있다. 흔히 사용되는 식용식물들이 없어질 경우를 대비하여 가능한 한 다양한 식용식물들을 보전하기 위해 유전자은행 gene bank을 설립하려는 노력이 진행되고 있다.

최근에 라틴 아메리카와 아시아의 많은 후진국에서 행해지고 있는 전통적(전산업적) 농업이 최상의 유전자은행으로서 주목받고 있다. 왜냐하면 이곳에서는 매우 다양한 식량작물과 재배작물들이 함께 자라기 때문이다(Rhoades 1990). 제5장에서 살펴보겠지만 전통적 농업은 어떤 경우에는 현대적인 방법보다 더 많은 이점을 가지고 있다.

경관 다양성

농작물 또는 식재된 수목과 같이 단종재배가 이루어져서 다양성이 낮은 지역의 경우라도 만약 그들 주위에 더 자연적인 생태계가 다양하게 있다면 전체 경관 다양성은 높다고 할 수 있다. 그림 3-9는 소나무 한 종이 경관의 30%를 차지하는데도 경관 다양성이 높은 경우를 나타내고 있다. 여기서 보는 바와 같이 만약에 50-75%의 면적이 소나무 식재로 바뀐다면 경관 다양성은 급격히 떨어질 것이다.

경관에 많은 다른 종들이 존재할 때 중복성 redundancy(또는 반복성 repetition)과 탄력 안정성 resilience stability(교란으로부터 빠르게 회복하는 능력)이 향상된다는 것은 논리적으로 확실하다.[4] 그러므로 우리가 남용해 왔던 많은 경관의 회복을 증진시키기 위해 자연으로부터 얻을 수 있는 많은 도움을 필요로 할 것이기 때문에 다양성 diversity은 가능한 어떤 곳이라도 보전할 가치가 있다. 높은 종 다양성이 저항 안정성 resistance stability —— 생태계가 교란에 대항하여 같은(안정된) 상태로 머

---

4) 생태계의 탄력성 resilience은 교란 이후 회복되고, 외부 압박을 흡수하여 내부화하고 초월시키는 능력으로 정의할 수 있으며 이 능력에 의해 생태계는 재생을 위한 선택과 기회를 보존한다(Berkes, F., J. Colding, and C. Folke. 2000. Rediscovery of traditional ecological knowledge as adaptive management. Ecological Applications 10:1251-1262).

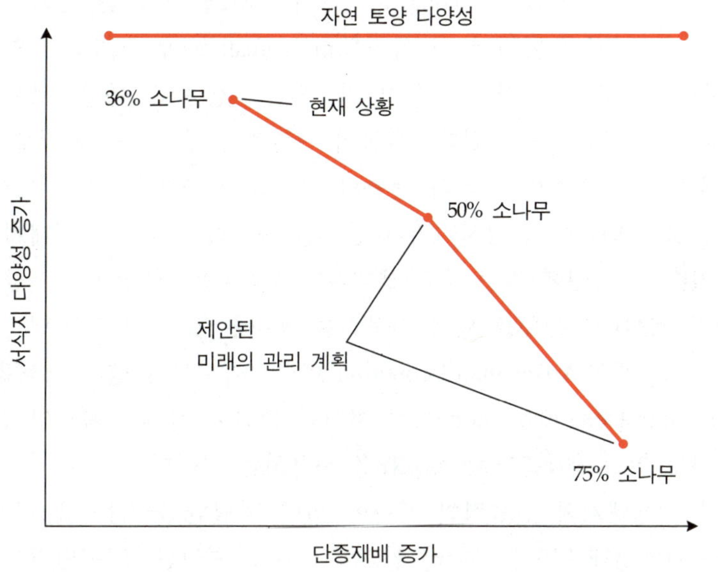

그림 3-9
미국 조지아 주 사바나 강 유역에 있는 300평방마일의 국립 환경연구 공원 National Environmental Research Park에서의 서식지 다양성. 이 공원의 1/3은 소나무 단종 식재지역이다. 이 식재지역은 더 다양한 주변 서식지들과 혼합되어 있어 경관 다양성이 높고 자연 토양과 비슷한 토양 다양성을 갖는다. 만약에 소나무 식재가 전체 면적의 50-70%로 확장된다면 서식지 다양성은 크게 떨어질 것이다(Odum 1982, Odum and Kroodsma 1977).

물러 있으려는 능력——을 증가시킬지 여부는 생태학자들 사이에 많은 논란이 있었다. 최근의 한 현장 실험은 초지 군집에 있는 높은 종 다양성은 정말로 가뭄 동안에 안정성을 증가시킨다는 것을 보여주었다(Tilman 등 1996). 이 의문점에 대해서는 제7장에서 좀더 논의한다.

생태계의 종류

높은 다양성을 가진 실체들(도서관의 책들, 생물종, 혹은 사무실이나 공장의 일들)을 다루게 될 때, 인간의 마음은 질서정연한 범주화 또는 분류를 필요로 하는 것 같다. 혹은 그 자체를 즐기고 있는지도 모른다. 생태학자들에게는 생태계를 분류하는 틀에 대한 일치된 의견이 없다. 심지어 하나의 분류틀에 대한 적당한 근거가 무엇이 되어야 할지도 일치된 의견을 제시하지 못하고 있다. 여러 가지 다른 방향의 정리가 더 많은 것을 가르쳐 줄 수 있기 때문에 이러한 의견 차이는 당연한 것이다. 구조적 또는 기능적인 특징 중 어느 것도 분류를 위한 근거로 작용할 수 있다. 구조적·기능적인 범주에서 각각 하나씩, 유용한 분류 근거를 인용해 보자.

생물군계의 분류(생물군계 biome에 대해서는 제2장 참조)는 널리 사용
되고 있으며, 일찍이 있었던 큰 특징들 macrofeatures에 근거하고 있다.
육지에서는 통상적으로 식생이 쉽게 인지될 수 있는 큰 특징으로서 유
기체, 토양, 기후를 〈통합〉한다. 식물이 뚜렷하지 않은 수중환경에서는
우세한 물리적 특징들이 인식과 분류의 근거를 제공한다. 또한 도시와
농경지와 같이 인간이 변경시키거나 길들인 특수하고 중요한 생태계 유
형들도 있다. 생물권에 있는 주요 생태계의 형태들은 제8장에서 예를 들
어 설명할 것이다. 분류를 넓게 사용하는 또다른 것을 예를 들면, 〈애
팔래치아 생태광역 Apalachian Ecoregion〉이나 〈미시시피 델타 생태광역
the Mississippi Delta Ecoregion〉처럼 자연적 그리고 지리적 특징의 결합
에 기반하고 있는 생태광역 ecoregions을 사용하는 것이다.

에너지는 생태계의 기능적인 분류에 있어 탁월한 근거를 제공한다.
에너지는 자연생태계뿐만 아니라 인간에 의해서 변경된 또는 인간이 만
든 모든 생태계에서 주요한 공통 요소이기 때문이다. 에너지에 근거를
둔 분류는 제4장에서 에너지 행위를 지배하는 기본 법칙들이 개괄된 다
음 제시될 것이다.

가이아 가설

러브록 James Lovelock은 한 가지 전문 분야에서 이룩한 성공과 재정
적인 만족에 머무르지 않고 더 높은 지적 수준을 이루기 위해 끊임없이
노력하는 드물고 중요한 사람들 중 한 명이다. 물리학자로서 교육을 받
은 그는 전자포착 탐지기 electron capture detector라 불리는 분석기술을
개발했다. 그것은 극도로 적은 양의 화학물질을 탐지할 수 있는 화학자
들의 능력을 크게 향상시켰다. 이 기술을 사용함으로써 남극의 펭귄에
서부터 모유에 이르기까지 전 지구상의 모든 피조물에 살충제와 기타
독성 잔류물들이 존재한다는 사실을 발견할 수 있었다. 그러한 발견은
도처에 존재하는 인간이 만든 독성 화학물질들의 장기적 악영향들에 대
한 카슨 Rachel Carson의 우려를 정당화시키는 근거를 제공했다. 그리하
여 카슨의 영향력 있는 책 『침묵의 봄 Silent Spring』(1962)이 나오도록
고무했다.[5] 러브록은 미국 항공우주국에서 한동안 근무한 뒤인 1960년대

중반부터 제2의 경력을 쌓기 위하여 산업세계로부터 벗어나 영국 시골의 한 오두막에서 은둔 생활을 하고 있다. 그는 그리스어로 〈대지의 여신 Mother Earth〉인 가이아 Gaia라는 고대의 개념과, 생물들은 물리적 조건들에 수동적으로 적응하는 것이 아니라 생물권의 화학적·물리적 조건들을 바꾸고 조절하기 위해 능동적으로 행동한다는 일반적인 이론을 논리적이고 과학적인 방법으로 검정하는 데 헌신했다. 그 후 약 10년 동안 그 자신의 말대로 〈가이아에 대한 의문 안에서 학제적인 여행을 추구하기 위해〉 천문학, 우주학, 생물학 그리고 여러 다른 학문 분야의 학생이 되었다.

그의 선생들과 동료들 중에는 생명의 기원에 대한 탁월한 착상의 공헌자인 마굴리스 Lynn Margulis가 있다. 그들은 물리적 환경의 생물학적 조절에 대한 증거와 이 조절에서 미생물의 중요한 역할을 요약하는 일련의 논문들을 공동으로 발표했다. 생물학과 물리학에 대한 해박한 지식을 가지고 있던 또 다른 학제적 사고가였던 레드필드 Alfred Redfield (그는 여러 해 동안 미국 매사추세츠 주 우즈홀 해양연구소에서 일했다) 또한 독립적으로 이 개념에 공헌했다(Redfield 1958). 1979년 러브록은 읽을 만한 가치가 있는 작은 책, 『가이아: 지구 생물에 대한 새로운 시각 *Gaia: a New Look at Life on Earth*』을 발간했다.[6] 그의 말에 따르면, 그 책은 〈지구에 대한 이러한 모형을 실증시킬 수 있는 증거를 찾아 공간과 시간을 두루 거친 여행에 대한 개인적인 설명〉이다.

러브록에 의한 가이아 가설 Gaia hypothesis에서는, 〈생물권은 화학적·물리적 환경을 조절함으로써 우리의 행성을 건강하게 유지하는 능력을 가진 자체 조절적인 실체임〉을 밝혔다. 달리 말하면 지구는 상호작용하는 수많은 기능과 되먹임 루프 과정(그림 2-2 참조)들을 갖는 거대생태계이다(그러나 그 발생이 유전적으로 조절되지 않기 때문에 거대유기체는 아니다). 이러한 기능과 되먹임은 극단적인 온도를 완화시키며, 대기와 대양의 화학적인 조성을 비교적 일정하게 유지한다. 또한——이것이

---

5) 1962년 생물학자 카슨이 디디티와 다른 살충제 사용으로 환경 오염이 계속된다면 아름다운 노래를 부르는 새들이 사라질 것이라는 경고를 담은 『침묵의 봄』을 집필했고, 나중에 많은 사람들이 이에 동조함으로써 오늘날의 환경운동을 뿌리내리는 계기가 되었다.

6) 러브록은 이 책에서 그의 생각들이 오덤이 생태계를 보는 시각과 같은 맥락에 있음을 언급했다.

가이아 가설에서 가장 논란의 여지가 많은 부분이다——생물군집은 생물권의 항상성에 주요한 역할을 하며, 30억 년 전에 첫 생명체가 나타난 후 곧 유기체들은 조절장치를 설립하기 시작했다. 물론 반대되는 가설은 순전히 지질학적(무생물적) 과정들이 생명에 유리한 조건들을 만들었고 생물들은 그 다음에 이들 조건에 적응했을 뿐이라는 것이다.

이제 다음과 같은 의문이 생긴다. 물리적 조건이 진화하고 그 다음 생명이 진화했는가? 아니면 둘이 함께 진화했는가? 지질학자들이 〈가스 분출 outgassing〉이라고 부르는 과정으로 일차 대기가 형성되었다는 것에 대해서는 대부분의 과학자들이 동의하고 있다. 즉 뜨거운 지구 중심으로부터 상승된(예를 들면 화산을 통하여) 기체에 의해서 일차 대기가 생겼다는 것이다. 그러나 가이아 가설에 따르면 우리가 지금 대하고 있는 이차 대기는 생물적 산물이다. 이를테면 이 대기의 재건은 최초의 생명인 산소를 필요로 하지 않는 미생물, 즉 혐기성 생물 anaerobes과 함께 시작되었다. 혐기성 미생물들이 공기 중으로 산소를 뿜어내기 시작했을 때, 기체 상태의 산소를 필요로 하는 식물과 동물들, 즉 호기성 생물 aerobes이 진화했다. 그리고 혐기성 생물들은 토양과 침적토에서 산소가 없는 깊은 곳까지 물러갔다. 거기서 그들은 계속해서 번성하며 여러 생태계에서 주요한 역할을 하고 있다. 또 중요한 것은 아마도 석회석을 형성하는 해양 생물체가 대기 중 이산화탄소를 제거함으로써 지구가 냉각된 것이다.

지구 대기와 화성 및 금성의 대기 비교는, 그들 행성에 생명이 없다는 분명한 증거는 없지만 가이아 가설에 대한 강력한 간접적인 증거를 제공한다. 그림 3-10에서 보는 바와 같이 낮은 농도의 이산화탄소와 높은 농도의 산소와 질소를 가지는 지구 대기는 가까이 있는 다른 행성들의 상태와 완전히 반대이다. 생명의 첫 출현 후 진화된 광합성이 대기로부터 이산화탄소를 제거하고 그 대기로 산소를 더했다. 그리고 과거에는 이들 독립영양 활동은 호흡이라는 반대 방향의 기체 교환을 종종 능가했다(화석연료의 축적을 주목하라). 따라서 생물군집에 의해 산소의 생성과 이산화탄소의 감소가 이루어졌다고 결론짓는 것은 논리적이다. 최근까지 많은 지구화학자들은 직접적인 증거도 없이 산소는 수증기가 분해되어 과잉의 산소를 뒤에 남긴 채 수소가 우주 공간으로 달아나서 생겼다고 가정했다. 생명이 없을 때 질소 기체가 어떻게 대기에

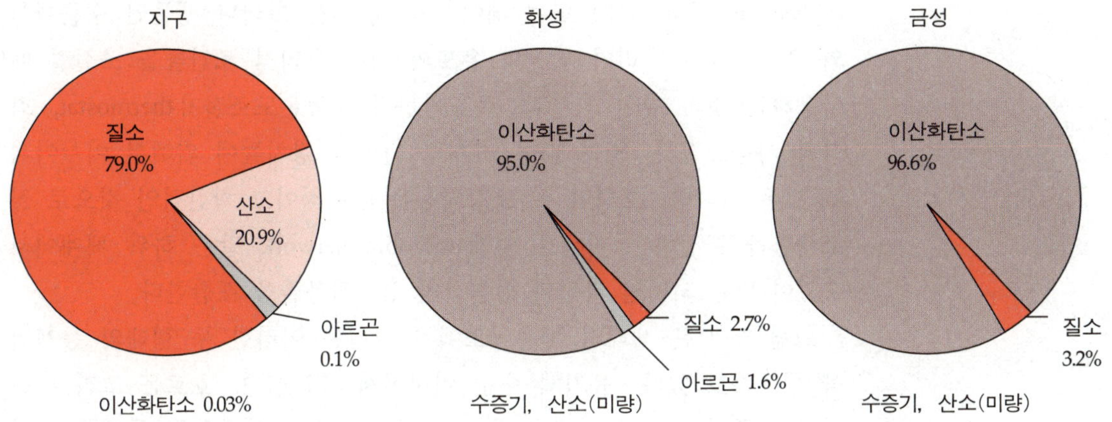

그림 3-10
화성, 금성, 지구의 현재 대기의 주요 성분 비교. 백분율은 상대적 무게가 아니라 분자의 수를 나타낸다. 백분율 값이 없는 성분은 미량임을 나 타 낸 다 (Margulis and Olendzenki 1992).

축적되는지 설명하기도 어렵다. 생물적인 반대과정의 변환이 없다면 질소는 가장 안정된 형태인 질산염 이온으로 대양에 녹아 있을 것이다.

제5장에서 기술하게 되겠지만 질소 순환은 다음 사항을 명백히 보여준다. 즉 생물군집은 대기로부터 기체들을 빌려오고 그들을 변함없이 되돌려줄 뿐만 아니라, 대기화학을 생명에 유리한 양식으로 바꾼다. 예를 들어, 유기체에 의해서 생산되는 많은 양의 암모니아(질소화합물의 한 가지, NH_3)가 없다면 지구의 물과 토양은 강한 산성이 되어 현재의 지구에는 적은 수의 생물만이 살아남을 수 있었을 것이다. 이 생명에 필수적인 화합물들이 생물적·무생물적 상태 사이를 질서정연하게 계속 순환하는 데 여러 가지 전문화된 미생물(이를테면 질소고정균 및 탈질균)들이 주된 역할을 한다.

러브록과 마굴리스에 따르면, 물리적 요인들의 변동을 완화시키는 초기 생명체들의 절대적인 완충작용과 식물과 동물의 계속적인 절충작용이 없었다면 지구는 금성의 현재 상태와 비슷할 것이다. 즉 그림 3-10에서와 같이 대기 중에 산소가 없고 또 매우 뜨거울 것이다.

생태적 계층구조에 있어서의 통제

가이아 가설에 따를 때 생물권은 고도로 통합된 그리고 스스로 체계를 정비할 수 있는, 자동조절적 cybernetic(조절자 또는 지배자라는 뜻의

〈kybernetes〉에서 유래) 또는 제어적인 계이다. 그러나 생물권 수준에서의 조절작용은 우리가 집안의 온도와 기타 물리적 조건들을 조절할 때 사용하는 것과 같이 외부적, 목표지향적 자동온도조절기 thermostat, 화학적 자동조절기, 또는 다른 기계적 되먹임 장치들에 의해서 이루어지는 것은 아니다. 오히려 이 조정작용은 내부적이고 확산적인 것으로 질소순환을 조정하는 미생물 얼개 microbial network 같은 하위 체계에서 수없이 많은 되먹임 과정과 상승적인 상호작용들을 포함한다.

그림 3-11은 생태적 계층구조에 나타나는 이러한 두 형태의 통제법을 대조하고 있다. 유기체 수준 이하에서부터 신경, 호르몬 그리고 유전자 수준의 기작이 성장과 육체적 기능에 있어 빈틈없는 통제를 유지한다. 유기체 수준 이상부터는 음성과 양성 되먹임 통제가 훨씬 정밀하지 않아서 한계에 다다르면 정상 상태 steady state보다 오히려 진동 상태 pulsing state로 되려는 경향이 생기게 된다. 와딩턴(Waddington 1975)은 유기체 수준의 생리학적 안정성을 일컬을 때 널리 사용하는 용어인 항상성 homeostasis과 달리 진화적이고 생태적인 안정성을 일컫기 위해 항류성 homeorhesis(〈흐름을 유지하는 상태〉를 의미하는 그리스어)이라는 단어를 제안했다(개체와 생태계 수준의 인공 두뇌학적 특성 cybernetics 사이의 차이에 관한 논의는 Patten and Odum 1981, 생태계 특징으로서 홍분에 관한 내용은 W.E. Odum et al. 1995 참조).

인간이 만든 것은 아니기 때문에 우리는 이 계를 완전히 이해하지 못한다. 그리고 머리말에서 강조한 것처럼 우리는 아직 우주여행을 위한, 생물에 의해서 조절되는 단순화된 생명부양계조차 만들 수 없다. 대양과 토양 및 침적토의 〈갈색대〉에 있는 눈에는 보이지 않는 얼개에서 계속해서 무슨 일이 일어나고 있는지에 대해 배워야 할 것이 너무 많이 남아 있다. 그 얼개들은 언제, 어디서, 어떤 속도로 영양소가 재순환되고 기체가 교환되는지를 결정한다. 러브록은 〈가이아에 대한 탐색〉(즉 그 가설의 증명)이 오래 걸리고 어려울 것이라는 점을 인정한다. 이러한 크기의 조절 얼개에는 아주 많은 과정들이 관련되기 때문이다.

최종 제어가 없기 때문에 유기체들이 대기와 대양 화학을 조절하는 데 주요한 역할을 한다는 개념은 대부분 수긍할지라도 생태계와 생물권이 실제로 〈자동제어계 cybenetic system〉로서 기능한다는 데 대해서는 많은 과학자들이 호의적이다(Kerr 1988). 종종 지구로 충돌해 오는 혜

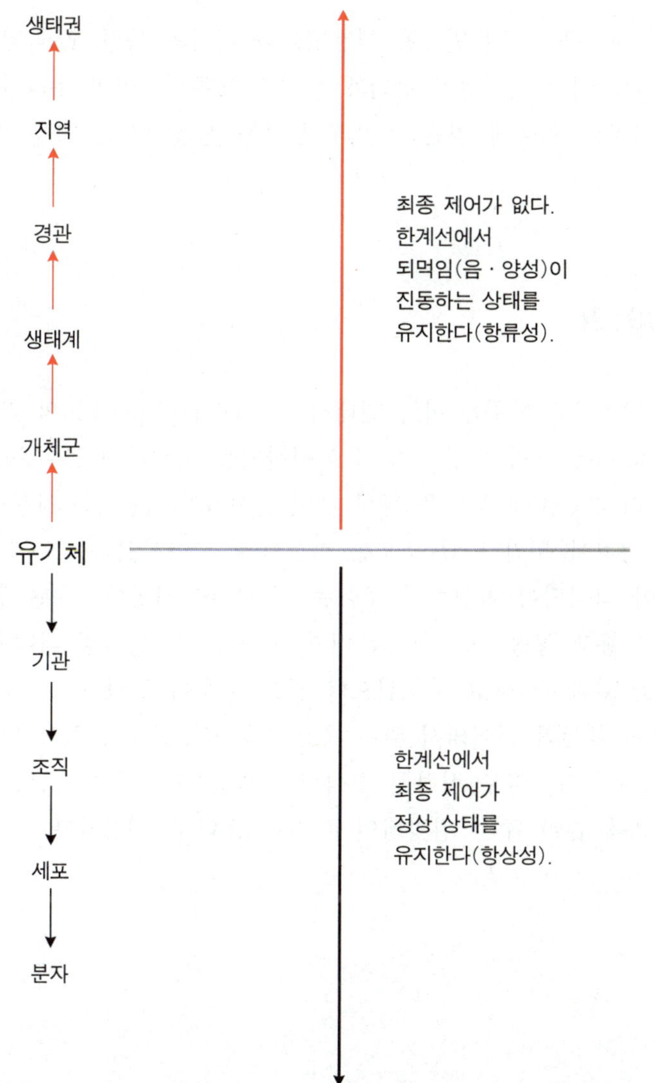

그림 3-11
유기체-생태계 계층구조에 있어서 자동 제어. 유기체 수준과 그 아래 수준에서의 강력한 최종 제어와 비교해 볼 때 생태계 수준과 그 이상 수준에서의 조직화와 기능은 진동하고 혼란스런 행동들이 있는 상태로 훨씬 약하게 제어된다. 그럼에도 불구하고 그들은 음·양성 되먹임의 교대로 제어된다 —— 다른 말로 하면 그들은 항류성 상태와 항상성 상태이다. 자동 제어 특성의 이러한 차이를 인식하지 못했기 때문에 〈자연의 균형〉이라는 현실에 관해 많은 혼란을 야기했다.

성, 거대한 화산 폭발, 빙하와 같은 대이변들이 일어난다는 사실은 범지구적 항상성에 대한 의문을 불러일으킨다. 그러나 이들 지질학적·우주학적 격변과정에서 일어난 생물종들의 손실에도 불구하고, 생명은 유지되었을 뿐만 아니라 더 다양해졌으며 스스로에게 유리한 조건을 회복하는 데 기여했다. 그러나 과거의 생물권이 탄력 안정성을 가지고 회복되어온 것만을 보고 현재 생물부양계의 탄력성에 대해 안심할 수는 없다. 하나의 생물종으로서 인간은 핵전쟁이나 대양의 독성 오염 같은 인간이 만든 파국에서 살아남지 못하게 될지도 모른다. 아마 우리가 살아남는다 하더라도 힘들게 얻은 우리의 문화와 생활양식은 모두 파괴될 것이다.

생명이 없는 땅

그림 3-12에서 보여주는 미국 테네시 주 카퍼힐Copperhill의 카퍼 유역Copper Basin은 생명이 없는 땅이 어떠한지를 생생하게 보여준다. 금세기 초 구리 제련소에서 나온 황산 매연(산성비의 극단적인 경우)이 넓은 지역에 걸쳐서 뿌리가 있는 모든 식물들을 전멸시켰다. 그 후 대부분의 토양이 침식되어 화성처럼 보이는 경관만이 남았다. 수년 동안의 법정 투쟁을 통해 공장으로 하여금 매연을 줄이도록 강요한 뒤에 그 지역의 식생을 회복시키려고 시도했으나 많은 비용이 들었고 그 효과 또한 미미했다. 표토를 실어와서 얇은 초본식물층의 덮개가 침식 지역 일부분에 형성되었다. 일부 심하게 침식되지 않은 곳에서만 균근들을 공급하고 비료를 많이 주는 집약적인 관리로 소나무 수림지가 조성되어

그림 3-12
1930년에 구리 제련소의 산성 연기가 방출되는 높이에서 본 미국 테네시 주 카퍼힐의 경관.

있는 정도이다. 캐나다 온타리오 서드베리 Ontario Sudbury 근처에는 카퍼힐에서와 같이 〈구워진 제련장〉이라 할 수 있는 종류로 인간에 의해 만들어진 아주 큰 사막이 있다(이 경우는 구리가 아니고 광산에서 만들어진 니켈이 원인이다). 영향을 받은 지역은 지구 표면의 상처로 너무 커서 우주에서도 뚜렷하게 보인다. 지금 아주 값비싼 대가를 치러야 할 대규모 복원 계획이 진행 중에 있다. 이 계획에서는 복원 효과를 비교하기 위해 일부의 거대한 지역을 그대로 남겨 두기로 했다(Gunn 1995).

가이아 가설은, 비록 지금 당장은 실증되지 않는다 하더라도, 오염 방지의 중요성을 일깨워주고 있다. 오염은 카퍼힐이나 독성 폐기물 방치 장소처럼 심각한 국지적 형태일 수도 있고 광범위한 또는 비점원 오염과 같이 더욱 어려운 문제일 수도 있다. 이 오염들은 우리의 행성을 살아 있게 하는 복잡하게 얽힌 생물 발생적인 얼개에 심각한 압박을 가할 수 있다. 우리는 다음 몇 장에서 몇몇 비점원 오염에 의한 위협을 살펴볼 것이다.

최근의 논문에서 세라핀 Serafin(1988)은 지구가 어떻게 조절되고 있는지에 관한 두 가지 극단적인 견해를 분석했다. 베르나드스키 Vernadsky

◢ 카퍼힐의 교훈

카퍼힐로부터 우리는 중요한 경제적·정치적인 교훈을 배울 수 있다. 한 지역의 모든 생명부양 능력을 하나의 공장이 소모하고 좋은 부분을 영구히 파괴할 때 그 지역에서는 더 이상의 경제 발전이 불가능하다. 어떤 것을 위한 환경부양도 더 이상 존재하지 않기 때문에 다른 어떤 공업과 기업도 들어올 수 없다. 그 지역에 사는 사람들은 건강하지 못한 환경과 한 공장에 의한 정치 지배와 문화 정체 증후군의 수렁에 빠진다. 더구나 이런 형태의 착취적인 공업이 이 지역에 주는 이익이란 아주 적거나 아예 없다. 돈은 경제 개발이 가능한 다른 지역으로 옮겨간다. 1988년 카퍼힐의 구리 공장은 영구히 문을 닫는다고 발표했다. 아마도 이제 이 지역은 황폐한 사막을 보여주는 관광산업 정도를 발전시킬 수 있을 것이다. 우리 생명이 의지하는 생명의 얼개는 단단하고 탄력적이다. 그러나 일단 파괴되면 사람의 한평생 안에 그것을 회복하는 것은 극단적으로 비싼 대가를 요구할 것이며 어쩌면 불가능할지두 모른다

(1945)의 〈정신계 noösphere〉 또는 인간의 마음에 의한 지구의 지배와 러브록의 가이아 가설 또는 인간이 아닌 유기체들에 의한 지구의 조절이 그것이다. 세라핀은 이 두 가지 개념을 모두 믿을 수 있게 하는 〈생물권에 대한 신과학〉을 이룩하기 위해서 두 개념을 통합해야 한다고 제안했다.

참고문헌

*Bailey, R.G. 1995. *Descriptions of ecoregions of the United States*, 2nd ed. Forest Service, U.S. Dept. Agriculture Misc. Publ. 1391, Fort Collins, CO.

*Barrett, G.W. 1968. The effects of an acute insecticide stress on a semi−enclosed grassland ecosystem. *Ecology* 49: 1019−1035.

*Benner, R., J.D. Pakulski, M. McCarthy, J.I. Hedges, and P.G. Hatcher. 1992. Bulk chemical characteristics of dissolved organic matter in the ocean. *Science* 255: 1561−1565.

*Brown, J.H., D.W. Mehlman, and G.S. Stevens. 1995. Spatial variation in abundance. *Ecology* 76: 2028−2043.

*Carson, R. 1962. *Silent Spring.* Houghton Mifflin, Boston.

*Chapin, F.S., E.D. Schulze, and H.A Mooney. 1992. Biodiversity and ecosystem processes. *Trends Ecol. Evol.* 7: 107−108.

Cloud, P.E. 1988. Gaia modified. *Science* 240: 1716.

Cole, J., G. Lovett, and S. Findley, eds. 1991. *Comparative Analysis of Ecosystems.* Springer−Verlag, New York.

*Decamps, H., and R.J. Naiman. 1990. Towards and ecosystem perspective. Chapter 1 in *The Ecology and Management of Aquatic−Terrestrial Ecotones*, eds. R.J. Naiman and H. Decamps. Man and the Biosphere Series, vol. 4, Parthenon Publishing Group, Park Ridge, NJ.

Evans, F. C. 1956. Ecosystem as the basic unit in ecology. *Science* 123: 1127−1128.

*Feinsinger, P. 1994. Habitat "shredding." In *Conservation Biology*, ed. G. Meffe and R. Carroll, pp. 258−260. Sinauer Associates, Sunderland, MA.

*Forman, R.T.T. 1995a. *Land Mosaics: The Ecology of Landscapes and Regions.* Cambridge University Press, Cambridge.

*Forman, R.T.T. 1995b. Some general principles of landscape and regional ecology. *Landscape Ecol.* 10: 133−142.

Golley, F.B. 1993. *A History of the Ecosystem Concept in Ecology.* Yale University Press, New Haven, CT.

*Gunn, J., ed. 1995. *Restoration and Recovery of an Industrial Region: Progress in Restoring the Smelter−Damaged Landscape near Sudbury, Canada.* Springer Verlag, NY.

Hagen, J.B. 1991. *An Entangled Bank: The Origin of Ecosystem Ecology.* Rutgers University Press, New Brunswick, NJ. (A goal of ecosystem ecology is to untangle Darwin's "tangled bank" commentary in The Origin of Species.)

*Harris, L.D. 1984. *The Fragmented Forest.* University of Chicago Press, Chicago.

Holland, M.M., P.G. Risser, and R.J. Naiman, eds. 1991. *Ecotones: The Role of Landscape Boundaries in the Management and Restoration of Changing Environments.* Chapman and

Hall, New York.

*Hubbell, S.P. 1979. Tree dispersion, abundance, and diversity in tropical dry forest. *Science* 203: 1299−1309.

*Janzen, D. 1987. Habitat sharpening. *Oikos* 48: 3−4.

*Jordan, L.L. 1981. The birth of ecology: An account of Alexander von Humboldt's voyage to the equatorial regions of the new continent. In *Tropical Ecology*, ed. C.F. Jordan, pp. 4−15. Benchmark Papers in Ecology, 10. Hutchinson−Ross Publishing, Stroudsburg, PA.

*Kerr, R.A. 1988. No longer willful, Gaia becomes respectable. *Science* 240: 393−395.

Krall, F.R. 1994. *Ecotone*: *Wayfaring on the Margins*. State University of New York Press.

*Kruess, A., and T. Tscharntke. 1994. Habitat Fragmentation, species loss, and biological control. *Science* 264: 1581−1584.

Lawson, G.J., G. Cottam, and O.L. Loucks. Unpublished manuscript. Terrestrial primary production of adjacent urban and natural ecosystems.

*Lovelock, J.E. 1979. *Gaia*: *A New Look at Life on Earth*. Oxford University Press, New York.

Lovelock, J.E. 1988. *The Ages of Gaia*: *A Biography of Our Living Earth*. Norton, New York.

*Mann, K.H. 1973. Seaweeds: Their productivity and strategy for growth. *Science* 182: 975−981.

Margulis, L. 1982. *Early Life*. Science Books International, Boston.

*Margulis, L., and L. Olendzenski, eds. 1992. *Environmental Evolution*: *Effects of the Origin and Evolution of Life on Planet Earth*. M.I.T. Press, Cambridge, MA.

*Naveh, Z., and A.S. Lieberman. 1984. *Landscape Ecology Theory and Application*. Springer Verlag, New York.

*Odum, E.P. 1982. Diversity and the forest ecosystem. *In Natural Diversity in Forest Ecosystems*, J.L. Cooley and J. Cooley, eds. pp. 35−41. U.S.D.A. Forest Service Southeastern Experiment Station, Ashevillen, NC.

Odum, E.P. 1986. Introductory review: Perspectives on ecosystem theory and application. In Ecosystem Theory and Application, ed. N. Polunin, pp. 1−11. John Wiley & Sons, New York.

*Odum, E.P. and R.L. Kroodsma. 1977. The power park concept: Ameliorating man's disorder with nature's order. In *Thermal Ecology*, vol. Ⅱ, eds. G.W. Esch and R.W. McFarlane, National Technical Information Service, Springfield, VA.

Odum, H.T., 1971. *Environment, Power, and Society*. Wiley−Interscience, New York.

Odum. H.T., and E.C. Odum, 1981. *Energy Basis for Man and Nature*, 2nd ed. McGraw−Hill, New York.(See pp. 293−294 for energy language symbols.)

Odum, W.E. 1990. Internal processes influencing the maintenance of ecotones: Do they exist? Chapter 6 in *The Ecology and Management of Aquatic−Terrestrial Ecotones*, eds. R.J. Naiman and H. Decamps, pp. 91−102. Parthenon Publishing Group, Park Ridge, NJ.

*Odum, W.E., E.P. Odum, and H.T. Odum. 1995. Nature's pulsing paradigm. *Estuaries* 18: 547−555.

Omernik, J.M. 1987. Ecoregions of the conterminous United States. *Ann. Assoc. Am. Geogr.* 77: 118−125.

*Patten, B.C., and E.P. Odum. 1981. The cybernetic nature of ecosystems. *Am. Nat.* 118: 886−

895.

Platt, A. 1995. Dying seas. *Worldwatch* 8(1): 10－19.

Polunin, N., ed. 1985. *Ecosystem Theory and Application.* John Wiley & Sons, New York.

Pomeroy, L.R. and J.J. Alberts, eds. 1988. *Concepts of Ecosystem Ecology: A Comparative Review.* Springer－Verlag, New York.

*Redfield, A.C. 1958. The biological control of chemical factors in the environment. *Am. Sci.* 46: 205－221.

*Rhoads, R.E. 1990. The world's food supply at risk. *Nat. Geog.* 179(4): 74－105.

*Rice, E.L. 1952. Phytosociological analysis of a tall－grass prairie in Marshall County, Oklahoma. *Ecology* 33: 112－116.

*Sachs, A. 1995. Humboldt's legacy and the restoration of science. *Worldwatch* 8(2): 28－38.

*Schindler, D.W. 1990. Experimental perturbations of whole lakes and tests of hypotheses concerning ecosystem structure and function. *Oikos* 57: 25－41.

*Serafin, R. 1988. Noosphere, Gaia and the science of the biosphere. *Environ. Ethics* 10: 121－137.

*Sousa, W.P. 1984. The role of disturbance in natural communities. *Annu. Rev. Ecol. Syst.* 15: 353－391.

*Tansley, A.G. 1935. The use and abuse of vegetational concepts and terms. *Ecology* 16: 284－307.

*Tilman, D., D. Widen, and J. Knops. 1996. Productivity and sustainability in grassland ecosystems. *Nature* 379: 718－720.

*Turner, M.G. 1989. Landscape ecology: The effect of pattern and process. *Annu. Rev. Ecol. Syst.* 20: 171－197.

Vernadsky, V.I. 1929. *La Biosphere.* Nouvelle Collection Scientifique. Felix Alcan, Paris, France. (English translation Published 1986, Synergetic Press, London.)

*Vernadsky, V.I. 1945. The biosphere and the no sphere. *Am. Sci.* 33: 1－12.

*Waddington, C.H. 1975. A catastrophe theory of evolution. In *The Evolution of an Evolutionist*, pp. 153－266. Cornell University Press, Ithaca, NY.

*Whitcomb, R.F., C.S. Robbins, J.F Lynch, B.L. Whitcomb, M.K. Klimkiewicz, and D. Bystrak. 1981. Effects of forest fragmentation on avifauna of the eastern deciduous forest. Chapter 8 in *Forest Island Dynamics in Man－Dominated Landscapes*, eds. R.L. Burgess and D.M. Sharp. Springer－Verlag, New York.

Wiegert, R.G., and D.F. Owen. 1971. Trophic structure, available resources and population density in terrestrial and aquatic ecosystems. *J. Theor. Biol.* 30. 69－81. (Contrasts structure and function of terrestrial and aquatic ecosystems.)

*Wilcox, B.A. 1984. In situ conservation of genetic resources: Determinants of minimum area requirements. In *National Parks: Conservation and Development*, eds. J.A. Neeley and K.R. Miller, pp. 639－647. Smithsonian Institution Press, Washington, D.C.

*Wilson, E.O., ed. 1988. *Biodiversity.* National Academy Press, Washington, D.C. (38 articles by different authors on the preservation, value, and restoration of diversity.)

*Zonneveld, I. S., and R.T.T. Forman, eds. 1990. *Changing Landscapes; An Ecological*

Prospective. Springer – Verlag, New York.

우리의 환경 상태에 대해 잘 기술한 최근 기사 중에서 다음 글들을 특별히 추천하고 싶다.
Time 133(1): 24 – 73, January 2, 1989. *Planet of the Year: Endangered Earth.*
Scientific American 261(3), September 1989. *Managing Planet Earth.*

*는 이 장에서 인용된 참고문헌을 가리킨다.

에너지론

만약 지구상의 모든 생명이 가지는 공통 요소, 즉 크고 작은 모든 행위가 일어나기 위해서 절대적으로 필요하고 모든 것에 관련되어 있는 것 하나를 집어내야 한다면 그것은 에너지일 것이다. 물리학 교과서에서 에너지는 일을 할 수 있는 능력 또는 크기로 정의된다. 넓은 의미에서 일은 〈어떤 것을 하거나 수행하는 것〉이라 정의된다. 직업 또는 취미를 목적으로 일을 하거나, 휴식을 취하거나, 심지어 잠을 잘 때조차 육신은 수천 가지의 필수 기능들을 수행하고 있다. 이 기능 수행에는 특수한 종류의 에너지 일정량이 필요하다. 생명 부양계가 계속 유지되는 데에는 경이로운 정도로 다양한 유기체들과 기능들이 관련되어 있으며, 이들은 매우 많은 양의 에너지를 필요로 한다. 종속영양 생물들을 위한 일차에너지원은 먹이인 반면 독립영양 생물들을 위한 일차에너지원은 광합성에 필요한 빛과 간접적인 에너지(바람, 비)이다. 게다가 인간 사회, 특히 공업 사회에서는 화석연료의 형태인 많은 양의 농축된 에너지가 필요하다. 에너지 없이는 생명도 존재할 수 없다. 따라서 모든 사람들은 에너지가 전환되는 기본 원리들을 이해해야 하고 초등학교부터 에너지론을 가르칠 필요가 있다.

1976년에 코머너 Barry Commoner는 우리가, (1)생태계, 생산계 그리고 경제계가 에너지로 서로 맞물려 연결되어 있다는 것을 이해하지 못하고, (2)마치 이 세계가 서로 분리되어 있는 것으로 보아 그 중 어떤 한 가지 문제만 해결하는 것은 무의미하다고 했다. 그러나 생태학에서 공통 분모로서의 에너지 개념 그리고 생태계와 경제계 사이의 연결을 거의 완벽하게 발전시킨 사람은 바로 하워드 오덤 H.T. Odum이었다 (H.T. Odum 1971, 1973, Odum and Odum 1981).

에너지 단위

불행하게도 에너지량을 표시하는 데 널리 사용되는 단위가 너무 많다. 몇 개를 언급해 보면, 칼로리, 와트, 줄, 에르그, BTU, 마력 등이 있다. 이들 각각은 원래 특수한 종류의 에너지를 측정하기 위해서 개발되고 사용되었다(예를 들면 전기에서는 와트, 음식물에서는 칼로리, 석유에서는 배럴 등). 이들 모든 단위들은 서로 환산될 수 있다. 그러나 우리 가정에 공급되는 총에너지를 계산하기 위해서는 컴퓨터가 있어야 할 정도이다. 전기, 열, 휘발유, 석유, 가스 등 모두가 서로 다른 에너지 단위로 계산서에 기입되기 때문이다. 더욱 혼란스럽게 하는 것은 칼로리와 같은 몇몇 단위들은 시간과 관계없는 잠재 에너지를 나타내는 반면에 와트와 같은 단위들은 그 정의에 시간을 포함하는 속도rate의 단위라는 점이다. 이 혼란은 너무 많이 세분되어 있는 학문 분야와 산업 및 일반 국민 사이에 있어야 할 상호 의사교환 및 협력이 부족하여 생긴 것이다. 현재 모든 나라에서, 모든 에너지에 통용될 수 있는 국제 단위(아마 줄 또는 와트)를 지정하기 위한 노력이 경주되고 있다.

이 책에서는 가능한 한 모든 것들을 간편하게 하기 위한 에너지 단위로서 어느 정도 우리들에게 친숙한 칼로리calorie를 사용할 것이다. 이 단위는 〈한 병에 1칼로리〉라고 청량음료 광고업자들이 선전하는 것에서 볼 수 있는 것처럼 모든 사람들에게 음식물 섭취와 관련하여 이미 많이 익숙해져 있다.[1]

우리는 적은 단위로 그램 칼로리gcal, 큰 단위로는 킬로칼로리kcal를 사용할 것이다. 1칼로리는 물 1그램을 섭씨 1도 올리는 데 필요한 열량에 해당한다. 킬로칼로리는 칼로리보다 1,000배 크다. 이는 물 1킬로그램을 섭씨 1도 높이는 데 필요한 열량에 해당한다. 생태학에서와 마찬가지로 영양학에서는 일반적으로 큰 단위인 킬로칼로리가 사용된다. 여러 가지 에너지 흐름의 비교에 흔히 사용되는 숫자에 대한 감을 잡기 위해서, 우리 몸은 하루 2,000–3,000kcal 또는 일년에 대략 백만 kcal의 에너지 공급을 필요로 한다는 것을 기억해 두기 바란다.

이미 기술한 바와 같이, 모든 종류의 에너지에 사용되는 국제 단위로는 줄과 와트가 있다. 1줄 joule은 1킬로그램의 물건을 10센티미터 들어올리는 데 필요한 일 에너지량(약 0.24gcal)으로 정의된다. 1와트 watt는 1초당 1줄로 정의된다. 이것은 적은 양의 에너지 단위이기 때문에 kilowatt–hour(kWh=1000 watts/hour)가 널리 사용되며, 이는 약 860kcal와 같다. 이것은 전기 요금표에 나타나는 단위이다. **킬로줄 kilojoule** (KJ=1000 joules)도 역시 생태학에서 국제 단위로 널리 사용된다. 그것은 0.24kcal(약 1BTU)와 같다.

이렇게 많은 정량 단위들이 있는데도 일반적으로 인정될 만한 단위로서 에너지 농도 energy concentration 또는 주어진 어떤 종류의 일을 할 수 있는 능력이 크게 다른 여러 가지 형태의 에너지 질을 표현하기 위한 단위가 없는 것이 이상하다. 예를 들면, 자동차를 달리게 할 때 태양광선 100킬로칼로리는 휘발유 100킬로칼로리와 전혀 다르다. 에너지 농도를 다루는 부분에서는 간과되고 있는 이러한 사항에 대해서 살펴볼 것이다.

에너지 법칙

에너지 행위들은 두 가지 법칙의 지배를 받는다. 이는 열역학 법칙 laws of thermodynamics으로 알려져 있다. 제1법칙은 에너지가 하나의 형태(빛과 같은)에서 다른 형태(음식물과 같은)로 전환되지만 결코 창조되지도 파괴되지도 않는다는 것을 말한다. 제2법칙은 에너지가 농축된 형

---

1) 미국에는 뚱뚱해지는 것을 염려하는 사람이 많기 때문에 에너지가 적게 포함되어 있는 다이어트용 저칼로리 콜라 등을 생산하고 또 널리 선전한다.

태(음식물 또는 휘발유 같은)로부터 흩어진 형태(열과 같은)로의 질적 저하 없이는 에너지 전환과 관련된 어떤 과정도 일어나지 않는다는 것을 말한다. 에너지는 항상 이용될 수 없는 열 에너지로 흩어지기 때문에 어떤 자발적 전환(이를테면 빛으로부터 음식물로의 전환)도 100%의 효율을 가질 수 없다.

제2법칙은 때때로 엔트로피 법칙으로 알려져 있다. 엔트로피 entropy (en＝in, trope＝transformation)는 열역학적 닫힌 계에서 이용될 수 없는 형태의 에너지량을 나타내는 무질서도 disorder의 척도이다. 그리하여 전환기간 동안 에너지는 창조되지도 파괴되지도 않지만, 사용될 때(즉 전환될 때) 그 중 일부는 이용될 수 없는 또는 덜 이용 가능한 형태(예를 들어 흩어진 열)로 되어 질적 저하가 일어난다. 따라서 아침식사로 먹은 음식물은 몸의 조직을 유지하기 위해서 일단 호흡으로 사용되고 나면 더 이상 다시 사용될 수 없다. 우리는 식료품 가게에 가서 내일을 위해 음식물을 더 사야 한다. 거의 또는 전혀 유용성을 잃지 않고 계속하여 재순환되고 재사용될 수 있는 물, 영양소, 돈과 같은 물질들과는 대조적으로 에너지는 결코 재사용될 수 없다. 그림 4-1은 참나무 잎을 거치는 에너지 흐름의 도식을 보기로 위의 두 가지 에너지 법칙을 설명하고 있다. 에너지 유입, 전환과 저장, 유출에 관한 일반적인 형상은 이 책에서 제시한 최초의 모형인 제3장의 그림 3-1과 3-2에서 보였다.

유기체와 생태계들은 에너지를 높은 효용 상태에서 낮은 효용 상태로 전환함으로써 낮은 엔트로피(낮은 무질서도) 상태를 유지한다. 살아 있는 계와 생물권은, 프리고진 Prigogine이 〈비평형계 far-from-equilibrium systems〉라고 부른 것이다.[2]

생물은 이 무질서를 밖으로 퍼내는 효율적 〈소산구조 dissipative structures〉를 가지고 있다(Prigogine et al. 1972). 프리고진은 이 평형 열역학에 대한 이론적 분석으로 노벨상을 받았다. 그는 이전에 살았던 어느 누구보다도 살아 있는 계가 평형상태와는 아주 다른 열린 계로 유지되기 위해 자기 조직을 수행함으로써 어떻게 열역학 제2법칙에 도전하는가를 잘 설명할 수 있었다. 엔트로피가 항상 부정적인 것은 아닌 것으로 밝혀졌다. 연속적인 이동으로 에너지의 양이 줄어들게 됨에 따라

---

2) 사실상 이 용어는 nonequilibrium systems과 구별하여 〈평형 상태와 거리가 먼 계〉라고 풀어 쓴 용어가 더 적절하리라 본다.

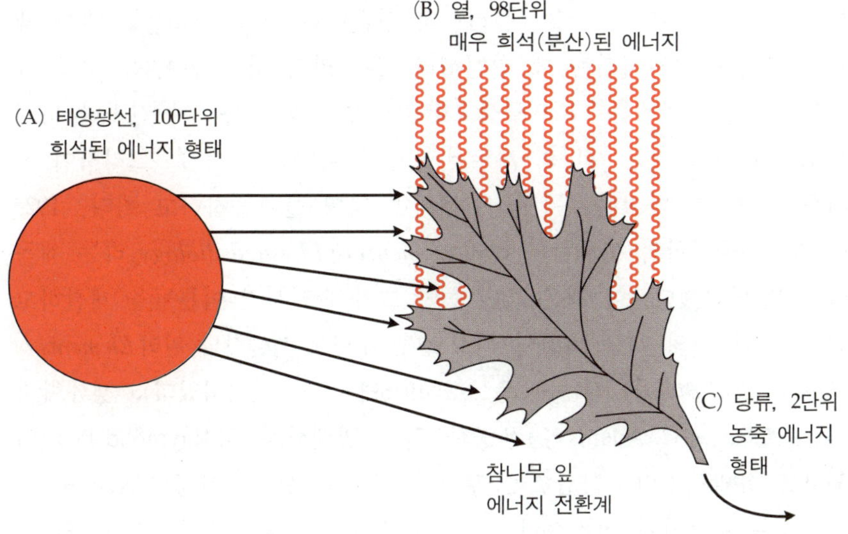

그림 4-1
두 가지의 열역학 법칙. 제1법칙은 광합성에 의한 태양에너지(A)의 음식물 에너지(당류, C)로의 전환(A=B+C)을 통해 예시된다. 제2법칙은 전환 동안 일어나는 열의 분산(B) 때문에 항상 C가 A보다 작다는 것을 통해 알 수 있다.

서 나머지 에너지의 질은 크게 향상될 것이다.

고도의 질서를 가진 생물군집의 호흡은 생태계의 소산구조이다. 비슷하게, 하나의 도시에서 무질서를 소산시키고 질서를 유지하기 위해서는 체계가 잘 잡힌 유지 요원들과 많은 세금이 필요하다. 숲이나 도시를 통과하는 에너지 흐름의 질과 양이 감소되거나 또는 무질서의 소산이 부적절하다면, 숲이나 도시는 질이 나빠지고 노쇠하기(무질서하게 되기) 시작한다. 공기오염으로 부당한 압박을 받고 있는 많은 도시들과 삼림들에서 이런 현상이 나타나고 있다.

생존하고 또 번성하기 위해서는 자연생태계와 인공생태계 모두 계속적인 양질의 에너지 유입과, 저장 능력(유입량이 필요한 양보다 더 적은 기간을 대비하여), 엔트로피를 흩트리는 수단이 필요하다. 이 세 가지 특성들은 오덤이 최대효력의 원리 maximum power principle라고 부른 것의 일부이다. 이 원리는, 경쟁 세계에서 가장 잘 살아남을 수 있는 계는 자신과 상호이익을 목적으로 연관되어 있는 주변 계를 위하여 효율적으로, 즉 에너지를 유용한 일로 가장 많이 전환할 수 있는 계라는 것이다 (Odum and Odum 1981).

생태학에 열역학을 도입한 사람은 로트카 Alfred James Lotka(1880-1949)로 그는 물리화학으로 훈련받은 사람이었다. 화학 회사에서 일하는 동안 그는 여가 시간을 〈물리학적 생물학physical biology〉이라는 새로운 분야를 발전시키는 데 헌신했다. 로트카의 기본 논제는, 모든 유기적·무기적 세계는 그들 구성요소들이 열역학을 통하여 긴밀한 방식으로 연관되어 있는 하나의 계로서 기능을 한다는 것이다. 그리하여 전체를 이해하지 않고는 부분을 이해하는 것이 불가능하다고 한다. 1925년 그는 『물리학적 생물학의 원리 *Elements of Physical Biology*』라는 제목의 책을 발간했다. 이 책은 20년 동안 그가 발전시킨 이론들을 개괄하고 있다. 이제 그의 책은 고전이 되었으며(『수학적 생물학의 원리 *Elements of Mathematical Biology*』라는 제목으로 1956년 다시 발간되었다), 생태학자 아담스Charles C. Adams와 유명한 인구 통계학자 펄Raymond Pearl의 흥미를 유발시켰다. 아담스는 로트카를 미국 생태학회에 가입하게 했고, 펄은 로트카가 존스홉킨스 대학교에서 자리를 잡도록 주선하였다. 그리하여 로트카는 학구적인 환경 안에서 연구를 계속할 수 있었다. 여기서 로트카는 개체군에 대한 수학적 모형들을 만드는 데 주요한 공헌을 하였다(이 모형들은 제6장에서 논의함).

로트카는 생물학자들이 하나하나의 생물종에 주의를 집중하면 진화에 대해서 지나치게 좁은 시야를 가지게 된다고 느꼈다. 그는 나누어진 계에서 자연선택이 에너지 흐름에도 작용할 것이 틀림없다고 믿었는데 이것이 현재 최대효력의 원리로 알려진 개념이다. 이와 같이 생물권 안에 있는 기능적인 단위로서 생태적 계라는 착상에 생물학자 탠슬리Tansley와 물리학자 로트카가 각각 독립적으로 도달하게 된 것은 중대한 의미를 갖는다. 탠슬리는 〈생태계〉라는 단어를 만들어내어 그것을 히트시킴으로써 사실은 로트카와 나누어 가져야 할 명예의 대부분을 혼자 안고 있는 셈이다.[3]

---

3) 이러한 중대한 의미를 강조하는 이면에는 생태계에서 일반적으로 중요하다는 것들이 알려지지 않는 요소들을 바탕으로 존재함을 함축하고 있는 듯하다. 우리가 흔히 중요하다고 보는 모든 요소들의 작용은 간과되고 있는 다른 요소들과 나누어 가져야 할 무엇이 있는데 이는 동양에서 이미 노장 이래의 평범한 가르침이다. 동시에 이것이 곧 이 책 전체의 핵심이다.

태양방사선

태양광선은 우리가 더 많은 것을 알려고 하지 않고 당연한 것으로 받아들이고 있는 너무도 익숙한 축복 중의 하나이다(지나치게 허물없이 굴면 체면을 잃는다는 옛말이 가르치는 바와 같이). 우선 첫째로, 당신은 매일 태양으로부터 들어오고 있는 것의 반 정도만을 볼 수 있다. 태양광선들을 조망할 수 있게 하기 위해서 전자파(파동 형태의 에너지)의 전체 스펙트럼을 그림 4-2에서 보였다. 태양 방사선은 파장이 주로 0.1-10마이크로미터(1마이크로미터는 10^{-6}미터)로 이 스펙트럼의 중간 범위에 위치한다. 태양 방사선은 가시광선과 보이지 않는 두 구성요소인 자외선과 적외선으로 이루어져 있다. 긴 파장의 적외선은 태양광선의 〈발열 heating〉 부분이다. 가시광선 영역은 우리가 볼 수 있는 광선일 뿐만 아니라 광합성에 사용되는 에너지(이 에너지는 가시광선에 국한되어 있다)원이다. 대기의 상부에 도달하는 많은 자외선은 오존 방어막 ozone shield에 의해서 반사되어 되돌려 보내진다. 자외선은 원형질에 치명적이기 때문에 오존층은 다행스러운 존재이다. 하나의 오존 분자는 세 개의 산소 원자로 이루어지고 산소와 자외선의 상호작용으로 상층기권 stratosphere에서 생성된다. 생물권의 역사 초기에 산소가 축적되기 시작함에 따라 오존 방어막은 발달하기 시작했다. 이 방어막은 원시 생명이 물로부터 나와 오늘날 존재하는 고등한 형태로 진화하는 것을 가능하게 했다.

태양 방사선은 생물권으로 들어올 때 대기에 의해 흡수되는데, 자외선의 양은 크게 감소되고 가시광선 양은 광범위하게 감소되며, 적외선

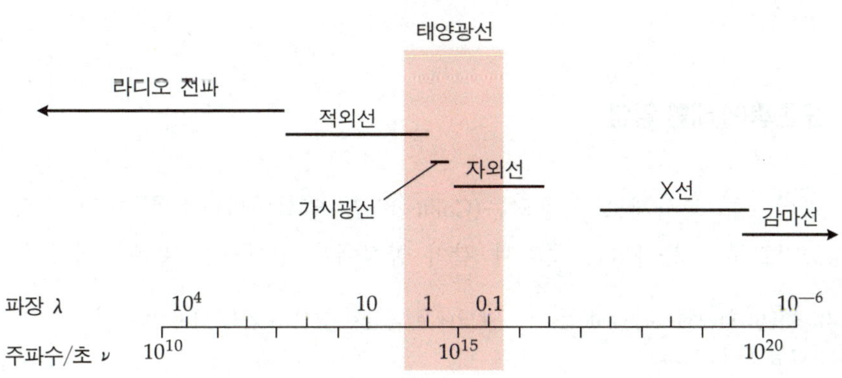

그림 4-2
전자파의 스펙트럼. 태양 방사선은 이 스펙트럼의 중앙에 위치한다.

은 불규칙하게 감소된다(일부 선택적인 파장이 다른 파장들보다 더 많이 감소된다). 쾌청한 날 지구 표면에 도달하는 방사 에너지는 약 10% 자외선, 45% 가시광선, 45% 적외선이다. 가시광선은 구름과 물을 통과할 때 가장 적게 감소된다. 이것은 흐린 날도 일정 깊이의 물 속에서 (종종 감소된 속도이긴 하지만) 광합성이 계속될 수 있다는 것을 의미한다. 식생은 청색 가시광선 및 적색 가시광선(광합성에 가장 많이 이용됨)과 원적외선을 가장 잘 흡수하고, 초록은 보다 덜 흡수하며 근적외선 부분을 아주 조금 흡수한다. 태양열 에너지의 일부가 위치하는 근적외선 부근의 광선을 되돌려보냄으로써 육상식물의 잎들은 치명적으로 온도가 높아지는 것을 피한다(물의 증발에 의해서도 냉각된다). 태양광선과 지구의 초록빛 덮개[4]의 접촉면에서 일어나는 이러한 반응은 생물들이 물리적 조건에 적응할 뿐만 아니라 그들의 필요에 따라 물리적 조건을 어떻게 변화시키는지 보여주는 예이다. 숲의 차가운 초록빛 부분은 잎에 의해서 적색 및 청색 가시광선과 원적외선을 흡수하기 때문에 카퍼힐 경관[5] 및 주차장과 같은 인공 사막들과는 다른 방사환경이다. 숲에는 수천 종류의 동물과 미생물이 살고 있다. 그러나 주차장에는 아마도 극히 적은 수의 일시적인 생물들만이 있으며, 그들 모두 더 나은 장소를 찾기 위해서 노력하고 있을 것이다.

녹색 가시광선과 적외선에 가까운 광선은 식생에 의해서 반사되기 때문에 이 스펙트럼대는 항공 및 인공위성의 원격탐사와 사진에 이용되어 자연 식생의 양상, 경작식물의 상태, 병든 식물의 존재 등을 보여준다. 원격탐사 remote sensing와 지리정보체계 geographic information system(원격탐사 영상의 컴퓨터 연출과 분석)라는 기술의 지속적인 발전은 우주시대의 더욱 바람직한 혜택들 중 하나가 될 것이다.

오존층에 대한 위협

에어로졸 분사체로 사용되는(Cohn 1987) 염화불화탄소와 고공 제트 항공기로부터 분사되는 물질과 같이 공장에서 생산되는 일부 화합물은

---

4) 초록빛 덮개 green mantle는 지구 표면에서 식물로 덮인 부분을 의미한다.
5) 그림 3-12 참조.

오존을 파괴한다. 오존 파괴 물질은 오존층을 심각하게 위협하는 정도로까지 그 양이 증가하면서 상층대기 속으로 계속해서 모여들고 있다. 남극 상공의 오존층이 얇아질 수 있다는 첫번째 경고가 1974년에 있었고 소위 오존구멍ozone hole이라고 부르는 현상이 1984년에 그 지역에서 나타났다. 1991년에는 이 구멍이 아르헨티나 남부를 포함할 정도로 커졌으며 그 지역에서 사람들의 피부암 발생과 시각장애 현상이 증가된 것으로 보고되었다. 유럽 상공에 오존을 파괴하는 일산화염소chlorine monoxide가 축적되는 것은 오존층이 급격히 얇아진다는 것을 의미한다. 1987년 선진국들은 생명보호층인 오존층이 더 이상 손상되지 않기를 바라면서(대체물질을 찾음으로써) 염화불화탄소의 생산 감소에 동의하는 의정서에 서명하였다. 오존 파괴 화학물질의 생산은 산업체들이 대체 물질을 개발함에 따라 감소하였기 때문에 1996년까지는 그 의정서가 작용을 하는 것처럼 보였다(Kerr 1996)(제5장에서 지표에서의 오염물인 오존에 대해 논의함).

지표의 빛 환경

지표에 있는 또는 지표 가까이에 있는 생물들은 위에서 내리쪼이는 직사광선뿐만 아니라 근처 표면으로부터 방사되는 장파의 열선들에 묻혀 있다. 제5장에서 개괄하겠지만, 이 둘 모두 온도와 다른 존재 조건들에 기여한다. 열선은 토양, 물, 식생뿐만 아니라 구름에서도 온다. 구름은 생태계로 들어오는 많은 양의 열 에너지를 방사한다. 우리는 맑을 때보다 구름이 있는 겨울밤에 높은 기온이 유지되는 것을 관찰할 수 있을 것이다. 이 차이를 만드는 것은 구름으로부터 방사된 열이다. 이산화탄소와 같이 색깔이 없는 가스도 열을 잡아서 지구 아래로 되돌려 보내〈온실효과greenhouse effect〉를 일으킨다(소위 온실의 유리처럼 이산화탄소는 들어오는 태양광선은 지나가도록 허용하지만 나가는 열선은 반사하여 지구로 되돌려보낸다). 오존층 파괴에 대한 우려 외에도 대기의 이산화탄소가 인간의 활동 때문에 증가하고 있고 이것이 기후에 영향을 줄 것이라는 사실 또한 염려해야 한다. 이러한 걱정을 우리는 제5장에서 다룰 것이다.

생물권에서의 에너지 흐름

그림 4-3과 표 4-1은 태양으로부터 온 에너지가 어떤 일을 하며 생물권을 통과함에 따라서 무슨 일이 일어나는가를 보여준다. 태양에서는 평방미터당 매년 약 5백만kcal의 에너지가 나온다. 이와 같이 유입된 다량의 에너지는 구름, 수증기와 대기의 다른 기체층을 통과하는 동안 지수함수적으로 감소되어 실제로 생태계에서 광합성을 하는 지표에 도달하는 에너지는 평방미터당 약 백만 내지 2백만kcal가 된다(구름이 낀 북반구 쪽에서 가장 낮고 사막에서 가장 높다). 이 중에서 약 반 정도가 잘 짜인 녹색층에 의해서 흡수되며 그 중에서 평균 약 1%(가장 양호한 조건에서는 5%까지)가 광합성에 의하여 유기물로 합성된다.

열역학 제2법칙에 의하여 예상되듯이 에너지는 각 이동 단계에서 이용될 수 없는 열로서 흩어진다는 사실을 그림 4-1과 4-3의 도식 모형에서 보여준다. 이와 같은 방열은 단순한 에너지 낭비 과정이 아니다. 왜냐하면 생물 요소들에 의하여 일어나는 것은 아니지만 각 이동 단계에서 어떤 형태든 일을 하기 때문이다. 예를 들면, 대기, 대양, 녹색대를 통과하는 동안 일어나는 태양에너지의 방열은 생명이 유지될 수 있는 수준으로 생물권을 데우고 물의 순환을 유도하며, 또한 기후계에 에너지를 제공한다. 주요한 이동 단계에 관련된 에너지의 추정량은 표 4-1에 나와 있다. 생물권에서 가장 중요한 생명 원천 중의 하나인 물을

표 4-1 생물권에서 연간 유입되는 태양 방사 에너지의 소산율

에너지 소산	%
반사	30
직접적 열 전환	46
증발, 강우(물순환 유도)	23
바람, 파도, 조류	0.2
광합성	0.8
합계	100.0
조류 에너지: 약 0.0017%	
육상 에너지: 약 0.5%	

자료: Hulbert 1971.

(A) 그림식 도해

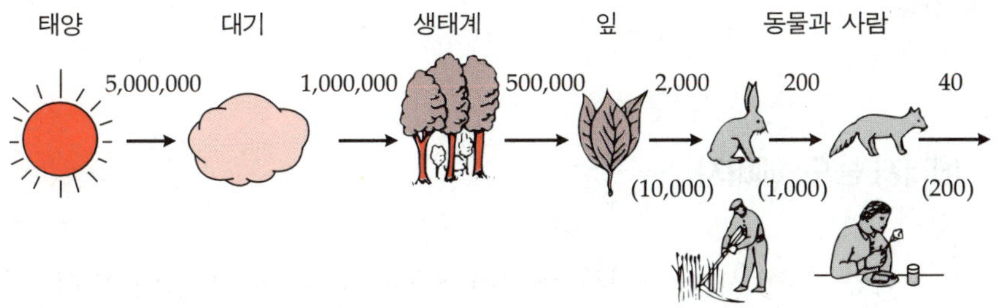

(B) 에너지 흐름의 도해

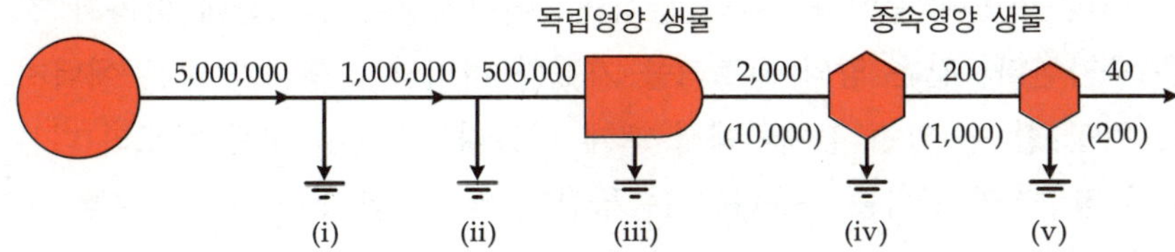

그림 4-3
생물 먹이사슬을 통한 태양에너지의 흐름(단위: kcal/㎡/yr). (A)그림식 설명. (B)더욱 공식적인 에너지 흐름의 모형이다. 괄호 안의 숫자들은 보조 에너지가 있는 생태계에서 태양에너지의 흐름이 연료와 같은 다른 형태의 에너지에 의해서 향상될 때 도달할 수준들을 보여준다.

재순환시키는 데 태양에너지의 약 4분의 1이 사용된다는 것은 주목할 만하다.

물질순환을 유발하여 이끌어가는 것은 곧 에너지 흐름이다. 물과 영양소들을 재순환시키는 것은 재순환할 수 없는 에너지라는 경비를 요구한다. 이것은 물, 금속류, 종이와 같은 자원들의 인공적 재활용이 자원 결핍에 대한 즉각적이고 비용이 들지 않는 해결 방안이라고 생각하는 사람들에게는 이해되지 않겠지만, 엄연한 사실이다. 이 세상에서 가치 있는 다른 모든 것들과 마찬가지로 재활용을 위해서는 에너지 지출이 필요하다(인공적으로 수행된다면 역시 화폐 지출이 있다).

자연은 확실히 태양의 힘을 유용하게 이용한다. 인간은 우리가 아는 바와 같이 화석연료를 소모하면서 그것을 대체하기 위하여 태양에너지를 이용할 수 있다. 화석연료와 비교할 때 태양에너지 사용의 이전은 그것이 계속해서 이용 가능하다는 것이다. 즉 태양에너지를 이용하는 행위는 근원을 고갈시키지 않는다. 반면에 태양에너지는 화석연료에 비해서 덜 농축되어 있고 자동차나 기계를 직접 작동시킬 수는 없을 것이다. 태양에너지가 그런 종류의 일을 할 수 있으려면 전기나 다른 종류의 연료로 전환되어야 한다. 그리고 어떠한 변환에도 엔트로피라는 비용이 따른다. 에너지 법칙들을 피해 갈 방법은 전혀 없다. 이러한 한계에 대한 인식은 우리를 기운 빠지게 하는 것이 아니라 오히려 현실적이게 한다.

에너지 농도: 에머지

　연속적인 전환 사슬 속에서 에너지가 사용되고 퍼져나감에 따라 그 형태가 변하고 점점 농축되거나 정보량이 많아지게 된다는 원리의 근거는 이미 마련해 두었다. 달리 말하면, 에너지량이 감소함에 따라서 질은 증가한다. 같은 양의 칼로리를 가졌다 하더라도 형태가 다른 에너지는 일을 할 수 있는 잠재력에서 크게 다르다. 따라서 모든 칼로리(다른 어떤 정량적인 단위를 사용하든)는 똑같지 않다. 앞 문단에서 강조한 바와 같이 석유와 같이 매우 농축된 형태는 더 큰 일을 할 수 있는 잠재력을 가진다. 그러므로 태양에너지와 같은 묽은 에너지 형태보다는 질이 좋다. 일반적으로 받아들여지는 에너지 질의 측정 단위는 없다. 그러나 어떤 형태의 에너지가 다른 형태의 에너지로 발전되는 데 필요한 양의 비로서 에너지 농도 또는 질을 표현할 수 있다. 에머지 eMergy(대문자 M을 써야 한다)는 이러한 측정을 위해 제안되었고 그것은 서비스나 생산물을 만들기 위해 직접·간접적으로 이미 사용된 이용 가능한 에너지로 정의된다(H.T. Odum 1996). 그리하여 1,000칼로리의 햇빛이 식물에 의해 음식물 1칼로리로 전환된다면 전환율 또는 전환도 transformity는 1음식물 칼로리당 1,000태양에너지 칼로리이다.
　그리고 음식물의 에머지는 1,000태양에너지 칼로리이다. 에머지가 생산물이나 서비스를 만들어내는 데 연결되었던 다른 수준에서의 모든 에너지를 더하는 것으로 계산되기 때문에 〈에너지 기억 energy memory〉으로 간주할 수도 있다. 비교하기 위해 모든 에너지들은 같은 종류여야 한다(예를 들면 태양에너지). 구체 에너지 embodied energy라는 용어 역시 질을 측정하기 위한 종류로서 사용되고 있다.
　에너지량의 감소와 함께 일어나는 에너지 농도의 증가는 그림 4-4의 도식에서 보기가 주어진다. 자연적인 먹이사슬(그림 4-4A)의 각 단계에서 에너지량은 줄어든다.[6] 그러나 소산되는 에너지량에 의해서 에너지 농도는 증가한다. 포식자 1kcal를 생산하는 데는 대략 10,000kcal

(A) 먹이사슬

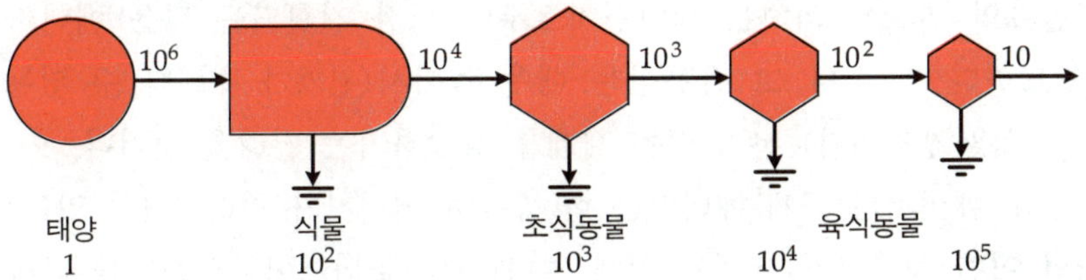

(B) 전기에너지 사슬

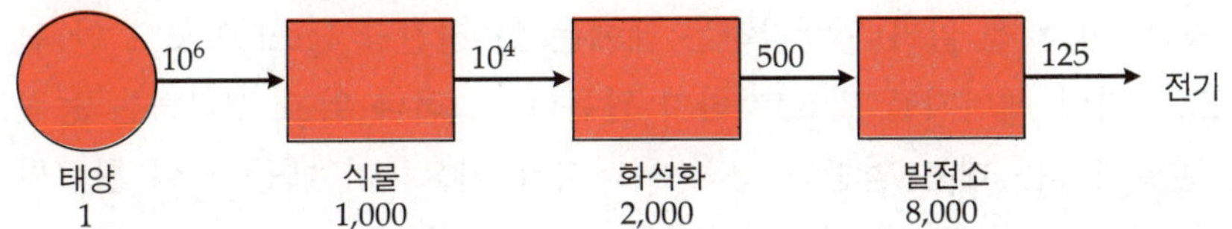

그림 4-4
먹이사슬과 전기에너지 생산에서 에너지 농도(질)의 증가는 양의 감소를 수반한다(H. T. Odum 1983).

의 태양에너지가 필요한 것으로 추정된다. 포식자 1에너지 단위를 만들기 위해서는 초식동물 100에너지 단위가 필요하다. 따라서 포식자들은 상대적으로 수가 적고 에너지 수요가 높은 생태계의 구성요소이다. 그러나 그들은 초식동물에 대한 되먹임 제어작용을 하기 때문에 매우 중요하다. 이 제어작용은 식물의 생산에 주요한 영향을 주게 될지도 모른다.[7]

그림 4-4B는 전기를 생성하는 에너지 연쇄과정을 보여준다(다른 형태의 에너지 비교에 더 많은 관심을 가질 때는 문장 끝에 있는 숫자가 수정되어야 할 임의적이고 개략적인 값이라는 점이 강조되어야 한다). 연쇄과정에서 에너지가 전환될 때마다 그 양을 감소하고 에너지 단위 양(cal)당 일을 수행할 수 있는 능력은 증가한다. 그리하여 태양에너지는 녹색식물에 의해서 농축되고, 석탄으로 되는 화석화 과정 동안 더욱 농축되

---

6) 이 양의 감소로 나타나는 생태적 피라미드, 즉 먹이사슬 뒤에 위치하는 생물들의 에너지 함량, 생물량, 개체수가 작아지는 현상에 대한 개념은 대부분의 다른 일반 생태학 책에서 설명되고 있다. 여기서는 양적 감소에 따른 질적 증가를 강조한다.

7) 이러한 음성 되먹임 또는 일차생산성에 의한 양성 되먹임은 이 장의 〈먹이그물에서 에너지 분배〉와 제6장에서 언급된다.

며, 전기를 생산하면서 얼마간 더 향상된다. 따라서 전기는 태양에너지로부터 파생되어 수천 배로 농축된 에너지의 한 형태이다. 전기 생산은 화석연료의 연소에 의하든 태양전지로부터 직접 전환되든 많은 에너지를 소모한다. 그러나 그 유용성은 매우 높아서(전기가 수행할 수 있는 모든 일들을 생각하라) 전기 없는 세계를 상상하기는 어려울 것이다.

요컨대 에머지와 구체 에너지는 한 종류의 에너지가 좀더 〈가치 있는〉 형태의 어떤 것을 만들어내기 위해 얼마나 〈지불되어야〉 하는지를 나타내기 때문에 바로 생산물이나 서비스의 가치 또는 가치 있는 것에 대한 측정이 된다. 요점은 하나의 과정에 직접 연관된 에너지량이 바로 실질적 에너지 비용을 가리키는 좋은 수단이 아닐지도 모른다는 것이다. 예를 들면 이 책을 읽거나 생각하는 데에는 한 시간당 1gcal 정도도 안 될 정도로 거의 에너지를 필요로 하지 않는다. 그러나 읽고 생각하는 능력을 발달시키는 데는 엄청난 양의 에너지가 필요하기 때문에 이 활동의 구체 에너지는 매우 크다. 그래서 교육과 지적 활동의 에너지 경비는 일반적으로 매우 비싸다. 이것이 많은 사람들에게 양질의 교육을 시키는 데 충분히 많은 세금을 징수해야 하는 이유이다. 이번 장 후반에서 에너지-화폐 전환에 대해 논의할 것이다.

일차생산성

이 장의 나머지는 음식물과 다른 양질의 유기물로 전환되는 태양에너지 부분에 대해 논의할 것이다. 살아 있는 세계는 바로 이런 음식물과 유기물에 의존하고 있다. 전동기와 다른 기계들이 가지는 더 높은 에너지 전환 효율을 보면, 앞에 언급한 광합성 과정의 1-5%의 전환은 참으로 낮은 효율인 것 같다. 사실상 광합성과 엔진 효율은 바로 비교될 수 없다. 왜냐하면 엔진의 에너지원은 태양에너지보다 훨씬 질이 좋은(더욱 농축된) 것이기 때문이다. 또한 그 효율을 계산하는 데는 기계를 만들고 수리하고 교체하는 데 사용되는 매우 큰 양의 에너지가 포함되지 않는다. 반면에 자기 유지와 자기 영속을 위한 에너지는 생물계가 쓰는 경비의 일부이다. 광합성은 태양 방사선의 그렇게 작은 부분을 포착하여 높은 유용성을 가지는 유기물로 질을 높이는 아주 효율적인 과정인 것으로 판명된다. 아무도 자연이 수행하는 이 양상을 더 이상 개량할 수 없다. 확실히 우리는 오늘날 식물로부터 이전보다 더 많은 식량을 얻고 있다. 그러나 광합성의 효율을 증가시킴으로써 얻는 것이 아니다. 우리가 하는 것이란 광합성 산물이 최종적으로 우리(또는 가축들)가 먹을 수 있는, 수확할 수 있는 형태로 전환되는 양을 증가시키는 것이다.

일차생산량 primary production 또는 일차생산성 primary productivity은 일정 기간 동안 일정 면적에서 독립영양 생물들에 의해서 고정되는(태양에너지로부터 전환된) 유기물의 양을 지칭하는 데 사용되는 용어이다. 일반적으로 하루 또는 일년에 얼마만큼 생산되었는가 보여주는 생산율로서 표현된다. 총일차생산량 gross primary production은 식물 자신이 필요하여 사용한 부분을 포함한 전체 광합성 양이다. 반면에 순일차생산량 net primary production은 그 자신의 호흡에 쓰이는 양을 빼고 식물에 저장되는 양이다. 그러므로 순일차생산량 부분은 잠재적으로 종속영양 생물들에게 이용될 수 있다. 순군집생산량 net community production은 생물군집인 독립영양 생물과 종속영양 생물들이 필요한 음식물을 모두 취하고 난 후 남는 양이다. 마지막으로 소비자 수준에서, 예를 들면 소나 물고기에 의해서 일어나는 에너지 저장은 이차생산량 secondary production이라고 일컫는다.

자연생태계와 경작생태계에서 높은 일차생산율은 물리적 환경(예를 들어 물, 영양소, 기후 등)이 유리할 때 그리고 특히 계 밖에서부터 보조 에너지가 유지 비용을 감소시켜 줄 때(즉 무질서의 소산을 높여줄 때) 일어난다. 태양을 보조하고, 식물이 더 많은 광합성 산물을 저장하여 다른 생물에게 넘겨주는 일을 돕는 이차적 에너지는 에너지 보조 energy subsidy로 간주할 수 있다. 열대우림의 바람과 비, 하구의 조류 에너지 또는 농작물의 경작에 사용되는 화석연료들은 에너지 보조의 예들이다. 이 모든 것들은 보조 에너지를 사용하는 데 적용된 식물과 동물의 생산을 향상시킨다. 이를테면 조류는 광합성 후 남는 폐기물들을 멀리 내버릴 뿐만 아니라 영양소들을 습원의 벼과 식물로, 그리고 음식물을 굴들에게 옮겨주는 일을 한다. 그래서 유기체들은 이러한 일을 하는 데 에너지를 소비할 필요가 없어 성장을 위한 생산에 더 많은 에너지를 사용할 수 있다.

생성 – 소멸 에너지론

에너지 보조의 결과는 생성 – 소멸 에너지론 source – sink energetics 개념, 즉 한 생태계(생성원)에서의 과다한 유기물 생산은 생산성이 낮은 다른 생태계(소멸처)로 빠져나간다는 개념으로 생각해 볼 수 있다. 예를 들면, 생산성이 높은 하구언의 유기물 또는 생물체가 생산성이 더 낮은 해수로 빠져나갈 것이다. 따라서 생태계의 생산성은 그 계의 생산율에 유입률을 합한 것으로 결정된다. 종의 수준에서, 어떤 개체군은 필요 이상으로 많은 자손을 생산하여 그 잉여분이 인접한 개체군에 이동할 수 있도록 하는데 인접한 이 개체군은 이렇게 하지 않는다면 자체적으로 유지될 수 없다(Pulliam 1988).

광합성의 종류

광합성의 기본과정은 화학적 산화–환원 반응이다. 그에 대한 방정식은 다음과 같은 단어들로 쓸 수 있다.

$$이산화탄소 + 물 + 빛에너지 = 탄수화물 + 물 + 산소$$

산화되는 것은 물이고 탄수화물로 환원(고정)되는 것은 이산화탄소이다. 다른 형태의 음식물과 유기물의 생성은 탄수화물로부터 파생된다.

대부분의 식물에서 이산화탄소 고정은 3개의 탄소를 가진 화합물의 생성으로 시작한다. 그러나 최근에 어떤 식물들은 4개의 탄소로 된 카르복실산으로 광합성을 시작하여 다른 방법으로 이산화탄소를 환원한다는 것이 발견되었다. 이에 대한 생태학적 의미를 논의할 목적으로 이들 두 형태의 식물을 각각 C_3식물, C_4식물이라 부를 것이다. C_4식물은 그들의 잎에서 C_3식물과 다른 엽록체 배열을 가진다. 더욱 중요한 것은 그들이 빛, 온도, 물에 대하여 서로 다르게 반응한다는 것이다.

그림 4–5는 빛과 온도에 대한 C_3식물과 C_4식물의 반응을 대비한다. C_3식물은 중간 정도의 광도와 온도에서 광합성의 속도가 최고로 되고, 높은 온도와 광도에서는 억제되는 경향이 있다. 대조적으로 C_4식물은

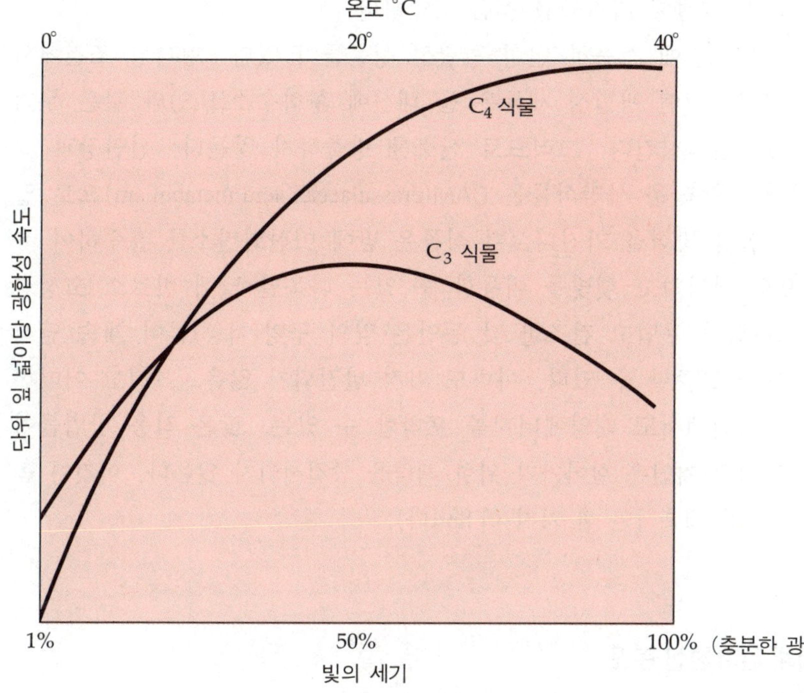

그림 4-5
빛의 세기와 온도의 증가에 대한 C_3
와 C_4식물의 광합성 반응 비교.

강한 빛과 높은 온도 조건에 적응되어 있으며, 이러한 조건에서 물을
더욱 효율적으로 사용한다. 예상되는 바와 같이, C_4식물들은 사막과 따
뜻한 편인 온대와 열대 기후의 초지 군집들에서 우세하고 삼림과 광도
및 온도가 낮은 온화한 구름 낀 북쪽에서는 드물다. C_3식물은 그들의
잎 수준에서 일어나는 낮은 광합성 효율에도 불구하고 세계의 일차생산
대부분을 맡고 있다. 그것은 아마도 그들이 빛, 온도 등이 극단적이기
보다는 평균적인 혼합 생물종으로 이루어진 군집에서 경쟁력이 더 크기
때문이다. 현실 세계에서 일어나는 적자생존은 항상 단종재배와 같은
곳에서 볼 수 있는 이상적인 조건과 생리적으로 우능한 생물종에서는
일어나지 않는다. 자연적인 혼합재배에서, 그리고 조건이 가장 유리하지
않을 때 삶을 수행하고 생식할 수 있는 생물종들에게 생존이 부여된다.
　대부분의 채소와 마찬가지로 밀, 벼, 감자와 같은 주요 식량식물은
C_3식물이다. 반면에 옥수수, 수수, 사탕수수와 같이 열대에서 도래된
경작물은 C_4식물이다. 미국 남부 목초원 pasture과 골프장에서 널리 사
용되는 우산잔디 Bermuda grass도 C_4식물이다. 관개된 사막과 열대에서

더 많은 C_4 식물이 경작물인 것은 당연하다.

혹독한 조건에 적응한 변형 광합성 생물들이 있다. 혐기성 조건에서 살 수 있는 어떤 광합성 세균은 물 대신에 황화수소(H_2S)와 같은 무기 화합물로 산화시킨다. 그러므로 산소를 방출하지 않는다. 선인장과 같은 육질이 두터운 사막식물은 CAM(crassulacean acid metabolism)으로 알려진 광합성 방식을 가진다. 이 식물은 밤에 이산화탄소를 흡수하여 유기산으로 저장하고 햇빛을 이용할 수 있는 다음날 낮에 비로소 고정한다. 그리하여 무덥고 건조한 낮 동안은 잎의 구멍(기공)들이 계속 닫혀 있어 물을 보존할 수 있다. 아마도 아직 발견되지 않은, 그리고 어떠한 물리적 조건에서도 태양에너지를 포착할 수 있는, 많은 적응 방법들이 있을 것이다(자연은 살아가기 위한 책략을 종결시키지 않는다. 이것이 곧 자연 탐구가 매혹적인 한 가지 이유이다).

세계 일차생산 분포

전세계의 일차생산 분포에 대한 일반적 양상을 그림 4-6에서 보였다. 일차생산성 차이의 범위는 매우 크다(Whittaker and Likens 1971). 대양과 육지 사막의 큰 부분들은 연간 생산율 1,000kcal/m²/yr이다. 어떤 하구, 산호초지대, 다습한 삼림, 습지, 집약(공업화된) 농경지 및 자연

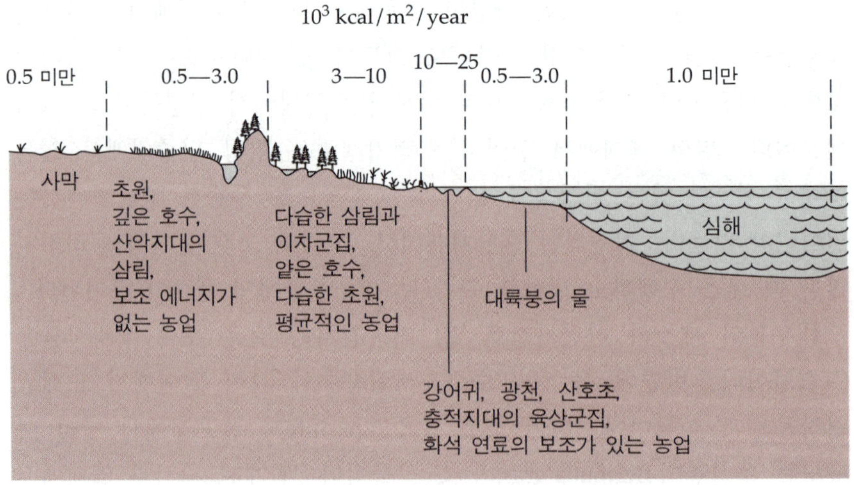

그림 4-6
세계 일차생산성의 분포.

군집은 연간 10,000~25,000kcal/m²/yr의 생산성을 가진다. 면적을 기준으로 생물권의 약 4분의 3이 대양과 사막이고 단지 약 10%가 천연적으로 매우 기름진 땅이다. 비옥하지 않은 지역의 단위면적당 생산량은 작지만 면적이 워낙 크기 때문에 전체 생산량은 매우 많다. 즉 우리에게 음식물이 아닌 생명부양에 필요한 다른 재화와 용역을 많이 제공해 주는 것은 바로 비옥하지 않은 지역을 통한 에너지 흐름이다.

인류의 식량

최근 몇 십 년 동안 기계화, 비료, 관개, 농약 사용이 증가함으로써 단위면적당 식량생산은 크게 증대되었다(그림 4-7). 이 모든 보조물들은 태양에너지와 마찬가지로 에너지 입력이다. 농작물을 유지시키는 이들 일이 열로 전환되는 양을 칼로리와 마력으로 측정할 수 있다(비료와 농약을 생산하는 데 필요한 구체 에너지는 그들의 생산에 소요되는 에너지에 대한 한 척도이다). 농작물 수확과 비료, 농약, 일 에너지 사용 등 입력들의 일반적인 관계는 그림 4-8에서 보였다. 과거에는 농작물 수확을 배가시키기 위해서 이들 입력의 약 10배의 증가가 필요했다. 개선된 효율은 이 높은 비용을 감소시킬 수 있다.

그림 4-7
경작물에 대한 살충제의 분무는 식량생산을 증가시키는 에너지 입력이다. 그러나 인간의 식량이 점점 오염되고 독성물질들이 경작지를 벗어나 멀리 퍼짐에 따라 다른 문제들을 일으킨다. 이들 문제는 폐기물을 줄이고 더욱 효율적인 종합 해충 관리를 함으로써 개선될 수 있다.

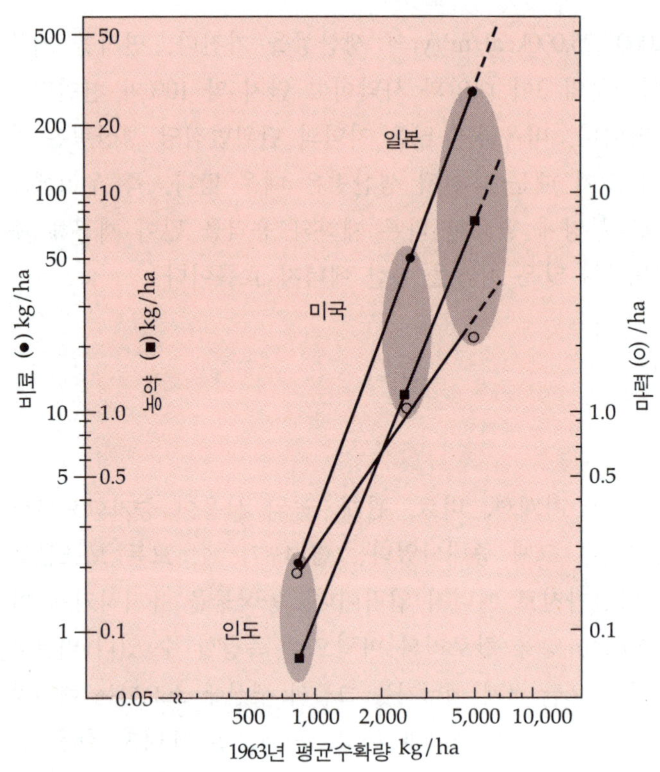

그림 4-8
경작물 수확에 대한 에너지와 화학물질 보조의 관계(E.P. Odum 1983).

향상된 수확비율harvest ratio(즉 경작식물의 먹을 수 없는 부분에 대한 먹을 수 있는 부분의 비)을 얻기 위한 유전적 선택genetic selection은 수확량을 증가시키는 또다른 방법이다. 높은 수확량을 내는 곡류식물들의 육종이라는 최근의 성공은 녹색혁명green revolution이라 일컬어진다. 야생벼는 장기적인 번식을 위해 자기 생산의 20% 이상은 볍씨에 투자하지 않는다. 대조적으로 육종된 변종인 〈기적의 벼 miracle rice〉는 80%의 곡물을 생산한다(수확비율 4 대 1). 기적의 벼는 자기 보호를 위해 에너지를 남겨두지 않으며 영양소 공급과 해충들의 구제에 많은 양의 값비싼 보조 에너지(소규모 영농을 하는 농부와 가난한 나라에서는 종종 제공할 수 없는 보조)를 요구한다. 또한 필요한 화학적 보조는 오염을 야기한다. 따라서 녹색혁명은 관점에 따라 다르게 받아들일 수 있는 축복이다.

도서관 참고문헌 서가에서 당신은 유엔의 『세계 식량 농업기구 생산연감 *UN FAO Production Yearbook*』을 발견할 수 있을 것이다. 이것은 매년 발간되며 세계 식량생산에 대한 자료를 포괄하고 있다. 표 4-2는

표 4-2 세 가지의 다른 보조 에너지 수준에서, 단백질 함량이 다른 네 가지의 주요 식용 경작물들
이 생산하는 식용 부분의 연간 수확량

	수확량(kg/ha)			
	개발국 (연료 보조 농업)	저개발국 (연료 무보조 농업)	세계평균	
경작물	1983−1985	1983−1985	1983−1985	1970
설탕*(사탕수수로부터, 단백질 1% 미만)	미국 8,200	필리핀 5,350	5,900	3,000
쌀(단백질 10%)	일본 6,100	방글라데시 2,100	3,150	2,200
밀(단백질 12%)	네덜란드 7,200	아르헨티나 1,900	2,300	1,200
콩(단백질 30%)	캐나다 2,900	인도 800	1,750	1,200

* 설탕은 사탕수수 수확량의 10%로 가정하고 추정했다.

이 표에서는 1983−1985년 자료의 경우 1985년 『FAO 생산연감』에서 평균값의 소수점 이하를
버렸다. 기본 식량 생산은 1990년 이후에 아주 조금 증가한 채로 그쳤지만 부국과 빈국 사이
의 격차는 더욱 벌어졌다.

최근 연감에 나온 한 자료의 보기이다. 여기서는 단백질 함량이 다른
네 가지 경작식물의 연간 수확량을 세 가지 수준으로 나누었다.

1) 가장 높은 수확량을 가진 나라.
2) 가장 낮은 수확량을 가진 나라.
3) 세계의 평균.

높은 수확량은 막대한 보조 에너지의 수혜국인 유럽, 북미 나라들, 일
본에서 주로 나타난다. 세계 인구의 단지 약 30%가 그러한 선진국에 살
고 있다. 나머지 70%는 이 상위권 국가들보다 1/3 내지 1/4 가량 적은
식량생산을 하는 나라에 살고 있다. 그 결과 식량생산의 세계 평균은 전
체 분포 범위의 상위권보다 하위권에 훨씬 가깝다. 1980년부터 1990년
까지 후진국들의 식량 총생산량은 증가하고 있다. 그러나 인구성장을
따라잡기에는 결코 충분하지 않다. 더구나 그 수확량 증가는 단위면적
당 증가하는 양만큼이나 경작지 면적의 증가로 이루어지고 있다. 대조
적으로 유럽과 북미에서는 경작지 면적이 감소하면서도 수확량은 크게
증산되고 있다. 즉 더 적은 면적에서 더 많은 식량이 나오고 있다. 기

본 식량생산은 1990년 이후 아주 조금 증가한 채로 그쳤지만 부국과 빈국 사이의 격차는 더욱 벌어졌다. 표 4-2에서 콩과 같은 고단백 농작물의 수확은 사탕수수 같은 저단백 농작물보다 상당히 적은 것으로 나타난다. 종종 질의 향상은 양을 감소시킨다(또는 반대로 양은 질을 감소시킨다).

많은 저개발국의 음식물에서 부족한 것은 전체 칼로리보다 단백질이다. 세계에서 가장 가난한 나라 중의 하나인 방글라데시에서 1960년 단백질 소비량은 한 사람당 하루에 약 43g이었다. 이는 체력을 유지하기에는 거의 충분치 않은(100g 이상을 소비하는 미국과 비교하여 볼 때) 양이다. 30년 후인 1990년 방글라데시 식사에서의 단백질 양은 늘어나지 않았다. 여전히 43g이었다.

고기는 인간의 주요한 단백질원이다. 동물의 생산은 에너지 사슬에서 식물의 생산보다 적어도 한 단계 다음에 있기 때문에(그림 4-3을 보라), 주어진 토지 면적에서 곡물보다 더 적은 고기가 생산된다. 만연한 기아를 깊이 우려하는 많은 사람들은 생산된 작물이 식량으로 더 많이 이용될 수 있도록, 개발국에 살고 있는 우리가 고기를 더 적게 먹어야 한다고 제안하고 있다. 지금 우리가 가축에게 먹이고 있는 곡류와 콩을 굶주린 사람들에게 보낼 수 있다면 큰 도움이 될 것이다. 그러나 우리는 소와 물고기가 사람의 식량으로는 적당하지 않은 벼과 식물, 조류 algae, 유기부니질과 같은 식물성 물질들을 먹을 수 있다는 것을 기억해야만 한다. 벼과 식물을 먹는 소와 연못에서 기르는 물고기는 사람이 먹는 식물성 음식물을 소비하지 않고도 생산된다. 부유한 나라의 대부분 사람들이 육류, 특히 지방질이 많은 육류를 너무 많이 섭취해서, 경제적 이유가 아니라 건강상의 이유로 육류를 덜 소비하고 채소류를 더 많이 소비해야 한다는 인식이 일어나고 있다.

중요한 것은 경작물이 자랄 수 있는 좋은 토지가 충분하지 않다는 것이다. 우리는 이미 지구의 적은 부분만이 천연적으로 비옥하다는 것을 얘기했다. 기껏해야 토지 면적의 약 24%가 경작이 가능하다. 즉 토양과 기후가 식량생산에 알맞다. 이 중 대부분은 이미 경작지와 목초지로서 이용되고 있다. 짜투리 땅으로 경작을 확장하는 것은 그에 따르는 큰 소요 경비뿐만 아니라 생명을 부양하는 생태계에 일어날 손상 때문에 커다란 실책이 될 것이다.

다습한 열대우림을 농업용으로 전환하는 문제에 대해 관심을 가질 필요가 있다. 이들 삼림의 많은 토양에서는 영양소들이 쉽게 물에 씻겨 나간다. 그러므로 그곳은 다수확과 계속적인 단종재배 농입을 하기에는 적당하지 않다. 한번 황폐화되면 이 지역들은 단지 관목덤불과 질이 빈약한 목초지 식생만 키워낼 수 있을 것이다. 이것은 그 자체가 비극적 결과라고 할 수 있는 열대림의 풍부한 동물과 식물상의 영원한 손실을 고려하지 않은 것이다. 일반적으로 열대지방에서는 습한 지역보다 건조한 지역들이(적당한 곳에서는 관개를 통해) 지속적인 농업에 더 적당하다. 매년 새로 백만 명의 굶주린 사람들이 발생하는 지역의 정부들에 대해, 장기적으로는 수확이 낮은 옥수수 밭과 목초지보다 원시삼림이 더 가치 있다는 것을 확신시키는 일이 점점 어려워지고 있다. 단지 지금 큰 지대를 남겨놓는 일과, 농업개발을 더 건조한 땅에서 하도록 전환하는 일만이 생물학적으로 다양한 열대우림들을 구제할 수 있는 방법이다. 몇몇의 최근 경제적 평가(예를 들면 Peters et al. 1989)는 우림으로부터 지속적 생산 기반에 의해 수확되는 약초나, 과실 그리고 라텍스와 같은 비목재 생산물이 한 번의 목재 수확보다 그 가치가 크다고 지적하고 있다.

1967년, 그리고 다시 1976년에 미국 정부에 의해서 위탁된 전문가 위원회들은 〈세계 식량 문제〉에 대한 긴 보고서(총 9권)를 발행했다. 이 보고서는 미국과 다른 선진국들이 공급품의 이용과 분배 그리고 토지를 개선하기 위해서 더 많은 노력을 하고, 사람의 출생률을 감소시킬 수 있으면 세계적인 기근을 피할 수 있다고 〈조심스럽게 낙관〉하고 있다. 다수확 곡물품종 개발의 선구자(종종 〈녹색혁명의 아버지〉로 불림)인 볼락 Norman E. Borlaug은 그의 글과 강의에서 항상 다음과 같은 주의를 주면서 결론을 내린다. 〈식량 수확 증대를 위한 우리의 성공은 세계 인구가 안정될 수 있을 때까지 아주 적은 시간을 벌고 있을 뿐이며, 인구 성장의 감소 없이는 우리의 모든 노력은 수포로 돌아갈 것이다.〉

가축 사료

사람들이 먹는 식량보다 더 많은 사항을 고려해야 한다. 세계에는 일차생산 중 많은 양을 소비하는 가축집단(이를테면 소, 돼지, 말, 양, 가금)이 있다. 사실상 사람들보다 가축이 훨씬 더 많은 식량을 소비한다. 그 까닭은 세계적으로 현존 가축 생물량은 사람 생물량의 약 5배 정도나 되기 때문이다. 경관에서 양sheep이 우점하고 있는 뉴질랜드는 사람에 대한 가축의 비(생물량이라는 동등한 단위로)가 1 대 43이다. 음식에서 주로 생선이 육류를 대신하고 있는 일본에서는 1 대 0.6이다. 문화와 경제를 언급하지 않더라도, 먹는 고기 종류는 경관의 생태적 현상에 큰 영향을 준다. 그리하여 뉴질랜드는 그들의 양을 사랑하고(그리고 경제적으로 의존한다), 일본은 그들의 물고기를 경외하며, 미국은 스테이크, 카우보이, 산맥에 놓여 있는 집과 연관된 일상사들을 사랑한다.

미국에서는 애완용 동물들이 꽤 양질의 식량을 소비한다. 우리는 슈퍼마켓의 애완동물용 먹이를 진열하는 데 필요한 선반의 수를 나타냄으로써 얼마나 많은 식량이 소비되는지 짐작할 수 있다. 반면에 중국에서는 식용이 아닌 애완동물은 거의 없다.

바다로부터 획득되는 식량

현재 세계적으로 5% 미만의 식량이 수중생태계에서 나온다. 이미 언급한 이유들 때문에 이들의 대부분은 동물 형태이다(Emery and Iselin 1967). 이것이 차지하는 몫은 생산성이 높은 하구와 호소 및 강들이 있는 일본, 동남아시아, 북아메리카에서 더 높다. 수년 동안 대양으로부터의 어획량은 세계적으로 대략 같은 수준에 머물러 있고 너무 많이 잡아버렸거나 오염된 많은 곳에서는 줄어들고 있다. 대부분의 수산 생물학자들은 자연생산물의 수확을 더욱 증대하는 것이 불가능하다고 믿는다. 그러나 인공적인 양어는 가능성이 있다. 수경 aquaculture(물에서 식물과 동물을 기르는 것)은 동양에서 잘 발달되고 있다. 단위면적당 수확을 기준으로 연못과 영양소가 많은 하구에서 얻는 생산량은 육지에서 생산되는 쇠고기 양과 같거나 많다. 이론적으로 양어는 소를 기르는 것보다 더 효율적이어야 한다. 그것은 물고기와 조개가 냉혈동물이기 때문이다. 그들은 체온을 따뜻하게 유지하기 위해서 에너지를 소산할 필요가 없다.

그러나 집약적 수경에 적합한 곳이 많지 않고, 특히 어패류는 질병, 오염, 찬 기후에 영향받기 쉬운 것이 문제이다. 농업에서처럼 가장 높은 수확은 에너지의 보조를 통해 얻어진다. 양어장에 무기비료를 첨가하는 것은 잉어나 메기의 생산량을 두 배 또는 세 배로 늘릴 수 있다. 그리고 사료나 특별히 가공된 고단백의 물고기 사료와 같은 보조적인 먹이의 첨가는 수확을 10배나 증가시킬 수 있다. 미국에서 소비되는 해산식량은 거의가 양어 또는 재배된 것이 아닌 반면 세계적으로 어패류의 약 1/7이 물에서 기른 것이다. 이 형태의 농업이 증가할 것임을 예상할 수 있다.[8] 그러나 바다와 민물은 많은 사람들이 생각하기 쉬운 것처럼 수십억의 굶주린 사람들을 먹여 살리기 위해서 개발되도록 기다리고 있는 노다지가 아니다. 높은 수확을 얻기 위해서는 땅에서와 마찬가지로 물에서도 값비싼 보조 에너지들이 필요하다.

연료와 직물의 생산

인간은 농작물의 일차생산으로부터 식량이 아닌 다른 것도 아주 많이 얻는다. 즉 직물(이를테면 무명과 종이)과 연료이다. 세계 인구의 반 이상이 요리, 보온, 경공업을 위한 주연료로 땔나무를 사용한다(그림 4-9). 가장 가난한 나라에서는 나무가 자랄 수 있는 것보다 더 많이 불태워지고 있다. 그래서 삼림은 관목지대로, 그런 다음 (너무 심하게 벌채되면) 사막으로 변한다. 또 「다른 에너지 위기: 땔나무」(Eckholm 1975)라는 제목의 월드워치 연구소(워싱턴에 있는 사단법인의 연구 집단)의 보고서는 탄자니아와 감비아 같은 아프리카 나라들에서 매년 1인당 땔나무 소비

그림 4-9
탄자니아에서 땔나무 줍기. 탄자니아에서는 인구의 대부분이 연료로 나무를 사용한다. 땔나무를 머리에 이고 있는 한 여성을 보라.

---

8) 이것은 미국인 저자가 우리나라 가두리양식장에 의한 수질 저하를 고려하지 못한 까닭이다.

는 1.5톤이며, 인구의 99%가 연료로 땔나무를 사용한다고 보고했다. 이 나라들은 광대한 숲을 가지고 있지 않기 때문에 그 미래가 암담하다.

북아메리카와 매우 큰 현존식생량을 가진 다른 지역들에서는 숲과 농지에서 나오는 생물질을 연료로 사용하는 데 상당한 관심을 가지고 있다. 이용할 수 있는 선택사항들 중에는 다음과 같은 것이 있다.

1) 짧은 윤작으로 빨리 자라는 수확성 수목의 식재(10년 내에 잘라내고 다시 심을 수 있을 정도로).
2) 나뭇가지, 그루터기, 뿌리와 보통 목재를 얻은 후 산에 남겨두는 나무의 다른 부분들의 이용(나무 전체 수확의 개념).
3) 폐지를 재활용하며 전기 생산에 펄프를 활용함으로써 목재 펄프 수요의 감소.
4) 메탄가스나 알코올 생산에 농업식물과 동물 폐기물(분뇨)의 활용.
5) 특히 내연 엔진에 사용되는 알코올 생산을 위해서 사탕수수 같은 경작물의 재배.

이 모든 선택사항들이 단기적으로는 연료 부족을 보충할 수 있다 할지라도 세번째 선택사항을 제외하고는 모두 장애 요소가 있다. 즉 토질에 나쁜 영향을 초래할 수 있고, 경작지에서 식량생산과 연료생산 사이에 일어나는 경쟁을 증가시키며, 이미 위기에 몰린 세계 식량 상황을 악화시킬 수 있다. 최근의 추정에 따라 자동차 연료가 전적으로 경작물에서 얻어진다면(알코올과 메탄) 연료 수요량을 충족시키기 위해서 적어도 세계 경작지 4분의 1이 필요할 것이다. 브라운Brown(1980)에 따르면, 3분의 1에이커의 땅이 제3세계에 살고 있는 한 사람을 먹여 살리는 반면에, 미국의 자동차 하나를 완전히 에탄올로 운행하는 데 필요한 곡물 재배에는 평균 8에이커(3ha) 면적의 땅이 필요히다.

경작물과 수목이 수확될 때 전체 생물량 중 약 3분의 1(이를테면 줄기, 그루터기, 뿌리)이 남겨진다. 그러나 토양학자 제니 Hans Jenny가 지적한 것처럼, 이 물질들은 〈폐기물〉이 아니다. 이들은 토양의 비옥도와 용수량water-holding capacity의 유지에 극도로 중요하다. 제니는 생물량과 유기부산물들을 구분 없이 연료로 전환하는 것에 대해 반대 의견을 가지고 있다. 그 까닭은 결국 부식질 자본은 연료보다 훨씬 더 값어치가 높기 때문이다. 특히 연료를 대체할 다른 자원들은 있지만 부식질을 대체할 다른 자원은 없기 때문이다(Jenny 1980). 나무 전체 수확의 개념은 생태학적으로 말해서 특히 나쁜 발상인 것 같다. 왜냐하면 모든 유기물이 제거될 뿐만 아니라 토양이 손상되기 때문이다. 브라질은 대부분의 석유를 수입해야 한다. 그래서 위의 선택사항 5)를 위해 꽤 큰 규모로 노력하고 있으며 최근의 보고서는 그것이 상당히 성공한 것으로 얘기한다. 그 나라에 있는 많은 자동차들은 알코올로 운행되고 있다. 그것이 결국 어떤 효력을 발휘할 것인지 그리고 궁극적으로 식량과 연료 사이의 토지 이용에 대한 경쟁을 일으킬 것인지 지켜보는 것은 흥미롭다.

먹이그물에서 에너지 분배

다행스럽게도 아직까지 인간의 수요가 생물권의 일차생산을 모두 소모하지는 않는다. 비투섹 Vitousek 등(1986)은 육상의 순일차생산성 중 단지 4%가 식량, 직물, 연료로서 인간과 가축에 의해서 직접 소비되며 약 34% 이상이 먹을 수 없는 부분으로서(잔디밭 또는 경작물의 먹을 수 없는 부분) 인간에 의해 점유되거나 인간의 활동에 의해 파손된다(열대 우림의 벌목이나 사막화 같이)고 추정했다. 이와 같은 추정값은 산정하기 어렵고 바뀔 수도 있다. 그러나 육상과 수중 순생산성의 적어도 50%는 〈하느님의 다른 피조물들〉을 위해서 남겨질 것 같다. 하지만 이미 우리들의 탐욕 때문에 압박 받고 있는 생명부양과 지구의 균형에 공헌하는 자연적인 먹이그물의 필요성을 간과하지 않는 것이 참으로 중요하다. 이것이 앞부분에서 삼림이나 옥수수 밭의 남용에 대해 우려를 표명한 이유이다. 우리가 미래에 어떤 경작물과 삼림을 가지려고 기대한다면 적어도 일차생산에서 제3의 부분이 생태계 자신을 위해서 남겨져야 한다.[9]

먹이사슬과 먹이그물에 대한 일반적인 개념은 이미 제시되었다(특히 그림 2-2, 3-2, 3-4 참조). 태양으로부터 오는 에너지는 생산자(식

---

9) 제1부분은 인간을 위해서, 제2부분은 다른 피조물을 위해서, 제3부분은 생태계의 유지를 위해서라는 뜻이다.

물), 일차소비자(초식자), 이차소비자 등에 의해서 단계적으로 변환된다. 우리 모두는 적어도 이런 종류의 것과 희미하게나마 친숙하다. 왜냐하면 우리는 태양에너지를 고정하는 풀을 뜯어먹는 소를 잡아먹기 때문이다. 먹이사슬의 각 단계를 영양 단계 trophic level라고 부른다. 이것은 어떤 에너지 단계이지 생물종의 단계가 아니다. 어떤 주어진 생물종은 하나 이상의 단계를 이용한다. 예를 들면 인간은 식물과 동물 둘 다를 먹는다. 우리는 이미 각 이동 단계에서 에너지가 어떻게 손실되며 연속적인 영양 단계에서 더 적은 에너지가 어떻게 이용되는가를 보았다. 그리하여 먹는 자가 아주 많을 때, 고기는 빵보다 더 비싸며 인간의 음식에서 훨씬 덜 흔하다.

영양 단계의 개념을 생태학에 맨 먼저 소개한 사람은 린드만Raymond Lindeman이었으며, 그의 1942년 논문 「생태학의 영양동력학적 측면 Trophodynamic aspect of Ecology」은 고전이 되었다. 불행하게도 린드만은 젊은 나이에 죽었다. 하지만 그의 생각은 허친슨G. Evelyn Hutchinson에 의해 더욱 발전되었다. 허친슨 또한 다음 장에서 주목되는 물질순환의 영역을 처음 개척한 사람이다. (Lindeman 업적에 대한 자세한 내용은 Cook 1977 참조.)

아주 다양한 생물들이 살고 있는 자연 생물군집에서의 에너지 흐름은 풀-소-사람의 보기와 같이 단순한 선형적인 과정이 아니라 먹이그물 food web이라 불리는 복잡하게 얽힌 그물 모양의 흐름이다. 기본 먹이그물의 단순화된 모형이 그림 4-10이다. 식물 생산은 살아 있는 자체로 또는 죽은 물질(유기 부니질)로서 일차소비자들에게 이용될 수 있다. 따라서 우리는 전자의 소비를 초식 먹이사슬 grazing food chain로, 후자의 소비를 부니질 먹이사슬 detritus food chain이라고 정할 수 있다. 종종 일차생산의 상당한 부분은 살아 있는 식물세포와 관속계로부터 분비되거나 추출되는 액체 상태 dissolved organic matter(DOM: 용존 유기물)이다. 이 경로는 질소영양 미생물과 꿀을 섭취하는 곤충과 벌새에게서 나타난다. 미생물을 기반으로 한 이 에너지원으로부터 발전되어 이루어지는 먹이사슬을 용존 유기물-미생물 먹이사슬 DOM-microbial food chain이라고 부른다. 이 경로는 특히 바다(Pomeroy 1974)와 토양의 뿌리가 있는 부분에서 중요하다. 이러한 먹이사슬들 사이에 교차로 일어나는 먹이관계는 먹이그물을 이루게 된다.

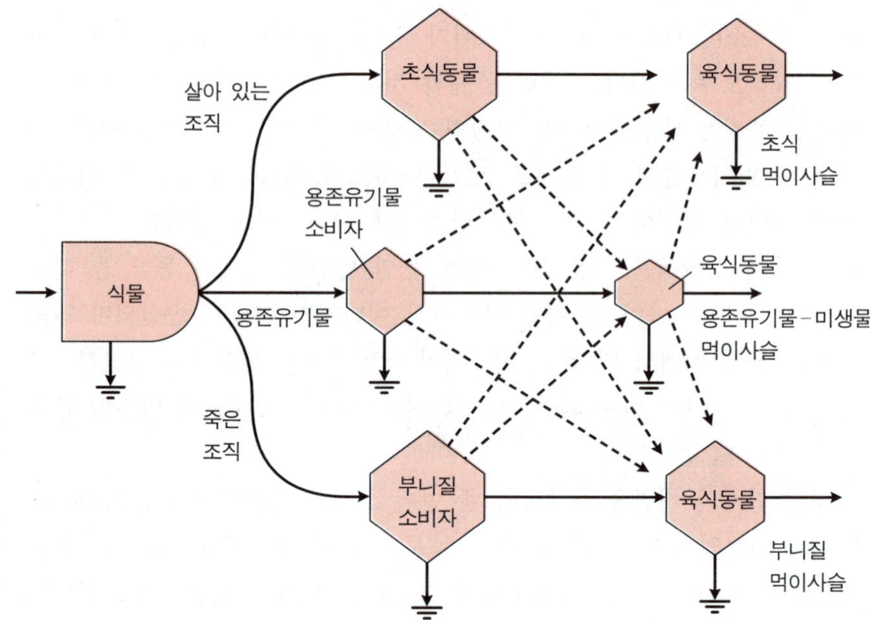

그림 4-10
기본 식물 자원을 바탕으로 한 세 가지 먹이그물의 일반화된 모형: 살아 있는 조직, 용존 유기물(DOM), 죽은 조직(입자상 부니질). 여러 종류의 생태계와 상황에서 이상 세 가지 먹이사슬의 일차적인 경로들을 따라가는 순일차생산 에너지 부분은 널리 변한다.

대부분의 생태계들(삼림, 대양, 늪지 같은)은 부니계 detrital systems로써 운행한다. 식물 생산의 10% 미만 또는 종종 5% 미만이 뜯어 먹힌다. 이렇게 지연되는 소비는 복잡한 생물량의 조성을 허용하여 생태계의 저장력과 완충력을 증가시키기 때문에 중요하다.[10] 결국 젊은 나무들이 나타나는 즉시 초식동물들에게 뜯어 먹힌다면 숲은 결코 발달할 수 없다. 어떤 생태계(커다란 초식성 포유류가 가득 차 있는 목초원이나 초지 또는 동물 플랑크톤이 식물 플랑크톤을 많이 잡아먹고 있는 연못이나 호소)에서는 순일차생산의 50% 가량이 초식으로 소비된다. 그러나 이런 곳에서도 그런 높은 초식률이 대개 일년 내내 계속되지는 않는다.

식물은 타닌, 알칼로이드, 페놀과 같은 항초식성 화학물질을 생산함으로써 혹은 그들의 조직에 대부분의 동물은 소화할 수 없는 셀룰로오스와 목질의 물질들을 포함함으로써 초식에 대항한다. 벼과 식물과 같은 몇몇 식물들은 특히 뜯어 먹히는 데 적응되어 있다. 지면 수준에 있는 그들의 싹은 벼과 식물이 잘라지는 만큼 빠르게 새로운 잎을 내어놓

---

10) 이렇게 축적된 유기물은 외부 교란에 대한 생태계의 저항 또는 완충에 필요한 에너지와 물질의 공급원이 된다.

을 수 있기 때문이다. 물론 빨리 자라는 속도와 기간에는 한계가 있다. 여하튼 아주 많은 양의 식물성 물질들은 식물이 죽어서 입자상 또는 용존 유기물이 될 때 비로소 소비된다.

식물체를 빠져 나온 용존 유기물은 주로 세균과 곰팡이에 의해서 소비되며, 이들 생물은 다음으로 원생동물, 미세 절지동물, 선충류 및 다른 큰 동물들의 먹이가 되는 작은 동물들에 먹힌다. 이런 단계의 생산 부분은 측정하기 어렵다. 그래서 여러 가지 종류의 생태계에 나타나는 먹이그물에서 그 부분의 포함 정도에 대한 연구는 거의 없다. 식물의 광합성 산물 중 5% 내지 15%를 관속계로부터 직접 제거하는 질소고정 미생물들과 균근은 용존 유기물-미생물 먹이사슬에 포함된다(Odum and Biever 1981, Paul and Kucey 1981). 최근의 연구들은 해양의 일차생산 중 30-50% 정도가 작은 부유성 식물로부터 용존 유기물로 분비되어 미생물 먹이사슬을 통한 과정을 밟아 가는 것을 보여주고 있다. 이 서식지에서는 다른 두 일차적인 먹이사슬보다 용존 유기물-미생물 먹이사슬이 더 중요할지도 모른다(Pomeroy 1974 참조).

초식은 소와 메뚜기를 연상하면 대부분의 사람들이 쉽게 짐작하는 과정이다. 대조적으로 부니질 소비는 쉽게 잘 보이는 것이 아니다. 그리고 대부분의 사람들은 보지 않으면 인식할 수 없다. 왜냐하면 이들 유기체들 중 많은 것이 현미경으로나 볼 수 있거나 그래도 보이지 않을 만큼 아주 작기 때문이다. 실제로 부니질 소비는 세균과 곰팡이가 원생동물, 선충류, 응애류와 그리고 물에서는 작은 갑각류 및 곤충의 애벌레와 상호작용하여 이루어지는, 즉 유기체 팀에 의해서 이루어지는 과정이다. 미소 동물들은 죽은 식물 및 동물 물질의 큰 덩어리들을 세균과 곰팡이가 더 쉽게 먹이로 이용할 수 있는 작은 조각들과 용존물질로 쪼갠다. 또한 이 동물들은 미생물들을 먹는다. 이상한 것 같지만 이것은 그 미생물 개체군들이 더욱 빠르게 자라고 열심히 일하도록 자극한다. 물론 이 모든 분해자들은 보다 높은 영양 단계들에 먹이를 제공한다.

식물의 난분해성 잔여물질들(셀룰로오스와 목질 부분)을 소화할 수 있는 미생물들과 소화할 수 없는 동물들의 짝꿍 관계는 반추동물ruminants(소, 사슴, 영양 등)과 흰개미에서 특히 잘 발달되어 있다. 반추동물들은 혹위rumen(되새김위)라는 특수한 위를 가진다. 여기서 공생하는 미생물들은 셀룰로오스를 동물이 사용할 수 있는 당류로 바꾼다. 흰개미

는 그들이 먹은 목질과 죽은 벼과 식물을 소화하여 두 짝꿍에게 자양분을 공급하는 특이한 미생물들(특히 편모충류들)을 내장 안에 키운다. 어떤 열대 초지에서는 흰개미가 영양과 다른 초식동물보다 더 많은 벼과 식물을 소비하며, 흰개미가 만든 더미들이 경관에 많이 나타난다(그림 4-11). 우리가 집안에서 썩어 가는 통나무나 흰개미를 발견한다면 이는 하나의 생물종이 아니라 협동하고 있는 생물종들로 이루어진, 세상에서 부니질을 가장 잘 소비하는 하나의 체계를 보고 있는 것이다. 종종 우리 집안에 사는 해충은 자연의 집에서는 가치 있는 구성원이다. 자연의 집에서 죽은 나무는 분해되어야 하는 것이지 보전되어야 할 것은 아니다.

  육상 식생을 지배하고 있는 현화식물은 생식과 관련하여 특수한 생산물, 즉 꿀, 꽃가루, 씨앗, 과일들을 만들어낸다. 이들은 다양한 전문가들, 즉 꿀을 먹는 동물, 곡류를 먹는 동물, 과일을 먹는 동물들에 의해서 먹히는, 영양소가 풍부한 음식물들이다. 식물들은 수정을 도와주는 곤충이나 다른 동물들을 유혹하기 위해서 꿀을 생산한다. 꿀을 기반으로 하는 먹이경로는 대부분의 식물종들이 바람에 의해서 수정되는 온대림과 대조적으로 동물에 의해서 수정이 되는 열대삼림에서 특히 현저하다. 열매는 씨앗의 분산을 돕는 동물들을 매혹한다. 꿀과 열매는 모두 에너지 경비가 아주 높은 생산품이다. 그러나 식물이 전파되어야 한다면 필요한 것들이다. 즉 다음 세대의 생존을 위해서 식물이 지불해야 할 〈임금〉이다. 이 〈임금〉은 먹이그물의 중요한 부분인 활동적인 〈동물산업 animal industry〉을 부양한다. 사람들은 꿀벌을 침으로써 이 에너지 흐름의 작은 부분으로 배관하여 꿀을 얻는 셈이다.

개체군과 군집 수준에서 먹이사슬 과정을 고려할 때, 먹고 먹히는 것은 단지 먹는 자만이 이익을 얻는 일방적인 과정이 아니다. 물론 퓨마에 의해서 먹힌 한 마리의 사슴은 그 포식 행위로부터 어떤 이익도 얻지 못한다. 그러나 포식자가 구성원들 일부만 잡아먹는다면 사슴 개체군은 보다 나은 어떤 혜택을 받을 수 있을지 모른다. 이를테면 살아 남은 사슴은 더 많은 공간과 음식물을 확보할 수 있다. 그리하여 사슴 떼가 서식지에 포함되어 있는 양 이상으로 자원을 남용할 가능성이 줄어든다. 초식동물이 식물을 적당한 수준으로 먹는 것도 전체적으로는 종종 식물군집에게 유리하다. 이를테면 초식에 의해 우점종들의 수가 감소할 때 다양성은 증가하는 경향이 있다. 또한 초식은 식물의 새로운 성장을 촉진하는 것으로 여겨진다. 한 연구에서는 성장촉진 물질이 메뚜기의 침에서 발견되었으며, 풀이 메뚜기에게 씹히는 동안 그 성장촉진 물질이 풀에 의해서 흡수될 때 메뚜기는 더 많은 풀잎을 생산하도록 뿌리를 자극한다. 동아프리카 평원에 살고 있는 거대한 영양 떼들은 벼과 식물의 생산을 촉진하는 것으로 보인다. 초식동물이 없을 때보다 있을 때 순일차생산성이 더 높다(McNaughton 1976). 동물 떼가 과도한 초식을 피하여 넓은 지역으로 돌아다니는 것은 그들의 책략이다. 동물들을 울타리 안에 가두는 것은 이러한 적응을 배제한다.

에너지 흐름에서 뒤에 위치하는 유기체들은 앞에 위치하는 먹이공급자들에게 어떤 긍정적인 영향을 준다. 인용된 보기에서처럼 되먹임이 있는데 이 경우엔 촉진적 되먹임(그림 2-2를 상기하라) 또는 보상 되먹임 reward feedback이라 불러도 좋을 것이나. 만약 소비자가 먹이공급을 활용할 뿐만 아니라 먹이가 되는 생물의 활동을 향상시킨다면 장기적인 기간에 걸쳐 생존은 더욱 향상된다(사람이 가축을 소비하면서 동시에 가축의 번영을 증진시키는 것과 같이). 먹이그물에 대한 연구가 진행되면 될수록 생산자와 소비자 사이에서, 그리고 수준이 다른 소비자들 사이에서 더 많은 짝꿍 관계와 서로 이익을 주는 관계들이 발견된다(Lewin 1987; Dyer et al. 1993, 1995). 많은 사람들이 생각하고 있는 것과는 달리 자연은 모두 먹느냐 먹히느냐 하는 관계만으로 이루어진 것이 아니다. 경쟁과 포식이 차지하는 위치가 있지만, 제6장에서 보게 될 바와 같이 생존은 종종 협동 관계에 달려 있다.

아직 분명하지 않은 이유들 때문에 먹이사슬들의 길이는 다양하다. 브라이언드 Briand와 코헨 Cohen(1987)은 문헌상에 나타난 113개의 먹이사슬을 조사하고 그 길이가 일차생산과 관계없는 것을 알아냈다. 그러나 삼림이나 대양의 물기둥과 같은 3차원적 또는 〈두꺼운〉 군집들은 초지나 조간대의 해변과 같이 2차원적 또는 〈얇은〉 군집들보다 더 긴 먹이사슬을 가지고 있는 것이 밝혀졌다.

개체에서의 에너지 분배

개체 또는 개체군에서 분배되는 에너지에 대한 모형을 그림 4-12에 나타냈다. 어두운 색의 네모 부분으로 된 B는 살아 있는 구조 또는 생물량을 나타낸다. 상징기호 I는 에너지 입력을 나타낸다. 독립영양 생물의 경우에는 빛이, 종속영양 생물의 경우에는 먹이가 된다. 입력 중에서 사용 가능한 부분은 동화되고(A) 사용될 수 없는 부분은 배출된다

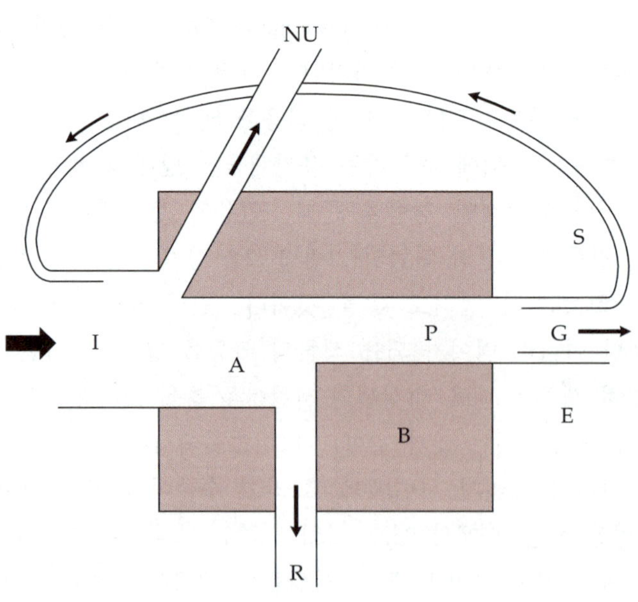

그림 4-12
개체 또는 생물군에서의 에너지 분배. I=입력 또는 섭취된 에너지: NU=사용되지 않은 에너지: A=동화된 에너지: P=생산: R=호흡: B=생물량: G=성장: S=저장된 에너지: E=배설된 에너지.

(NU). 얼마나 많이 동화될지는 에너지원의 질에 달려 있다. 음식물의 질이 양호하면(예를 들어 설탕) 90% 정도이고, 질이 낮으면(예를 들어 죽은 나뭇잎) 5% 정도이다. 동화된 에너지의 상당 부분은 항상 몸이 기능을 발휘하고 호흡을 계속하는 데 소용되는 유지 에너지 또는 존재 에너지를 제공하기 위해서 호흡으로 소모되어야 한다. 이것이 R이다. 남는 부분이 성장과 생식을 위해서 사용될 수 있다. 혹은 미래의 사용을 위해서 저장될 수 있다(예를 들어 지방). 이 구성 요소는 그림에서 생산(P)으로 나타냈다. 약간의 작은 양이 배출물(E)로 유실될 것이다.

에너지가 P와 R 사이에 어떻게 분배될 것인가는 개체와 생물종에 지극히 중요하다. 큰 유기체들은 작은 유기체들보다 더 큰 생물량을 가지고 있기 때문에 더 많은 유지 에너지가 필요하다. 대사속도와 몸집의 크기 사이에 있는 관계는 선형적이 아니고 오히려 비선형적이다. 대사속도는 몸무게보다 표면적과 직접적인 관련이 있다. 새와 포유동물과 같은 온혈동물들은 냉혈동물보다 더 많은 호흡을 해야 한다. 냉혈동물은 체온이 내려갈 때 그것을 높은 온도로 유지하기 위해서 에너지를 사용하지 않기 때문이다. 일반적으로 육식동물들은 초식동물들보다 동화된 에너지 중 더 많은 부분을 호흡에 써야 한다. 육식동물은 먹이를 찾고 잡는 데 많은 에너지를 써야 하기 때문이다. 만약 선택권이 있다면 육식동물은 에너지 비용이 적게 드는 더 크고 영양가가 많은 먹이를 찾을 것이다. 이렇게 함으로써 생식이나 저장에 이용될 수 있는 더 많은 에너지가 남는다. 자연선택을 통하여 유기체들은 가능한 한 유리한 에너지 편익-비용비benefit-cost ratio를 성취한다. 생태학자들은 에너지 사용의 최적화가 여러 가지 유기체들과 여러 가지 상황에서 어떻게 수행되는지 연구하는 데 많은 시간을 보낸다.

생식에 대한 에너지의 배당은 사람들에 의해서 양육되지 않는 모든 유기체들에게는 절대적이다. 안정되시 않고, 최근에 개발되었거나, 생물군이 아주 적은 지역에 적응한 생물종들은 일반적으로 에너지의 큰 부분을 생식에 배당한다. 반면에 안정되거나 생물군들로 가득 차 있는 군집에 적응한 생물종들은 적은 에너지를 생식에 할당한다(외부 압박이 많은 조건에서는 더 많은 에너지가 개체의 생존을 위해서 사용되어야 한다). 그림 4-13에서 보는 바와 같이 미역취에 대한 연구는 이 양상을 예증한다. 개활지 또는 교란된 토지에서 발견되는 종 1은 에너지의 45%

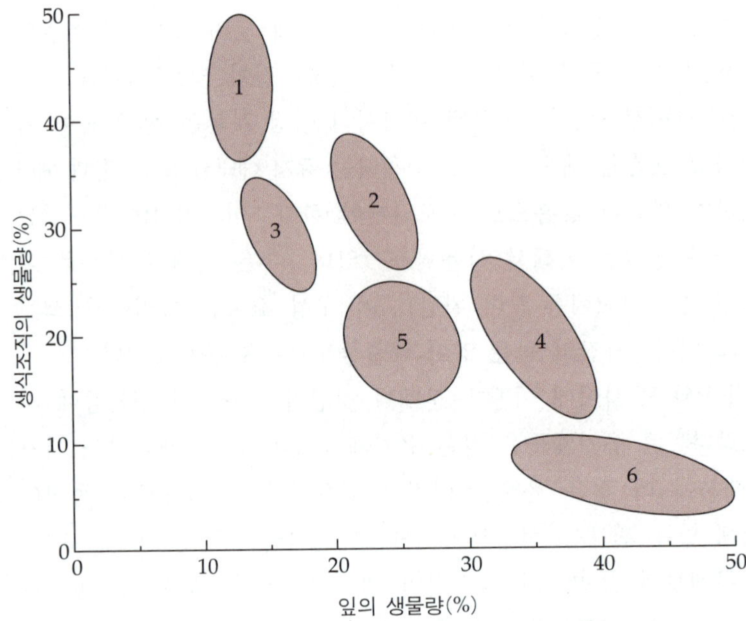

그림 4-13
개활지(1)와 숲(6)에 이르는 범위의
서식지에 사는 미역취 6종에서 생식
기관들과 잎 사이의 생물량 분배
(Abrahamson and Gadgil 1973).

를 꽃과 씨앗을 생산하는 데 할당한다. 이 스펙트럼의 다른 끝에 있는
종 6은 숲에서 발견되는 것인데 에너지의 5% 미만을 생식에 투자한다.
이 종의 생존은 희박한 태양광선을 포착할 수 있도록 잎을 넓게 발달시
키는 데 더 많이 좌우된다. 이것이 지면에 붙어 자라는 화초들을 나무
그늘 아래서 키울 수 없는 이유이다. 자연개체군들과 인간개체군은 흥
미 있는 유사성을 가지고 있는데 이것은 제6장에서 고찰할 것이다.

에너지에 기초한 생태계의 분류

제1장에서 우리는 경관을 개발환경, 경작환경, 자연환경 세 가지로
나누었다. 에너지 사용의 관점에서 우리는 이들을 각각 연료동력, 보조
태양동력, 기본 태양동력 환경으로 구분할 수 있음을 강조했다. 우리는
에너지 원리들을 검토해 보았기 때문에 에너지에 기초한 이런 종류의
분류를 더욱 자세히 고려해 볼 수 있다.

표 4-3에서 네 가지 생태계 유형의 각각에 대한 에너지 밀도energy
density 또는 동력수준power level(제1장에서 소개된 개념)을 1평방미터당

생태계	연간 에너지 흐름 (동력 수준) (kacl/m²/yr)
1. 순수 자연 태양동력 생태계	1,000 – 10,000 (2,000)*
2. 자연 보조 태양동력 생태계	10,000 – 40,000 (20,000)*
3. 인공 보조 태양동력 생태계	10,000 – 40,000 (20,000)*
4. 연료 동력 도시공업 생태계	100,000 – 3,000,000 (2,000,000)*

* 괄호 안에 있는 숫자는 대략적으로 추정된 평균값이다. 어떤 유의도로 평균값을 계산
  할 만큼 지구생태계가 목록별로 충분히 조사되어 있지는 않다.

연간 소비되는 kcal에 의해서 추정한다. 여기서 기본 태양동력 생태계
는 〈자연 보조 에너지 공급이 없는 것〉과 〈있는 것〉으로 나누고 있다(이
들 둘 사이를 나누는 명백한 경계는 없다는 것을 인정하지만).

　해양이나 삼림과 같이 전적으로 또는 거의 태양 에너지로 운행되는
생태계는 표 4-3에서 범주 1인 순수 자연 태양동력 생태계 unsubsidized
solar-powered ecosystems이다. 적은 동력 공급이라 할지라도 이 생태계
는 지구 표면의 아주 큰 부분을 차지하며 우리의 생명부양 환경의 주요
부분을 이룬다. 이 계에 거주하고 있는 유기체들은 희소한 에너지와 기
타의 자원들을 효율적으로 이용하는 데 남다른 적응력을 가지고 있다.

　자연 및 인공 보조 태양동력 생태계들 naturally subsidized or human-subsidized
solar-powered ecosystems(표 4-3에서 범주 2와 3)은 덜 흔하지만 약 10
배의 높은 에너지 밀도를 가진다. 조류의 영향을 받는 하구와 약간의
열대우림들과 같은 자연 보조 태양동력 생태계(표 4-3의 범주 2)는 높
은 생명부양 능력을 가질 뿐만 아니라, 다른 계로 유출되거나 저장될
수 있는 잉여 유기물을 생산하는 자연적 생산계이다. 인공 보조 태양동
력 생태계(표 4-3의 범주 3)는 식량과 직물을 생산하기 위하여 보조 연
료 또는 다른 에너지를 인공적으로 지원한다. 더불어 이들 생태계는 우
리의 음식물 대부분과 다른 값진 용역들을 제공한다. 비행기나 인공위
성에서 내려다 보면 보조동력을 공급받는 생태계들은 밝은 초록빛으로

나타난다(이것은 풍부한 엽록소 때문인데 일차생산성이 높은 것을 나타낸
다). 현재 궤도를 돌고 있는 랜드샛 우주선 Landsat spacecraft에 의해서
촬영되는 적외선 사진에서는 밝은 분홍빛으로 나타난다.

    가장 드물지만 지금까지 가장 영향력이 있는 생태계의 형태는 연료동
력 도시공업 생태계 fuel-powered urban-industrial ecosystems이다. 이들은
영광스러운 인류의 업적이다. 대도시 지역 metropolitan districts이라 불리는
큰 도시들과 도시 교외를 야금야금 잠식하고 있는 개발지역은 에너지
밀도가 태양동력계보다 수십 배 높다. 뉴욕, 런던, 동경과 같은 공업화
된 도시들을 흐르는 연간 에너지를 측정하면 1평방미터당 수천 kcal가
아니라 수백만 kcal로 나타난다. 크게 농축된 연료들은 태양에너지를
보충한다기보다 오히려 대신한다. 여기서 태양 에너지는 콘크리트 덩어
리를 데우고 스모그 형성에 기여함으로써 비싼 값을 치르는 성가신 존
재가 된다. 일을 할 수 있는 연료의 높은 능력을 고려할 때(태양에너지
와 비교하여) 자연계와 도시-공업계 사이의 구체 에너지 차이는 칼로리
값으로 나타내는 것보다 훨씬 더 크다. 공업화된 도시들은 문자 그대로
〈열점〉인데, 미국 동부와 북중부, 유럽, 일본 본도와 같은 지역에서는
뭉쳐 있고 다른 곳에서는 동력 공급이 낮은 환경 하에서 섬들처럼 널리
흩어져 있다. 사실상 큰 공업지역들은 에너지가 아주 높기 때문에, 뉴

욕과 워싱턴 시 같은 큰 도시들은 시골 지역들과 뚜렷하게 다른 기후를 가진다. 즉 먼지와 연기 때문에 더 많은 안개와 가랑비가 내리고 태양 광선의 양은 적어지며 좀더 따뜻해진다.

미국 대륙 경관 전체에서 연료 사용과 직접 관련된 평균 에너지 밀도는 대략 태양에너지에 의해서 동력이 공급되는 평균적인 자연군집에서와 같이 약 200kcal/m²이다(그러나 연료와 태양에너지는 그 질에서 크게 다르고 그러므로 영향력도 다르다는 것을 기억하라). 세계 평균 연료 에너지 밀도는 약 100kcal/m²이다(Smil 1984). 제1장에서 강조한 바와 같이, 연료로 동력이 공급되는 도시는 에너지 소비가 아주 높아서 그것을 지탱하기 위해서는 넓은 면적의 동력 공급이 낮은 자연환경과 자연적 농업환경이 필요하다.

에너지의 미래

1955년 스위스 제네바에서 열렸던 평화적 원자력에너지 사용을 위한 첫 국제회의의 의장이었던 인도의 바바 Homi J. Bhabba는 인류의 시대를 셋으로 나누어 기술했다.

1) 근육동력시대(동물, 노예, 고용인의 노동이 위대한 문명화를 이룩하던 때).
2) 화석연료시대(화석연료로 가동되는 〈고용기계들〉이 노예들을 해방하던 때).
3) 원자력시대.

그는 원자력의 보편적인 이용노 때분에 다가오는 원자력시대는 부유한 나라와 가난한 나라의 격차를 좁혀줄 것이라는 믿음을 유창하게 토로했다. 필자는 그 모임의 파견인이었으며, 다가오는 유토피아에 대한 열광으로 완전히는 아니지만 거의 도취되었다.

30년 후인 지금에도 원자력으로부터 균등한 그리고 풍부한 에너지를 얻으리라던 꿈은 실현되지 않고 있다. 원자력에너지의 거대한 잠재력을 개발하는 것은 1955년에 예상했던 것보다 훨씬 커다란 무질서의 잠재력을 가지고 있는 것으로 판명되고 있으며, 부국과 빈국의 격차는 점점 더 악화되고 있기 때문이다. 미국 원자력에너지 위원회의 초대 총무였던 월슨Carroll Wilson은 「원자력에너지: 무엇이 잘 안 되는가?」라는 제목의 논문에서 그것을 이렇게 표현했다. 〈전체 체계가 시종일관 혼연일체가 되지 않으면 그 중 아무것도 받아들여질 수 없다는 것을 어느 누구도 이해하는 것 같지 않다.〉 총체적으로 생각하던 생태학자들은 이해했다. 그러나 그들은 그 당시 그들의 우려를 분명히 말할 수 없었거나 기록할 수 없었다.

우라늄 분열에 기반을 둔 원자력에너지에 대한 몇 가지 문제점은 예견할 수 있는 해결책이 없기 때문에 지금은 문제가 있는 기술인 것 같다. 그러한 문제들이란 높고 낮은 수준의 방사성 폐기물(핵분열 산물)의 처분, 연료 농축과 공장 건립에 따르는 높은 비용, 미국의 스리마일 섬과 우크라이나의 체르노빌에서 일어난 것과 같은 높은 위험 부담을 가진 사고들이다. 핵자원으로부터 에너지를 얻을 수 있는 새롭고 덜 무질서한 방법들이 고안될 때까지 원자력시대의 도래는 연기되고 있다. 우리는 지금 원자력의 평화적 이용 대신에, 군사적인 사용과 핵전쟁이라는 무서운 위협을 안고 있다. 당분간 세계는 다른 에너지원과 남아 있는 화석연료들의 이용도를 가능한 한 오래 연장하기 위한 더욱 효율적인 사용방법들(더 적은 폐기물을 남기는 방법)을 찾고 있다. 전망이 있는 한 가지 재생 가능한 에너지원은 열대 해양에서 따뜻한 표면수와 차가운 심해수 사이의 온도 차이이다. 이 온도차를 이용하여 랭킨-사이클 엔진Rankin-cycle engines을 가동하여 전기를 생산할 수 있을 것으로 본다. 이 기술은 해양 열에너지 전환Ocean Thermal Energy Conversion (OTEC)이라고 알려져 있다(Avery and Wu 1994 참조).

알짜 에너지 개념

사람들이 알아차리지 못하고 있는 것은 에너지를 생산하는 데 에너지가 들어간다는 점인 것 같다. 그림 4-14에서 보는 바와 같이 어떤 주어진 전환체계에 의해서 생산되는 에너지 중 약간은 전환체계를 유지하기 위해서 되먹임되어야 한다. 알짜 에너지net energy를 생산하기 위해

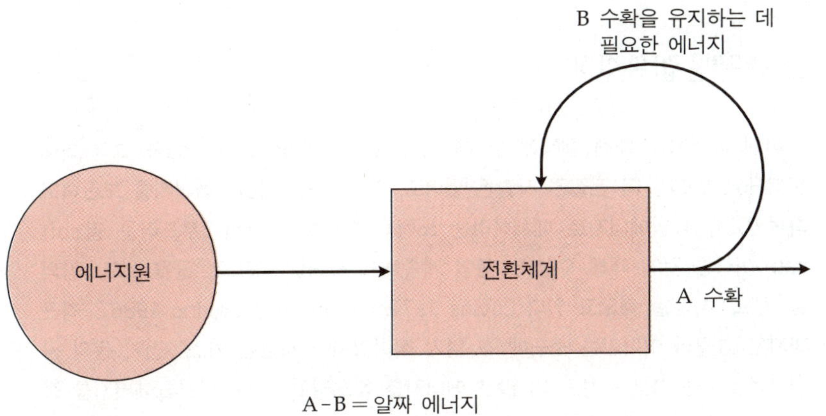

그림 4-14
알짜 에너지의 개념. 전환으로 양의
알짜 에너지값을 달성하기 위해서는
수확된 에너지가 계를 유지하는 데
필요한 에너지보다 커야 한다.

서, 에너지 산출(A)은 그 전환체계를 지속시키는 에너지 비용(B)보다
더 커야 한다. 발전소를 실제로 가치 있게 하기 위해서 에너지 산출(알
짜 에너지)은 에너지 비용의 적어도 두 배, 아마도 네 배는 되어야 한
다. 예를 들어 해저를 깊이 굴착하여 12단위의 석유를 퍼올리는 데 10단
위의 에너지가 필요하다면 그 에너지원의 전망은 매우 좋지 않다. 현재
의 우라늄 분열 동력발전소는 건설하고 유지하는 데 비용이 아주 많이
들어서 알짜 에너지는 수지가 맞지 않을 정도이다. 종종 원자력발전소
를 계속 운행하기 위해서는 여러 가지 정부 보조(예를 들어 폐기물 봉쇄
를 위해 지불하는 것)가 필요하다. 지금까지 핵융합 실험들은 사용 가능
한 알짜 에너지를 생산하는 데 실패하고 있다(에너지 수확보다 비용이
더 크다). 핵융합이 일어나는 데 필요한 극도로 높은 온도는 수소폭탄을
순화시켜 사용하는 것을 극도로 어렵게 하며, 이것은 아마 불가능할 것
이다.

이러한 어려움에도 불구하고 이미 강조한 것처럼 잠재력을 개발하는
덜 무질서한 방법들을 찾을 수 있다면 원자력에너지는 어떤 형태로든
장래성을 갖게 될 것이다. 우선 에너지원의 질을 사용과 조화시키는 것
이 특히 중요하다. 예를 들어, 저농도인 태양에너지가 주택이나 빌딩들
을 보온하는 데(저급의 일) 사용될 수 있다면 석유와 전기 같은 고농도
에너지는 기계를 운행하는 고급의 일을 위해서 절약될 수 있다. 그것을
생각할 때 주택 난방을 목적으로 석유를 태우는 것은 엄청난 낭비이다.
왜냐하면 양질의 에너지원이 가장 저급한 일에 사용되기 때문이다. 캘리포니아는 이 분야에서 지도적인 위치에 있다. 이 주에서 건립되는 새로운 주택은 태양에 의해서 데워지는 공간과 온수를 적어도 약간은 얻을 수 있도록 설계되고 있다. 적어도 가까운 미래에 인류는 지난 세기에 해왔던 것과 같이 어떤 한 가지 지배적인 에너지원에 의지하기보다 여러 가지 에너지원을 필요로 할 것 같다.

　국제에너지기구International Energy Agency의 한 보고서는 보전 노력들이 서구의 공업화된 국가들에 의해서 사용되는 에너지 효율을 약 20% 증가시키고 있는 것으로 기술하고 있다(이는 연간 8억 8천만 톤의 석유에 해당하는 에너지의 절약이다: Science 135: 23-25 1987 참조). 에너지 보전을 증대시키려는 계속적인 노력은 더 많은 에너지를 절약할 수 있다. 어떤 확신을 가지고 미래를 예측할 수는 없지만 점점 공급이 부족해질 고농도의 에너지를 낭비한다면 또 산업화된 나라가 1인당 에너지 소비를 줄이기 위한 노력을 하지 않는다면 바람직하지 못한 미래는 반드시 결과로 나타날 것이다.

에너지와 화폐

돈은 에너지와 직접 관련되어 있다. 돈을 마련하는 데는 에너지가 들어가기 때문이다. 돈은 에너지 흐름에 대응하는 흐름이다. 들어오는 에너지와 물질의 대가를 지불하기 위해서 돈은 도시와 농촌으로부터 흘러나간다. 그림 4-15에서 보는 것처럼, 문제는 돈이 인공 재화와 용역의 흐름에 대한 길을 제공하지만 중요한 자연 재화와 용역을 위한 길을 똑같이 마련하지는 않는다는 점이다. 다시 그림 4-15A에서처럼 생태계 수준에서 돈은 천연자원이 시장성 있는 재화와 용역으로 전환될 때만 그 그림에 포함된다. 여기서 이 자원들을 유지하는 자연계의 모든 일은 가격이 매겨지지 않은 채(그러므로 평가되지도 않고) 버려지고 있다. 이 보기에서 단지 생산 연쇄과정 중 수확 및 바다식량의 가공된 부분만이 돈에 의해서 가치가 매겨진다. 그 작물을 유지하기 위해서 그리고 공기와 물의 재순환과 같은 다른 값진 용역을 제공하기 위해서 하구가 수행한 모든 에너지와 일은 화폐체계에서 완전히 배제되고 있다. 따라서 하구는 생산품들의 경제적 가치에 의해서 표출되는 것보다 전체로서 훨씬 더 많은 가치를 사회에 발휘하고 있다. 그곳에서 어떤 생산품도 수확되지 않는다 하더라도 하구는 많은 값어치가 있다.

그림 4-15B에서 보는 것처럼, 범지구적인 수준에서 인공생태계와 순치생태계로부터 흐르는 에너지에는 돈이 동반된다. 그러나 자연계에서 에너지의 흐름은 돈을 동반하지 않는다. 달리 말하면 도시-공업 및 농경생태계가 제공하는 재화와 용역에 대해서는 대가를 지불하지만, 자연생태계가 제공하는 것에 대한 대가는 지불하지 않는다. 따라서 자연생태계의 재화와 용역의 가치에 대해서는 시장이 성립되지 않는다.

볼딩 Kenneth Boulding은 미국 국립학술원 National Academy of Sciences 회원으로 선출된 몇 안 되는 경제학자 중 한 사람이다. 30년 동안 그는 시장(가격이 매겨지는)과 비시장(가격이 매겨지지 않는) 사이의 괴리를 좁혀 줄 총체적인 경제학의 발전을 논의하고 있다. 그의 많은 책과 논문들은 『경제학의 재건 *Reconstruction of Economics*』(1965), 『다가오는 우주선 지구호의 경제학 *The Economics of the Coming Spaceship Earth*』(1966), 『생태역동학 *Ecodynamics*』(1981)과 같은 선동적인 제목을 가지고 있다. 그의 글은 널리 익히고 있으며 학자들을 경탄시키고 있

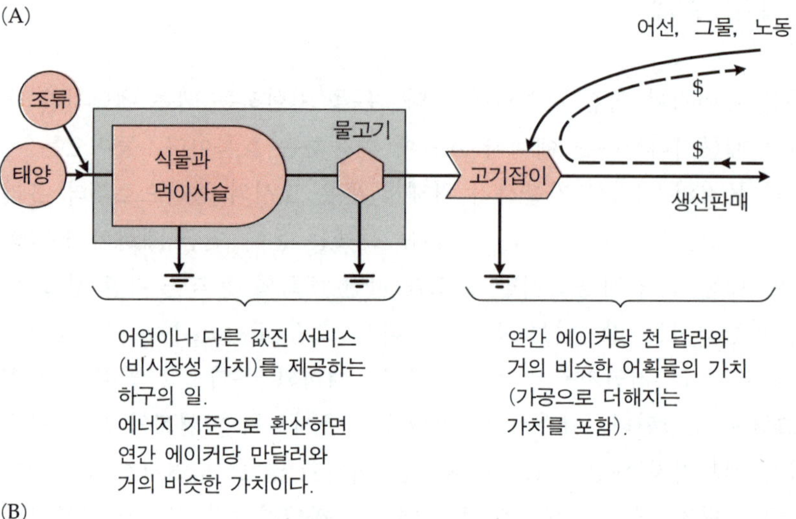

어업이나 다른 값진 서비스
(비시장성 가치)를 제공하는
하구의 일.
에너지 기준으로 환산하면
연간 에이커당 만달러와
거의 비슷한 가치이다.

연간 에이커당 천 달러와
거의 비슷한 어획물의 가치
(가공으로 더해지는
가치를 포함).

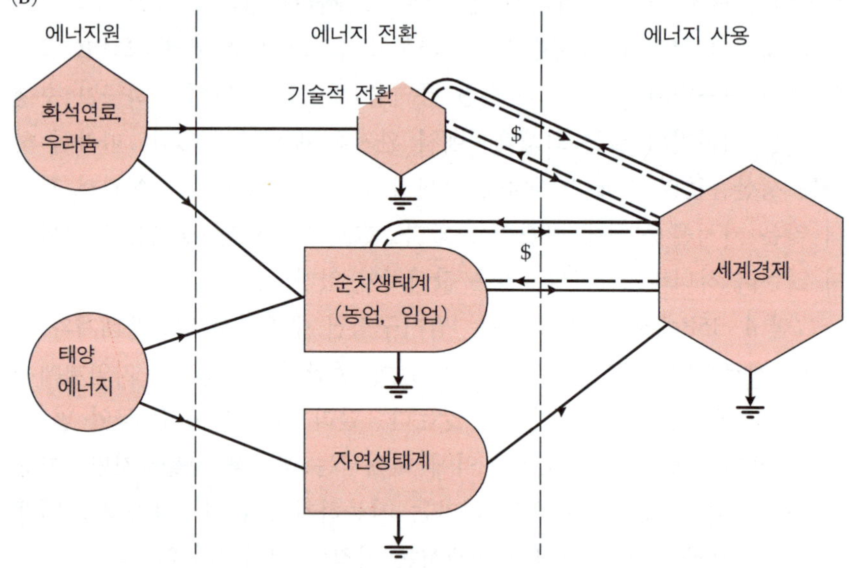

그림 4-15

에너지와 화폐. (A)강어귀의 가치. 전통 경제학에서는 물고기가 잡힐 때까지 돈이 관련되지 않는다. 물고기를 생산하는 강어귀의 일에는 값이 매겨지지 않는다. 인간을 위한 유용한 일을 기준으로 하면 강어귀의 총 가치는 적어도 수확되는 생산물 가치의 10배는 된다. 실선 화살표는 에너지 흐름을 나타내고 점선 화살표는 돈의 흐름을 나타낸다(Gosselink et al. 1974). (B)에너지는 인간을 위한 체계를 부양한다. 인조생태계와 순치생태계에서는 돈의 흐름($)을 수반하지만 자연생태계에서는 돈을 수반하지 않는다(H.T. Odum).

다. 그러나 지금까지 1960, 1970년대 실제 경제에는 거의 영향을 주지 못하고 있다. 그럼에도 불구하고 경제학자와 생태학자 사이의 적절한 대화는 최근 몇 년 사이에 증가하고 있다. 사실상 경제학자와 생태학자들은 새로운 정기간행 논문집인 『생태경제학 *Ecological Economics*』을 함께 발간하고 있다.

화폐는 우리의 가장 중요한 발명품 중 하나다. 그리고 현재는 사회 대부분에서 의사 결정의 근거가 된다. 그러나 우리의 화폐 체계는 살아

　돈과 에너지가 관련되어 있기 때문에, 모든 종류의 재화와 용역을 평가하고 분배하는 근거로 에너지를 이용하는 것은 상당히 논리적인 접근이다(H. T. Odum 1973, Hall et al. 1986). 예를 들면 어떤 하구의 총가치를 평가하기 위하여 구체 에너지에 의한 총에너지의 흐름(이는 생태계의 모든 일을 대표한다)을 결정한 다음, 시장 상품의 생산에서 에너지와 화폐의 비를 기초로 이 에너지값을 화폐단위로 환산할 수 있다. 지방 또는 국가 경제에서 미화 1달러를 생산하는 데 10^4칼로리가 들어간다면(예를 들어 일인당 소득에 대한 에너지 소비의 비), 연간 1에이커당 10^7칼로리 에너지 흐름은 일년 동안 그 면적에서 생산된 모든 재화와 용역에 대하여 $1,000(10^7/10^4)$의 가치를 나타낸다. 하구는 몇 년에 걸쳐서 배당되거나 자본화되기 때문에 그 면적 1에이커는 시장경제에서 10만 달러에 해당하는 가치를 가질 것이다. 고셀링크Gosselink 등(1974)은 이 접근방법을 사용하여 조류의 영향 아래 있는 하구의 가치를 1에이커당 $20,000-50,000가 되는 것으로 추정했다.

　시장 실패를 수정하는 다른 접근방법은 다음을 포함한다. 즉 생명부양 생물권을 유지하기 위한 용역에 대가를 지불하려는 시민들의 의지를 증가시키는 것이다. 예를 들어 대부분의 사람들은 맑은 공기에 대한 대가로 기꺼이 10-20% 전기값을 더 지불하고자 할 것 같다. 만약에 발전소가 석탄과 다른 연료를 태우기 전에 거기에 포함된 오염물질을 제거한다면 공기오염과 산성비는 많이 감소될 것이다. 그러한 청정연료 기술은 이미 잘 개발되고 있으며 캘리포니아에 있는 실험적인 석탄 사용 발전소에서 이용되고 있다(Spencer et al. 1989). 더 비싼 연료값에 대한 논리적인 결과로서 에너지 효율이 높은 주택과 빌딩들이 건립되었다. 이는 우리가 지불할 전기세뿐만 아니라 대기에 가해지는 압박을 더욱 감소시킬 것이다.

있는 것이 가지고 있는 모든 실질적인 가치를 고려하고 있지 않다는 것을 기억해야 한다. 그리고 돈이 유일한 결정요인이 되는 것을 허용하지 않도록 유의해야 한다. 삶의 질을 생각해 볼 때, 돈과 인간이 만든 시장 생산품의 소비(현재 경제의 기초가 되는)만이 유일한 고려 요소는 아니다. 문학과 미학(예술, 음악, 자연의 감상), 사랑, 건강 등이 행복을 추구하는 데 있어 더 높은 우선 순위가 될 것이다.

*Abrahamson, W.G., and M. Gadgil. 1973. Growth form and reproductive effort in goldenrods (*Solidago*, Compositae). *Am. Nat.* 107: 651–661.

Adey, W.H. 1987. Food production in low–nutrient seas. *BioScience* 37: 340–348. (Shellfish and crabs cultured on platforms–artificial reefs–suspended in the lighted zone.)

Altieri, M.A., D.K. Letourneau, and J.R. Davis. 1983. Developing sustainable agroecosystems. *BioScience* 33: 45–49.

*Avery, W.H., and C. Wu. 1994. *Renewable Energy from the Ocean: A Guide to OTEC*. Oxford University Press, Oxford.

Black, C.C. 1971. Ecological implications of dividing plants into groups with distinct photosynthetic capacities. *Adv. Ecol. Res.* 7: 87–114.

*Bowman, K.P. 1988. Global trends in total ozone. Science 239: 48–50.

*Boulding, K.E. 1965. *A Reconstruction of Economics*. Science Editions, New York.

*Boulding, K.E. 1966. The economics of the coming spaceship earth. In *Environmental Quality in a Growing Economy*. Johns Hopkins University Press, Baltimore.

*Boulding, K.E. 1981. *Ecodynamics*. Sage Publications. Beverly Hills, CA.

*Briand, F., and J.E. Cohen. 1987. Environmental correlates of food chain length. *Science* 238: 956–960.

*Brown, L.R. 1980. *Food or Fuel: New Competition for the world's Cropland*. Worldwatch Paper no. 35. Worldwatch Institute, Washington, D.C.

*Cohn. J. 1987. Chlorofluorocarbons and the ozone layer. *BioScience* 37: 647–650.

*Commoner, Barry. 1976. *The Poverty of Power: Energy and Economic Crisis*. Bantam Books, New York.

Cook, E. 1971. The flow of energy in an industrial society. *Sci. Am.* 224, 225(3): 135–144.

*Cook, R.E. 1977. Raymond Lindeman and the tropho–dynamic concept in ecology. *Science* 198: 22–26.

*Dyer, M.I., A.M. Moon, M.R. Brown, and D.A. Crossley. 1995. Grasshopper crop and mid–gut extract on plants: an example of reward feedback. *Proc. Natl. Asad. Sci.* 92 : 5475–5478.

Dyer, M.I., C.L. Turner, and Tr. R. Seastedt. 1993. Herbivory and its consequences. *Ecol. Appl.* 3: 10–16.

*Eckholm, E.P. 1975. *The Other Energy Crisis: Firewood*. Worldwatch Paper no. 1. Worldwatch Institute, Washington, D.C.

*Emery, K.O. and C.O.'D. Iselin. 1967. Human food from ocean and land. *Science* 157: 1279–1281.

*Food and Agricultural Organization of the United Nations. 1990. *FAO Production Yearbook*, vol. 44. Food and Agricultural Organization, Paris.

Gates, D.M. 1985. *Energy and Ecology*. Sinauer Associates, Sunderland, MA.

*Gosselink, J.G., E.P. Odum, and R.M. Pope. 1974. *The Value of the Tidal Marsh*. LSU–SG–74–03. Center for Wetland Resources, Louisiana State University, Baton Rouge.

*Hall, C.A.S., C.J. Cleveland, and R. Kaufmann. 1986. *Energy and Resource Quality: The Ecology of the Economic Process*. Environmental Science and Technology. Wiley, New York.

*Hulbert, M.K. 1971. The energy resources of the earth. *Sci. Am.* 224, 225(3): 60–70.

*Jenny, H. 1980. Alcohol or humus? *Science* 209 : 444.

Kerr, R.A. 1996. Ozone–destroying chlorine tops out. *Science* 271: 32.

Lewin, R. 1987. On the benefits of being eaten. *Science* 236: 519–520. (Review of recent work on herbivore–plant and predator–prey positive feedback.)

Lewin, R. 1989. Sources and sinks complicate ecology. *Science* 243: 477–478.

Lieth, H., and R.H. Whittaker. 1975. *Primary Productivity of the Biosphere*. Ecological Studies, vol. 14. Springer–Verlag, New York.

Lieth, H., and R.H. Whittaker. 1975. *Productivity of World Ecosystems*. National Academy of Sciences, Washington, D.C.

*Lindeman, R.L. 1942. The trophic–dynamic aspect of ecology. *Ecology* 23: 399–418.

Lotka, A.J. 1922. A contribution to the energetics of evolution. *Proc. Natl. Acad. Sci. USA* 8: 140–155.

*Lotka, A.J. 1925. *Elements of Physical Biology*. Williams and Wilkins, Baltimore.

*Lovins, A.B. 1977. *Soft Energy Paths*. Ballinger, Cambridge, MA.

*Lovins, A.B. 1991. Energy conservation. *Science* 251 : 1296–1298. (See also *Science* 252: 763)

*Lovins, A.B., and H. Lovins. 1986. *Energy Unbound: Your Invitation to Energy Abundance*. Sierra Club Books, San Francisco.

*McNaughton, S.J. 1976. Serengeti migratory wildebeest: Facilitation of energy flow by grazing. *Science* 191 : 92–94.

*Odum, E.P., and L.J. Biever. 1984. Resource Quality, mutualism, and energy partitioning in food chains. *Am. Nat.* 124 : 360–376.

*Odum, H.T. 1971. *Environment, Power, and Society*. Wiley–Interscience, New York.

*Odum, H.T. 1973. Energy, ecology, and economics. *Ambio* 2(6): 220–227.

*Odum, H.T. 1996. *Environmental Accounting : EMergy and Environmental Decision Making*. John Wiley & Sons, New York.

*Odum, H.T., and E.C. Odum. 1981. *Energy Basis for Man and Nature*, 2nd ed. McGraw–Hill, New York. (The maximum power principle explained on pp. 32–34.)

*Paul, E.A., and R.M.N. Kucey. 1981. Carbon flow in plant microbial associations. *Science* 213: 473–474.

*Peters, C.M., A.H. Gentry, and R.O. Mendelsohn. 1989. Valuation of an Amazon rain forest. *Nature* 339: 655–656.

*Pomeroy, L.R. 1974. The ocean's food web, a changing paradigm. *BioScience* 24: 499–504.

*Pulliam, H.R. 1988. Sources, sinks, and population regulation. *Am. Nat.* 132: 652–661.

*Prigogine, I., G. Nicoles, and A. Babloyantz. 1972. Thermodynamics and evolution. *Physics*

Today 25(11): 23 – 38 ; 25(12): 138 – 141.

Prigogine, I., and I. Stengers. 1984. *Order out of Chaos: Man's New Dialogue with Nature.* Bantam, New York.

Rowland, F.S. 1989. Chlorofluorocarbons and the depletion of stratospheric ozone. *Am. Sci.* 77: 36 – 45.(Review by one of the two persons who first suggested, in 1974, that chlorofluorocarbons are destroying the ozone layer.)

*Shiva, V. 1991. The green revolution in the Punjab. *Ecologist* 21(2): 57 – 60.(Negatives: increased vulnerability to pests; soil erosion; water shortages; displacement of small farmers. Beneficiaries: agro – and petrochemical companies; large landowners.)

*Smil, V. 1984. On energy and Land. *Am. Sci.* 72: 15 – 21.

*Spencer, D.F., A.S. Alpert, and H.H. Gilman. 1986. Cool Water: Demonstration of a clean and efficient new coal technology. *Science* 232: 609 – 612.

Starr, C., ed. 1971. *Energy and Power.* Special issue, *Sci. Am.* 224, 225(3).

Starr, C., M.F. Seari, and S. Alpert. 1992. Energy sources: A realistic outlook. *Science* 256: 981 – 987.("Unabated historical energy trends would lead to an annual energy demand four times the present level by the middle of the next century, but extensive global conservation and energy – efficient systems might reduce this value by half.")

Sun, M. 1984. Pests prevail despite pesticides. *Science* 226: 1293. (Report on an international conference on the subject.)

*Vitousek, P.M., P.R. Ehrlich, A.H. Ehrlich, and P.A. Matson. 1986. Human appropriation of the products of photosynthesis. *BioScience* 36: 368 – 373.

*Whittaker, R.H., and G.E. Likens, eds. 1971. Primary production of the biosphere. *Hum. Biol.* 1: 301 – 369.

*Wilson, C.L. 1979. Nuclear energy: What went wrong? *Bull. Atom. Sci* 35(6): 13 – 17.

*는 이 장에서 인용된 참고문헌을 가리킨다.

물질순환과 물리적 조건

텔레비전 기상예보관은 비가 오지 않을 것이라고 말할 수 있을 때 신이 난다. 비가 오게 되면, 특히 주말에 그렇게 되면 미안해한다. 우리는 매일 해가 나와야 좋다고 생각한다. 비가 오면 생활이 불편하기 때문에 그런 날씨를 재앙으로 간주하기도 한다. 그러나 비가 오지 않으면 생명도 도시도 없게 된다. 날씨에 대한 도시인의 생각은 환경에 대해 짧은 안목을 가진 우리들의 풍조를 보여주고 있다. 물론 농부는 비를 고맙게 생각한다. 그러나 농작물이 자라는 데 기후가 적절하지 않으면 크게 불평한다. 우리는 날씨 변동 없이 살 수 없다. 또한 날씨는 만천하의 공통 화제이기도 하다. 19세기의 작가 존 러스킨 John Ruskin은 〈나쁜 날씨라는 것은 없어요. 단지 다른 종류의 좋은 날씨들이 있을 뿐이지요〉라고 말하여 날씨에 대한 핵심을 찔렀다. 폭풍우조차 바다에서부터 미량 영양소를 가져오고 지하수를 재충전시키는 등의 환경 이익을 준다. 그리고 만약 사람들이 범람원이나 해변과 지나치게 기끼운 곳에 집을 짓겠다고 주장하지만 않는다면, 폭풍우가 초래하는 비용은 그리 심각하지 않다.

날씨의 주요 구성요소인 물은 살아 있는 생물과 무생물 환경 사이를 순환하는 필수 생명부양 물질이다. 물은 식생, 호소 그리고 다른 지구 표면으로부터 증발하고 토양을 통하여 지하수로 되어, 시냇물이나 강물의 형태로 바다로 흘러간다. 물이 생태계를 떠나는 방식과 상관 없이 상업, 휴양 또는 어떤 형태의 인간 생활이 지금처럼 지속되려면 오늘날 내리는 빗물이나 오랜 세월 이전의 빗물이 지하수 형태로 저장되어 있는 물로 다시 충당되어야만 한다.

수문적 순환

그림 5-1에서는 물의 순환 water cycle 또는 기술적인 용어로 수문적 순환 hydrological cycle을 두 가지 경로, 즉 태양에너지에 의해서 일어나는 상승 경로와 우리와 우리 환경이 요구하는 재화와 용역을 제공하는 하강 경로로 나누어 놓았다. 바다에서는 비로 내리는 것보다 더 많은 양의 물이 증발되고 육지에서는 반대 현상이 일어난다. 따라서 육상생태계와 대부분의 인간 식량생산을 유지하는 데 필요한 비의 상당량은

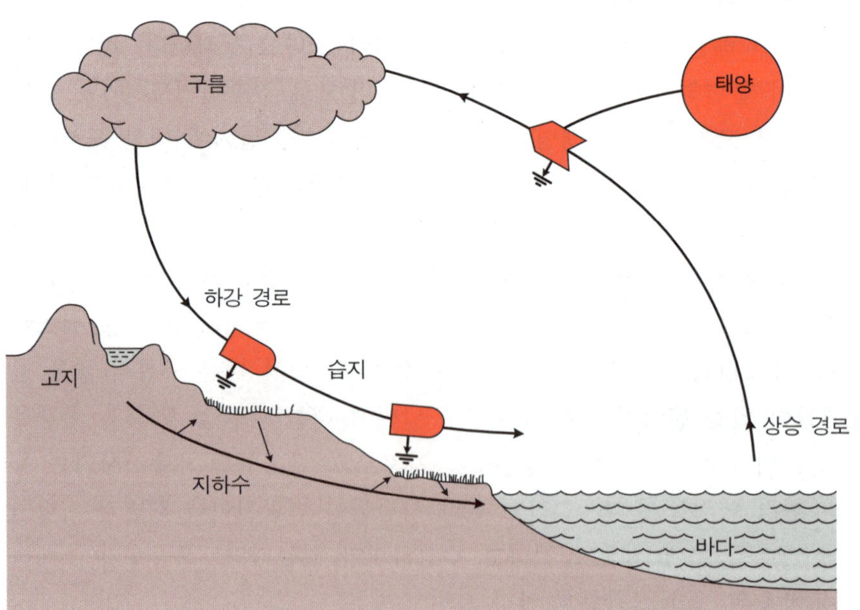

그림 5-1
두 개의 경로로 나타낸 수문적 순환의 에너지론. 상승 경로는 태양에너지에 의해 추진되고 하강 경로는 호수, 강, 습지로 에너지를 방출하여 인간에게 직접 혜택을 주는 유익한 일(수력발전 같은 일)을 수행한다.

바다로부터 증발한 물이다. 이를테면 미시시피 강 유역에 내리는 비의 대략 90%가 바다에서(주로 멕시코 만에서) 유래한다. 수력발전에 의한 전기는 하강 경로에 있는 유수 에너지로부터 우리가 획득하는 직접적인 혜택이다.

수문적 순환을 정량화하는 것, 즉 흐름의 크기를 숫자로 표현하는 것은 어려운 일로서 아직 미완성 단계에 있다. 어림잡아 육지에 내린 연강우의 20%는 바다로 흘러들고, 나머지 80%는 지표수와 지하수에 있는 저수지를 다시 채우는 데 들어간다. 인간은 도로를 포장하고, 도랑을 만들며, 습지의 물을 빼내고, 토양을 압축시키며, 삼림의 수목을 베어냄으로써 지표유출수runoff를 증가시키고, 토양침투수infiltration를 감소시키며, 지하수위water table를 저하시킨다. 많은 지역에서 지하수(즉 우리가 우물을 파서 얻는 물)는 지표수보다 더 풍부하다. 그래서 관개, 공업용수, 음용수를 얻기 위하여 인간은 점차 지하수 사용량을 증가시키고 있다. 미국 전역의 지하수량은 어림잡아서 오대호에 있는 수량의 4배로 짐작된다. 이와 같이 막대한 공급량에도 불구하고 미국에서는 부족한 지하수의 재보충과 독성물질들에 의한 오염 때문에 물이 부족해지는 위협을 느끼게 되었다.

오갈랄라 대수층의 진퇴양난

　지하수의 대부분은 대수층aquifer에 저장되어 있다. 대수층은 다공질의 (구멍 또는 빈틈이 많은) 지층으로, 종종 석회석, 모래, 자갈로 되어 있는 불투수성의 암반이나 점토질과 경계를 이루고 있어서 거대한 관이나 긴 물탱크처럼 물을 가두어둔다. 건조한 지역에서는 대수층의 물이 충당되지 않거나 혹은 느리게 충당되므로 대수층의 물은 화석연료와 같은 재생 불가능한 자원으로 여겨야 한다. 따라서 우리는 그것을 화석수fossil water라 부를 수 있다. 미국 동부에서 대수층으로부터 퍼올린 물 중 4분의 1이 과잉 양수된 것으로 보인다. 텍사스 주, 캔자스 주, 오클라호마 주, 네브래스카 주 그리고 콜로라도 주 동부의 고원지대에 있는 오갈랄라 대수층이 그 보기이다. 관개수로 경작된 이 지역의 곡물생산은 석유 수입 때문에 수지 균형을 맞추는 데 의존해야 되는 수출시장에서 중요한 부분을 차지한다. 더불어 화석수와 물을 뽑아 올리는 데 들어가는 화석연료는 그 지역에서 십억 달러의 경제를 움직인다. 불행하게도, 서기 2000년까지 또는 그 직후까지도 실용적인 목적 때문에 대수층의 물을 〈퍼올려야〉 할 것이다(Opie 1993). 그러면 화석연료를 모두 써버리기 전에 물이 먼저 사라질 것이다. 그리고 물이 없으면 연료는 쓸모 없게 된다. 그러면 그 지역은 수지가 맞지 않는 건조한 농장으로 토지 이용이 바뀔 것이다. 따라서 심각한 경제 침체와 인구 감소를 경

　오갈랄라 대수층의 물을 다 써버린다면 관개농업을 계속하기 위해 가능한 대안은 무엇일까? 한 가지 방법은 미시시피 강으로부터 수로를 만드는 것이다. 그러한 사업은 비싼 비용을 요구하고 정치적·윤리적으로 심각한 문제점들을 낳을 것 같다. 지역 주민들이 주요 자연자원을 고의로 다 써버린 어떤 곳을 구하기 위해 전국의 납세자들에게 부담을 주어야만 하는가? 아니면 물이 다 사라지기 전에 물의 공급이 원활한 지역으로 곡물농업을 점진적으로 이동시키는 것이 더 나은 방안일까? 그렇다면 누가 이런 계획된 이동을 조직하고 수행할 것인가? 주정부나 연방정부일까? 아니면 농업 관계 기관이어야 할까?

그림 5-2
다음 세기 초에 지금의 초록색 경관을 유지하는 데 사용되고 있는 지하수가 고갈되면 1930년대 먼지폭풍이 다시 일어날 수 있다.[1] 우리는 그러한 대재난을 예방할 수 있는 토양 보존에 대해서 충분히 알고 있다. 그러나 단기적인 경제성장 위주의 사고는 전환을 위한 계획 수립을 어렵게 하고 있다.

험하게 될 것이다. 지금의 초록색 경관을 유지해주고 있는 물이 고갈된다면 1930년대에 일어났던 먼지폭풍이 다시 발생할지도 모른다(그림 5-2).

세계적으로 대수층에서 퍼올린 물의 약 70%는 관개농업에 사용된다. 제4장(특히 그림 4-4)에서 살펴본 바와 같이, 세계의 많은 지역에서 비료 사용과 다수확 품종 농작물 수확이 증대되고 있다. 지금의 큰 문제는 현재와 같은 물 사용을 얼마나 지속할 수 있느냐는 것이다. 점점 더 굶주리게 될 사람들과 가축들을 먹여 살리기 위한 노력을 얼마나 더 오래 계속할 수 있을까? 리비아나 사우디아라비아 같은 사막 국가들에게는 그 문제에 대답하는 것이 그리 오래 걸리지 않을 것이다(Gardner 1995).

염화(鹽化)

농작물에 대한 관개는 지하수를 고갈하는 것 이외에 토양염화를 일으킬 수 있다. 토양염화 salinization는 특히 따뜻하고 건조한 지역의 논밭에

---

1) 1930년대 근대 농업과 심한 가뭄으로 취약했던 미국 중부의 농경지에서 바람에 의한 토양 침식과 먼지 돌풍은 대규모 환경 재앙을 초래하였으며, 이는 환경에 대한 인식을 고무시키기도 했다.

서 물이 증발함에 따라서 소금이 축적되는 것을 말한다. 현재로서는 물의 부족보다도 오히려 토양염화로 인한 관개농장의 피해가 더 크다. 이런 위협을 감소시키기 위해서 아주 많은 연구가 진행 중에 있다.

얼음이나 눈 제거를 위해 도로에 뿌리는 소금(염화나트륨)은 가로수와 다른 식물을 훼손하고 지하 수도관이나 전화선·전기선을 부식시킨다. 지하 대수층으로 소금 침출이 일어나 음용수로 사용하게 되면 사람의 건강에 유해한 영향을 끼칠 수 있다는 것이 인식되기 시작했다. 오늘날 미국에서 눈이 많이 오는 주의 간선도로에는 전세계 소금 생산량의 10% 이상이 뿌려지고 있다!

생지화학적 순환

유기체와 환경 사이를 왔다갔다하는 화학원소들의 순환 경로에 대하여 생태학자들은 생지화학적 순환biogeochemical cycle이라는 용어를 쓴다. 여기서 생물bio은 살아 있는 유기체를, 지질geo은 지구의 바위, 토양, 공기, 물을 지칭한다. 〈지질화학〉은 중요한 물리과학으로서 지각, 대양, 강 등의 화학적인 조성과 관계 있는 학문이다. 그리하여 생지화학은 생물권의 생물과 무생물 구성요소들 사이에 일어나는 물질교환을 연구하는 학문이다. 이 용어는 아마 1926년 러시아의 과학자 베르나드스키 Vladimir Ivanovich Vernadsky(1863 – 1945)가 쓴 책 『생물권 *The Biosphere*』에서 유래되었다고 할 수 있으나 그 분야는 허친슨G. Evelyn Hutchinson(1944, 1950)에 의해 개척되었다.

그림 5–3은 생지화학적 순환을 에너지 흐름의 단순화된 도식과 겹쳐 놓음으로써 두 기본과정의 상호관계를 보여준다. 물질순환을 이끌어가기 위해서는 에너지가 필요하다는 것을 기억하라.[2] 자연적 재순환은 태양에너지와 같은 자연 에너지에 의해서 주로 가동된다. 순이익을 얻기 위한 인공 재순환은 그 산물의 값어치를 초과하지 않는 일 에너지라는

---

2) 이것은 물레방아가 돌기 위해서 흐르는 물 에너지가 필요한 것과 비교될 수 있다. 물레방아의 순환은 물받이를 재사용하여 흐르는 물의 위치에너지를 다른 형태로 전환하는 점에서 태양에너지의 화학적 고정에 관여하는 물질의 순환과 비슷한 측면이 있다.

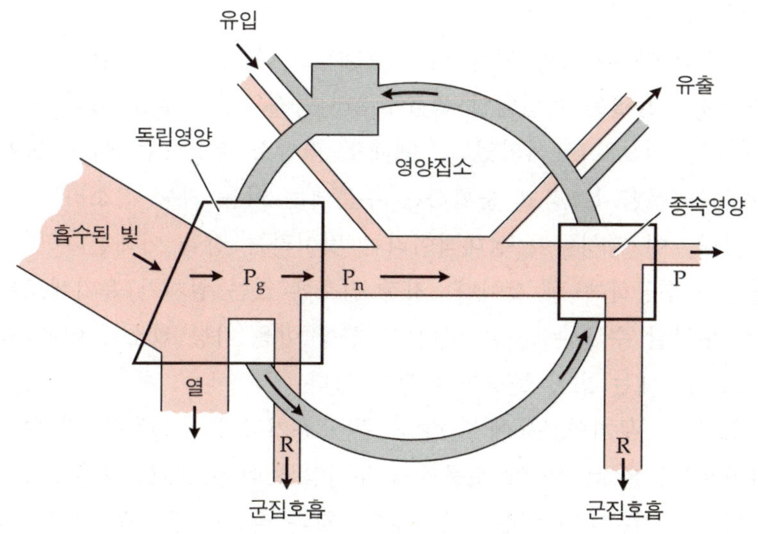

그림 5-3
영양물질의 순환과 생지화학적 순환을 추진하는 일방적인 에너지 흐름과의 관계. P_g=총일차생산, P_n=순일차생산, P=이차생산, R=호흡.

비용이 사용되어야 한다. 금이나 백금같이 매우 가치 있는 물질들을 제외하면 자원은 풍부하고 공급이 수요를 크게 능가할 때 인공 재순환은 타당하지 못하다. 그러나 이 장 뒷부분에서 보기로 제시할 종이 재활용처럼, 공급이 부족할 때 인공 재순환은 쉽게 발생하며 또 바람직하다. 자연에서 유기체들도 똑같은 방법으로 자연을 움직인다. 그들은 인과 같이 그들이 필요한 양을 기준으로 비교적 부족하지만 필수적인 원소들은 축적하고 재순환하는 경향이 있다.

약 20가지 정도의 필수 영양원소들(살아 있는 유기체들이 서로 다양하게 필요로 하는 탄소, 질소, 인, 칼슘, 칼륨 등)은, 물이 그러한 것처럼, 생태계에서 균등하게 분포되어 있지 않다. 또한 그들은 한 가지 종류의 화학적인 형태로 존재하지 않는다. 오히려 물질들은 나누어진 구획compartment 또는 집소pool 안에 존재하며 그들 사이에 일어나는 교환율이 서로 다르다. 일반적으로 (1) 크고 천천히 이동하는 무생물적 집소와 (2) 유기체, 그리고 (3) 빠르게 교환하는 작고 더욱 활동적인 집소로 구분하는 것이 편리하다. 예를 들어 뜰에 있는 토양에는 화초와 채소의 뿌리에 바로 이용되지 않는, 즉 물에 잘 녹지 않는 인이 포함되어 있다. 또한 식물의 생장기간 동안 흡수되고 이용될 수 있는, 즉 물에 쉽게 녹는 인도 포함되어 있다. 종종 식물에 직접 활용될 수 있는 영양 집소가 아주 작은 경우가 있다. 그래서 높은 작물 수확량을 얻기 위해서는 비료를 줄 필요가 있다.

그림 5-3에서 커다란 저장소는 〈영양집소〉라 불리는 상자이다. 빠르게 순환하는 물질은 독립영양 생물로부터 종속영양 생물로 갔다가 다시 되돌아오는 원으로 표시되었다. 때때로 저장소 부분에는 이용 불가능 집소라는 이름을, 그리고 순환하는 부분에는 이용 가능 집소라는 이름을 붙였다. 이 명칭들이 상대적이라는 것이라는 점을 이해한다면 그러한 명명을 수긍하게 될 것이다. 저장 집소에 있는 원자가 유기체로부터 영구히 도망갈 수 있는 것은 아니다. 항상 이용 가능 집소와 이용 불가능 집소 사이에는 느린 물질의 이동이 있다.

분해과정은 무기염류들에 영향을 주는 유기질의 부산물을 내놓는다. 이 유기부산물은 독립영양 생물들의 무기염류 이용도에도 영향을 준다. 이 방법은 유기분자가 칼슘, 마그네슘, 철과 다른 이온들을 〈붙들거나〉 그들과 복합물을 형성하는, 킬레이션 chelation(프랑스 말로 chele은 발톱 또는 붙잡음을 의미하는 〈claw〉에 해당한다)으로 알려진 과정이다. 킬레이션된 무기염류들은 더욱 용해되기 쉽고 종종 같은 원소의 무기염류보다는 독성이 적은데 특히 금속의 경우에 그러하다. 예를 들면 공업폐수에 포함된 구리는 킬레이션을 일으킬 수 있는 물질들이 적은 먼 바다보다 유기물이 많이 있는 해안 가까운 곳에서 생물 독성이 적다.

순환의 두 가지 기본 형태

생물권 전체의 관점에서 보면, 생지화학적 순환들은 두 개의 그룹으로 나눌 수 있다. 그 하나는 대기에 커다란 저장소를 가지는 기체형 gaseous type이며 다른 하나는 지각의 토양과 침적토에 저장소를 가지는 퇴적형 sedimentary type이다. 이 두 형태의 좋은 예로서 질소와 인의 순환이 그림 5-4와 그림 5-5에 나타나 있다. 질소와 인은 종종 생산자의 생산성을 제한하는 중요한 영양소들이기 때문에 이들 필수원소들이 어떻게 행동하는지 이해하는 것이 중요하다. 일반적으로 질소가 바다에서 일차생산성을 제한하는 반면에 인은 민물에서 일차생산성을 제한하는 영양소이다. 육지의 토양에서는 종종 두 원소 모두 공급이 부족하다.

질소 순환

　질소는 대기라는 저장소와 유기체들을 포함한 재순환집소 사이를 계속 순환한다. 탈질화 denitrification와 질소고정 nitrogen fixation에는 생물적·무생물적 기작들이 모두 관련되어 있다. 탈질화는 질소를 대기 중으로 보내게 되며[3] 질소고정은 독립영양 생물이 직접 이용할 수 없는 기체 상태의 질소를 이용할 수 있는 암모니아, 아질산염, 질산염으로 변환하는 과정이다. 그림 5-4에서 보여주는 바와 같이, 질소 순환을 이루는 과정 대부분에서 전문화된 미생물들이 중심 역할을 한다. 예를 들면 단지 몇몇 원시 세균들만이 질소를 고정할 수 있다.[4] 콩과식물과 약간의 다른 고등식물들은 특수한 뿌리혹에 살고 있는 원핵성 세균들을 통해서만 질소를 고정한다. 제3장에서 가이아 가설이라는 제목으로 논의된 바와 같이, 이것은 우리의 생명부양계를 유지하는 데 미생물들이 담당하고 있는 필수적인 역할의 다른 보기이다. 그림 5-4에 요약된 형식에서처럼, 되먹임과 교환기작은 질소 순환과 다른 물질의 순환(탄소, 물 등)이 생물권이라는 큰 영역에서 효과적으로 자체 조정되도록 한다. 한 경로를 따라 일어나는 물질 이동의 증가는 다른 경로에서 일어나는 조정으로 재빨리 보상된다. 그러나 가끔 국소적으로 질소 재생과정(즉 직접 이용될 수 없는 형태에서 이용될 수 있는 형태로 변환)이 매우 느리게 일어나기 때문에, 혹은 그 지역에서 순손실이 발생하기 때문에 생물계의 생산에 제한 요인이 생긴다.

　질소는 모든 형태의 기본 단위에 필수불가결한 원소이기 때문에 질소 이용도는 우리와 우리의 동료인 다른 피조물의 존재에 매우 중요하다. 즉 DNA(유전물질), 단백질, 아미노산과 같은 생명의 기본 단위에 필수적이다. 그러나 우리를 둘러싼 거대한 대기라는 저장소로부터 우리의 세포로 질소를 옮기는 것은 에너지를 필요로 하는 일련의 긴 고정과정

---

3) 탈질화는 산소가 부족한 물이나 토양에서 질산염이나 아질산염이 미생물 활동으로 환원되어 질소산화물이나 질소 기체로 변형되는 과정이다. 혐기성 상태에서 산소 대신 질산염이나 아질산염이 전자수용체로 작용할 때 부산물로 아산화질소와 질소 기체가 공기로 방출된다.

4) 시아노박테리아라 불리는 것이 더 적당한 남조류를 포함하는 원핵생물. 원핵생물은 세포의 핵물질이 핵막에 싸여 있지 않은 생물군으로서, 일반적으로 생물 중에서 원시적인 것으로 간주된다.

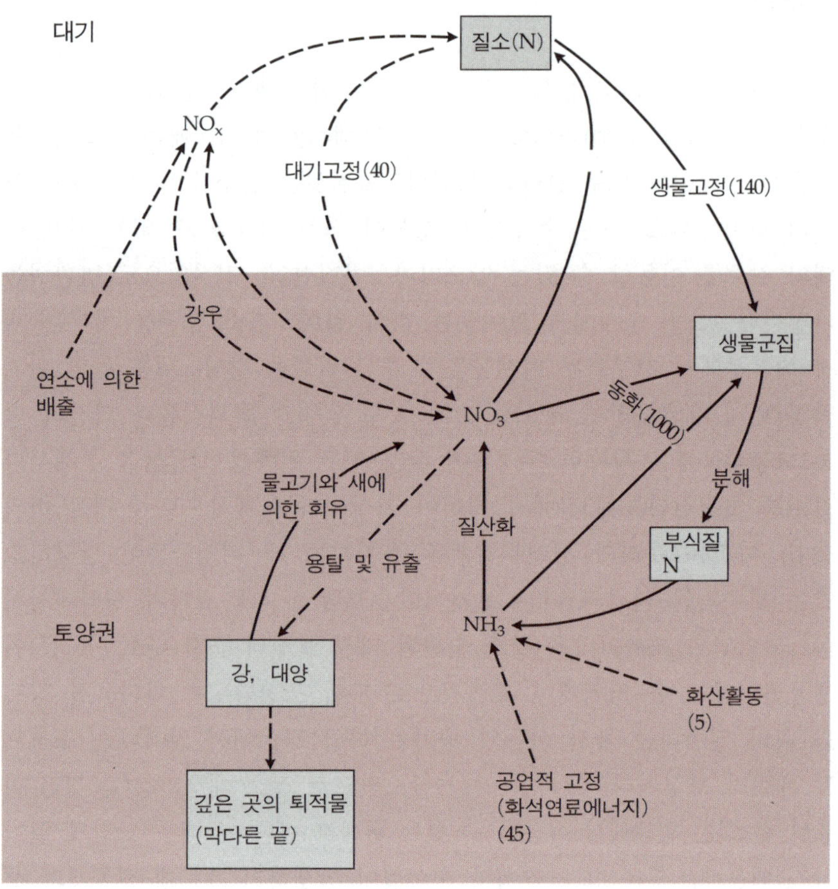

과 먹이사슬들이 관련되어 있다. 질소가 물(H_2O)과 반응하여 암모니아 (NH_3)를 생산할 수 있기 위해서는 대기 질소의 삼중결합(N–N)이 깨져 야 하며, 그러기 위해서는 많은 에너지가 필요하다.

인 순환

대부분의 영양소들은 질소에 비해 땅에 더 많이 고착되어 있다. 그들 영양소의 순환은 덜 자체 조정적이다. 결과적으로 인간에 의해서 더욱 쉽게 교란된다. 인 순환(그림 5-5)은 아주 중요한 퇴적형 순환의 좋은 예이다. 인은 살아 있는 원형질과 살아 있지 않은 물질들을 구분하는 에너지 전환에 필수불가결한 원소이다. 그리고 지구 표면에서의 생물 수요와 비교하면 비교적 희소한 편이다. 따라서 유기체들은 이 원소를 축적하기 위한 많은 기작들을 고안했다. 그리하여 생물량 그램당 인의 농도는 보통 주변 환경(예를 들어 물이나 토양)에 비해서 수배 정도 크다.

이를테면 인 순환은 유기체들 사이에서 주로 일어난다. 국부적인 생지화학적 순환을 통해 빠르게 변환되는 한편 침식과 퇴적이라는 과정을 통해 육지로부터 바다로 서서히 이동하여 저장되는 경향이 있다. 결국 인은 영양염류를 상승시키는 과정들에 의해서 육지로 돌아오게 된다. 이 과정에는 바다 융기에 의한 산의 형성, 암석들의 풍화, 먼지와 염분의 공기 이동, 화산 가스가 있다. 또한 바람에 의한 깊은 바닷물의 용승upwelling은 바다에서 인을 되돌리는 주요한 기작이다. 인과 다른 영양소들을 햇빛이 미치지 못하는 깊은 곳으로부터 광합성 지대(여기서 인은 식물에 의해서 사용될 수 있다)로 옮겨오기 때문이다. 물고기를 먹는 새들은 인이 풍부한 구아노 형태로 해안의 보금자리 주변에 퇴적하여 수 톤의 인을 바다로부터 육지로 되돌려 놓는다. 사람들은 가끔 구아노

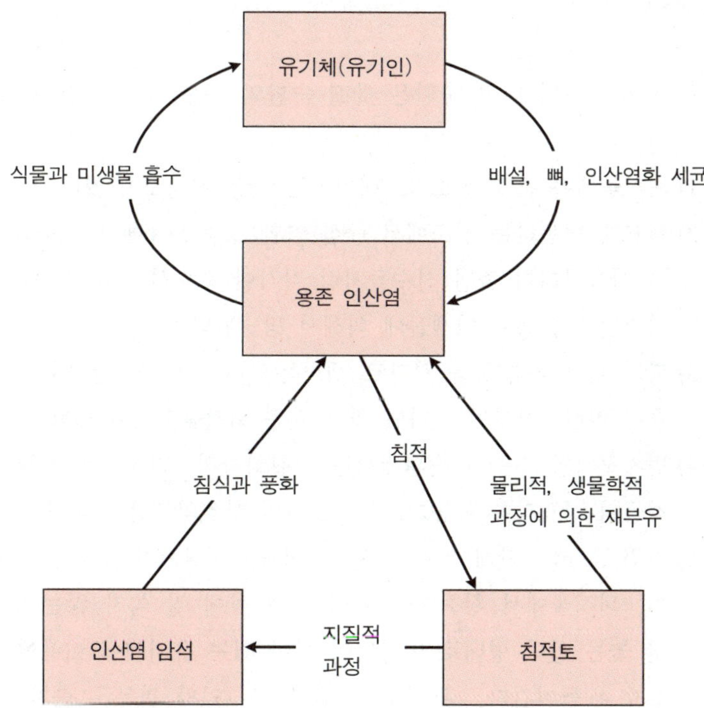

그림 5-5
인 순환을 단순화한 도식. 퇴적물 저장소로 들어가는, 그리고 그 저장소로부터 나오는 느린 이동과정을 포함하고 있다.

를 비료로 사용하기 위해 채취한다.

사람들은 침식 속도를 증가시킴으로써 바다라는 거대한 비활용성 저장소로 흘러가는 인의 일방통행량을 증가시킨다. 지금은 경작토양으로부터 유실되는 인을 보충할 만큼의 인광석 보유량이 있기 때문에 농업 관계자들은 별로 걱정하지 않는다. 그러나 미국 플로리다 주의 탬파 동남부에 있는 인광석 광산을 방문하는 사람은 그러한 채굴 활동이 심각한 지역적 환경문제들을 유발한다는 것을 알게 될 것이다.

제1장 입력관리에 대한 논의에서 강조한 것처럼, 농업과 같이 인간이 조절하고 있는 체계 안에서 인의 보유력과 재순환을 개선하는 것은 점점 더 중요해지고 있다. 이는 인의 공급량을 보존하기 위해서뿐만 아니라 비점원 오염(표면수와 지하수로 흘러든다)을 감소시키기 위해서도 그러하다. 바라건대 결코 바다로부터 인을 회수해야 될 상황이 되어서는 안 된다. 그러한 행위는 많은 에너지와 돈을 들게 할 것이고 또 식량 가격을 크게 상승시킬 것이기 때문이다.

황 순환

그림 5-6에 나타낸 황 순환은 물질 순환의 주요 특징을 잘 보여준다.

1) 퇴적물에는 큰 저장소가, 대기에는 작은 저장소가 있다.
2) 빠르게 변동하는 집소에서 중심 역할(그림 5-6에서 중앙의 〈수레〉)은 이어달리기 출전 선수들처럼 각각이 특수한 화학적 변환 기능을 가지는 전문화된 미생물에 의해서 담당된다.
3) 황의 미생물적 회복 결과로 생기는 기체 상태의 황화수소(H_2S) 상승이 있다. 이것이 없다면 황은 깊은 퇴적물로 〈손실〉될 것이다.
4) 범지구적인 수준의 순환에서는 지질화학적, 기상학적, 생물학적 과정들의 상호작용과 공기, 물, 토양의 상호의존성이 나타난다.
5) 그림 5-6의 단계 8에서 〈인의 방출〉 화살표가 보여주는 바와 같이, 퇴적물에서 황화철이 형성될 때 물에 잘 녹지 않는 인이 물에 잘 녹는 인의 형태로 변환되어 살아 있는 유기체에 이용될 수 있는 집소로 들어간다. 황 순환의 일부로서 인의 회복은 습지의 혐기성

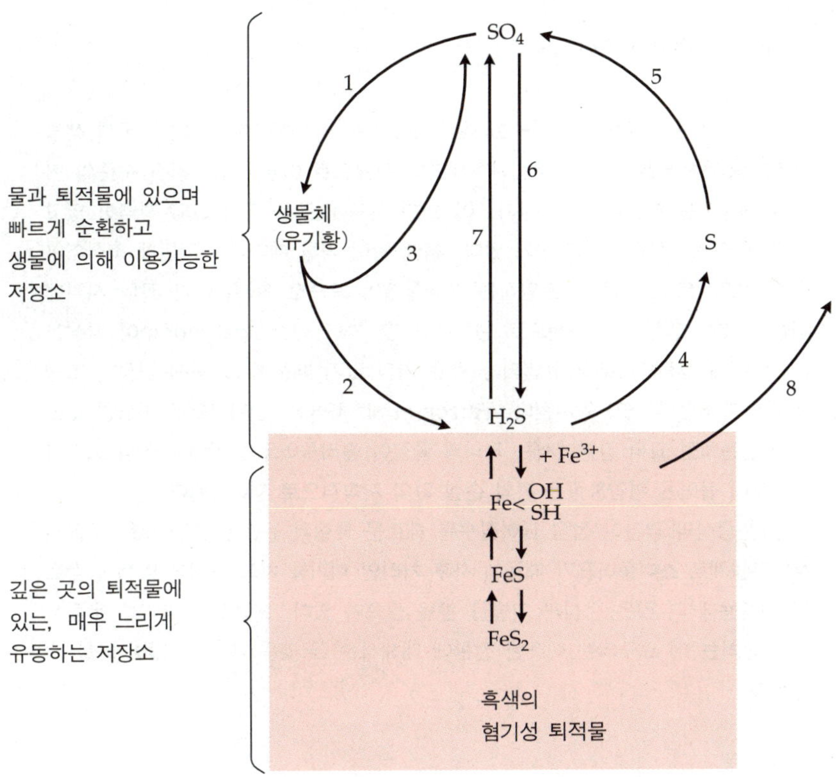

물과 퇴적물에 있으며 빠르게 순환하고 생물에 의해 이용가능한 저장소

깊은 곳의 퇴적물에 있는, 매우 느리게 유동하는 저장소

그림 5-6

황 순환. 특수화된 미생물들이 1-7로 표시된 단계들을 수행한다. 단계 8은 황화철이 형성될 때 생물에 의해서 직접 이용될 수 없는 형태의 인 화합물들이 이용될 수 있는 형태로 전환되는 것을 나타낸다. 이는 생명에 필수적인 한 원소의 순환이 다른 원소의 순환에 어떻게 영향을 줄 수 있는가를 보여준다.

(산소가 없는 상태) 퇴적물에서 가장 뚜렷하며, 그 습지는 질소와 탄소의 재순환에 중요한 장소가 된다.

제자리를 벗어난 자원들

전체 관련 순환에서 질소산화물(N_2O와 NO_2)과 황산화물(SO_2)들은 단지 일시적인 경로들에 나타나는 독성 가스이다. 화석연료 연소는 도시 공업지역뿐만 아니라 도시에서 멀리 떨어진 곳까지도 이러한 휘발성 산화물의 농도를 크게 증가시켜 인간과 인간을 부양하는 녹색식물의 건강을 위협하는 수준에 이르렀다. 석탄 연소(특히 큰 화력발전소에서의)는 이산화황의 주요 배출원이며, 자동차 배기 가스는 공장이나 기타 다른 연소와 함께 산화질소의 주요 배출원이다. 미국과 다른 공업 국가에서 공기로 배출되는 공업 오염물질의 3분의 1을 이 두 산화물이 차지한다.

미국 위스콘신 주에 있는 윈그라 Wingra 호수 유역은 1970년대에 국제 생물 프로그램의 일부로서 미국 국립과학재단의 지원으로 이루어지는 경관 수준의 연구가 진행되는 대상지 중 하나다. 이 호수 한쪽에는 큰 도시 교외 지역이 있고 다른 한쪽에는 삼림 보호지구가 있다. 봄에 땅이 녹을 때마다 잔디밭에 축적되어 있던 비료, 토양, 개똥을 포함하는 침식물질이 호수로 흘러들어가 교외 지역에 인접한 호수 일부는 연두색으로 변하는 심한 녹조 현상 algal bloom이 발생한다. 반면에 삼림으로부터 유입되는 것은 거의 없기 때문에 그 쪽에 인접한 호수 부분은 깨끗한 상태가 유지된다(Watson et al. 1981). 인위적으로 변형된 많은 다른 경관처럼 교외 경관에서는 과잉의 물질이 흘러들어오는 반면에 삼림 보호지구로부터 들어온 영양물질은 거의 손실 없이 지속적으로 재이용된다.

인간 중심의 경관이 점점 많아질수록 해로운 물질과 유용한 물질 모두 우리의 생명부양계로 스며들어오기 때문에 사후 처리인 폐기물 처리 대신에 발생원 감소와 재활용에 더 많은 관심과 기술을 쏟을 필요가 있다. 오염으로 생기는 무질서에 대응하는 데 요구되는 이러한 전환에 대해서는 〈끝맺음〉에서 더 많이 다룰 예정이다.

1950년대 초 하겐-스미트 Haagen-Smit와 그의 동료들은 미국 로스앤젤레스에서 잎채소와 과일나무, 삼림이 압박을 받고 있는 징후를 발견했다(Haagen-Smit et al. 1952). 그들이 찾아냈던 것처럼 이산화황은 광합성을 저해한다. 더구나 이산화황은 수증기와 반응하여 옅은 농도의 황산(H_2SO_4) 물방울을 만들어낸다. 이는 전세계에 걸쳐서 일반인들과 전문가들의 관심을 끌고 있는 산성비 acid rain로 지구에 내린다. 산을 중화하는 토양과 물의 pH 완충 기능이 낮은 곳에서 산성비의 산도는 식생과 물고기에게 큰 압박을 줄 수 있는 수준까지 증가한다(즉 pH가 감소한다). 뉴욕 주 애디론댁에 있는 여러 호수에서 물고기들이 사라지고 독일의 흑림 Black Forests에서 나무들이 죽어가는 것은, 산성비가 유일한 요인인지 명확하지는 않지만(오존도 연관되어 있는지 모른다), 일반적으로 산성비 탓인 것으로 보고 있다. 지역 공기오염을 감소시키기 위하여 석탄을 태우는 화력발전소와 다른 공장의 굴뚝을 높이는 것은 문제를 더욱 악화시키고 있다(그림 5-7). 그 까닭은 산화물들이 구름층에

오래 남아 있으면 있을수록 더 많은 산을 생성하기 때문이다(이것은 또
한 저지대보다 산간지대의 삼림이 먼저 고통을 당하게 되는 이유를 설명해
줄지도 모른다). 이것은 응급조치 또는 단기적인 해결이 더욱 심각하고
장기적인 문제를 유발하게 됨을 보여주는 좋은 보기이다.

현재 공기에 나타나고 있는 농도로도 이미 질소산화물은 삶의 질을
위협하고 있다. 그들은 고등동물과 인간의 호흡기관 표면을 자극한다.
질소산화물은 물과 반응하여 질산을 만들기 때문에 산성비에도 영향을
준다. 더구나 다른 오염물질들과 화학적으로 반응하여 상승작용 synergism
(상호작용의 전체 영향이 각 요인이 개별적으로 작용하는 영향의 합을 초
과하는 것)을 일으킨다. 예를 들어 자외선이 있을 때, 질소산화물은 연
소되지 않은 탄화수소(둘 다 자동차에 의해서 많은 양이 생산된다)와 반
응하여 광화학 스모그 photochemical smog(화학적으로는 질산 퍼옥시이세틸

발전소의 굴뚝 배출물질을 규제하기 위한 논의가 많이 있었지만 아직 널리 실행되는 조치는 없다. 오염물질에 의해 발생하는 경제적 손상이 아주 높아야만 비로소 편익-비용 비와 〈비용을 지불하고자 하는 시민의 의지〉가 배출 규제를 긍정적으로 고려하게 된다. 그러나 적절한 조치를 너무 오래 기다리는 것은 장기적 손상을 초래할 수 있다. 그 손상은 건강과 생명부양에 수십 억의 비용이 들게 할 것이다. 그래서 우리들은 정치 지도자들이 오염원에서부터 대기오염을 줄이기 위해 필수적인 조치들에 결연히 앞장서도록 촉구해야 한다.

캘리포니아에서 가동하고 있는 〈청정 연소〉 발전소——석탄을 태우기 전에 황과 다른 공기 오염물질들을 제거하는 방식——가 전통적인 발전소와 경제적으로 경쟁할 만하다는 보고는 좋은 소식이다(Spencer et al. 1986). 바꾸어 말하면, 이 기술은 이용 가능하다. 그러나 그것은 이 노하우가 적용될 수 있는 곳에 모두 쓰일 수 있는 것이 아니라, 미국 국회에 의해 통과된 청정 공기법 Clean Air Act의 범위에 한한다. 실제로 발전소는 연료를 서부의 저유황 석탄으로 대체함으로써 현재의 규제를 간단히 피해갈 수 있기 때문에, 부분적 방법을 사용하는 것만으로는 문제를 더 악화시킬 수 있다. 다시 우리는 입력관리라는 개념으로 되돌아가게 된다. 생산체계에서의 출력부분(굴뚝 배출)보다 입력부분, 즉 그것의 오염원에서부터 오염물질을 감소시키는 것이 결국엔 경제적으로 더욱 효과가 크다.

과 오존으로 모두 〈광화학 산화제〉로 분류된다)를 만들어낸다. 광화학 스모그는 최루작용이 있을 뿐만 아니라 일반적으로 건강에 해롭다. 스모그 때문에 발생한 손상을 직접 보기 위해서 남부 캘리포니아, 애팔래치아 지역, 서독의 구릉 지대에 가볼 필요가 있다. 침엽수 잎의 황화 현상과 조락 현상, 수관의 끝부분부터 말라 들어가는 것, 성장의 저해 그리고 궁극적으로는 나무가 죽게 되는 것은 광화학 산화제에 의해서 일어난 극단적인 압박의 징후들이다. 경작물에 대한 손상은 그렇게 뚜렷하지 않다. 그럼에도 불구하고 그 손상은 광역적이다. 남부 캘리포니아에서는 산화제 공기오염 결과 매년 완두콩 생산이 15% 감소하고 4천5백만 달러에 상당하는 채소 생산 피해가 발생하는 것으로 추정된다(Kneese 1984).

오존, 화학적 잡초

잡초는 부적절한 장소에 자라는 식물, 즉 쓸모 있든 해롭든 우리가 바라지 않은 곳(정원과 같은)에서 고집스럽게 자라는 식물로 정의된다. 이와 비슷하게, 정상적이며 자연적인 위치에 있을 때는 생명에 필수적인 자원들이 인간 활동의 결과 양이 증가하거나 부적절한 장소에 나타날 때 문제를 일으킨다. 오존은 없으면 안 되지만, 부적절한 곳에 있을 때는 그것이 일으키는 희생이 크거나 심지어 위험하기조차 한 〈화학적 잡초〉가 되는 좋은 보기이다. 오존은 성층권stratosphere에서 태양광선이 산소와 반응함으로써 자연적으로 형성된다. 제4장에서 언급한 것처럼, 대기의 윗부분에 있는 오존층은 치명적인 자외선으로부터 우리를 보호해 준다. 그리고 지구 역사의 초기에 오존층이 형성되었기 때문에 육상생물이 오늘날의 상태로 진화할 수 있었다. 어떤 공기 오염물질, 그 중에서 특히 에어로졸 깡통에서 나오는 〈염화불화탄소〉와 제트기에서 나오는 분사물질은 생명을 유지시키는 이 방어막을 분해할 수 있다. 이 능력은 아주 가공할 만한 것이어서 1970년부터 염화불화탄소 생산에 대한 제한이 시작되어 생산의 17%를 감소시켰다. 어떤 공장들은 자발적으로 생산을 보류하고 있다. 그러나 미국에서의 제한된 감소만으로 지구의 방어막에 가해지는 위협을 멈추기에는 충분하지 않다. 지금 그 방어막은 특히 극지방에서 옅어지고 있다(Bowman 1988).

우리가 오존이 적절한 장소에서 유지될 수 있도록 노력하고 있는 것과 동시에, 대기의 아랫부분에 있는 오존은 주요한 광화학 산화제 오염물이 되고 있다. 최근의 실험에 의하면, 대도시로부터 꽤 떨어져 있는 지역들에서 현재 0.02−0.14ppm(parts per million) 농도의 오존이 시험한 모든 종의 경작물과 수목의 광합성을 감소시키는 것으로 나타났다(Reich and Amundson 1985). 이것은 산성비보다 지표의 오존이 우리와 우리의 생명부양계에 더 위협적이라는 것을 보여준다. 또한 산성비와 오존의 상승작용이 있을 수 있다. 깨끗한 공기와 물이 주는 경제적 이득을 규명하고자 하는 어떤 연구에서 다음과 같은 계산이 나왔다. 즉 지표 오존의 0.01ppm에 해당하는 아주 적은 양의 감소라도 노동자들의 만성 호흡기 질환을 수백만 배나 적게 발생시킬 것이라고 하였다. 이는 기업에 매년 10억 달러 이상의 이유을 가져다줄 것이라고 했다(Kneese 1984).

범지구적 탄소 순환

그림 5-8은 범세계적인 탄소 순환 모형이다. 이는 네 개의 주요 저장소들 안에 있는 탄소 양의 추정치를 포함하고 있다. (1) 대기, (2) 대양(도버 해의 유명한 백색절벽과 같은 융기된 탄산염 퇴적토들을 포함), (3) 육상의 생물량, 그리고 (4) 토양과 화석연료 저장소들 사이에서 일어나는 이동은 화살표로서 나타냈다. 대기에 있는 탄소집소는 다른 저장소들에 있는 양에 비해서 비교적 작다. 그러나 화석연료의 연소와 농토 확장을 목적으로 하는 벌채 및 논밭갈이(이들 둘 다 대기로 이산화탄소를 방출한다)로 증가되고 있는 매우 활발한 집소이다. 그림 5-8에서 실선으로 나타나는 바와 같이, 공업시대가 오기 전에는 대기, 대륙, 대양 사이의 탄소 흐름은 균형을 이루고 있었던 것으로 믿어진다. 그러나 지난 세기 동안 대기의 이산화탄소 양은 서서히 증가하고 있다. 그 까닭은 그림 5-8에서 점선으로 나타나는 바와 같이, 인간에 의한 입력 양이 식생과 대양의 탄산염 체계에 의한 제거 능력을 초과하기 때문이다. 대기의 이산화탄소 농도는 1800년대 초 약 290ppm(0.029%)에서(이것은 그 당시의 실측이 없기 때문에 추정된 값이다), 처음으로 정확하게 측정되었던 1958년에는 315ppm으로, 1980년에는 335ppm으로 증가했다. 현재도 여전히 증가하고 있다.

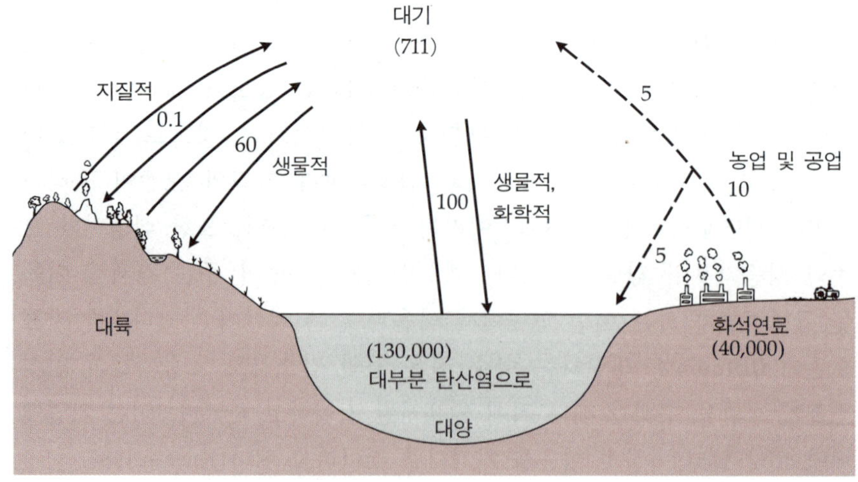

그림 5-8
범지구적 탄소 순환. 숫자들은 주요 생물군의 구성요소들에 있는 양과 구성요소들을 순환하고 있는(화살표) 양의 추정치이다(단위: ×10⁹ 톤). 작은 대기 구성요소는 인간 활동들로 방출된 이산화탄소에 의해서 점점 영향을 받고 있다.

지구 온난화와 한랭화 사이의 불안정한 균형

  증가된 대기의 이산화탄소는 일차생산성을 증가하는 데 촉진적인 영향을 미치는 한편, 온실효과greenhouse effect 때문에 원하지 않는 기후 변화를 일으킬 수 있어 많은 우려를 낳고 있다. 대기의 이산화탄소는 온실의 유리와 같은 작용을 한다. 즉 짧은 파장의 광선은 통과시키지만 긴 파장의 방사열은 반사하여 생물권으로부터 열이 흘러나가는 것을 지연시킨다. 다음 세기까지 계속 현재의 속도로 이산화탄소 및 메탄과 같은 다른 〈온실효과 기체greenhouse gas〉들이 증가한다면, 범세계적 온난화가 일어날 수 있을 것이다. 대양의 온난화(따뜻한 물은 찬물보다 더 큰 부피를 차지한다)와 극지의 해빙 때문에 바다 표면의 높이가 빠르게 상승하는 데는 단지 섭씨 1-5도의 평균 온도 증가로도 충분하다. 만약 실제로 온도 증가가 일어난다면, 우리는 뉴욕과 다른 해안 도시들에게 작별 인사를 해야 할 것이다. 온난화는 또한 강우 양식에 변화를 일으킬 수 있어서 농업 생산을 혼란에 빠뜨릴 수 있고 이는 더 나쁜 재앙이 될 지도 모른다.

  해수면의 상승으로 우리가 언덕으로 쫓겨가기 전에 지구를 식혀 주는 반대 작용들이 운행되고 있다는 것을 서둘러 지적한다. 현재의 지질시대에서 빙하기는 약 1-2만 년마다 일어나고 있다(그리고 마지막 빙하기가 지나간 이래 대략 그만한 시간이 지나갔다. 그러므로 우리는 다음 빙하기를 향해 가고 있는 것이다). 인간의 활동뿐만 아니라 화산분출과 같은 자연적인 사건들도 대기로 입자상 물질(먼지, 다른 부유입자)들을 보낸다.[5] 이는 우주로부터 들어오는 방사선을 반사하여 지구를 식힌다. 최근 들어, 굴뚝과 다른 오염원으로부터 나온 미세한 〈오염물 안개〉 입자가 북미의 동부, 중부 유럽, 동아시아의 공업 지역 상공에 밀집되고 있다. 지구의 다른 지역과 비교하면 그 지역에서 대기 온도는 실제로 낮아졌다(Kerr 1995). 기온의 인위적인 상승과 함께 나타날 수 있는 구름량의 증가는 또한 지구 온난화를 상쇄시킬 수도 있다. 그러나 이런 가능한 편익은 결코 대기오염의 비용과 균형을 이룰 수가 없다. 안개와 구름 덮개 모두 지구 표면에 도달하는 태양광선을 줄이고, 그에 따라

---

5) 1991년 일본과 필리핀의 화산폭발은 온실효과를 2-3년 지연시킬 것이라는 미국 항공우주국의 주장이 있었음을 상기하라.

일차 생산성이 줄어든다. 그리고 안개는 그 안에 유독 물질을 잡아두고 있다. 〈핵겨울 nuclear winter〉이라고 널리 알려진 것처럼 핵전쟁은 많은 먼지를 대기로 올려놓을 수 있다(Ehrlich et al. 1983). 지구를 강타하는 일군의 운석들도 같은 일을 할 수 있을 것이다. 한랭화와 온난화에 대한 이런 많은 가능성을 고려하면서 바람직하지 않은 기후 변화를 피하기 위한 더 좋은 아이디어를 얻기 위해 온도, 대기의 이산화탄소, 혜성의 궤도 그리고 범지구적 균형을 위협하는 다른 것들의 변화를 추적하는 국제적인 노력을 확대하는 것이 급하다(온실효과와 지구 온도 변화의 가능성에 대한 더 자세한 내용은 Bolin et al. 1986과 Gates 1993 참조).

대기 중의 다른 기체

이산화탄소 외에 두 가지 다른 형태의 탄소화합물이 대기에 적은 양으로 존재한다. 약 0.1ppm의 일산화탄소(CO)와 약 1.6ppm의 메탄 가스(CH_4)이다. 이들은 빠르게 변동하기 때문에 대기에서 짧은 체류시간을 가진다. 일산화탄소는 약 0.1년, 메탄 가스는 약 3.6년의 체류시간을 가져 이산화탄소의 4년과 비교된다. 일산화탄소와 메탄 가스는 둘 다 유기물의 불완전 분해 또는 혐기성 분해로 생긴다. 이 둘 다 대기에서 이산화탄소로 산화된다. 자연 분해를 통해 방출되는 것과 비슷한 양의 일산화탄소가 지금 특히 자동차 배기 가스와 같은 화석연료의 불완전한 연소에 의해서 대기로 주입되고 있다. 사람에게 치명적인 일산화탄소는 범지구적 위협 물질은 아니다. 그러나 공기가 정체될 때 도시 지역에서는 걱정스러운 오염물질이다. 이제 자동차 교통량이 아주 많은 지역에서 100ppm이라는 일산화탄소 농도는 드문 일이 아니다(하루에 한 갑의 담배를 피우는 사람은 400ppm까지 일산화탄소를 받게 되는데 이는 혈액의 산소 운반 능력을 다소 저하시킨다).

메탄 가스는 습지, 소와 흰개미(그들의 소화기관은 혐기성이다)에 의해서 대량으로 생산된다. 메탄 가스는 긍정적인 영향과 부정적인 영향을 모두 줄 수 있는 가능성을 가진 대기의 다른 구성요소이다. 그것은 대기의 윗부분에서 오존층의 안정화를 유지하는 데 어떤 역할을 하는 것으로 믿어진다. 그러나 너무 많은 메탄 가스는 열의 균형을 흩트려놓을 수 있다.

영양소 결핍 토양에서의 영양소 순환

열대지방에 대한 잘못된 신화 중의 하나는 이 지방의 토양이 비옥하여 우리가 숲을 베어내고 경작물을 심으면 전세계의 인류를 먹여 살릴 수 있으리라고 보는 것이다. 물론 따뜻한 지역에 비옥한 토양을 가진 곳도 있다. 그러나 미국 아이오와 주의 평원 같은 지역과 비교하면 아마존 유역의 열대우림과 같은 거대한 지역의 토양은 매우 척박하다 (Jordan 1985). 효율적인 생물적 재순환 기작들 때문에 울창한 숲들은 지속될 수 있다. 이 효율적 순환 기작은 인 및 질소와 같은 필수영양소들이 생물체들 사이에서 지속적으로 순환됨으로써 유지된다. 그러한 삼림들에서는 이용 가능한 영양소의 반 이하만이 토양 속에 저장되어 있다. 이는 유럽이나 미국 북동지역에 있는 삼림들에서 90% 이상이 토양에 있는 것과 비교된다. 농업 목적으로 온대삼림이나 평원으로부터 식생이 제거될 때, 토양의 영양소와 구조는 그대로 유지된다. 그러한 토양은 일년에 한 번 이상 갈아주며, 짧은 계절 동안 일년생 작물을 심고, 한 번에 많은 양의 무기비료를 뿌리는 등의 관례적인 방법으로 수년 동안 농토로 사용될 수 있다. 겨울의 결빙은 영양소를 보유하고 해충과 질병을 이겨내도록 도와준다. 반면에 열대지방에서는 일년 내내 유지되는 높은 온도와 땅을 씻어내는 비 때문에 숲의 제거는 (해충과 싸우는 능력뿐만 아니라) 영양소들을 보유하고 재순환시키는 땅의 능력을 없앤다. 표토가 옅은 열대토양들은 유기적·생물적 보유 기작들이 부족하다. 그래서 거기에 남은 어떤 영양소들도 재빨리 씻겨나간다(그림 8-15 참조). 그러면 경작물 생산은 빠르게 저하되며 (때때로 단 2년 내지 3년 후에) 토지는 버려지게 된다. 이는 열대지방에서 아주 흔한 이동 농경 shifting agriculture(소위 swidden agriculture)이라는 양상을 야기하고 있다.

열대삼림에서 영양소들이 계속적으로 재순환하도록 돕는 생물적 방책들 가운데는 다음과 같은 것이 있다.

1) 뿌리얽힘 root mats: 이는 지표면의 낙엽과 낙지 내부로 뚫고 들어간 미세한 섭취자들로 구성되어 있어서 떨어진 잎의 영양소가 용탈되기 전에 잎에서 재빨리 영양소를 되찾아온다. 또한 뿌리얽힘은 탈질화를 일으키는 세균들의 활동을 확실히 억제하여 공기 중으로 질

소가 손실되는 것을 막는다. 어떤 열대수목들은 소위 〈위로 뻗어가는 뿌리들〉을 가지기도 한다(Sanford 1987). 이 뿌리는 나무줄기를 따라 위로 자라서(보통의 뿌리들이 하는 것처럼 땅 속으로 들어가는 대신) 줄기를 따라 흘러내리는 빗물로부터 영양소들을 흡수할 수 있다.

2) 균근 곰팡이 mycorrhizal fungi: 이는 근계와 공생하는 미생물이다. 생물체 내의 영양소 회수와 보유를 크게 촉진시킴으로써 영양소를 포획하는 함정과 같은 역할을 한다(제6장에서 알 수 있듯이, 상호 이익을 위한 고등식물과 미생물 사이의 이러한 공생은 온대의 척박한 토양들에도 널리 퍼져 있다).

3) 상록수의 잎 evergreen leaves과 두꺼운 나무줄기: 상록수 잎은 두꺼운 왁스질의 외피를 가지며, 두꺼운 나무줄기의 껍질은 물과 영양소의 유실을 지연시키고 또한 초식동물과 기생충에 대해서 저항성을 가진다.

4) 조류 algae와 지의류 lichen: 이들은 나뭇잎들의 표면을 덮고 있으며, 빗물로부터 영양소를 모으고 공기로부터 질소를 고정한다.
(열대삼림의 영양소 순환에 대한 더 자세한 내용은 Jordan 1981, 1985 참조)

물론 이 간단한 설명은 복잡한 상황들을 너무 단순화시킨 것처럼 보인다. 그러나 북반구에서 하는 식의 경작지 관리로는 울창한 수풀을 지탱하는 열대지방의 여러 곳에서는 아주 적은 양의 수확을 얻게 되는 이유를 보여준다. 이것은 열대지역에서는 다른 형태의 농업이 창안될 필요가 있다는 증거가 된다. 이를테면 최소한의 토양교란(적은 논밭갈이)과, C_4 광합성과 아마 균근류들을 이용하는 다년생인 식물들, 더욱 복합적인 경작, 콩과 식물과 다른 질소고정 생물들을 더욱 많이 활용하는 방안들이 고려되어야 한다.

불행하게도 지금의 농학은 공업화된 농업의 개념 안에 갇혀 있다. 또한 농경제학은 연간 수확되는 곡물량에 가치를 두고 있어서 바람직한 농업의 재구성은 느리게 진전되고 있다. 특히 열대지방의 원주민들 자신이 몇 세기 동안 개량시키고 유지해 온 전통 농업을 더욱 자세히 살펴볼 필요가 있다. 이들 전통적인 방법에는 무논에서 벼의 재배, 고대

마야에 의해서 개발되고 오늘날 멕시코에서 여전히 사용되는 옥수수-완두콩 호박 같은 경작물들의 혼합재배, 일년생 채소와 곡류작물들과 혼재하여 음식물이 열리게 하는 수목과 관목을 포함하는 원예체계, 경작물과 중국 양어장의 복합(여기서는 경작물의 잔여물들이 물고기의 먹이가 된다) 등이 포함된다(Gliessman et al. 1981, Altieri 1987). 에너지를 기준으로 한 전통적 농업과 공업화 농업에 대한 비교는 제8장에서 언급될 것이다.

재순환 경로

자연과 상업 모두에서 재순환 문제에 대한 관심이 점점 커지고 있기 때문에 재순환 경로라고 하는 생지화학적 주제를 살펴보는 것은 의미가 있다. 그림 5-9에서는 자원들이 재순환할 수 있는 많은 경로들을 보여준다. 이미 나타낸 바와 같이 많은 필수영양소들의 재순환은 미생물들과 유기물의 분해로 얻어지는 에너지를 수반한다(그림 5-9에서 경로 1). 벼과 식물이나 식물 플랑크톤과 같은 작은 식물들이 심하게 뜯어먹힌 곳에서는 동물의 배설을 거치는 재순환이 중요할지도 모른다(경로 2). 영양소가 척박한 상황에서는 직접적 반환(경로 3)이 공생하는 미생물에 의해서 이루어진다.[6] 이들 공생 미생물에는 바로 앞부분에서 언급된 균근과 같이 독립영양 생물(식물들)의 일부에 밀착되어 있는 것들이 포함된다. 물의 순환에 관한 도식(그림 5-1)에서 나타난 바와 같이 많은 물질은 태양에너지와 관련되어 있는 물리적인 수단들에 의해서 재순환된다(경로 4). 마지막으로, 사람에 의해서 연료 에너지가 사용되어 물, 비료, 금속, 종이 등이 재순환된다(경로 5). 또한 재순환은 에너지의 소실을 요구하게 된다는 것을 알아야 한다. 이 소실되는 에너지원은 유기물(경로 1, 2, 3), 태양 에너지(경로 4), 연료(경로 5)와 같은 것이다.

---

6) 직접적 반환이란 식물 잔여물에 포함되어 있던 영양소가 분해되어 토양으로 유실되지 않고 미생물을 거쳐서 곧장 식물로 되돌아오는 것을 말한다. 예를 들면 보통 온대지방에서는 낙엽에 포함된 영양소가 한동안 토양으로 유실되지만 열대지방에서는 낙엽의 영양소가 비교직 빨리 미생물에 흡수되어 식붙이 곧장 재활용할 수 있게 된다.

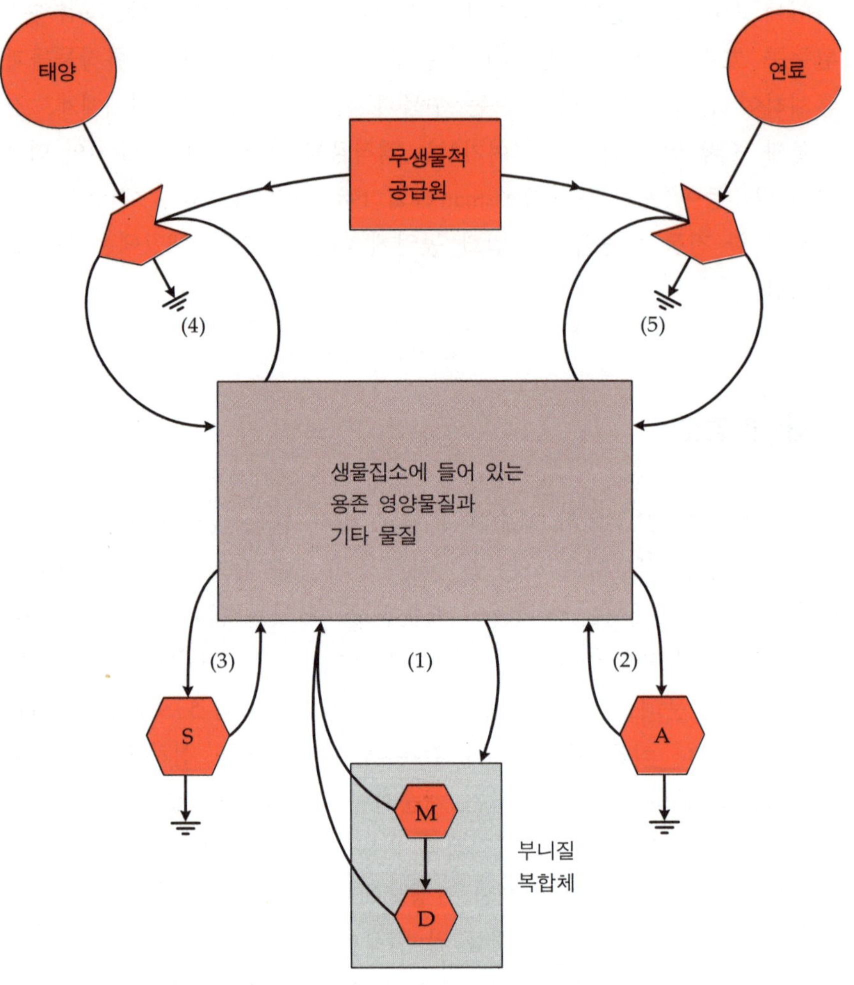

그림 5-9
다섯 가지 주요 재순환 경로. (1) 분해 (M=미생물, D=부식성 소비자), (2) 동물(A)의 배설, (3) 공생적 유기체 (S), (4) 수문적 순환처럼 태양에너지 에 의하여 추진되는 재순환, (5) 공업 적인 재순환처럼 화석연료에 의해서 추진되는 재순환.

종이의 재순환

자연생태계에서 중요한 물질들의 재순환과 비슷한 방식으로 도시공업 체계에서 재순환이 어떻게 일어나고 있는지 보여주는 좋은 보기가 종이 의 재순환이다.[7] 어느 경우에도 체계 안에서 생명에 위해가 될 정도로 자원이 희소하게 되거나 폐기물이 쌓이면, 재순환을 위한 에너지 경비 가 요구된다.

나무들과 제지공장이 풍부하고 폐기물을 묻을 수 있는 빈터가 있으면

―――――――――
7) 이하 종이의 재순환이란 재활용을 포함한다.

효율적인 재순환 프로그램을 위해서(폐지의 수거, 분리, 운반 등에) 필요한 설비들과 에너지 투자에 대한 장려는 거의 없게 된다. 이러한 상황이 그림 5-10A에 보인다. 그러나 도시 주변에 인구가 과밀해짐에 따라서 땅값은 오르고, 기존의 폐기물 매립지가 만원이 된다. 그리하여 폐기물을 땅에 묻거나 새로운 장소를 찾는 것은 점점 어렵고 비싼 대가를 요구하게 된다. 혹은(현재 유럽의 많은 경우처럼) 펄프 목재 공급이나 제재소 생산이 수요에 미치지 못하기 때문에 새 종이 생산에 대한 비용이 앙등하게 될지도 모른다. 두 경우 모두 종이의 재활용을 고려하게 된다. 재활용이 성공적이기 위해서는 그림 5-10B에서 보는 바와 같이 사용된 신문지와 마분지를 시장에 제공할 재순환 공장이 있어야 한다. 그러한 공장은 열대우림의 균근에 의한 영양소 재순환 체계와 비교할 수 있다. 달리 말하면 새로운 것이 전체 체계에 첨가되어야 한다.[8]

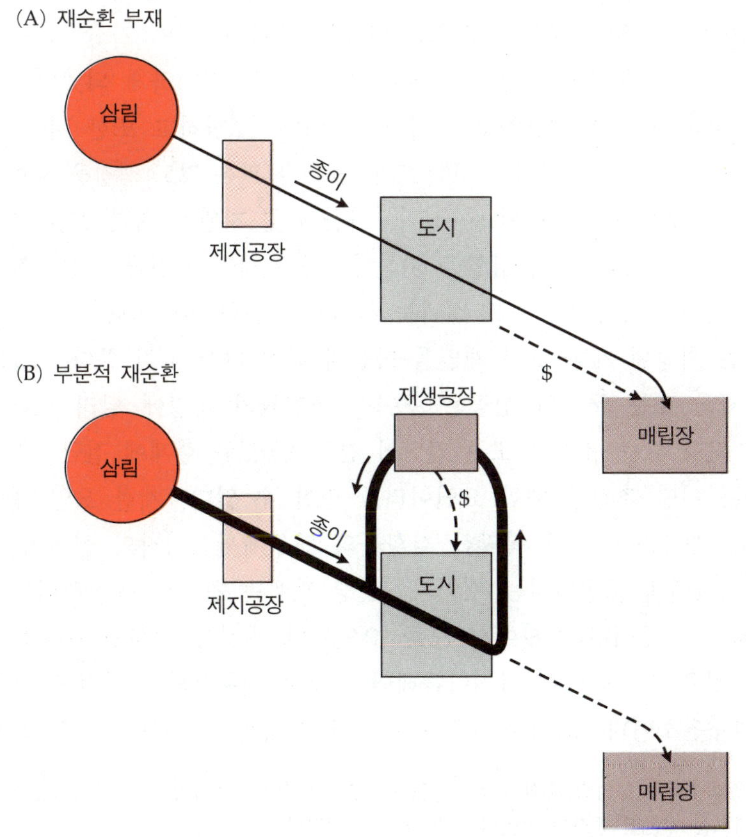

그림 5-10
종이 재활용이 유도되지 않는 조건 (A)과 유도되는 조건(B). 전체적으로 볼 때 일반 시민을 위한 재활용 이익은 해로운 환경영향(삼림, 강, 토지에)과 도시 용역들에 대한 세금의 감소이다. 재순환의 필요조건들에는 다음 사항들이 포함된다. 시민의 참여, 수집 체계(개량된 쓰레기 수거), 분류와 폐지 묶음의 저장창고, 재순환 공장, 공장으로 운반, 재생지를 위한 시장, 도시를 위한 수익 또는 매립보다 적은 비용의 소요.

이 경우 도시는 폐기물 매립장을 유지하는 데 돈을 써야 하지만 이제는 재생된 종이를 판매하여 소득을 얻게 된다. 이 수익은 다른 폐기물 처리 비용의 지불에 보탬이 된다. 그림 5-10B에서 점선은 화폐의 흐름을 나타내며 이러한 상황을 보여준다.

제한 요인 개념

유기체들은 생명유지의 필요조건들을 이루는 생태적 고리들 중에서 가장 약한 연결 부위에 의해서 조정된다고 믿어진다. 이 생각은 약 1세기 전, 무기화학 비료 연구의 선구자였던 리비히 Justus Liebig 시대로 돌아간다. 리비히는 경작물의 성장이 어떤 필수 영양원소이든, 요구되는 양이 많고 적음에 상관없이(요구량을 기준으로) 공급이 부족한 것에 의해서 자주 제한된다는 것을 관찰했다. 리비히의 최소량의 법칙 law of minimum이란 필요한 양을 기준으로 이용될 수 있는 양이 가장 적은 영양소에 의해서 유기체의 성장이 제한된다는 것을 의미하게 되었다. 이 생각은 더욱 확장되어 영양소 이외의 요인들도 포함하고 또한 너무 많은 것에 의하여 이루어지는 제한 효과(즉 너무 많은 것도 성장을 제한할 수 있다)도 포함하여 고려할 수 있다. 아울러 한 자원에 대한 공급 부족은 다른 자원의 요구량에 영향을 미친다. 즉 우리는 요인들이 상호작용한다는 것을 알아야 한다. 그 결과는 하나의 유용한 원리이다.

우리는 확장된 제한 요인 개념을 다음과 같이 다시 고쳐 쓴다. 〈유기체, 개체군 또는 군집의 성공은 주어진 조건들의 복합에 달려 있다.〉 문제가 되고 있는 유기체 또는 집단이 견딜 수 있는 한계에 접근하거나 초과하는 어떤 조건을 제한 요인이라고 말할 수 있다. 제한 요인 개념의 주요 가치는 그것이 복잡한 상황들의 연구에서 〈시작의 실마리〉를 생태학자들에게 제공한다는 것이다. 환경 관계는 참으로 복잡하다. 그래서 하나의 주어진 상황에서 모든 요인들이 똑같은 정도로 중요하지 않다는 것은 다행한 일이다. 이를테면 산소는 대부분의 동물들에게 생리적 필수원소이다. 그러나 공급이 수요에 상대적으로 부족한 환경에서

---

8) 즉 열대우림의 영양소 순환 과정에 균근이 있어야 순환되는 영양소가 부가되는 것처럼 새로운 재순환 공장이 있어야 재생 종이가 생긴다.

만 제한 요인이 된다. 예를 들어 만약 폐수가 들어가는 냇물에서 물고기가 죽어가고 있다면 그 물에서 산소 농도는 우리가 조사해야 할 우선적인 요인이 될 것이다. 물에서 산소 농도는 변화가 많고 분해에 의해서 쉽게 소모되며 종종 공급이 부족하다. 그러나 만약 들에서 작은 포유동물들이 죽어가고 있다면 우리는 다른 원인을 찾아야 할 것이다. 공기에서 산소는 일정하고 요구량을 기준으로 보면 풍부하므로(생물 활동으로 쉽게 고갈되지 않는다) 땅 위에 살고 있는 공기호흡 동물들을 쉽게 제한할 것 같지는 않다.

리비히 법칙(그리고 일반적으로 제한 요인 개념)은 자원들의 유입이 유출과 균형을 이루고 있는 정상 상태 steady state에 가장 잘 적용된다. 반면에 전이상태 조건에서는 잘 적용되지 않는다. 과도기에는 흐름이 균형을 이루지 못하며, 십중팔구 기능의 속도들이 많은 요인들의 빠른 농도 변화와 상호작용에 영향을 받는다. 자원 제한에 대한 최근의 평가에서 블룸 Bloom 등(1985)은 식물이 그들 자원의 분배를 조종할 수 있어서 모든 자원들이 거의 동등하게 성장을 제한한다고 결론지었다. 이 이론이 리비히의 법칙보다 더욱 정확하게 자원 제한과 관련된 식물 성장을 기술할 수 있다고 그들은 주장했다. 그러나 어떤 경우에서도 생태계나 인간 모두에게 중요한 제한 요인일 수 있는 소수의 자연자원들이 있다. 앞에서 논의한 바와 같이 땅에서의 물, 물에서의 산소, 많은 환경에서의 질소와 인, 에너지 등이 그것이다.

결국 전이상태의 조건에서 어떤 〈한 가지 요인〉이 생태계의 생산성 또는 전체 과정들을 조절한다는 가설을 위한 이론적인 바탕은 없다. 따라서 오염 제어를 위한 전략은 단지 하나 또는 두 가지 항목에서 그칠 것이 아니라 부영양화를 유발하는 가능한 한 많은 물질들과 독성물질들의 유입을 줄이는 방안을 포함해야 한다.

요인 보상 작용

넓은 지리학적 분포 범위를 가지는 생물종들은 종종 생태형 ecotypes 이라 불리는 국지적으로 적응된 유전적 종족들이나 아개체군들을 발달시킨다. 이들은 온도, 빛, 영양소 또는 다른 요인들에 대해서 다른 성

장형이나 내성한계를 가진다. 서로 자리를 바꾸는 이식을 활용한 연구
는 조건들의 점진적인 변화에 따른 보상이 유전적 종족을 유도하는지
또는 단지 환경에 대한 순응 때문에 일어나는 것인지 보여줄 수 있다.
응용 생태학에서는 국지적인 변종이 유전적으로 고정될 가능성이 자주
간과되고 있다. 그러나 이는 종종 잃어버린 생태형을 되찾는 실험의 실
패 때문이다. 사실 실패한 까닭은 먼 지역에서 얻은 개체들이 국지적인
조건들에는 적응하지 못했음에도 불구하고 잃어버린 생태형을 되찾는

(A) 해파리(*Aurelia aurita*)

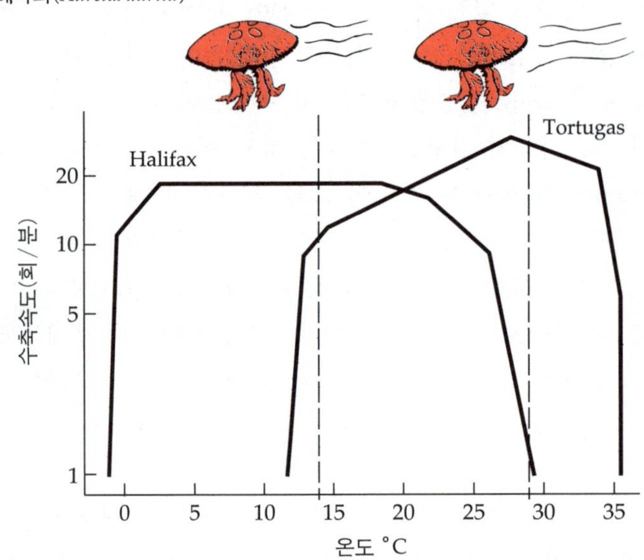

(B) 서양톱풀(*Achillea millifolium*)

그림 5-11
동물과 식물에서 물리적 요인의 보상
작용. (A)같은 종이지만 지리적으로
다른 곳에 사는 해파리 개체군들은
그들 환경의 수온이 다름에도 불구하
고 대략 같은 속도로 수영하도록 순
응된다(Bullock 1955). (B)높은 고
도와 낮은 고도에 사는 같은 종인 서
양톱풀 개체들의 씨를 해수면 높이에
있는 같은 정원에서 키웠을 때, 그들
은 각각 단신과 장신을 유지했다. 이
는 유전적 고정이 일어난 것을 나타낸
다. 그러므로 이들 두 변종은 진짜 생
태형들이다(Clausen et al. 1948).

데 사용되었기 때문이다.

　어떤 생물종 안에서 유전적 고정 없이 온도 보상을 보이는 좋은 보기가 그림 5-11A에 있다. 작은 해파리 *Aurelia aurita*들은 중심강으로부터 물을 뿜어내는 수축작용들에 의한 일종의 제트 추진력으로 이동한다. 일분에 15-20회의 수축속도가 최적인 것 같다. 헬리팩스 가까이의 북쪽 바다에 살고 있는 해파리들은 물 온도가 섭씨 15-20도나 더 낮은데도 불구하고 남쪽 바다에 있는 것들과 같은 최적 수축속도로 수영한다.

　그림 5-11B는 바닷가에서부터 록키 산맥의 고도에 이르는 모든 분포 범위를 가지는 서양톱풀의 일종에서 나타나는 실질적인 생태형의 실례를 보여준다. 그림에서 보여주는 바와 같이 고지대와 저지대 식물의 씨앗을 함께 발아시켜 같은 정원에서 키웠을 때, 고지대 식물은 여전히 키가 작고 저지대 식물은 큰 신장을 유지했다. 이것은 유전적 고정이 일어났음을 보여주고 있다.

　많은 생물종들은 좁은 내성 범위를 가진다. 따라서 환경 변화에 민감하다. 그러한 생물종은 환경 조건들의 변화를 알려주는 생태적 지표 ecological indicators가 될 수 있다. 예를 들어 초식에 예민한 식물들의 상대적인 빈도는 그것이 대체로 초지에 뚜렷이 나타나기 전에는 목축의 과도함을 나타낼 수 있다. 목축과 함께 빈도가 줄어드는 생물종은 〈감소자〉라 부르고 목축과 함께 늘어나는 생물종은, 아마도 그들이 가시가 있거나 맛이 나쁘기 때문일 것인데, 〈증가자〉라 부른다. 마찬가지로 지표종들(식물과 동물 모두)은 종종 수질오염의 종류를 판정하는 데 쓸모가 있는 것으로 증명되곤 한다.

생물시계

　유기체들은 물리적인 환경에 적응할 뿐만 아니라 유리한 조건들로부터 혜택을 받을 수 있도록 활동 시간을 맞추며 생활사를 〈계획〉하여 물리적인 환경의 자연주기성을 활용한다. 그들은 이것을 생물시계 biological clocks에 의해서 수행한다. 생물시계는 시간을 측정하기 위한 생리적 기작들을 말한다. 가장 흔하고 가장 기초적인 표시는 일일주기 circadian rhythm(circa: 〈about〉, dies: 〈day〉)이다. 이 경우 시간을 재고

반복하는 능력은 햇빛과 같은 뚜렷한 환경적인 실마리가 없을 때조차 약 24시간 간격으로 기능을 발휘한다. 우리가 긴 비행기 여행 후에 〈뒤바뀐 밤낮〉으로 고통을 겪을 때 엉망이 된 것은 바로 이 리듬 때문이다. 생물시계는 환경적·물리적 리듬과 짝을 이루고 있다. 이것은 생물이 하루, 계절, 조류 그리고 다른 주기성을 예상할 수 있게 한다. 생리적으로 시간조절 장치는 눈, 뇌하부 중심 그리고 송과체(척추동물의 간뇌 윗면에 있는 기관으로 일종의 자연산 수면제로 팔리고 있는 호르몬인 멜라토닌을 분비한다) 사이의 상호작용에 의해서 생기는 〈하루주기 축 circadian axis〉과 관련이 있다. 또한 분명히 모래시계나 스톱워치 같이 실제로 시간을 재는 제2의 시간조절 장치도 있다(관련 이론들은 Morell 1996 참조).

온대 지방에서 계절적인 활동 시간을 맞추기 위해서 유기체가 기댈 수 있을 만한 실마리는 낮의 길이 또는 광주기photoperiod이다. 온도와 대부분의 다른 요인들과 대조적으로 광주기는 같은 계절과 지역에서는 항상 똑같다. 계절별 광주기 변화의 크기는 위도가 커질수록 증가한다. 그리하여 계절뿐만 아니라 위도에 따른 실마리를 제공한다. 이를테면 캐나다의 위니펙에서 최대 광주기는 16.5시간(6월)이며 최소 광주기는 8.0시간(12월 하순)이다. 미국 플로리다 주 마이애미에서는 13.5시간(6월)에서 10.5시간(12월)이다.

광주기는 일련의 생리 작용들을 시발하는 시간 조절 장치 또는 방아쇠로 간주되고 있다. 이 방아쇠는 많은 식물들의 성장과 개화, 새와 동물의 털갈이, 지방 축적, 이동, 곤충의 탈피 등을 일으키는 연속적인 생리 작용들을 출발시킨다. 낮의 길이는 동물의 눈이나 식물 잎에 있는 특수한 색소와 같은 감응기에 의해서 감지된다. 다시 이것은 연관된 생리 또는 행동 반응을 일으키는 하나 또는 다수의 호르몬 또는 〈효소계〉를 활성화시킨다. 고등 동식물들은 형태에서는 다양화되었다 하더라도 낮의 길이에 대한 반응은 놀랄 만큼 비슷하다. 많은, 그렇다고 결코 전부는 아닌, 광주기에 민감한 유기체들에서 광주기의 실험적·인공적 조작으로 그 시간 조절이 바뀔 수 있다. 예를 들면 화초 재배자들은 종종 온실에서 낮의 길이를 바꾸어 화초들이 제 계절이 아닌데도 억지로 꽃을 피우게 한다.

사막에서 강우는 광주기와 뚜렷이 비교되는 것으로 매우 예측하기 어렵다. 그러나 사막의 식물들은 유익한 방법으로 이 불확실성에 적응한다. 사막의 많은 일년생 식물들의 씨앗은 발아가 되기 위해 어떤 한계량의 빗물(예를 들어 반 인치 또는 그 이상의 강우량)에 씻겨 나가야만되는 발아 억제물질을 함유하고 있다. 그 한계량의 강우는 식물이 씨앗을 생산하고 생활사를 완성하는 데 필요한 물 모두를 제공할 수 있는양이다. 만약 그러한 씨앗을 온상의 축축한 토양에 둔다면 그들은 발아하는 데 실패한다. 그러나 그들이 필요한 정도의 인공 소나기로 처리되면 재빨리 발아한다. 사막에서 피는 꽃의 씨앗은 적절한 양의 소나기가오기를 기다리면서 수년 동안 토양 속에서 살아남아 있다. 이는 많은양의 비가 내리면 사막이 매우 빠르게 〈꽃으로 뒤덮이게〉 되는 이유를설명해준다.

생태적 요인으로서 불

불은 대부분의 육상 환경에서 식생의 역사를 꾸며가는 기후의 한 부분인 주요 환경 요인이다. 특히 온대의 삼림과 초지에서, 그리고 건조기가 있는 열대지역에서 중요하다. 미국의 대부분, 특히 남부와 서부에있는 주들에서는 과거 50-100년 동안 화재가 발생하지 않은 상당한 면적의 삼림이나 초지를 찾아보기가 어렵다. 불은 근대가 되기 오래 전에자연생태계에서 하나의 환경 요인이었다. 불은 번개에 의해서 자연적으로 시작되었다. 그리고 초기의 인류들(북미의 인디언 같은)은 사냥을 목적으로 또는 농지나 목장을 마련하기 위해서 규칙적으로 숲과 평원을 불태웠다. 통속적인 견해와는 반대로 근대에도 산불은 반드시 해로운 것만은 아니다. 우리가 보게 될 것처럼 통제화입 controlled burning (또는 처방화입이라고도 불린다)은 어떤 형태의 삼림과 초지를 관리하는 데 매우쓸모 있는 수단이 될 수 있다.

계절적으로 또는 주기적으로 작은 화재가 자주 발생하는 지역에서는번성이나 생존이 불에 달려 있어 불에 적응된 식생을 볼 수 있다. 제2장에서 논의된 캘리포니아 남부의 채퍼랠(키가 작은 상록 관목림), 미국남동부의 왕솔나무숲, 영양 떼들이 뛰노는 동부아프리카 평원은 불에적응되어 있는 식생에 대한 연구가 잘 이루어진 곳들이다. 불이 이렇게

남동부 초지를 유지하는 데 작용하는지 그림 5-12에서 보여준다. 이 경우에 초본류는 불에 적응되어 있을 뿐만 아니라 불이 없을 때 증가하는 경향이 있는 관목들보다 초식동물의 먹이로서 더욱 값진 것이다. 통제화입은 관목들의 침입에 대항하여 초지를 유지하는 데 도움이 될 수 있다.

건조하고 뜨거운 지역에서는 너무 건조하여 세균과 곰팡이들이 활동할 수 없기 때문에 오랫동안 쌓여 있는 낙엽과 낙지로부터 무기영양소들의 방출을 초래하는 분해자로서 불이 작용한다. 그러한 경우에 불은 실제로 영양소의 재순환을 촉진시켜 생산성을 증대시킬 수도 있다. 더구나 주기적으로 일어나는 가벼운 불은 불에 탈 수 있는 낙엽과 낙지를 적은 양으로 유지시킴으로써 대화재 발생을 억제한다. 미국의 국립공원(예를 들어, 옐로스톤)과 국유림에서 엄격한 화재방지 정책을 고수한 수십 년 후, 이제 삼림학자들은 비참한 자연발생 화재를 예방하기 위한 수단으로 통제화입을 참조하고 있다(Oberle 1969). 〈대화재〉에 의해 캘리포니아 지역 집들이 파괴되는 것이 통제화입 계획으로 예방될 수 있을지는 의문이다.

토양 자원

공기(기권), 물(수권), 토양(지권)은 생명을 부양하는 매체들이다. 지금까지 이 장에서 공기와 물의 특징을 논의해 왔다. 토양은 생물권에서 세번째의 중요 생명부양 요소이다. 인간의 활동은 이들 생명에 필수적인 자원들에 똑같은 영향을 주고 있다. 토양은 지각(예를 들어 바위와 점토질 염류들)의 물리적인 풍화와 생물들, 특히 식생과 미생물들의 활동에 의한 생성물이다. 토양은 점토, 모래, 부식질의 단순한 혼합물이 아니라 살아 있는 체계로 인식되고 있다. 토양 내부의 미생물(세균, 곰팡이)뿐만 아니라 토양 동물(응애, 톡토기, 지렁이), 대사작용이 활발한 근권을 포함하는 커다란 생명의 다양성에 더 많은 관심이 기울여지고 있다(그 예는 Coleman and Crossley 1996 참조).

육상의 생태계와 경관에서 토양은 주요 조직 중심부로 작용한다. 일차생산과 이차생산을 지속하기 위해 필요한 모든 성분이 토양 안에 저장되어 있고 토양에 의해 재순환된다(⟨갈색 띠 brown belt⟩는 제1장에서 언급했다). 따라서 토양은 전반적인 환경의 건강을 볼 수 있는 가장 좋은 지표이다. 이는 토양 질이 유지되고 있다면, 땅 위에서 어떤 일이 일어나든지 그것은 지속 가능하기 때문이다. 토양 질을 계속 측정하는 방법에 대한 합의가 아직 이루어지지 않았다는 것이 문제이다. 분명히 몇 종류의 다중 요소가 필요하다. 이 주제에 대한 여러 가지 제안들을 다루고 있는 문헌이 많이 있다(특히 Paul 1989 그리고 the Science Society

---

9) 불조심을 외치는 미국 텔레비전 방송 공익광고에 곰이 나온다. 즉 미국에서 산불은 생태학적으로 일부 좋은 점이 있음을 주장한다. 그러나 우리 나라 삼림 여건에서 불조심이 나쁘다는 것은 거의 있을 수 없다.

그림 5-13
미국 동부 낙엽수림 지역 안에서 침식된 지역과 손상되지 않은 지역의 토양단면 비교. 검은 층(1-6)은 A층 또는 표토이다. 아래의 밝은 지역은 용탈된 물질이 집적된 B층이다. 침식된 지역은 그 표토의 1/3이 유실됐음을 주목하라.

of America 1994 참조).

그림 5-13에서 보는 바와 같이 둑 또는 참호의 절개된 부분은 토양이 뚜렷한 층으로 이루어져 있음을 나타내는데 종종 이들 층은 색깔이 다르다. 이들 층을 토양층 soil horizons이라 부르며 지표로부터 지하로 이어지는 토양층의 연속을 토양단면 soil profile이라 부른다. 상층 또는 A층 (표토 topsoil)은 점토, 미사, 모래 그리고 다른 무기물질들과 혼합되어 미세하게 쪼개진 유기물로 변형된 식물과 동물들의 사체들로 구성되어 있다. 두번째 층 또는 B층은 유기물이 무기화되고(무기화합물들로 분해되고) 가늘게 분쇄된 〈모재 parent material〉와 완전히 혼합된 무기토양으로 이루어져 있다. B층의 용존성 물질들은 종종 A층에서 생성되어 물의 흐름으로 아래로 이동한(용탈된) 것이다. 그림 5-13에서 어두운 띠는 그러한 물질들이 축적된 B층의 윗 부분을 나타낸다. 세번째 층 또는 C층은 다소 덜 변질된 모재이다. 모재 parent material란 그 장소에서 분해된 원래의 지질학적으로 혹은 중력, 빙하, 바람, 물(충적) 또는 화산 활동에 의해 운반된 물질이다. 운반된 물질들 위에 발달하는 토양은 바람에 의해 두껍게 쌓인 아이오와 주의 토양, 큰 하구 삼각주의 비옥한 땅과 화산재 위에 발달하는 비옥한 토양과 같이 흔히 매우 기름지다.

영양소 순환의 관점에서 토양 유기물은 두 부분으로 나눌 수 있다.

첫번째는 불안정한(활동성 있는) 부분으로 식물 영양물질의 직접적인 공급원이다. 여기서 미생물은 중요한 부분을 구성한다. 두번째는 안정되고 덜 활동적인 부분으로 부식물질로 구성되어 있다(Paul 1989).

토양 발달

시간의 경과에 따라 토양은 하나의 유기체나 생물 구성요소들의 발달과 비슷한 과정으로 미숙에서 성숙 그리고 노쇠단계로 변천된다. 초기의 토양은(어린 유기체들처럼) 빠르게 유기물을 축적하고 그림 5-13에서 보여주는 바와 같은 구조(단면)를 발전시켜 간다. 성숙단계는 정상상태(오랜 시간이 지난 후 획득량이 손실량과 동등하게 된 상태)가 되면 이루어진다. 알맞은 토대에서 모재가 처음으로 노출된 시기로부터 적게는 100년, 길게는 1,000년에 걸쳐 이 단계에 도달된다. 사실 그 기간은 기후, 식생이나 다른 조건들에 의해서 결정된다(Hall et al. 1982). 물론 얇은 층의 토양(바위, 모래나 다른 제한하는 층 위에 놓인 얕은 토양) 발달은 매우 느리다. 토양의 나이가 들어감에 따라서(수천 년 후) 영양소들은 축적되는 것보다 더 많이 용탈될지도 모른다. 또한 뿌리, 공기, 물의 투과를 제한하는 불투성 층(경질지층)이 형성될지도 모른다. 농업의 관점에서 보면 토양은 발달 초기단계에 가장 비옥한 경향이 있다. 즉 토양은 어떤 수준의 유기물과 구조적인 발달이 일어난 이후, 그러나 전반적인 풍화와 제한적 불투성 토양층의 발달이 일어나기 전에 최대 잠재력을 갖는다.

주요 토양 형태

현재 토양학자들에 의해서 분류되는 주요 토양 형태 열 가지를 표 5-1에 나열했다. 그 형태들은 전세계의 육지에서 그들이 차지하는 크기순으로 배열되었다. 비교하기 위해서 미국에서 그들이 차지하는 비율 또한 나타내었다. 엔티솔 entisols은 가장 어린 토양이고 울티솔 ultisols은 가장 풍화된 토양이다. 알피솔 alfisols(적당히 풍화된 삼림 토양들)과 몰

표 5-1 전세계와 미국의 주요 토양 형태 분포 양상(단위: 육지 면적비율 %)

토양 형태	세계	미국
아리디솔(사막 토양)	19.2	11.5
인셉티솔(미발달 토양)	15.8	18.2
알피솔(적당히 풍화된 삼림 토양)*	14.7	13.4
엔티솔(토양단면이 형성 안 된 최신 토양)	12.5	7.9
옥시솔(열대 토양)	9.2	0.02
몰리솔(초지 토양)*	9.0	24.6
울티솔(매우 풍화된 삼림 토양)	8.5	12.9
스포도솔(북부 침엽수림 토양)	5.4	5.1
버어티솔(팽창성 점토 토양)	2.1	1.0
히스토솔(유기 토양)	0.8	0.5
기타 토양(산악 경사지 등)	2.3	4.88
합계	100.0	100.00

Steila(1976)와 미농부성(1975) 자료

* 알피솔과 몰리솔은 가장 양호한 농업용 토양을 이룬다. 이 둘의 합은 세계적으로 24%, 미국에서는 38%의 면적을 차지한다.

리솔molisol(초지 토양들)은 가장 좋은 농토가 된다. 이들은 세계적으로 단지 약 24%를 차지하지만 세계 평균보다 적은 면적의 사막과 풍화된 열대성 토양(아리디솔 aridisols과 옥시솔 oxisols)이 있는 미대륙에서는 약 38%가 된다. 세계 토양의 4분의 3이 많은 비료와 물로써 개량하지 않으면 집약적 농업 생산에 부적당하다는 사실은 제4장에서 세계의 식량 위기를 논할 때 설명되었다.

토양 유실: 자연적 · 인위적 가속

물과 바람에 의해서 일어나는 토양 침식은 대홍수, 빙하, 화산폭발, 혜성의 영향(아마도) 그리고 다른 일시적인 사건들에 의해 주기적으로 일어나는 큰 이동과 함께 항상 느린 속도로 발생한다. 새로운 토양이 형성되는 것보다 더 빠르게 토양이 유실되는 지역은 일반적으로 생산성의 감소와 다른 악영향들을 겪어야 한다. 제1장 일리노이 강의 경우에서처럼 너무 많은 토양을 받아들이는 지역들도 또한 부정적인 영향을 받게 된다. 그러나 이미 알려진 바와 같이 토양이 구릉지대에서 강의 계곡과 삼각주로 씻겨 내려가거나 바람에 의해서 평원지대에 퇴적될 때 비옥도는 높아질지도 모른다. 많은 자연과정에 대해서 그러한 것처럼 인간은 종종 장기적인 해악이 될 정도로 토양 침식을 재촉한다.

수천 에이커의 농지와 삼림으로부터 일어나고 있는 토양 침식에 대처하기 위해서 미국 토양보존청이 미국 정부에 의해서 1930년대에 설립되었다. 대략 이 시기에 미국 북서부의 건조지대는 동부 평원을 희생물로 삼고 있었다. 토양을 구하기 위해서 개발된 프로그램은 정부가 어떻게 민주적으로 공중의 이익을 위해 일해야 하는가를 보여주는 탁월한 보기이다. 워싱턴의 연방정부와 주정부, 토지를 수여받은 대학들, 지역 행정기관 사이에 밀접한 연계가 이루어졌다. 워싱턴의 연방정부는 자본을 제공하고, 대학들은 연구를 수행했으며, 결정은 지방에서 이루어졌다. 그리고 지역의 행정기관들은 토지 소유주들과 함께 직접 일을 했다. 농부들의 경제적 교육적인 지위 개선과 함께 계단 작업, 잔디가 심어진 수로 작업, 강변의 삼림 완충지대(Lowrance et al. 1984), 경작물의 윤작 및 다른 조치들이 토양 유실의 물결을 역전시켰다. 일반적으로 토양보존 윤리는 농부들과 다른 토지 소유주들에 의해서 받아들여졌다.

아마도 부분적으로는 그 성공 때문에 미국 토양보존청은 점점 관료적이 되어가고 있었으며, (즉 실제 요구에 대한 대응이 부족한) 국회와 주 자치단체에서 아주 많은 지원을 받았고, 그 활동을 다른 영역들로 확대해 갔다. 여기서 말하는 다른 영역에는 수로를 정비하고, 큰 댐(그림 5-14)을 만드는 것들이 포함되는데 이들 활동은 종종 토양 보전에 필요한지 의심스럽다. 그런데 1970년대 다시 두 가지의 새로운 추세 때문에 갑자기 토양 침식 그 자체는 하나의 다급한 국가 문제가 되었다. 그 첫번째 추세는 농업의 산업화이다. 이는 농산물을 식량으로 생산하기보다 특히 해외시장에서 팔기 위한, 상품으로 취급하는 재화적 성격을 강조하게 되었다. 불행하게도 농업이 종종 유한회사 또는 다른 부재농업으로서, 가혹한 기업에 의해 운영될 때 장기적인 비옥도와 생산성의 유지를 희생함으로써 단기적인 경작물 수확이 최대화된다. 두번째 경향은 토양과 주요 농지의 손실에 대해서는 거의 또는 아예 걱정하지 않고 도로, 주택지 개발이 시골로 급속히 번져가는 것같이 도시지역이 야금야

그림 5-14

(A)값비싼 댐 건립 수년 후 과다한 퇴적물 때문에 버려진 저수지. 유역의 화재와 뜻밖의 호우가 침식을 일으키기 때문에 비난받고 있지만 식생이 드문 유역에 대한 생태계 수준의 연구가 있었다면 아마도 이곳이 댐 건립의 장소가 아님을 밝혀주었을 것이다. (B)용서될 수 없을 정도로 일어나는 건설 현장의 토양 침식. 농민의 미래 번영은 토양 침식을 얼마나 줄일 수 있느냐에 달려 있다. 위 그림과 같은 황폐화에 대해 아주 많은 벌금을 부과하지 않는다면 개발자는 토양 보존에 대한 동기를 갖지 못한다.

금 농지를 침투하는 것이다.

이들 두 주요 토지 이용의 변화가 미치는 악영향에 대응하고 토양 보존 윤리를 재정립하기 위한 긴급한 필요성은 정부보고서(예를 들어 환경의 질에 관한 평의회)와 사립의 보존재단이 낸 평가서들(Batie and Healy 1983; Batie 1983; Clark et al. 1985)에 의해서 잘 기록되고 있다. 토양보존청은 최대로 〈견딜 수 있는〉 연간 토양 유실의 정도를 양호하고 토심이 깊은 곳에서는 1에이커당 5톤, 빈약하고 토심이 얕은 곳에서는 2톤인 것으로 보고 있다. 인용된 조사에 따르면 아이오와 주와 일리노이 주의 가장 좋은 농토 중 절반 정도에서 매년 1에이커당 10-20톤의 토양이 유실되고 있으며 미국 전 농토의 4분의 1에서 〈견딜 수 있는〉 정도보다 더 많은 토양이 유실되고 있다. 이것을 이해하기 위해서는 1에이커에서 좋은 표토 6인치 깊이는 약 1,000톤의 무게가 나가며, 따라서 1에이커에서 1인치 깊이의 토양은 167톤과 같다는 것을 고려해 보라. 에이커당 매년 10톤의 유실은 매 17년마다 표토 1인치를 유실시킨다. 이는 알려진 토양 형성 속도보다 더 빠르다. 표토 매 1인치의 유실로 경작물 산출이 적어도 10% 감소하는 것으로 추정된다(Langdale et al. 1979). 도시와 도시 교외의 건설로 일어나는 토양 유실은 종종 그 건설 기간이 짧다고 하더라도 더욱 심각하기조차 하다. 에이커당 40만 톤의 유실은 흔하게 일어나며 극단적인 경우에는 에이커당 100만 톤의 유실이 있는 것으로 보고되고 있다(Clark et al. 1985).

물론 잘못된 토지 이용의 결과로 일어나는 토양 침식은 새로운 사실이 아니다. 토지의 오용 및 그와 연관된 표토 유실이 과거에 많은 문화의 황폐화를 초래하는 데 결정적 원인이었다는 것은 대부분의 역사 연구에서 알 수 있다(Carter and Dale 1974). 새로운 것은 시장의 압력, 인구 증가, 대규모의 동력기계 사용에 의해 토양 교란이 가속화, 대규모화되고 있으며 이동하는 토양과 함께 독성의 농업용 및 공업용 화학물질들이 하류로 운반되고 있다는 것이다. 만약 현재의 이런 황폐화가 계속된다면 적은 면적에서 더 많은 식량을 얻으려는 우리의 필요성과 수요는 충족될 수 없다.

지속 가능한 경운

　다행스럽게도 오늘날 우리의 생명을 부양하는 토양에 대한 위협의 심각성은 세계적으로 인식되고 있다. 토양을 소모하기보다 형성해 나가는 새로운 농경방법들이 빠르게 활용되고 있다. 그 한 보기가 보존경운 conservation tillage이다. 이는 토양에서 피복식물과 식물 부스러기들을 함께 또는 그들 중 하나를 계속적으로 유지하고, 논밭갈이를 최소화하거나(제한경운 limited till) 아예 하지 않는 것(무경운 no-till)을 포함한다. 이 방법의 보기 하나가 그림 5-15에 보인다. 보존경운은 토양 침식을 크게 감소시킬 뿐만 아니라 토질을 개량한다. 그러나 재래식 경운과 동등한 또는 그 이상으로 좋은 수확을 유지시킬 수 있다. 물과 비료의 보유력이 증가하고, 물과 살충제의 유출이 감소된다. 잦은 논밭갈이와 무거운 기계로 토양을 압착함으로써 생기는 토양 교란을 감소시키는 것은 자연적으로 토양을 만들어가는 유기체들과 과정들이 활동할 수 있게 한다. 처음에는 갈지 않으면 잡초를 제거하기 위해서 더 많은 제초제가 필요할 것으로 생각되었으며 어떤 경우엔 그런 현상이 발생했다. 그러나 최근의 야외시험장의 실험에서 그렇지 않다는 것이 나타나고 있다.

그림 5-15
아이오와 주에 있는 보존경운의 보기. 지난 해의 옥수수 작물 잔여물을 남긴 채 갈지 않고(무경운 체계) 콩을 심었다.

보존경운에 대한 더 많은 것을 배우기 위해서는 몇몇 종합검토서와 책을 보기 바란다(Phillips et al. 1980; Gebhardt et al. 1985; Little 1987).

표토를 뒤집어엎는 경운기를 사용하지 않고 농사를 짓는다는 것은 결코 새로운 착상이 아니다. 1943년 포크너 Edward H. Faulkner는 무경운 농업에 대한 그의 실험을 바탕으로 『밭가는 사람의 어리석음 *Plowman's Folly*』이라는 작은 책을 발행했다. 군 서기와 농업 교사로서 다년간 근무한 후 그는 경운에 대한 과학적인 근거가 없다는 것을 확신했다. 그리고 미국 오하이오 주에 있는 자신의 농장에서 그의 믿음을 증명하기 시작했다. 포크너의 방법은 그 당시 전통 농법에서는 혁신적인 출발이었다. 그러나 미래의 물결로서 지금 널리 받아들여지고 있는 조치들과 경탄할 정도로 유사한 것이었음이 증명되고 있다(Sidey 1992).

궁극적으로 토양계의 운명은 토양의 질과 비옥도가 유지될 수 있도록 시장을 중재하고, 토양을 〈파헤치는〉 결과 발생하는 단기적인 이익을 보류할 수 있는 인간들의 의지에 달려 있다. 이것을 해내는 기술은 이미 이용 가능하고 농경생태학적 연구를 강조함으로써 더욱 개선될 것이다. 토양은 재건될 수 있다. 그리고 항상 그러하듯 보전은 더 싼값을 치르게 한다.

■ 세계적 토질 저하

1992년에 손상된 식생 토지 비율로 토질 저하를 추정해보면 전세계 17%, 유럽 23%, 아시아 20%, 남아메리카 14%, 북아메리카 5%이다(World Resource Institute 1992–1993). 이러한 수치가 광산으로 인한 황폐화까지 포함하는 것인지는 분명하지 않다. 삼림의 황폐화는 아시아와 남미에서는 토양 유실의 주요한 요인이지만 북아메리카에서는 그렇지 않다. 그러나 단기적인 경제적 이윤을 추구하는 현재의 광적인 벌목이 북미에서 계속된다면 이것은 곧 토양 유실의 주요한 요인으로 등장할 것이다. 이러한 모든 자료는 유럽과 아시아에서와 같이 오랜 기간에 걸쳐 집중적으로 토지를 이용하는 것이 토양의 질을 저하시키는 주요한 요인이라는 것을 의미한다. 나는 신세계가 토지 이용을 강화하여 어떻게 점진적 토질 저하를 멈추고 역전시킬 수 있는지를 보여줄 기회와 의무를 가지고 있다고 주장한다.

토질 저하와 토양 침식의 원인들 중 간과되기 쉬운 것이 광산 활동이다. 어떤 평가에 의하면 모든 자연 침식 과정보다 채굴 과정을 통하여 더 많은 양의 물질이 지각으로부터 없어진다고 한다(Young 1992). 세계 광물 생산의 많은 부분을 차지하면서도 그 소비에 있어서는 상대적으로 작은 몫을 차지하는 개발도상국의 경우 그 손실은 더욱 심각하다. 빈곤한 국가가 경제적으로 적절히 몫을 나누어 가지지 못할 뿐만 아니라 환경적 손상에 고통스러워하는 반면에 선진국에 사는 사람들은 번영을 누리고 있다. 후진국에는 많은 〈카퍼힐〉이 있다(그림 3-12 참조).

독성 폐기물 : 공업 사회의 해악

생명부양 환경은 폭풍우, 화재, 오염 사건 또는 수확을 위한 벌채와 같은 주기적이고 단기적인 교란으로부터 회복할 수 있는 상당한 능력을 나타낸다. 이것은 유기체와 생태계 과정들이 지질학적 역사와 인류 역사를 통하여 일어났고, 또 일어나고 있는 자연적인 교란들에 적응하고 있기 때문이다. 화재형의 식생을 논의할 때 언급된 것처럼 어떤 유기체들은 실제로 장기적인 지속성을 가지기 위해서 주기적인 교란을 필요로 한다. 최근에 나타난 것은 인간에 의한 교란의 강도와 지리적인 범위의 확장이다. 특히 염려스러운 것은 살충제, 방사성 폐기물과 같은 새로운 화학적인 독극물들이 환경에 대규모로 유입되는 것이다. 1980년 9월 22일 발행된 《타임 *Time*》은 〈미국의 독살〉이라는 표제 아래 독성 폐기물 상황을 다음과 같이 논평했다.

자연질서에 대한 인간의 모든 간섭 중에서 화합물의 새로운 합성만큼 걱정스러울 정도로 가속적인 것은 없다. 오늘날의 연금술사들은 그들의 천재성을 통해서 미국에서만 매년 1,000가지의 새로운 화합물을 제조한다. 적게 잡아 거의 50,000종의 화학물질들이 시장에 나돌고 있다. 그들 중 많은 물질이 인류에게 부정할 수 없는 혜택을 준다. 그러나 미국에서 사용되고 있는 것 중 거의 35,000종은 분명히 또는 잠재적으로 인간의 건강에 해로운 것으로 미국 연방환경보호국에 의해서 분류된다.

<잠재적으로 해로운 것>은 생명부양 과정의 손상에 틀림없이 관여할 것이라는 점을 부연할 수 있다. 그들은 결과적으로 인간의 건강에 간접적으로 손상을 입히기 때문이다.

강한 방사능을 가지는 폐기물들은 생성 초기부터 엄격히 다루어지고 있는 반면에 독성 공업폐기물의 처리는 최근까지도 많은 관심을 가질 가치가 없는, 기업의 <외부 사항>으로 간주되었다. 수종의 지역적인 재해가 공중의 관심사가 될 때까지, 이 바라지 않았던 물질들은 독성폐기물 쓰레기장(그림 5-16) 또는 보이지 않는 곳에 버려졌다. 폐기물 하치장 위에 개발된 주택지에서 환자가 자꾸 발생하여 그 주택지를 버려야만 했던 뉴욕 주의 러브캐널 사건은 신문지상을 통해 널리 알려졌다. 살충제를 만드는 노동자뿐만 아니라 버지니아 주 제임스 강의 큰 지역을 독성화시켰던 케폰 Kepone도 그랬다(강은 회복되었지만 사람들 중 일부는 회복되지 않았다). 잘 알려진 또다른 경우로, 죽음의 독성물질 다이옥신에 오염된 물질이 도로 표면에 사용된 미주리 주의 한 마을 전체는 버려져야 했다. 앞 절에서 언급한 폐기물의 투기 또는 매립 외에도

■ 야생 생물과 인간: 화학적으로 유도되는 내분비계 기능의 변경

인간이 만들어내는 수많은 호르몬성의 탄소 기반 화학물질들이 환경에 방출되는데 이는 자연적으로 존재하는 물질과 함께 인간을 포함한 동물의 내분비계를 파괴할 가능성을 가지고 있다. 잘 분해되지 않고 생체 내에 축적되는 유기 할로겐(일부 농약류를 포함하는), 많은 산업용 플라스틱 물질들과 다른 산물들(HCBs, RCBs, 다이옥신, 페놀), 그리고 중금속(카드뮴, 납, 수은) 등이 여기에 해당된다. 조류, 포유류, 거북이, 악어 등을 포함하여 많은 야생 생물 개체군들이 이미 그 영향을 받고 있다. 동물들이 비정상적이고 혼란스런 행동을 보이고 생식력이 감소되는 까닭은 모두 이런 화학물질들에 대한 과잉 노출과 관련이 있는 것으로 실험실 실험과 야외 관찰에서 나타났다. 사람의 경우, 이런 화학물질이 건강에 영향을 미침으로써 정자수가 감소되고 특정 암 발병률이 증가되는 것으로 보인다(이런 놀라운 경보 신호에 대한 최근 경향들에 대한 자세한 내용은 Colborn et al. 1996 참조). DDT와 CFC의 경우처럼 많은 논란과 부인, 그리고 새로운 규제와 덜 치명적인 대체상품 개발을 위한 필사적인 노력이 있을 것이라고 예상할 수 있다.

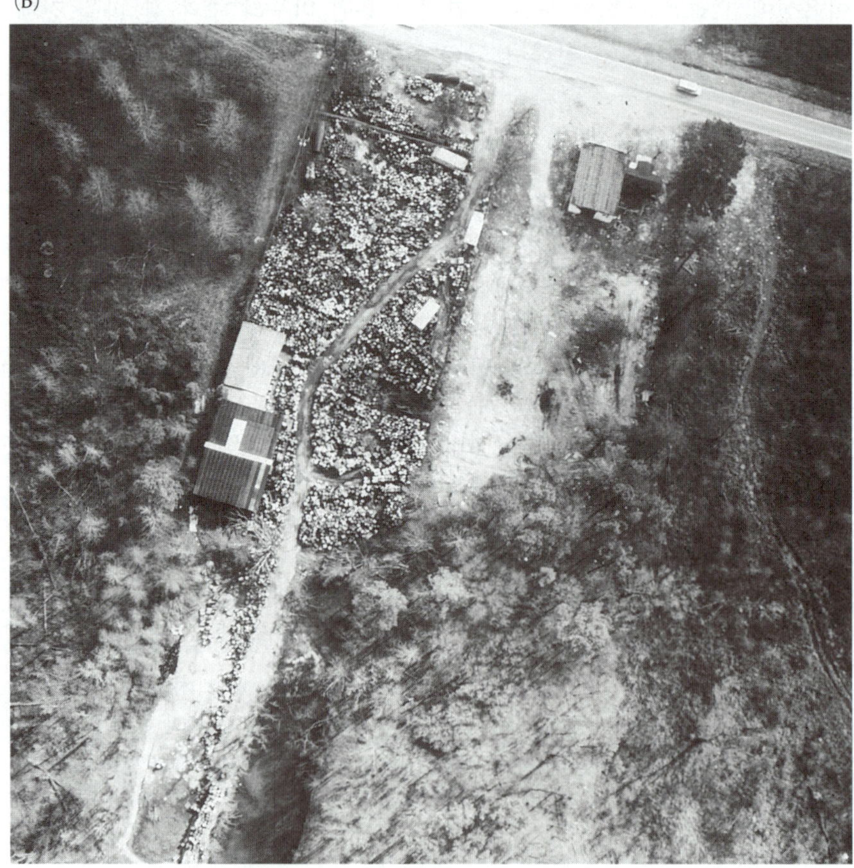

그림 5-16

(A)노출되어 있는 쓰레기. 미국과 캐나다는 이것을 더 이상 용납하지 않지만, 많은 다른 나라들에서는 흔히 볼 수 있는 일이다. (B)독성 폐기물 방치. 폐기물 처리를 위한 이 방법들은 이미 견딜 수 있는 한계를 넘어섰다. 〈고도의 기술적〉 폐기물 관리 및 재활용과 함께 폐기물을 감소시키는 것이 세계가 풀어야 할 최우선 과제이다.

채광, 제련 활동이 도시의 매립 용량을 훨씬 초과하여 독성폐기물을 발생시키도록 만드는 주요 원인이다(Young 1992).

아마도 가장 큰 위험과 잠재적인 재앙은 지하수, 특히 도시, 공장이나 농업에 이용되는 물을 많은 부분 제공하는 깊은 대수층의 오염이다(Pye and Patrick 1983). 지하수는 한번 오염되면 정화가 불가능하거나 아니면 아주 어렵다. 분해 미생물들을 거의 포함하고 있지 않고 또 태양광선, 강한 유수 또는 표면수를 깨끗하게 해주는 다른 자연적인 정화과정 중의 어떤 것에도 노출되지 않기 때문이다. 이미 공업 중심지에 있는 도시 지하수는 오염 때문에 음용수로 더 이상 사용할 수 없다. 이 도시들은 비싼 값을 치르고 먼 거리로부터 수도관을 연결하여 물을 끌어와야 한다. 이는 비시장성 생명부양 가치가 시장경제에서 이익이 되기보다 비용으로 나타나는 다른 한 예이다.

공급원의 감소와 비용의 내부화

매우 늦은 감이 있지만, 독성 폐기물과 관련된 잘 알려진 사건과 상황들은 첫째 최악의 폐기물들을 정화하고, 둘째 유리나 도기 같은 위험물질들의 소각, 제거 또는 그들이 안전하게 중화되고 저장될 수 있도록 비활성화할 수 있는 폐기물 관리 센터를 설립하도록 공장과 정부가 함께 일해야 한다는 공중의 요구를 창출해내고 있다. 다음 단계는 특별히 조심해야 하는 물질들의 발생을 감소시키기 위하여 독성이 강한 물질들의 대체물을 찾아내는 것이다. 그 중에서도 폐기물 관리 비용이 〈내부화〉될 필요가 있다. 이것이 이루어진다면 시장 압력은 공장으로 하여금 비싸고 다루기 위험한 독극물의 사용을 감소시킴으로써 비용을 줄이도록 독려할 것이다. 이 방법에서는 더욱 번거로운 규제가 경제적 유인요소로 대체될 수 있다. 우리는 가까운 장래에 비용의 내부화를 위해 필요한 법규적·장려적 하부기구가 설립되어야 한다는 여론이 형성될 것으로 믿는다.

> ### ▨ 녹색 정화 Green Clean
>
> 많은 식물들은 어떤 시기에 납, 니켈, 수은 등과 같은 독성 중금속에 대해 잘 견디고, 흡수하여 백 배까지 농축시킬 수 있는 〈과잉축적자 hyperaccumulators〉로 알려져 있다. 이런 능력이 자연선택에 있어 가지는 장점은 높은 농도의 독성 이온 때문에 애벌레나 다른 초식동물이 그 식물을 잘 섭취하지 못한다는 것이다. 최근 몇 년 사이에 그러한 식물을 이용하여 중금속이나 다른 독성물질들로 오염된 토양과 물을 정화시키는 생물공학적 연구에 관심이 높아지고 있다. 이 새로운 기술 영역을 〈식물 정화 phytoremediation〉 또는 〈생물 정화 bioremediation〉라 하며, 좀더 부드러운 말로는 〈녹색 정화 Green Clean〉라 한다.
>
> 흔히 볼 수 있는 수초인 이삭물수세미 parrot feather(*Myriophyllum*), 유채속(*Brassica*), 말냉이속 pennycress(*Thlaspi*) 등이 식물 정화에 쓰일 수 있는 보기라고 할 수 있다(Brown 1995). 어떤 유전공학자들은 박테리아의 농축 유전자를 작은 수생 애기장대속 식물(*Arabidopsis*)에 집어 넣어 수은을 휘발시키는 능력을 향상시킴으로써 물에 포함되어 있는 수은을 제거하여 공기 중으로 확산시키려고 하고 있다. 심하게 오염된 작은 지역에서 이 기술은 효과적일 수 있지만 발생원에서 독성물질이 다른 곳으로 투기되거나 누출되는 것을 막을 수는 없다.

보조 - 압박 모형

문명은 자연 환경에 복합적인 영향을 끼친다. 인간 환경의 질을 저하시키기도 하고 풍성하게 만들기도 한다. 이것은 대부분 규모의 문제이다. 인간에 의한 교란은 때로 작은 영향 수준에서는 생태계 반응을 향상시키지만 큰 수준에서는 생태계를 손상시킨다. 예를 들어, 〈좋은〉 농업이나 임업이 우리의 경관을 개선시킨다. 그러나 대량의 비료와 살충제 사용으로 유지되는 대규모의 단종재배는 경관을 해치고 불안정하게 만든다.(〈너무 많은 좋은 것〉 신드롬). 약간의 열, 이산화탄소 또는 인이 자연 상태에서 제한적으로 존재할 경우, 이것들은 수체의 생산성을 향상시킬지 모른다. 그러나 같은 종류의 투입물일지라도 그 양이 많으면 수체의 기본적인 기능을 둔화시키거나 특정 종의 번영과 생존에 악영향을 줄 수 있다.

이러한 〈보조 - 압박 모형〉은 그림 5-17의 가설적인 〈실행곡선

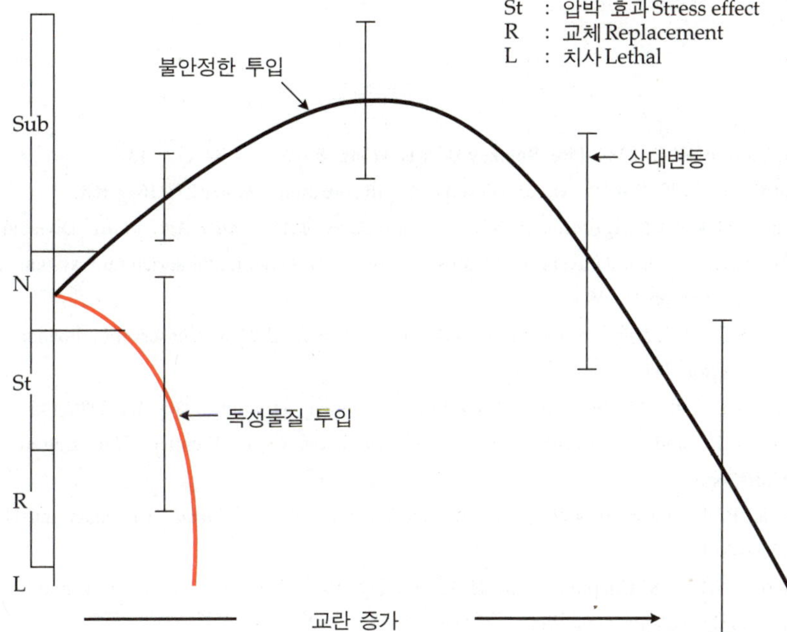

그림 5-17
두 종류의 투입물에 의해 교란을 받은 생태계의 가설적인 실행곡선. 곡선은 투입되는 교란의 강도 증가에 따른 산출반응을 모의한다. 산출반응은 적절한 계나 구성요소의 기능이 보여주는 변화율로 측정된다.

performance curve〉으로 나타낼 수 있다. 여기서에 특정 교란의 강도는 x축에 표시하고 기능의 변화율로 측정된 반응은 y축에 표시했다. 만약 투입된 교란이 이용 가능한 자원이나 에너지와 관련될 때, 계의 반응을 모형으로 만들면 볼록한 모양이나 〈곱사등〉 형태의 실행곡선이 될 것이다. 교란이 독성물질과 관련되어 있거나 파괴적이면, 아마도 군집이 독성에 내성이 생긴 새로운 종으로 대체되는 지점이나 생명체가 심각하게 줄거나 완전히 소멸되는 지점까지 계의 반응은 감소할 것이다(그림 5-17 아래곡선).

최고 실행지점에 접근하고 초과되었을 때, 이론적으로 상대변이 relative variance가 급격하게 증가한다. 따라서 교란에 의해 초래된 편향 뿐만 아니라 증가된 다양성과 연관되어 안전성이 감소될 가능성도 관심의 대상이다. 지구 온난화로 인한 기상 변이의 증가가 한 예가 될 수 있다(보조-압박 모형에 대한 더 자세한 내용은 Odum et al. 1979 참조).

참고문헌

Abrahamson, W.G. 1984. Fire: Smokey Bear is wrong. *BioScience* 34: 179−180.

Agarwal, A. 1979. Why the world's deserts are still spreading. *Nature* 277: 167−168.

*Altieri, M.A. 1983. *Agroecology*: *The Scientific Basis of Alternative Agriculture.* Division of Biological Control, University of California, Berkeley. (Traditional agricultural systems are described on pp.41−59.)

*Batie, S.S. 1983. *Soil Erosion*: *Crisis in America's Croplands?* The Conservation Foundation, Washington, D.C.

*Batie, S.S., and R.G. Healy. 1983. The future of American agriculture. *Sci. Am.* 248(2): 45−53.

Berner, E.K., and R.A. Berner. 1987. *The Global Water Cycle.* Prentice−Hall, Englewood Cliffs, Nj.

Blaikie, P.M., and H. Brookfield. 1987. *Land Degradation and Society.* Chapman and Hall, New York.

*Bloom, A.J., F.S. Chapin Ⅲ, and H.A. Mooney. 1985. Resource limitation in plants−an economic analogy. *Annu. Rev. Ecol Syst.* 16: 363−392.

Bolin, B. 1970. The carbon cycle. *Sci. Am.* 223(3): 124−132.

Bolin, B., B.R. Doos, J. Jager, and R.A. Warrick, eds. 1986. *The Greenhouse Effect*: *Climate Change and Ecosystems.* Scope 29, Chichester; John Wiley, New York.

Bormann, F.H. 1985. Air pollution and forests: An ecosystem perspective. *BioScience* 35: 434−441.

Bormann, F.H., and G.E. Likens. 1970. The nutrient cycles of an ecosystem. *Sci. Am.* 223(4): 92−101.

*Brown, K.S. 1995. The green clean. *Bioscience* 45: 579−582.

Bryson, R.A. 1974. A perspective on climatic change. *Science* 184: 753−760. (An early warning that atmospheric values such as turbidity and carbon dioxide are being altered by human activities.)

Bullock, T.H. 1955. Compensation for temperature in the metabolism and activity of poikilotherms. *Biol. Rev.* 30: 311−342.

*Carter, V.G., and T. Dale. 1974. *Topsoil and Civilization.* University of Oklahoma Press, Norman.

Chaboussou, F. 1986. How pesticides increase pests. *Ecologist* 16(1): 29−35. (Pesticides sometimes derange plant metabolism, making the plants more vulnerable to disease and infestations.)

*Clark, E.H., J.A. Haverkamp, and W. Chapman. 1985. *Eroding Soils*: *The Off−Farm Impacts.* The Conservation Foundation, Washington, D.C.

*Clausen, J.C., D.D. Keck, and W. M. Hiesey. 1948. Experimental studies on the nature of species. Ⅲ. Environmental responses to climatic races of *Achillea*. Carnegie Institution of Washington Publication 581: 1–129.

*Colborn, T., D. Dumandski, and J.P. Meyers. 1996. *Our Stolen Future*: *Are We Threatening Our Fertility and Survival—A Detective Story*. Dutton(Penguin Books), New York.

*Coleman, D.C., and D.A. Crossley. 1996. *Fundamentals of Soil Ecology*. Academic Press, New York.

*Cooper, C.F. 1961. The ecology of fire. *Sci. Am.* 204(4): 150–160.

*Council on Environmental Quality. 1981. *Environmental Quality*. 12th annual report. U. S. Government Printing Office, Washington, D.C.

Deevey, E.S. 1970. Mineral cycles. *Sci. Am.* 223(3): 148–158.

Delwiche, C.C. 1970. The nitrogen cycle. *Sci. Am.* 223(3): 136–146.

*Ehrlich, P.R., and 19 coauthor. 1983. Long–term biological consequences of nuclear war. *Science* 222: 1293–1300.

*Faulkner, E.H. 1943. *Plowman's Folly*. University of Oklahoma Press, Norman. Frieden, E. 1972. The chemical elements of life. *Sci. Am.* 227(1): 5–60.

Frieden, E. 1972. The chemical elements of life. *Sci. Am.* 227(1): 52–60.

*Gardner, C. 1995. From oasis to mirage: The aquifers that won't replenish. *Worldwatch* 8(3): 30–36.

*Gates, D.G. 1993. *Climate Change and Its Biological Consequences*. Sinauer Associates, Sunderland, MA.(A thought discussion of the greenhouse effect, climates of the past, and the projected global temperature rise and what it will mean for our ecosystems, particularly in temperate regions of the Northern Hemisphere.)

*Gebhardt, M.R., T.C. Daniel, E.E. Schweizer, and R.R. Allmaras. 1985. Conservation tillage. *Science* 230: 625–630.

*Gliessman, S.R., E.P. Garcia, and A.M. Amador. 1981. The ecological basis for the application of traditional agricultural technology in the management of tropical agroecosystems. *Agroecosystems* 7: 173–185.

*Haagen–Smit, A.J., E.F. Darley, E.F. Zaitlin, M. Hulland, and W. Noble. 1952. Investigation of injury to plants by air pollution in the Los Angeles area. *Plant Physiol.* 27: 18–34.

Hall, G.F., R.B. Daniels, and J.E. Foss. 1982. Rate of soil formation and renewal in the USA. Chapter 3 in *Determinants of Soil Loss Tolerance*. ASA special publication no. 45. American Society of Agronomy; Soil Science Society of America, Madison, WI.

Hall, J.V., A.M. Winer, M.T. Kleiman, F.W. Lurmann, V. Brajer, and S.D. Colome. 1992. Valuing the health benefits of clean air. *Science* 255: 812–816.

Harris, T. 1991. *Death of a Marsh*. Island Press, Covalo, CO. (Selenium poisoning in the Kesterson National Wildife refuge and 43 other sites in 15 western states.)

Hobbie, J., J. Cole, J. Dungan, R.A. Houghton, and B. Peterson. 1984. Role of biota in global CO_2 balance: The controversy. *BioScience* 34: 492–498.

Holden, P.W. 1986. *Pesticides and Groundwater Quality*. National Academy Press, Washington, D.C.(Between 1960 and 1980, nitrate concentration increased threefold in Big Spring water that drains 100 square miles of Iowa farmland. Unusually clear–cut case of contamination of groundwater by agricultural chemicals.)

Houghton, R.A. 1987. Terrestrial metabolism and atmospheric CO_2 concentrations. *BioScience* 37: 672–678.

*Hutchinson, G.E. 1944. Nitrogen and the biogeochemistry of the atmosphere. *Am. Sci.* 32: 178–195.

*Hutchinson, G.E. 1950. Survey of contemporary knowledge of biogeochemistry. *Bull. Am. Mus. Nat. Hist.* 95: 554.

Jackson, W. 1987. *Altars of Unhewn Stone.* North Point Press, San Francisco. (Jackson practices as well as writes about ecological agriculture on his Land Institute in Kansas. "Unhewn stone" is an Old Testament metaphor.)

Jenny, H. 1980. *The Soil Resource*: *Origin and Behavior.* Ecological Studies, vol 37. Springer–Verlag, New York.

*Jordan, C.F. 1982. Amozon rain forests. *Am. Sci.* 70: 394–401/

*Jordan, C.F. 1985. *Nutrient Cycling in Tropical Forest Ecosystems*: *Principles and Their Application in Management and Conservation.* Wiley, New York.

*Kerr, R.A. 1995. Study unveils climate cooling caused by pollutant haze. *Science* 268: 802.

Kellogg, W.W., R.D. Cadle, E.R. Allen, A.L. Lazarus, and E.A. Martell. 1972. The sulfur cycle. *Science* 175: 587–596.(Discharges from industrial regions are overwhelming natural removal processes.)

*Kitchell, J.F., R.V. O'Neill, P. Webb, G.W. Gallepp, S.M. Bartell, J.F. Koonee, and B.S. Ausnais. 1979. Consumer regulation of nutrient cycling. *BioScience* 29: 28–33.

*Kneese, A.V. 1984. *Measuring the Benefits of Clean Air and Water.* Resources for the Future, Washington, D.C.

*Langdale, G.W., A.R. Barnett, R.A. Leonard, and W.E. Fleming. 1979. Reduction of soil erosion by the no–till system in the southern Piedmont. *Trans. Am. Soc Agric. Engr.* 22: 83–86.

*Langdale, G.W., W.C. Mills and A.W. Thomas. 1992. Use of conservation tillage to retard erosive effects of large storms. *J. Soil Water Conserv.* 47(3): 157–160. (Areas under conservation tillage suffered no soil loss during heavy rainfall events.)

*Little, C.E. 1987. *Green Fields Forever*: *The Conservation Tillage Revolution in America.* Island Press, Washington, D.C.

*Lowrance, R., R. Todd, J. Fail, O. Hendrickson, R. Leonard, and L. Asmussen. 1984. Riparian forests as nutrient filters in agricultural watersheds. *BioScience* 34: 374–377.

*Morell, V. 1996. Setting a biological stopwatch. *Science* 271: 905–906.

*Oberle, M. 1969. Forest fires: Suppression policy has its ecological drawbacks. *Science* 165: 568–571.(Fighting fire with fire.)

*Odum, E.P., J.T. Finn, and E.H. Fanz. 1979. Perturbation theory and the subsidy–stress gradient. *BioScience* 29: 349–352

*Opie, J. 1993. *Ogallala Water for a Dry Land.* University of Nebraska Press, Lincoln. (See also *Time*, May 1982, pp.98–99.)

*Paul, E.A. 1989. Soils as components and controllers of ecosystem processes. Chapter 15 in

Towards a More Exacting Ecology, ed. P.J. Grubb and J.B. Whittacker, pp.353−374. Blackwell Scientific Publications, Oxford.

*Phillips, R.E., R.L. Blevins, G.W. Thomas, W. Frye, and S.H. Phillips. 1980. No−tillage agriculture. *Science* 208: 1108−1113.(The authors and the modern−day pioneers in plowless agricultural research.)

Pye, V.I., and R. Patrick. 1983. Ground water contamination in the United States. *Science* 221: 713−718.

*Reich, P.B., R.G. Amundson. 1985. Ambient levels of ozone reduce net photosynthesis in tree and crop species. *Science* 230: 566−570.

Richards, B.N. 1974. *Introduction to the Soil Ecosystem*. Longman, New York. (Revised in 1987 under the title *The Microbiology of Terrestrial Ecosystems*.)

*Sanford, R.L. 1987. Apogeotropic roots in an Amazon rain forest. *Science* 235: 1062−1064.

Schindler, D.W. 1977. Evolution of phosphorus limitation in lakes. *Science* 195: 260−262. (Nitrogen deficiency can be <self−corrected> by nitrogen fixation, but not so for phosphorus, which is thus the limiting nutrient in the long term.)

*Sidey, H. 1992. Revolution on the farm. *Time* 139(26): 54−56. (The plow is being replaced by new technology of residue management−no−till, crop rotation, and herbicides that break down quickly−that protect the land and promise even more abundant crops.)

*Soil Science Society of America. 1994. *Defining and Assessing Soil Quality*. SSSA special publication no. 35. Soil Science Society of America, Madison, WI.

*Spencer, D.F., S.B. Alpert, and H.H. Gilman. 1986. Cool water: Demonstration of a clean and efficient new coal technology. *Science* 232: 609−612.

*Steila, D. 1976. *The Geography of Soils*. Prentice−Hall, Englewood Cliffs, NJ.

Svensson, B.H., and R. Soderlund, eds. 1976. *Nitrogen, Phosphorus and Sulfur: Global Cycles*. Ecological Bulletins. 22. Royal Swedish Academy of Sciences, Stockholm.

Turco, R.P. et al. 1983. Nuclear winter: Global consequences of multiple nuclear explosions. *Science* 222: 1283−1292.

United States Department of Agriculture Soil Conservation Services. 1975. *Soil Taxonomy*. Agriclture Handbook no. 436. U.S. Government Printing Office, Washington, D.C.

*Vernadsky, W. I. 1945. The biosphere and the no sphere. *Am. Sci.* 33: 1−12. (Vernadsky's book. *The Biosphere*, was first published in Russian in 1926.)

*Watson, V.J., O.L. Loucks, and W. Wright. 1981. The impact of urbanization on seasonal hydrologic and nutrient budgets of a small North American watershed. *Hydrobiologia* 77: 87−96.

*Winfree, A.T. 1987. *The Timing of Biological Clocks*. Scientific American Library, no. 19. Scientific American Books, New York.

Worster, D. 1985. *Rivers of Empire: Water, Aridity, and the Growth of the American West*. Oxford University Press, New York. (A history of the impact of irrigation in arid lands.)

Young, J.E. 1992. *Mining the Earth*. Worldwatch Paper no. 109. Worldwatch Institute, Washington, D.C.

*는 이 상에서 인용된 참고문헌을 가리킨다.

개체군 생태학

이제 우리는 생태학 중에서 순전히 생물적 양상, 즉 생물과 생물들의 상호작용이라는 문제에 이르렀다. 지금까지 우리는 지구의 물리화학적 힘에 주의를 집중시켜 왔다. 태양으로부터 온 에너지가 해양과 경작지 및 삼림과 같은 생태계를 통하여 어떻게 흐르고 있는가 하는 문제의 대략적인 윤곽을 잡아 온 셈이다. 그리고 인간에 의해서 유도된 화석연료의 에너지 흐름이 태양에너지에 의존하는 생물권을 어떻게 변경시키고, 보충하며 또 서로 상호작용하는가 살펴보았다. 마찬가지로 물질이 어떻게 순환하고 재순환하며, 유기체들이 온도, 빛, 영양소, 그 밖의 무생물 요인들에 의해서 어떤 제한을 받는지 살펴보았다. 유기체들은, 물리적 환경에 따라 모든 움직임이 진행되는 체스 게임의 졸병과는 다르다는 사실을 강조해 왔다. 유기체들(특히 사람들)은 그와 반대로 물리적 환경을 수정하고, 바꾸며, 심지어는 조절하기조차 한다.

이와 같은 배경 아래 이제 생물 개체와 개체군 수준에 관심을 기울여 볼 준비가 되었다. 자연선택과 유전기작들은 이들 수준에서 작용하여 종의 진화적 변화를 야기한다. 개체군이 어떻게 성장하고 종과 개체들이 서로 어떻게 반응하는가를 이해하는 것은 인간과 인간 생명을 부양하는 다른 유기체들 사이의 공생관계를 더욱 북돋우는 데 도움이 될 것이다.

개체군 성장형

개체군이란 주어진 시간에 주어진 공간을 차지하고 있는 같은 종 개체들의 모임이다. 개체군에는 우리가 다른 개체군들을 또는 같은 개체군을 시기에 따라 비교하고자 할 때 관심을 가지고 측정할 많은 속성들이 있다. 예를 들어 다음과 같은 것들이 포함된다.

밀도 density: 단위공간당 개체군의 크기.

출생률(natality 또는 birth rate): 단위시간당 생식활동에 의해서 새로운 개체들이 더해지는 숫자.

사망률(mortality 또는 death rate): 단위시간당 죽음에 의해서 개체들이 사라지는 숫자.

전출입률 dispersal: 단위시간당 개체들이 개체군으로 이주해 들어오거나 개체군으로부터 이주해 나가는 숫자.

산포 dispersion: 개체들이 공간에 분포되는 방법. 일반적으로 다음 세 가지 형태 중에서 하나 또는 둘 이상의 방식을 취한다.

　1) 임의분포 random distribution: 한 지점에서 어떤 개체가 나타날 확률이 다른 지점에서 일어날 확률과 동일한 분포.

　2) 균일분포 uniform distribution: 옥수수밭에 줄지어 심어진 옥수수처럼 어떤 개체들이 무작위로 분배되기보다 규칙적으로 나타나는 분포.

　3) 덤불분포 또는 군생분포 clumped distribution: 개체들이 무작위로 나타나는 것은 아니지만 매우 불규칙하게 나타남(이것이 자연에서 가장 흔하다). 이를테면 무성생식으로 생성되는 식물의 덤불, 새의 무리, 도회의 사람들.

연령분포 age distribution: 개체군 안에서 여러 가지 연령층에 속하는 무리들이 차지하는 비율.

　유전적 적합도 genetic fitness　또는 지속도 persistence：오랜 기간 동안 개체들이 후손들을 남길 확률.

　자연의 개체군 성장률 polulation growth rate은 출생, 사망, 이동과정들의 개체수 가감에 의한 순수한 결과라 할 수 있는 바 이는 여러 가지 형태로 나타난다. 생장기의 초기단계와 같이 적당한 조건에 있을 때, 극히 적은 수의 개체들이 같은 종의 다른 생물들이 살지 않는 새로운 지역으로 도입될 때, 사용되지 않던 자원이 이용 가능하게 될 때 개체군은 성장을 하는데 그림 6-1에서 보여주는 것과 같이 대조적인 두 가지 성장형이 있다. 편의상 이들을 각각 J-모양 성장형과 S-모양 성장형(그림

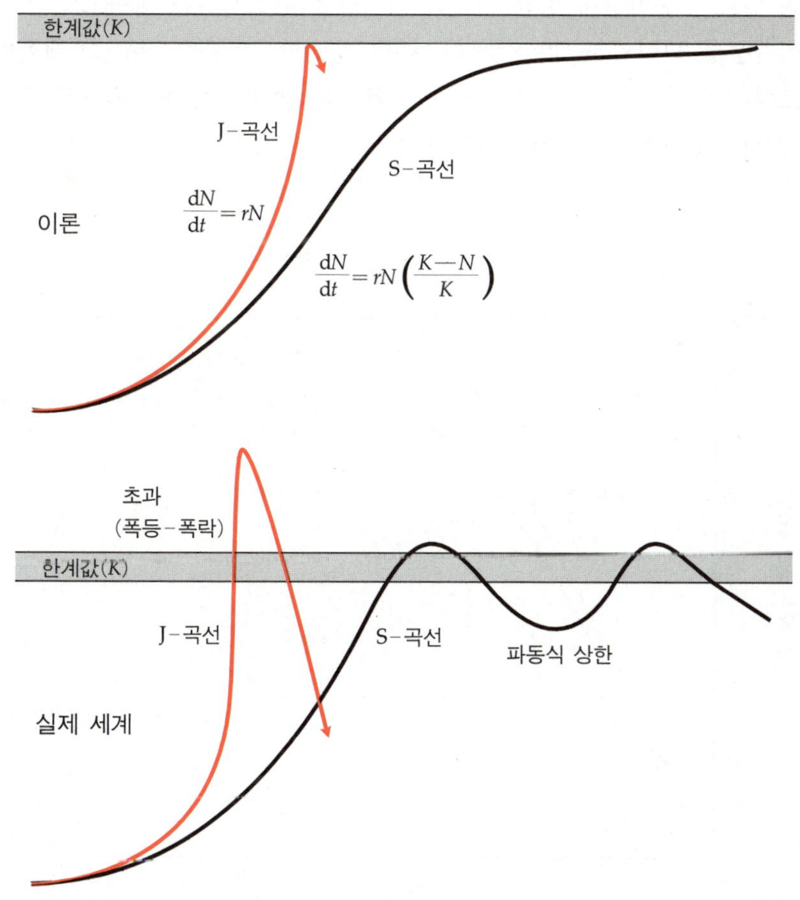

그림 6-1
이론과 실세의 지수함수형(J-곡선) 및 시그모이드형(S-곡선) 성장.

6-1)이라고 부른다. 전자에서는 개체군이 어떤 자원을 다 써버리거나
다른 어떤 한계에 부딪힐 때까지(그림 6-1에서 나타나는 한계) 밀도가
〈지수함수적 exponential〉 또는 〈기하급수적 geometric〉으로 늘어난다. 예
를 들면 일정한 시간단계 동안 개체군의 크기가 2, 4, 8, 16, 32로 변
해가는 것을 말한다. 이론적으로(그림 6-1 위쪽) 어떤 한계에 부딪힌
다음에는 성장기간을 위한 새로운 다른 조건이 생길 때까지 종종 밀도
가 급격히 감소하면서 성장이 갑자기 멈추게 된다. 실제로(그림 6-1 아
래쪽) 지수함수형 성장의 추진력은 일반적으로 너무나 강력하여 그 한
계를 넘게 된다. 그 결과 호경기와 불경기가 번갈아 오는 주기가 나타
난다. 이와 같은 성장형을 가지는 개체군은 외부요인에 의해 조절되지
않으면 크게 오르내릴 것이다.

　　S-모양 성장형에서, 개체수의 과잉으로 말미암아 생겨나는 제한요인
들은 밀도가 증가함에 따라 더욱더 성장률을 감소시키는 방향으로 작용
하여 〈음성 되먹임 negative feedback〉이 생긴다. 이론적으로 그 제한이
밀도에 선형적으로 비례하면, 보통 수용능력 carrying capacity이라고 부르
는 상한수준 K에 개체군의 크기가 접근하도록 밀도가 안정상태로 되어

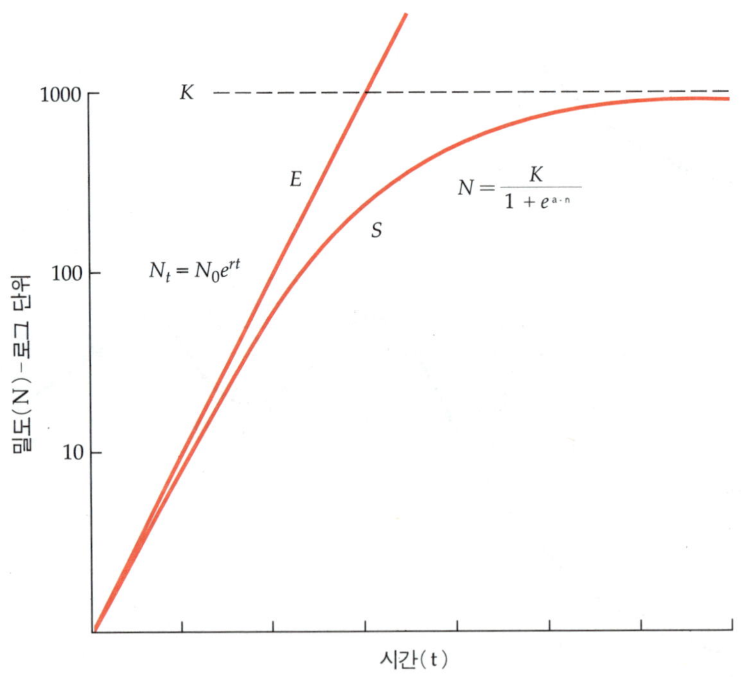

그림 6-2
반로그 도표(밀도는 상용대수의 단위
이며 시간은 산술적인 단위)에 그려진
지수함수적 및 시그모이드 성장형.

S-모양의 성장곡선이 된다. 그러나 3장에서 논의했듯이(그림 3-11) 실제 세계에서 유기체의 수준 이상에는 최종 제어가 작용하지 않기 때문에, 개체군의 크기는 K 바로 아래 정상상태 수준에서 평평해지지 않고 그 한계의 위 아래로 진동한다(이 경향은 생체항상성보다는 항류성을 따른다). 개체군과 환경은 서로 적응해 나가기 때문에, 외부의 교란이 없어지면 진폭은 시간이 지나면 줄어든다.

그림 6-2에서는 일시적으로 무제한의 개체군 증가를 보여주는 J-모양 성장형과 자체 제한적인 S-모양 성장형을 로그표에 표시했다. 이런 형태의 그래프는, 가로좌표는 산술적이고 세로좌표는 로그 함수로 표시되었기 때문에 반로그semilog 도표라고 부른다. 그러한 형태의 도표에서는 J-모양 성장형 그래프는 직선이 되고, 그 직선의 기울기가 성장률 상수를 나타내는 편리한 면이 있다. 한편 반로그 도표에서 S-모양 성장형은 볼록한 곡선으로 나타난다. 이는 밀도 증가와 함께 성장률이 0이 될 때까지 어떻게 감소되는지 보여준다. 이 곡선의 각 지점에서 접선의 기울기는 그 시점의 성장률을 나타낸다. 반로그 도표에서 성장 그래프가 직선인 이상 그 성장은 지수함수적이라고 말할 수 있다(그림 6-1과 6-2에서 보인 미분방정식은 아래에서 설명함).

개체군이든 화석연료의 소비와 같은 것이든 지수함수적 증가는 크기의 배가와 함께 점점 증가폭이 커지기 때문에 과잉이라는 위험 없이 지속될 수 없다. 이를테면 나뭇잎을 먹는 한 곤충이 지수함수적으로 매달 열 배의 증가율로 늘어난다면 두 달 후에는 겨우 100개의 개체가 되겠지만 4개월 후에는 모든 나뭇잎을 먹어치우기에 충분한 10,000개체로 늘어난다(아래에서 살펴볼 것처럼 자연에서 그렇게 낙엽이 없어지는 현상이 실제로 일어난다). 그림 6-1과 6-2에서 J-모양과 S-모양의 극단적인 성장형은 빠른 성장과 느린 성장을 보여주는 대표적인 모형이다. 내부분의 개체군들은 이 두 극단의 중간 부위에 위치하거나 혼합된 형태의 성장률을 보일 것이다. 유충-번데기-성충 단계를 거치는 곤충처럼 복잡한 생활사를 가지고 있는 동물들의 성장곡선은 종종 계단 모양이 된다.

그림 6-3은 개체군 밀도와 관련된 개체군 성장의 세 가지 형태를 보여준다. 밀도가 증가함에 따라서 성장률이 감소하는 자체 제한적인 경향이 있는 개체군은 밀도에 반비례한다고 말할 수 있다. 개체군 외부의

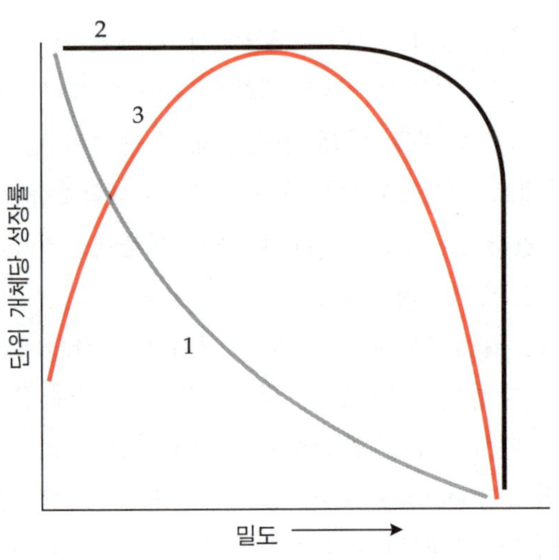

힘에 의해서 억제될 때까지 다소 제한 없이 자라는 경향이 있는 개체군은 밀도와 무관하다고 말할 수 있다. 외부 요소들(예를 들면 포식자, 먹이공급, 물리적 요인들)에 의해서 제대로 억제되지 않을 때, 그러한 생물종들은 밀도가 심하게 변동하기 쉽고 인간에게 심각한 해충이 될지도 모른다. 아마도 〈해충〉은 생태계 안에 있는 제어작용이 존재하지 않거나 손상되었을 때 지수함수적인 성장을 할 수 있는 기회주의자로 정의할 수 있을 것이다. 제2장에서 도입된 곤충이나 다른 해충들을 보기로서 인용했다.

밀도 성장률 사이의 관계에 대한 제3의 형이 있다. 사회적 동물들과 군락을 이루는 몇몇 식물종에서 성장률은 낮거나 높은 밀도에서보다 중간 정도의 밀도에서 더 크다. 달리 말하면 개체군 크기의 〈과소〉와 〈과잉〉, 두 경우 모두 그들 성장에 제한적이다. 그러한 성장형은 알리 W. C. Allee의 이름을 따서 알리 성장형이라 부른다. 그의 1951년 책, 『동물들의 협동, 인간적인 의미 *Cooperation among Animals, with Human Implications*』는 동물들의 사회생활에 대한 평생의 실험 연구를 요약했다. 군락으로 둥우리를 만드는 갈매기 종들이 좋은 보기이다. 단지 두세 쌍 있을 때나 과잉일 때보다 군락의 밀도가 적당히 높을 때 매쌍당 탄생되는 새끼의 수가 더 많다. 짝을 이루고 새끼를 돌보는 데 필요한 행동양식은 가까이 있는 개체들의 존재에 의해서 확실히 자극되고 증대된다. 굴밭의 지역적인 밀도가 웬만큼 높을 때 굴의 성장률 또한 더욱

■ 좋은 것이 너무 많은가?

알리 Allee의 원리는 사람의 상황에도 적용된다. 매우 사회적인 사람들에게 읍이나 도시지역으로 사람들이 모이는 것은 일반적으로 이롭다. 그러나 갈매기 군락처럼, 도시는 모임으로써 얻는 이점 때문에 너무 비대해지고 인구과잉이 될 수 있다. 만약 그렇게 된다면 인구를 감소시키려는 되돌림의 기작들이 시작될 것이다. 도시에서 이러한 기작은 증가된 오염, 소음, 범죄, 높은 세금과 같은 것이라 할 수 있다.

성공적이지만 그 이유는 다르다. 굴은 자유로이 수영하는 플랑크톤성 애벌레로서 삶을 시작하며, 두 조각의 껍질을 가진 어른으로 변태하기 위해서 단단한 기질에 정착해야만 한다. 많은 수의 나이 든 굴이 존재할 때, 그들 굴껍질들은 애벌레들이 정착할 수 있는 좋은 기질이 된다. 따라서 너무 많은 굴이 채취된다면 기질의 부족 때문에 군락의 재성장은 느려지게 된다(또는 일어나지 않을지도 모른다).

어떤 동물들은 주기적인 개체군의 폭증, 또는 창궐 즉 규칙적이고 거의 예측할 수 있는 호경기와 불경기가 번갈아 오는 주기 때문에 유명하다. 생쥐처럼 생긴 작은 설치류인 극지방의 나그네쥐는 약 4년마다 폭증한다. 그 수의 극성기에는 툰드라 지역에 믿을 수 없을 정도로 많은 수의 나그네쥐가 나타나며 그 다음 1년 후에는 단지 아주 적은 숫자가 발견된다. 아마도 가장 유명한 것은 눈신토끼와 캐나다스라소니의 경우일 것이다. 이 둘은 가죽을 얻기 위하여 사냥한 기록들이 가리키는 바와 같이 약 11년마다 같은 시기에 가장 많은 숫자에 도달한다. 또한 1880년과 1940년 사이 독일의 순침엽수림에서는 5-10년마다 솔잎을 믹는 모충(나방의 유충)의 창궐이 일어난 것으로 기록되어 있다. 10년 또는 그 이상의 주기로 일어나는 폭발적인 증가는 북아메리카 북부에서 가문비잎말이나방유충 spruce budworm, 나무좀 bark beetles, 천막벌레 tent caterpillars, 산닭 grouse의 개체군에서 나타난다. 유럽과 아시아에서 수시간 내에 경작물을 휩쓸 수 있는 수의 이동 메뚜기 메가 주기적으로 나타난다는 보고는 오래된 얘기이다(Carpenter 1940).

이와 같은 폭증과 돌발은 가혹한 자연 제한요인들(극지방에서 있는 것과 같은)이나 인간의 간섭으로 생물군집들이 단순화된 곳에서 가장 자주 보고되고 있다. 그들 제한요인들과 인간의 간섭 둘 다 되먹임 조절 기작들을 위축시키는 경향이 있다. 생태학자들은 이 불안정성이 외부의 변동 때문인지 또는 개체군 안에서 생물적으로 작동하는 매개요인들 때문인지에 대해서 의견의 일치를 보지 못하고 있다. 천막벌레와 잎말이 나방류[1]가 관심을 끌고 있지만 미국 북부 삼림에서 수행한 광범위한 연구와 실험도 번성기와 쇠퇴기가 번갈아 오는 주기가 어떤 물리적 환경 요건과 관계가 있는지 밝혀내지 못하고 있다. 가장 최근의 연구는 특별 한 바이러스 세대 변화의 흥망성쇠와 관련이 있다는 것을 밝힌 정도이 다. 발표된 논문들을 종합한 결과 마이어스Meyers(1993)는 〈이 곤충들 은 숙주를 완전히 멸망시키지 않기 위해 해가 갈수록 진화하며 적응하 는 것 같다〉고 했다. 만일 그것이 사실이라면, 해충이 창궐한다고 살충 제를 뿌리는 구제방식은 헛일이 된다.

r–선택과 K–선택

미적분학에 어느 정도 익숙한 독자들은 그림 6-1의 시그모이드, 지 수함수형 성장에 대한 미분방정식과 그것들이 결합된 형태인 그림 6-2 를 이해할 것이다. 이 방정식을 미분할 때 생기는 방정식 형태는 다음 과 같이 표현될 수 있다.

---

1) 천막벌레 tent caterpillar는 솔나방과(*Lasiocampidae*)에 속하는 곤충의 유충으로 잡식 성이다. 이들이 포함되는 *Malacosoma*속의 유충이 주로 천막 같은 구조물을 만드는 데서 이름이 유래되었으나 forest tent caterpillar는 그런 구조물을 만들지 않는다. eastern tent caterpillar는 록키산맥 동부 전역에 걸쳐 분포하며 장미과 식물의 과수와 대부분의 활엽수를 가해하는 골치 아픈 해충으로 한 10년 주기로 살충제가 처리되 지 않는 과수원이나 숲에 대량 발생한다. 한국에 분포하는 천막벌레나방 (*Malacosoma neustria*)의 기주식물로는 포플러류, 버드나무와 밤나무, 상수리나무 그리고 장미과 식물로 장미, 찔레, 해당화, 벚나무, 살구, 매실, 양벚나무, 앵 도, 아그배, 산돌배 등이 있다. 잎말이나방budworm은 목화씨를 가해하는 바구미 와 옥수수를 가해하는 나방과 함께 미국의 3대 해충 중 하나로 소나무과에 속하는 식물에 주로 피해를 입힌다. 잎말이나방과(*Tortricidae*)에 속한 해충으로 한국도 같 은 속의 해충이 몇 종 있다. eastern spruce budworm(*Choristoneura fumiferana*)은 우 리나라에 없다. 활엽수를 가해하는 종은 잎을 말고 그 속에서 잎을 파먹고 산다(강 원대학교 정근 교수 제공).

1) 성장률 = 생식률 × 개체수

$$\frac{dN}{dt} = r \times N$$

2) 성장률 = 생식률 × 개체수 × 자체 제한요인

$$\frac{dN}{dt} = r \times N \times \frac{(K-N)}{K}$$

이들 방정식에서 중요한 두 상수는 이미 지적한 바와 같이 수용능력의 상한수준인 K와 무제한적인 환경에 있을 때 개체군의 고유한 또는 본질적인 성장률을 나타내는 r이다. 붐비지 않는 환경에서(예를 들면 버려진 경작지 또는 새로 생긴 연못의 군집형성 초기에 나타나는 환경) 자연도태압[2]은 높은 생산잠재력을 가진(자손에게 많은 투자를 하는) 생물종에 유리하다. 대조적으로, 과밀한 조건(성숙한 삼림에서처럼)은 낮은 성장잠재력을 가지나 희소한 자원들을 활용하고 경쟁 능력이 보다 큰(성체의 유지와 생존을 위해서 더 많은 에너지를 투자하는) 생물들에게 유리하다. 성장방정식의 상수 r과 K를 바탕으로 이들 두 양식은 r-선택과 K-선택으로 알려져 있다(그리고 그 양식을 가진 생물들은 r-전략종과

표 6-1 두 초본식물종에서 대조적인 생식 전략. 다른 환경에서 살아가는 생물종의 r-선택과 K-선택의 사례

군집과 생물종	개체당 평균 씨앗 수	전체 건량에서 생식 구조의 무게 비율(%)
1년 묵은 밭		
돼지풀	1,190	30
(*Ambrosia artemisifolia*)		
삼림		
십자화과의 다년생 식물	24	1
(*Dentaria laciniata*)		

자료: Newell and Tramer 1978.

---

2) natural selection은 자연선택 natural selection for 또는 자연도태 natural selection against로 번역될 수 있으나 이 경우 후자가 적당하다.

K-전략종이라고 한다).

표 6-1은 두 초본식물종의 생식 전략을 비교하고 있다. r-전략종인 돼지풀은 많은 씨앗을 생산하고 생물량 생산의 30%를 생식기관들(꽃, 씨앗 등)에 둔다. 대조적으로 삼림에서 자라는 십자화과의 한 일년생 식물은 K-전략종인데 매우 적은 양의 씨앗을 생산하며 생물량의 단 1%가 생식기관으로 된다. 삼림의 그늘에서 살아남기 위해서 생산의 대부분을 비생식기관인 줄기, 뿌리, 잎에 투자해야 한다. 물론 우리들은 제4장의 그림 4-13에서 보여준 미역취류 6종의 경우처럼 r-형과 K-형의 중간 생식 전략을 찾을 수 있을 것으로 예상된다.

수용능력의 재고

개체군들이 성장함에 따라서 더 성장하는 것을 억제하는 되돌림 작용(규모의 비경제성)이 시작된다. 그러면 우리는 주어진 환경 여건에서 유지될 수 있는 개체군의 크기로서 이론적 성장상한(K, 수용능력)을 어떻게 정의하고 평가할 것인가? 수용능력이라는 개념은 충분히 직설적인 표현이다. 그러나 그것을 인간이나 아주 다른 성장형 및 생활사를 가진 종들에게 적용하는 것은 쉽지 않다. 그 개념을 개체군, 군집, 생태계와 같은 상위 조직체계들의 수준에 적용하기는 더욱 어렵다. 생물학자들은 일반적으로 수용능력을 하나의 주어진 서식지가 부양할 수 있는 유기체들의 수 또는 생물량으로 정의한다. 전형적으로 두 수준이 인식된다.

1) 최대밀도 maximum density 또는 유지밀도 subsistence density: 서식지에 있는 존재를 유지할 수 있는 최대 개체수.
2) 적정밀도 optimal density 또는 안전밀도 safe density: 먹이, 포식자에 대한 저항, 자원 기반의 주기적인 변동들의 관점에서 개체군들이 더욱 안전한 보다 낮은 밀도.

시그모이드 성장형(그림 6-1)에서 최대수준은 K인 반면 적정수준은 이 포화수준과 변곡점 inflection point I 사이에 있는 어떤 지점일 것이다. 이 적정수준에서 개체군 성장률은 가장 높고, 개체군 밀도는 포화수준의 반 내지 3분의 2이다.

  동물개체군의 수용능력에 대한 가장 잘 수행된 실험 연구들 중 하나
가 맥컬루McCullough(1979)의 업적이다. 그는 미시간 주에서 2평방마
일의 지역을 울타리로 막고 사슴 개체군을 연구했다. 그는 포식자가 없
을 때 사슴 떼의 수가 최대 수용능력으로 빠르게 증가하여 〈K로 향해
가다가〉 그것을 초과하는 것을 발견했다. 그 결과 서식지는 과도한 초
식으로 손상되고 식생은 더 이상 이전과 같이 많은 사슴을 부양하지 않
았다. 이와 같은 바람직하지 않은 상황을 피하기 위해서 사슴들이 과도
한 수준 이하로 안전하게 개체군을 유지할 만한 비율로 제거되었다(즉
실험적인 포식). 이 장기적인 실험을 바탕으로 최대 수용능력은 1평방
마일당 사슴 90마리이며 최적 수용능력은 50마리가 되는 것으로 추정되
었다.

  물론 이 개념은 동물 개체군만큼 식물 개체군에도 똑같이 잘 적용된
다. 예를 들어 100주의 소나무가 작은 토지면적에서 비좁게 공존할 수
있을 지도 모른다. 그러나 개별 나무들의 성장은 위축되고 사망률이 높
게 될 것이다. 성기게 되어 밀도가 반으로 줄어들면 각 개체 수목들의
질은 나아질 것이고 그 임분stand에서는 더욱 큰 경제 가치를 가지게
된다.

  각 단위(각각의 개체 또는 무게 단위)가 다른 단위들과 같은 영향을
환경에 주게 되는 한, 개체수 또는 생물량을 수용능력의 측정기준으로
히는 것은 그럴 듯하나. 예를 들어, 나비와 나비 유충에 미치는 영향은

다를 것이다. 그러나 한 종 내에서 각 개체들이 환경에 미치는 영향은
큰 차이가 있다. 이런 차이는 특히 사람들에게서 많이 나타난다. 제4장
에서 지적한 바와 같이 산업화된 나라의 1인당 에너지 및 자원 소비는
가난한 나라의 50배에 이른다. 따라서 주어진 자원과 에너지를 바탕으
로 현재의 생활양식에서 유지될 수 있는 사람 수를 기준으로 수용능력
을 추정하면, 산업화된 나라에서의 수용능력이 훨씬 더 적을 것이다.

　사람에 따라 생명부양 자원에 미치는 영향이 크게 다르기 때문에 사
회 과학자들은 수용능력 개념에 사용 강도라는 제2의 차원을 덧붙였다.
이를테면 캐턴 William R. Catton(1987)은 수용능력을 장래의 환경 적합
성을 저하시키지 않고 지속시킬 수 있는 사용 크기와 강도라고 정의했
다. 사용자의 수와 일인당 사용 정도라는 두 가지 차원은 반비례의 관
계로 진행될 것이다. 즉 사용 정도의 증가는 유지될 수 있는 사용자의
수를 감소시킬 것이며, 그 반대의 관계도 성립한다. 캐턴은 또한 수용
능력이 리비히의 최소량의 법칙(제5장 참조)과 관련될 수 있으며 이는
상한선을 추정하는 수단을 제공할 수 있을 것이라고 제안했다. 총체적
생태학의 관점에서 수용능력에 대한 사회학자들의 좀더 포괄적인 개념
은 생물학자들의 일차원적인 개념보다 훨씬 낫다. 그것은 인간 및 많은
생물종의 한 개체당 영향력이 각기 다르기 때문이다.

　주어진 어떤 개체군의 수용능력이 상수가 아니라는 것(시그모이드 성
장식의 K값과 같이), 그리고 인간에 대한 수용능력은 무한하지 않다는
것을 아는 것이 중요하다. 만약에 두 개체군이 같은 자원을 위해서 경
쟁하고 그 중 한 개체군이 제거된다면, 남은 개체군의 수용능력은 증가
할지도 모른다. 성장상한을 바꾸어 놓을 수 있는 많은 다른 요인들도

생각할 수 있다.

　이론적으로는 태양에너지의 양과 질이 일정하게 유지되는 한 범지구적 수준에서 자연생태계들의 수용능력이 거의 일정해야만 한다. 생태계가 더욱 비대해지고 또 복잡해짐에 따라서 총생산량 중 생물군집을 유지하기 위하여 호흡해야 하는 부분은 증가하고 군집의 크기를 키우기 위해서 사용되는 부분은 감소한다. 입력과 출력들이 균형을 이룰 때 크기(생물량)의 증가는 호경기와 불경기가 번갈아 오는 주기에서 나타나는 것 외에는 더 이상 증가할 수 없다.

에너지 사용 최적화

　생물개체나 개체군이 이용 가능한 에너지(입력)를 여러 가지 활동에 어떻게 분배하는가를 분석하는 것은 개인이나 기업 재정에서의 비용-편익 분석과 유사하다. 편익은 적응도(현재 그리고 미래에서 생물종의 생존)를 증대시키며 비용은 미래의 재생적인 출력을 보장하는 데 필요한 에너지와 시간이다. 제4장에서 논의한 바와 같이, P(생산)와 R(호흡)에 대한 에너지 분배와 생태계 전체의 알짜 에너지 개념을 나란히 놓고 보면, 개개의 생물과 그 개체군은 단지 그들의 유지를 위해 필요한 에너지(가끔 존속 에너지 existence energy라고 불리는 양)보다 더 많은 것을 획득할 수 있을 때 성장하고 생식 활동을 할 수 있다. 부가 에너지 또는 알짜 에너지 net energy는 생식 활동(생식 구조, 짝을 찾는 행위, 씨앗, 알 또는 새끼의 출산, 새끼를 돌보는 행위 등)을 하기 위하여, 그래서 미래의 세대들이 살아남을 수 있기 위하여 필요한 것이다.

　자연선택을 통하여 생물은 가능한 한 유리한 비용-편익비를 딜싱한다. 여기서 효율을 나타내는 그 값은 시간에 대한 에너지비가 된다. 독립영양 생물에 있어서 이 비율은 에너지가 이용될 수 있는 시간의 함수로서, 이용할 수 있는(음식물로 전환될 수 있는) 값으로 획득된 에너지 양에서 에너지를 획득하는 구조(예를 들어 잎)를 유지하는 데 필요한 에너지 양을 뺀 것과 관계가 있다. 동물에 있어서 중요한 것은 먹이를 찾아내고 잡아먹는 데 들어가는 에너지 비용에 대해 먹이에 포함된 이용 가능한 에너지의 비이다. 최적화는 두 가지의 기본 방법으로 성취될 수 있다. (1) 소요되는 시간을 최소화함으로써, 예를 들어 효율적인 먹이 찾기와 먹이 전환에 의해서, 또는 (2) 알짜 에너지 획득을 최대화함으로써, 예를 들어 큰 음식물이나 쉽게 전환될 수 있는 다른 에너지원들을 선택함으로써이다.

에너지 획득과 사용을 비교한 최근의 어떤 분석에서는 음식물의 절대적인 풍부도가 낮을수록 음식을 취하는 서식지 면적은 넓고 음식물 항목수도 많아진다는 것이 나타났다. 워너와 홀 Werner and Hall (1974)이 수행한 실험이 한 가지 보기가 된다. 그들은 개복치에게 크기와 수를 달리한 물벼룩을 공급했을 때 어떤 크기의 먹이들이 선택되는지 기록했다. 먹이의 풍부도가 낮을 때, 개복치는 모든 크기의 물벼룩을 마주치는 대로 먹어치웠다. 먹이의 풍부도가 증가할 때, 물고기는 작은 것들은 무시하고 가장 큰 물벼룩에 집중했다. 그리하여 먹이 풍부도가 증가함에 따라서 〈먹이 잡이의 일반성〉이 〈전문성〉으로 바뀌었다(풍부도가 감소할 때는 그 반대 현상이 나타났다).

거미줄을 칠까, 직접 잡을까?

만약 두려움을 극복할 수 있다면 거미는 연구하기에 좋은, 그리고 흥미로운 생물이다(몇몇 예외가 있지만, 그들은 거의 사람들에게 위험하지 않으며 실제로는 곤충들의 주요 포식자로서 혜택을 준다). 거미는 두 가지의 다른 생활양식의 전략을 가지고 있다. 사냥거미는 〈걸어서〉 먹이를 찾아 나서는(그림 6-4A) 반면에, 거미줄을 치는 거미는 앉아서 기다린다(그림 6-4B). 거미줄은 높은 함량의 단백질로 이루어져 있기 때문에 생산에 높은 에너지 비용이 소요된다. 그러나 많은 거미는 만들어졌던 거미줄을 먹음으로써 수선하거나 다시 거미줄을 만드는 데 재사용하여 비용을 절감한다. 피칼과 휘트 Peakall and Whit (1976)는 거미줄을 재활용하는 거미줄의 생산 에너지 총비용이 줄을 치지 않는 몇몇 거미들이 먹이를 직접 잡는 데 써야 하는 에너지 총비용보다 적은 것으로 추정했다(이것은 사람들에게도 가능한 가르침이다. 노동을 절약할 수 있는 값비싼 고안물들을 제작하는 사람들은 물질을 재활용함으로써 비용을 줄일 수 있을지도 모른다).

그림 6-4
다른 전략을 가지는 두 종류의 거미. 늑대거미(A)는 다리로 먹이를 사냥하고, 둥근그물거미(B)는 거미줄로 먹이를 포획한다.

공간 이용

사람들과 마찬가지로 유기체들도 때로는 상호이익을 위해서 모이며 때로는 개인적인 이익을 위해서 자신을 격리시킨다. 두 전략 모두 주어진 상황과 종에 따라서 생존가survival value를 가질 수 있다. 많은 종들은 계절에 따라 두 양식을 교대한다(예를 들면 겨울에는 모이고 여름에는 서로 떨어진다). 많은 식물과 동물은(특히 정착성이거나 영구히 고착되어 있는 것들) 조밀한 군집들을 형성한다(알리 효과Alle effect를 논의할 때 이미 강조된 이익을 가지고). 반면에 어떤 사막의 관목들과 같은 여러 가지 식물들은 가까운 이웃들의 기세를 꺾는 불쾌한 화학물질들을 생산함으로써 자신을 격리시킨다. 그렇게 함으로써 주어진 공간에서 둘 이상의 개체를 부양하는 데 충분하지 않은 토양수분을 아껴둔다. 매우 활발한 운동성을 가지는 동물들은 소유권을 설정하기조차 하는데 이는 세력권 확보territoriality로 알려져 있다. 가장 사랑스러운 노래를 부르는 새 중 많은 것이 세력권 확보를 한다. 예를 들면 둥지를 만드는 계절 초에 울새의 수컷은 1에이커 정도의 최적 서식지(예를 들어 한 그루의 나무가 있는 잔디밭)를 차지한다. 그리고 침입자들로부터 그 지역을 방어한다. 다른 수컷은 그 방어된 세력권으로 들어갈 수 없게 된다. 우리가 봄에 듣는 여러 가지 큰 새소리는 세력권에 대한 소유를 알리기 위함이다. 사람들은 첫 울새 또는 봄의 다른 철새가 암컷과 짝을 이루기 위해서가 아니라 세력권을 형성하기 위해 노래 부르고 있는 것을 알 때 항상 실망하는 것 같다. 흔히 암컷은 수컷이 도착한 뒤 약 1주일 동안은 그 보금자리에 도착하지 않는다. 세력권을 획득하고 지키는 것에 성공한 수컷은 암컷을 유혹하여 새끼를 치게 될 확률이 매우 높다. 반면에 세력권을 제대로 형성하지 못한 수컷은 세력권 차지자가 죽어 그 자리를 대신 차지할 때까지 새끼를 낳지 못할 것이다. 많은 종들이 일단 짝을 이루면 암컷 또한 세력권을 방어하는 데 동참하게 된다.

세력권 확보 행위는 새끼를 돌보는 것을 포함하여 복잡한 생식 행위를 하는 척추동물과 몇몇 절지동물에서 가장 현저하다. 새들의 세력권은 짝을 짓고 둥지를 만들며 알과 새끼를 돌보는 것과 같은 복잡한 일들에 간섭받지 않기 위함이다. 어떤 생태학자들은 세력권 확보가 제한된 음식물 공급 상황에서 개체군의 크기(밀도)를 잘 유지하는 데 장기적인 이익을 가져다준다고 주장한다. 다시 세력권을 가지는 사막의 어떤 거미를 예로 들어보자. 리처트Riechert(1981)는 세력권의 크기가 고정되어 있고(아주 많은 거미들이 실험지역을 차지할 수 있었다) 그 크기는 가장 낮은 먹이 풍부도에 맞추어져 있다는 것을 찾아냈다. 따라서 이용 가능한 세력권들의 수에 의해서 개체군 밀도는 어떤 상한선 이상으로 증가하지는 않을 것이다. 이것은 유리한 시기에 얼마나 많은 음식물이 이용 가능한가 혹은 실험적으로 그 지역에 얼마나 많은 음식물이 도입되는가와 상관없다. 가장 좋은 지점의 세력권 차지자가 새끼를 낳는 데 떠돌이들보다 훨씬 더 성공적이었다(떠돌이란 불리한 서식지 주변을 맴돌며 세력권을 설정할 수 없는 동물들을 말한다). 이 경우에 개체군의 크기를 한정하고 유전적으로 가장 적합한 개체들을 선택할 세력권 확보의 가능성이 실현되는 것 같다.

유전적 다양성

유전적 다양성(예를 들면 이질적인 대립인자들과 균형 잡힌 다형현상)을 유지하는 것은 생물이 살아남기 위해서 중요하다. 만약 개체군의 크기가 작아지고 유전적 병목현상이 발전되면(제7장) 생물종들은 위험해진다(즉 사멸할 위험에 처하게 된다). 인간활동으로 인해 서식지가 파괴되거나 고립된 조각들로 나누어지는 까닭에 멸종 위기에 처하거나 멸종되고 있는 동식물종의 수가 점점 증가하고 있다. 미국에서 절멸위험종 연방법이 통과됨에 따라, 정부기관과 민간기관에서 이에 대한 더 많은 노력이 다음과 같이 진행되고 있다. (1) 적합한 서식지는 직접 구매하거나 지역권을 행사하는 방법으로 보존한다. (2) 고립된 조각들을 연결하는 통로를 만들어 주거나 긴 서식지 연결부를 유지시킨다. 생물은 그 연결부를 자연 통로로 활용할 수 있어서 유전정보를 교환할 수 있다(Harris 1984). (3) 그리고 마지막 수단으로, 존속이 위태롭지 않는 지역의 개체들이나 포획하여 인공적으로 번식시킨 개체들을 멸종 위험에 처한 개체군으로 도입시킨다.

인간이 점점 많은 자원들을 채취하고 점점 많은 자연환경을 길들여진 서식지로 바꿈에 따라서 약간의 종 손실은 피할 수 없다. 그러나 모든 수준(유전적, 생물종, 경관)에서 다양성을 유지하는 것이 우리들에게 최고의 이익이 된다는 것을 이해하게 된다면 다양성은 유지될 수 있을 것이다. 우리는 이에 필요한 〈생태 기술〉을 가지고 있다(Myers 1983; Ehrlich and Mooney 1983; Norton 1986; Wilson 1988).

메타 개체군의 역동성

메타 개체군(글자 그대로는, 〈개체군들 사이에〉라는 의미)은 생태적 계층구조에서 보면 유기체와 종 개체군 사이에 있는 단위이다(표 2-1을 보라). 이 개념은 최근에 보존 생태학의 초점이 되었다. 많은 종의 개체들이 무리를 이루는 것은 적합한 서식지가 분리된 조각이나 〈섬〉에서 이루어지기 때문이다(Hanski 1989). 이러한 조각이나 섬의 적합한 서식지는 부적합한 서식지에 의해 분리되어 있으나 전파에 의해 연결되어 있다.[3]

메타 개체군 이론에 따르면, 각각 떨어져 있으나 연결성이 있는 조각 안의 개체 무리가 어떤 시점에 절멸해도 주변의 조각에서부터 온 개체들에 의해 재정착된다. 만약 재정착과 멸종이 큰 지역이나 경관의 곳곳에서 균형을 갖추면 전체 개체군 크기는 거의 동일한 수준으로 유지될 것이다. 따라서 종의 존속은 조각 안에서 일어나는 탄생과 죽음보다는 전파에 더 의존할 수 있다. 메타 개체군의 개념은 다음 장에서 논의될 섬생물지리이론과 함께 절멸위험종의 보존뿐만 아니라 야생동물 관리와 해충 조절을 위한 모형을 제공한다(Levins 1969).

인구 성장

혹사병이 유럽 인구의 25%를 감소시켰던 14세기와 같은 음의 성장을 포함하여 인류는 상상할 수 있는 거의 모든 개체군 성장형을 경험했다(Freeman and Berelson 1974). 인류 초기 수 세기 동안 인구 증가는 느리게 일어났다. 그 후 에너지 획득과 결합되어 매우 빠른 두 번의 증가 시기가 있었다. 주요한 첫 증가는 8,000년 전 시작된 농업의 발달(이것은 주어진 토지 면적의 수용능력을 증가시켰다)과 함께 나타났다. 두번째, 즉 더욱 빠른 증가는 약 200년 전 산업혁명, 동력기관의 개발, 인구가 희소하던 대륙의 식민지화, 의약과 치료술의 발전으로 유래된 사망률의 감소와 함께 시작되었다. 인류 역사가 시작된 이래 발생한 인구 증가의 약 80%는 지난 2세기 동안에 일어났다. 현재 세계 인구는 50억 이상인데 그 증가율이 느려지는 징후를 보이고 있다. 대담하게도 약간의 인구학자들은 다음 세기의 언젠가 인구가 90억과 140억 사이에서 안정 상태로 들어갈 것(S-모양 성장형에서처럼)으로 예측할 정도이다.

봉가르츠Bongaarts(1994)는 세 가지 요인이 세계 인구의 크기 수준을 결정한다고 예측했다(그림 6-5). 지금부터 지구상의 모든 여자들이 어른까지 생존할(이른바 교체 비율) 두 명의 아이만을 가진다 하더라도, 비선진국의 많은 인구가 막 가임기에 도달하고 있기 때문에 세계 인구는 적어도 70억 명까지 증가한다. 이것이 그림 6-5에서 보인 〈인구 증가

---

3) 전파dispersal는 하나의 서식지에서 다른 서식지로 생물 개체 또는 씨앗이나 포자와 같은 개체 증식 잠재요소의 이동을 말한다.

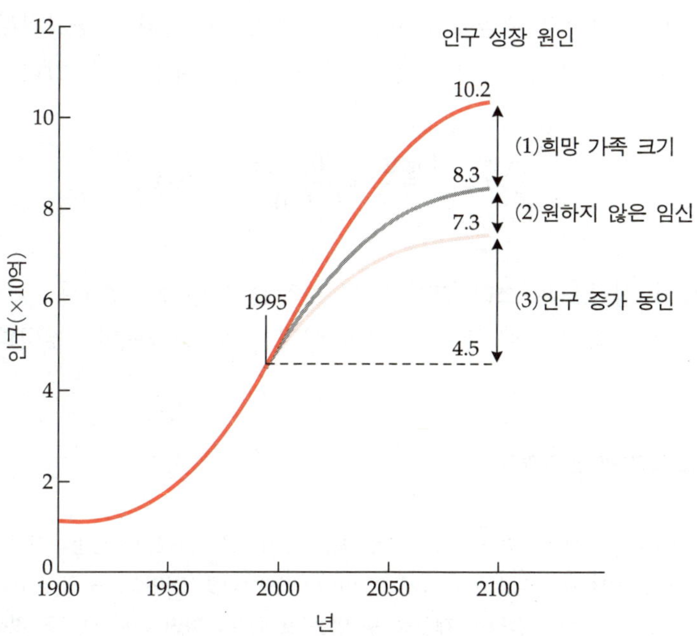

그림 6-5
인구 성장에 영향을 주는 세 가지 요소의 효과에 따른 미래 인구의 예측 (After Bongaart 1994).

동인 population momentum〉이다. 두번째 요인인 〈원하지 않은 출산(예를 들어, 미성년의 임신)〉이 만약 조사에 포함되어 있지 않다면, 인구 수준이 적어도 90억 명까지 올라갈 수 있다. 세번째 추진력인 〈희망 가족 크기〉(아이는 노동과 부모의 노후 봉양을 위해 필요하다는 인식)는 예상되는 인구 평형지점을 100억 명이나 그 이상으로 올릴 수 있다.

인간 사회는 인구 증가 동인에 대해 아무런 조치도 취할 수 없다. 그러나 만약 충분한 사람들과 정치 지도자들이 세계 인구 증가를 줄이기 위한 노력의 결과로 더 좋고 더 안전한 세계가 될 것이라고 확신한다면, 다른 두 가지 요소는 줄일 수 있다. 100억 명 또는 70억 명의 인구가 안전한 수용능력을 초과하는 정도는 〈맺음말〉에서 논의할 것이다.

인구 성장을 알기 쉽게 보여주는 한 가지 방법은 배증기 doubling time, 즉 인구밀도가 두 배로 되는 데 걸리는 시간을 이용하는 것이다. 인구 성장은 일반적으로 인구 천 명 또는 백 명당 증가된 사람 수로 표현한다. 그리하여 연 2% 성장률은 매년 100명마다 2명 또는 1,000명마다 20명의 증가가 있었던 것을 의미한다. 1년 이상의 긴 시간을 고려하면 증가된 사람들이 또 출산하기 때문에, 매년 2%의 성장은 연간 100명당 2명보다는 더 많은 수를 증가시킨 것을 의미하게 된다. 인구 증가

는 실제로 저축성 예금에서 사용하는 복리이율 형태로 증가한다. 2% 증
가율 r에 대한 배증기 t의 추정은 다음과 같이 계산할 수 있다.

$$t = \frac{\log 2}{r} = \frac{0.6931}{0.02} = 35년$$

　2%의 성장률은 그리 크지 않은 것처럼 보인다. 그러나 그 성장률로
한 사람의 일생 동안 우리 도시의 인구는 두 번 배증될 것이다.[4] 바로

■ 두 개의 섬 이야기

　1944년 알래스카와 러시아 중간, 베링 해에 있는 면적 128평방마일의 무인도
세인트 매튜St. Matthew 섬에 29마리의 순록(암컷 24마리, 수컷 5마리)이 도
입되었다. 개체군 성장을 제한할 수 있는 포식자나 어떤 다른 요인도 없이 순록
떼는 20년 사이 약 6,000마리로 급속히 증가했는데 이것은 툰드라 지역의 엷은
식생층이 유지할 수 있는 수용 능력을 넘어선 것이었다. 1963년에서 1964년 사
이 강설량이 많았을 때, 가장 영양분이 풍부한 먹이인 지의류를 순록 떼가 먹어
치워 거의 없어질 정도가 되면서 몇 마리 암컷을 제외하고 모두 굶어 죽는 심각
한 상태에 빠졌다. 그 이후에는 개체수가 급격히 늘었다가 줄어드는 주기적인 반
복 현상은 다시 회복되지 않았다(Klein 1968).

　믿기 어렵지만 이처럼 호경기와 불경기가 번갈아 오는 주기는 남태평양에 있
는 이스터Easter 섬의 인구에서도 나타났는데 순록 떼의 경우와 다른 점은 그
주기가 수년이 아니라 수세기라는 사실이다. 세인트 매튜와 비교해 보면, 약
1,600년 전 폴리네시아인들의 배 몇 척이 이스터 섬에 처음 도착했을 때, 이 섬
은 열대지방의 천국과 같은 곳으로 온화한 기후와 풍부한 삼림을 가지고 있었다.
지배자들이 섬을 소유하여 그 수가 증가되고 점점 번성하면서 인구와 자원 소비
가 너무 커져 부족들이 나뉘고 서로 전쟁을 하며 죽이기 시작했다(Catton
1995). 오늘날 이곳에 남은 것은 황폐해진 초지와 섬의 생명부양계를 모두 소모
하고 나서 그 자체 또한 사라져버린 문화를 증명해 주며 조용히 서 있는 이상하
게 생긴 석조 구조물들뿐이다.

　인간은 순록보다 더 영리하여 섬의 제한된 공간과 영역을 분명히 인식할 것이
라고 생각된다. 그러나 사람들은 이주와 무역이 지나친 방임에 대한 〈중화제〉 역
할을 할 것이라고 생각하는 듯하다. 실제로 오늘날 많은 섬들이 지나친 성장에
대한 해독제로서 관광사업과 수입에 점점 더 의존하고 있다(Acharya 1995).

지금 세계 인구는 약 1.8% 성장률로 증가하고 있다. 많은 저개발국들에서 인구 성장률은 3%(배증기는 약 23년) 또는 그 이상이다. 그러나 선진국들에서 성장률은 대부분 1%(배증기는 약 70년) 미만이다. 몇몇 유럽 나라들은 제로 성장을 보여주고 있다. 브라운과 야콥슨Brown and Jacobson(1986)은 세계가 낮은 인구 성장률(평균 0.8%)과 높은 인구 성장률(평균 2.5%)을 가진 나라들로 뚜렷하게 나누어짐을 보였다. 그러나 사람들이 더 나은 경제생활을 찾아 시골에서 대도시로 모여들고 있기 때문에 세계의 많은 곳(부유한 나라와 가난한 나라 똑같이)에서 도시의 인구 성장률은 3% 이상이다. 21세기가 되기 전에 세계 인구의 80%가 도시에 있을 것으로 예상되었다. 이 문제는 가난한 국가뿐만 아니라 부유한 국가에서도 민감한 문제이다. 부유한 국가에서는 시골로부터 초만원인 도시로 일어나는 이주가 주요한 사안이 되고 있다.

◢ 이집트: 맬서스식 마이크로코즘

영국의 성직자였던 토마스 맬서스 Thomas Malthus는 1798년 유명한 글을 발표했는데 거기서 그는 식량 증가보다 인구 증가가 더 빨라 인류는 결국 기아에 몰릴 수밖에 없을 것이라고 예측했다. 지금까지 전세계적으로 그런 일이 일어나지는 않았지만 이집트의 현재 상황은 인구 증가가 매우 짧은 시간 안에 식량 공급 수준을 넘어설 수 있음을 보여준다. 1900년과 1990년 사이, 이집트에서는 아스완 댐이 건설되고 건조한 토지에 관개를 할 수 있게 되어 경작 가능한 토지가 550만 에이커에서 750만 에이커로 증가했다. 그러나 같은 시기에 인구는 천만 명에서 5천만 명으로 늘어났다. 따라서 인구 한 명당 경작 가능 토지는 0.5에이커에서 0.1에이커로 감소해버린 셈이다. 생산량(단위면적당 식량)이 더 증가했음에도 불구하고 이집트는 국민이 유지되는 데 필요한 가장 최소한의 기본 식량조차 수입에 의존하고 있다(Biswas 1993).

이집트는 기술(댐, 고생산 경작 등)에 대한 기대가 인구 성장을 억제하려는 노력을 쉽게 무너뜨린 예라고 볼 수 있다. 매우 최근까지 그러한 노력이 상당히 이루어져 인구 성장에 대한 첫번째 국제 학회가 카이로에서 열렸다!

---

4) 2% 성장률이라면 어떤 사람이 70세 때 인구는 그 사람이 태어날 때 인구의 4 배가 된다는 것을 의미한다.

많은 사회학자와 경제학자들은 인구통계학적 전이 demographic transition
를 믿거나 적어도 거기에 큰 희망을 걸고 있다. 그것은 사람들이 더욱
더 유복해지고 자식들에게 노동을 덜 의지하게 됨에 따라서 인구 성장
이 느려질 것이라는 이론이다. 풍요로워짐에 따라 사람들은 적은 수의
자식을 가지며, 그들 자신을 위한 삶의 질을 높이는 데 더 많은 에너지
와 자원을 사용하는 경향이 있다. 이는 K-형의 생활자로 전환하는 것
을 의미한다. 이 견해에 따르면 인구 문제는 경제 문제이나, 거기에 대
한 많은 논란이 있다(Teitelbaum 1975; McNamara 1982). 그 핵심 의문은
다음과 같다. 인구 성장은 경제 성장을 고무할 것인가 또는 억제할 것
인가? 15년의 간격을 두고 발간된 미국 국립학술원 National Academy of
Sciences의 두 보고서(1971년과 1986년)는 사회적·환경적 문제들이 해결
되는 것보다 더 빨리 생겨나기 때문에 빠른 인구 성장이 어떤 경제적
또는 여타의 혜택을 야기시킬 수 없을 것이라는 데 의견 일치를 보였
다. 따라서 세계 대부분의 나라에 있어서 경제 개발과 개개인을 위한
생활의 질에는 지금 일어나고 있는 것보다 더 느린 인구 성장이 도움이
될 것이다. 브라운과 야콥슨 Brown and Jacobson(1986), 애버네시
Abernathy(1995)와 다른 사람들은 인구 성장률이 높은 나라들에서 인구
통계학적 전이가 효력을 발휘하고 있거나 그럴 것이라는 점에 대해서
회의적이다. 대부분의 인구통계학자들은 중국에서 지금 하고 있는 것처
럼 성장을 통제하기 위한 정치활동이 있어야 한다고 믿는다.

두 생물종 사이의 상호작용

한 종이 다른 종의 개체군 성장과 안녕에 미치는 영향은 부정적
(−), 긍정적(+) 또는 중립적(0)일 수 있다. 이론적으로 두 종이 이루
는 개체군들은 0, +, −로 이룰 수 있는 아홉 가지의 조합에 해당하는
기본 방식으로 상호작용하게 될 것이다. 그 가능한 조합은 즉
00, −−, ++, +0, 0+, 0−, −0, +−, −+이다. 이들 상호관계
중에서 가장 중요한 것들에 대한 좌표 모형이 그림 6−6에 있다. 이들
주형태의 상호작용을 지칭하기 위해서 사용되는 용어들은 다음과 같다.

경쟁(－－): 두 개체군이 서로를 억제하거나 어떤 종류의 부정적인 영
　　향을 준다.

포식(＋－): 포식자에게는 긍정적이고 피식자에게는 부정적이다.

기생(－＋): 숙주에게는 부정적이고 기생충에게는 긍정적이다.

편리공생(＋0): 한 종에게는 이익이 되고 다른 종에게는 영향이 없다.

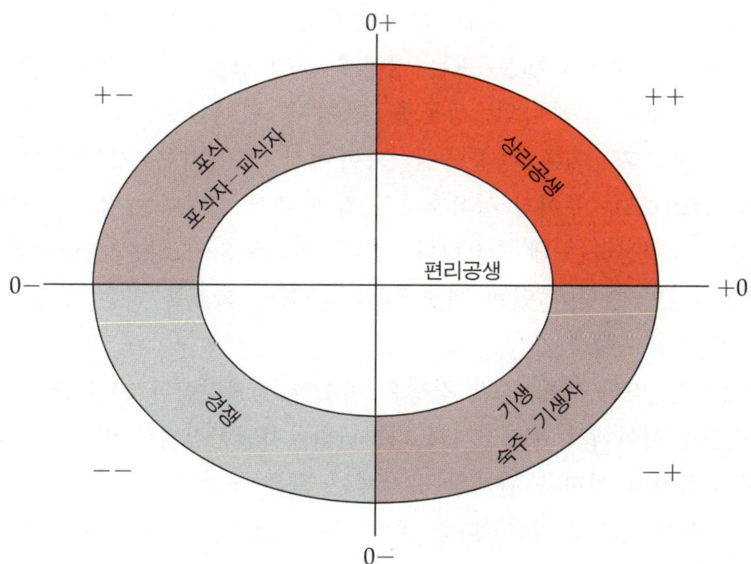

그림 6-6
두 생물종의 상호작용에 대한 좌표
모형으로서 가장 흔한 다섯 가지 관
계를 보여주고 있다

5) 수확개미 harvester ant라는 이름은 땅속에 있는 그들의 자그민 빙에 씨앗을 모아 서
　장하기 때문에 붙여진 이름이다.

협동 또는 상리공생(++): 두 생물종 모두 상호작용으로 이익을 가진
다. 이 관계는 두 생물의 생존에 임의적(협동)이거나 필수적(상리
공생)이다.

경쟁

경쟁이라는 용어는 동일 시장을 쟁취하기 위해 다투는 두 기업의 경
우에서처럼 동일 대상을 얻기 위해 다투는 것을 의미한다. 생태적 수준
에서 적절하게 공급되지 않는 어떤 것을 얻기 위해 두 유기체들이 다툴
때 경쟁은 중요하게 된다. 그리하여 수요에 비해서 자원 공급이 상대적
으로 회소할 때, 숲에서 식물은 햇빛과 영양소들을 차지하기 위해서 경
쟁하고 동물은 먹이를 차지하기 위해서 경쟁한다. 어떤 것의 공급이 딸
리지 않을지라도 두 유기체가 다투는 중 서로 간섭하게 될 때 경쟁은
또한 상호억제 형태를 가질 수 있다. 예를 들어 그 유기체들은 상대를
간섭하는 물질을 분비하거나 상대를 잡아먹기도 한다.
경쟁 결과 두 상대자가(즉, 경쟁자) 어떤 방식으로든 곤란하게 되는
것이다(그러므로 〈--〉 관계이다). 개체군 수준에서 이것은 경쟁 작용
에 의해서 개체군의 밀도 또는 성장률이 감소되거나 억제될 것이라는
것을 의미한다. 하나의 생물종 안에서 일어나는 경쟁(종내 경쟁
intraspecific)과 다른 생물종들 사이에서 일어나는 경쟁(종간 경쟁
interspecific) 모두 주어진 서식지나 군집 안에서 발견되는 유기체들의 수
와 종류를 결정하는 데 중요하다. 종내 경쟁은 S-모양 성장형에서처럼
자기조절적인 경향이 있는 개체군들과 세력권 확보를 하는 개체군에서
는 중요한 요소이다.
예상되는 바와 같이 종간 경쟁은 비슷한 생활양식과 자원 요구를 가
지는 종들 사이에서 두드러지게 나타난다. 자연군집에서 비슷한 서식지
를 선호하거나 가까운 관계인 유기체는 같은 장소에 나타나지 않는다.
그들이 같은 장소에 나타난다면 종종 다른 자원을 사용하거나 다른 시기
에 활동한다. 가까운 친척 관계인(그렇지 않으면 비슷한) 종들의 생태적
분리에 대한 설명은 가우스 원리 Gause's principle로 알려져 있다. 1932년
러시아 생물학자 가우스 G.F. Gause가 원생동물의 실험배양에서 그러한

분리를 관찰했기 때문이다. 뒤에 하던 Hardin은 이 원리에 대해 더욱 적절한 용어로 경쟁배타 competitive exclusion를 사용하자고 제안했다.

경쟁배타와 공존

인간사에서처럼 자연세계에서도 경쟁은 부정적인 측면과 더불어 전체적으로는 이익이 되기도 한다. 알맞고 더욱 잘 적응된 생물들이 덜 성공적인 것들을 밀어낸다. 종들이 새로운 서식지나 자원들을 찾음으로써 부정적인 경쟁 영향을 피하기 위해 노력함에 따라서 다양성과 적응도는 고취된다. 두 종 사이의 경쟁이 심각하면 하나는 완전히 축출될지도 모른다. 또는 어쩔 수 없이 다른 공간에 자리를 잡아야 하거나 다른 먹이 또는 자원들을 나누어 가짐으로써 감소된 밀도로 함께 살 수 있을지도 모른다. 이 두 가능성——경쟁배타와 공존——이 두 실험 연구를 바탕으로 만들어진 성장형 모형을 그림 6-7에서 제시했다. 한 연구(그림 6-7A와 6-7B)는 밀접하게 관련된 두 종의 동물(거저리 일종)에, 다른 연구(그림 6-7C)는 두 종의 식물(토끼풀)에 관한 것이다.

1940년대와 1950년대 시카고 대학의 파크 Thomas Park와 그의 학생들 및 동료들은 거저리들을 실험실에서 배양하여 일련의 경쟁 실험을 수행했다. 이 작은 거저리(*Tribolium*속의 여러 종)는 저장 식량에 생기는 해충이다. 그러나 그들은 실험동물로서 쓸모 있다. 거저리들은 밀가루나 밀기울 용기에서 생활사를 완성한다. 배양물질들이 먹이이며 서식지이다. 새로운 배양물질이 규칙적인 시간 간격으로 첨가된다면 거저리의 개체군은 무한히 유지될 수 있다. 파크의 실험장치는 안정화된 종속영양적 소생태계 또는 소우주 microcosm로 생각할 수 있다. 거기에서 먹이에너지 유입은 열 및 호흡 손실과 균형을 이루었다. 그리하여 그 소우주는 작은 규모로 제3장에서 논의한(제3장의 그림 3-5) 도시나 굴양식장과 비슷했다.

이들 시카고의 조사자들은 균질한 소우주에 다른 두 종의 거저리를 두었을 때, 항상 하나의 종이 조만간에 제거되는 반면에 다른 것은 계속 번성함을 알아냈다. 달리 말하면 경쟁에서 하나의 생물종이 항상 이겼다. 배양에서 혼자 있을 때는 아주 잘 살아 남는 두 종의 거저리조차

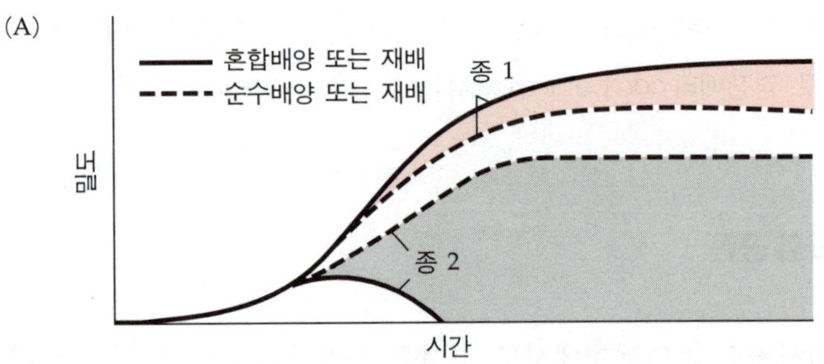

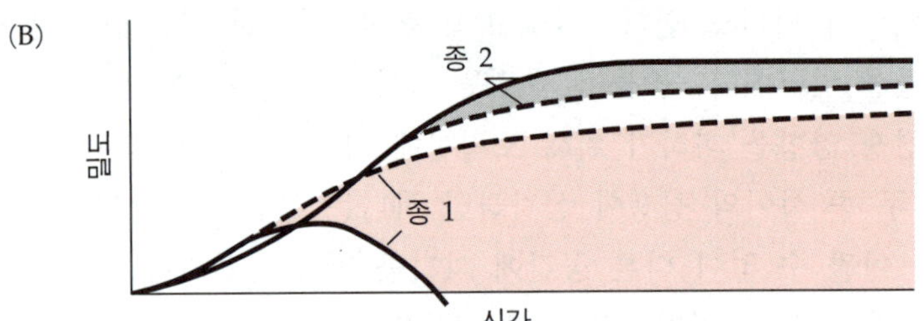

그림 6-7

경쟁배타와 공존. (A)거저리 종 1(*Tribolium castaneum*)과 종 2(*T. onfusium*)는 기후가 고온다습한 상태에서(34℃, 상대습도 70%) 각각 상대 생물종 없이는 잘 살지만, 혼합배양에서는 종 1이 종 2를 배척한다. (B)거저리 종 1과 종 2는 기후가 저온건조할 때(24℃, 상대습도 30%) 두 종 모두 독립적으로는 살 수 있지만 혼합배양에서는 종 2가 종 1을 배척한다(Park 1954). (C) 두 종류의 토끼풀, 종 1(*Trifolium repens*)과 종 2(*T. fragiferum*)는 혼합재배에서 살 수 있지만, 두 종 각각의 잎밀도는 순수재배에서보다 낮다 (Harper and Clatworthy 1963).

같은 항아리 안에 가두어 두면 함께 살아 남을 수 없었다. 경쟁배타가 명확한 경우이다. 배양기에 처음 넣었던 각 종 개체들의 상대적인 수는 최종 결과에 영향을 주지 않았다. 그러나 소우주에 부여된 기후는 어느 종이 이겨낼 것인가에 뚜렷한 영향을 주었다. 그림 6-7A와 6-7B에서 보는 바와 같이 한 종은 고온다습할 때 승리하는 반면 다른 종은 저온건조할 때 살아남았다. 극단적인 둘 사이에 있는 중간 조건에서는 때로는 종 1이, 때로는 종 2가 이겼다. 극단 사이의 중간에서 어느 종도 50 대 50의 살아남을 기회를 가졌다.

노스웨일스North Wales 대학의 하퍼John L. Harper와 그의 동료들에 의해서 수행된 토끼풀 실험은 가까운 친척 관계인 생물종들이 제한된 자원에서 개체군의 과잉과 경쟁에도 불구하고 공존할 수 있음을 예증한다. 일련의 실험결과는 그림 6-7C에서 제시한다. 두 종의 토끼풀(*Trifolium*)을 접시에 무성하게 함께 심었을 때, 그들의 생활사를 완수할 수 있었고 씨앗을 생산했다. 그러나 각 식물종의 밀도는 순수배양에서보다 낮았다. 성장형에서 나타나는 작지만 중요한 차이는 이들 두 경쟁자를 공존할 수 있게 한다. 종 1(*T. repens*)은 더 빨리 자라고 잎의 무성도도 더 빨리 최고치에 이른다. 그러나 종 2(*T. fragiferum*)는 긴 엽병(입자루)과 높게 위치하는 잎을 가진다. 그러므로 빨리 자라는 종의 위에 위치할 수 있으며 그들 존재부터 생기는 그늘을 피할 수 있다. 성장 시기와 영양소의 요구 혹은 채식, 독성물질, 빛, 물 등에 대한 민감도의 차이가 있으면 두 생물종이 함께 유지될 수 있다고 하퍼Harper(1961)는 결론을 내렸다. 또한 한 번은 종 1에 유리하고 그 다음에는 종 2에 유리한 주기적인 환경 변화 또는 교란에 의해서 경쟁자의 공존이 향상된다. 예를 들어 교대적인 저온다습과 고온건조 계절은 두 종의 거저리의 공존을 허용할지도 모른다.

실험실 또는 온실에서 수행한 개체군 연구는 생물들이 상호작용할 때 작동하는 생태적·유전적 기작들에 대한 우리의 이해를 더한다. 이것은 주어진 보기들에 의해서 증명된다. 그러나 제2장에서 강조한 것처럼 궁극적으로는 여러 수준에서 접근이 필요하다. 조직체계의 각 수준에서 연구는 전체적인 조감에 어떤 공헌을 하지만 모든 것을 다 보여주지 않기 때문이다. 통제된 조건에서 따로 떨어진 개체군들의 연구에서부터 군집과 생태계라는 실제 세계로 옮겨갈 때, 경쟁배타에 대한 진짜 증거를 발견하게 된다. 그러나 제한된 소우주에서는 함께 살 수 없는 것들조차 공존을 위해 적응하는 경우도 자주 발견하게 된다. 그러한 적응은 생리적, 행동적 또는 유전적 변화를 통하여 경쟁압을 감소시킴으로써, 또는 같은 자원을 다른 시기와 장소에서 활용함으로써, 또는 환경 요인의 경사gradient에 따라 그들의 위치를 옮김으로써 이루어지게 된다. 경쟁 연구를 종합 검토한 덴 보어den Boer(1986)는 자연의 열린계에서 사실상 공존은 하나의 〈규율〉이고 완전한 경쟁배타는 예외라고 결론을 내렸다.

경쟁에 대한 고전적인 야외 연구로는 코넬Connell(1961)이 바위가 많은 해안에서 수행한 것이 있다. 조간대에서 따개비, 홍합, 굴 해초 같은 고착성 동물과 식물은 종종 하나의 띠를 지어 나타난다. 코넬의 연구지역에서 *Chthamalus*속의 작은 따개비종은 조간대의 상부 가까이에 있는 띠를 차지하고 *Balanus*속의 더 큰 종들은 *Chthamalus*속이 있는 아래에서 넓은 띠를 차지한다. 그러한 띠를 이루는 분포는 경쟁배타를 강하게 암시한다. 그러나 그러한 분포에 대해 가능한 다른 설명들이 있었기 때문에 경쟁이 연루되었다는 가설을 검정하기 위해서 제거실험[6]이 필요하게 되었다. 코넬이 큰 종(*Balanus*)을 제거하고 새로운 개체들을 정착하지 못하게 유지했을 때 작은 종(*Chthamalus*)은 *Balanus* 지대의 윗부분을 침입하고 그것들이 통상적으로 잘 반견되지 않던 곳에서도 잘 자랐다. 그러나 *Chthamalus*를 없애버렸을 때는 *Balanus*가 비어 있는 영역으로 확장되지 않았다. 후속적인 관찰과 실험에서 결정된 바와 같이 유생(애벌레)은 잠재적인 경쟁자가 없을 때에도 더 많이 노출된 상층지대에서 생존할 수 없었다. 물리적 제한과 경쟁 사이에서 일어나는 이런 종류의 상호작용은 많은 환경요인의 경사에서 흔한 양상이라는 것이 밝혀지고 있다.

포식자와 피식자

포식자라는 단어는 아주 많은 사람들에게 그것 없이도 우리가 잘 지낼 수 있는 난폭하고 잔인한 동물들을 연상시킨다. 그러나 실제로 포식은 자연의 경제에서 중요한 역할을 한다. 그리고 포식자들이 곤충들과 다른 해충들을 제어할 때 인간에게도 이익이 된다. 인간은 오랫동안 지구에서 가장 파괴적인 포식자이기 때문에 포식자들에 대한 우리의 반감은 모순이다. 객관적이기 위해서는 개별적인 관점에서보다 개체군의 관점에서 포식을 생각하는 것이 도움된다. 물론 포식자들은 그들이 죽이는 개체들에게는 이롭지 않다. 그러나 그들은 어울리지 않는 개체들을 제거함으로써 또는 개체군의 과대한 증가를 예방함으로써 전체 피식자 개체군에게는 이익을 준다. 예를 들어 이 장의 앞에서 수용능력을 논의

---

6) 제거실험 removal experiment은 어떤 생물종을 제거한 후 일어나는 변화를 살핌으로써 제거된 생물종의 기능을 추정하는 실험.

할 때 제시한 바와 같이, 많은 사슴종들은 포식자들이 없는 경우 먹이 공급을 초과하는 선까지 그 수를 증가하는 경향이 있다. 이 경우 포식자는 피식자 개체군의 〈삶의 질〉을 개량하게 된다.

반면에 포식자는 그들의 피식자 개체군을 전멸 또는 전멸 직전까지 감소시킬 정도로 강하게 제한적일 수 있다. 상호작용하고 있는 종들의 짝에 대해서 어떤 상황이 나타나게 될지는 포식자에 대한 피식자의 취약 정도에 달려 있다. 포식자의 관점에서 이것은 피식자를 잡는 데 얼마나 많은 에너지를 써야 하느냐에 달려 있다. 피식자의 관점에서는 개체들이 잡히는 것을 피하는 데 얼마나 성공적이냐 그리고 그들의 새끼를 얼마나 잘 숨기고 보호할 수 있느냐에 달려 있다. 피식자의 취약성은 종종 경관에서 인간이 일으킨 파괴에 의해서, 특히 그 피식자가 적응되어 있지 않은 새로운 포식자의 도입에 의해서 증가된다. 예를 들어 수년 전 카리브 해의 많은 섬에 사탕수수밭의 들쥐를 제어할 목적으로 족제비 같은 포식자인 몽구스가 도입되었다. 그런데 그 포식자들은 들쥐들을 없앴을 뿐만 아니라 땅 위에 둥지를 만드는 새, 파충류, 거북이 들까지 대약탈을 감행했다(Seaman 1952).

사냥감인 새를 잡는 매 같은 포식자의 행위는 좋은 구경거리이며 쉽게 관찰될지도 모른다. 그러나 숙련되지 않은 사람들에게 피식자 개체군들을 더욱 제한할지도 모르는 다른 요인들은 이해되지 않는다. 스토다드 Herbert L. Stoddard(1936)와 그의 동료들은 미국 조지아 주의 보전지구에서 일하며 건강한 메추리가 매의 공격을 쉽게 피할 수 있을 정도로 식생덤불이 덮여 있는 한, 매는 메추리의 제한요인이 아니라는 것을 보여주었다(또한 Errington 1946b 참조). 부분적으로 숲을 태우고 먹이 공급과 피난처를 만들어 주는 다른 관리 조치들에 의해서 고밀도의 메추리 개체군이 유지되었다. 딜리 밀해서 메추리 서식지를 개선해 주는 방향으로 노력하면 매를 없애는 것은 불필요하거나 바람직하지 않기조차 했다. 왜냐하면 매는 메추리알을 먹는 설치류들을 먹이로 하기 때문이다. 그러나 생태계 경영은 매를 사냥하는 것보다 더 어렵고 재미가 없다. 그리고 관리인들이 이러한 상황을 더 잘 알고 있을 때조차 매를 사냥하여 메추리를 보호하는 조치를 선택하도록 히는 사냥꾼들의 압력을 종종 받게 된다.

포식자들은 그들의 먹이에 긍정적·부정적 영향을 동시에 줄 뿐만 아니라 전체 군집의 조성에 주요한 영향을 끼친다. 예를 들어 바위가 많은 조간대는 생물이 서식할 기질이 제한되어 있어서 조개 또는 따개비의 한 종이 종종 우세하게 나타난다. 포식자(이를테면 불가사리)에 의한 많은 우점종 개체의 제거는 다른 종들을 위한 서식지를 열어주어 군집의 종다양성을 증가시킨다(Paine 1966). 그러나 이 잘 연구된 하나의 보기로부터 항상 포식이 종다양성을 증가시킨다고 결론을 내려서는 안 된다. 서식지가 더욱 넓을 때, 포식자가 그렇게 〈쉽게 잡아먹지〉 못한 곳에서 혹은 폭풍우 또는 다른 주기적인 교란이 우점종을 감소시키는 곳에서는 포식이 그러한 영향력을 발휘하지 않기 때문이다.

초식

〈피식자〉가 식물이고 〈포식자〉가 식물을 먹는 동물일 때, 그 상호관계는 초식herbivory이라고 말한다. 식물은 달아나거나 숨어서 소비자를 피할 수 없다. 그러나 그들은 가시와 같은 초식에 대항하는 구조물들과 타닌과 같은 화학적으로 불쾌한 물질들이나 동물에게 독성인 물질들을

◤ 천연 살충제

살충제를 생산하는 식용식물을 선택하거나 공학적으로 만드는 것은 좋은 전략일 수도 있다. 그러나 문제점도 있다. 식물이 화학적 방어물을 합성하는 데 쏟아야 하는 에너지는 순생산성(수확량)을 감소시킨다. 그리고 초식에 대항하는 화학물질들은 사람에게도 독성이 있거나 음식 맛과 식용 가능성에 영향을 줄지 모른다. 그러나 막대한 양으로 우리가 사용하고 있는 인조 살충제들은 더욱더 독성이 강할 수 있다. 천연 살충제와 인공 살충제는 종종 화학 성분에서 유사하기 때문에 곤충이 이들에 대한 저항성을 발달시킬 것이라는 점을 추측할 수 있다. 그리하여, 농업에서 해충 방제는 결코 끝날 수 없는 싸움이 될 것이다. 우리가 농업에서 수확량이 유일한 성공의 기준이 아니라는 것을 알아차리기만 한다면 포식자들에 대항하여 그들 자신을 방어할 수 있는 식물을 유전공학적으로 만드는 것이 가치 있는 목표가 될 것이다.

만들어서 그들 자신을 방어할 수 있다. 1년 내내 기후가 곤충들에게 특히 유리한 열대에서 나무들은 이중의 방어전략을 구사한다. 거친 잎(단단한 왁스질의 큐티클)과 페놀 등의 소화 방해물질 생산(Coley et al. 1983)이 그 두 전략이다. 식물과 초식동물의 관계에 관한 연구는 생태학과 생화학 분야에서 〈성장 산업〉이 되고 있다. 이는 식물이 곤충과 다른 초식동물에 대항하여 그들 자신을 보호하기 위해서 생산해내는 엄청나게 복잡한 일련의 복합 화학물질 때문이다. 그리고 식물의 대응에 대해 곤충과 초식동물은 다시 식물의 방어물질을 해독하거나 격리시키는 많은 방법들을 개발해낸다. 이러한 공진화적 〈무기 경쟁〉에 대해서는 제7장에서 더 다룰 것이다.

기생자와 숙주

포식에 대해서 얘기해 온 것 중 많은 내용이 기생에도 적용된다. 사실상 기생과 포식은 숙주의 조직 안에서 사는 작은 세균과 바이러스로부터 생태계에 사는 큰 육식동물에 이르기까지 다소 연속적인 변화를 형성한다. 통상적으로 기생parasite이라는 용어는 에너지원과 서식지가 되는 숙주 안 또는 위에 실제로 살고 있는 작은 유기체에 대해서 사용된다. 대조적으로 우리는 포식자를, 독립적으로 살고 있으며 피식자보다 더 큰 것으로 생각한다. 여기서 피식자는 에너지원이지만 서식지는 아니다. 그러나 중간적인 많은 종류의 상황들이 존재한다.

기생과 포식은 생태적 상호작용의 관점에서는 비슷하지만, 각자의 구체적 상황에서는 중요한 차이가 있다. 기생성의 유기체는 포식자보다 일반적으로 생식률이 더 높고 숙주특이성[7]이 더 크다. 그 밖에도 그들은 보다 전문화된 구조와 물질 대사 과정, 생활사를 가지고 있다. 이러한 전문화는 특수한 환경과 한 숙주 개체에서 다른 개체로 옮겨 살아야 하는 문제들 때문에 필요하다. 편충류 중 촌충목(Cestoda)과 원생동물 중 포자충강(Sporoza) 같은 몇몇의 생물들이 속하는 강과 목은 그 전체가 기생으로 적응되어 가고 있다. 가장 전문화된 생물종들은 사람과 다

---

7) 특수한 종의 숙주에만 기생하는 특성을 말한다.

른 동물들에게 말라리아를 일으키는 기생생물인 원충(*Plasmodium*)의 예와 같이 숙주조직들의 연속적인 교체와 숙주생물종의 교체조차 포함하는 매우 복잡한 생활사를 가진다. *Plasmodium*속의 종은 그들이 다른 생활형에 있는 동안 모기와 척추동물 사이를 번갈아 오간다. 그리고 다른 *Plasmodium*속의 종은 다른 척추동물 숙주에 기생한다.

기생자들의 숙주특이성은 매우 중요한 고려 사항이다. 많은 기생종들은 하나 또는 몇몇 종의 숙주생물 안에서만 살 수 있기 때문에 숙주-기생자의 상호작용은 본질적으로 밀착되어 있으며, 그 생물종 모두를 제한하는 잠재력을 가진다. 사람들은 종종 해충을 구제하는 데 기생자를 활용할 수 있다. 다른 지역으로부터 도입되는 해충들은 원산지에서 그 곤충을 조절하고 있던 기생자들을 도입함으로써 이따금 제어되고 있다. 다른 경우에는 기생자들의 인위적인 전파가 도움이 되고 있다. 사람들이 제어하기를 원하는 생물종에만 기생하는 기생자들을 이용하는 이런 종류의 실용적인 생물학적 제어는 쉽다. 그러한 기생자들은 시종 작용을 계속하고 숙주 수의 증가와 감소에 재빨리 적응할 수 있다. 대조적으로 보통 해충은 잡식성 기생자나 포식자에 의해서는 제어될 수 없다. 그것이 앞부분에서 인용한 몽구스의 경우에서처럼 의도했던 목적물이 아닌 다른 종들을 공격하면 그 자체가 해충이 될지도 모른다. 또한 우리는 해로운 것으로 판정된 생물들과 함께 쓸모 있는 생물들도 죽이는 넓은 범위의 독극물들을 대체하기 위해서 어떤 종에 특이하게 작용하는 화학적인 살충제를 개발하는 지혜를 자연으로부터 배우고 있다.

기생자와 숙주, 포식자와 피식자의 상호작용에 대한 중요한 원리 또는 일반성을 다음과 같이 서술할 수도 있다. 상호작용하고 있는 개체군들이 상호적응을 허용할 정도로 충분히 안정되고 공간적으로 다양한 생태계에서 공동의 진화 역사를 가질 때 기생과 포식의 제한적인 영향은 감소되고 조절적인 영향이 고양되는 경향이 있다. 달리 말하면 자연선택은 상호작용하는 개체군들 모두에게 해로운 영향들을 감소시키는 경향이 있다. 그것은 기생이나 포식에 의한 숙주나 피식자 개체군의 심한 불황은 다만 하나 또는 두 개체군의 사멸을 일으킬 수 있기 때문이다. 결과적으로 광폭한 기생자—숙주 또는 포식자—피식자의 상호작용은 그 작용이 최근에 유래되었을 때, 또는 인위적 또는 기후적인 변화에 의해서 일어나는 것과 같이 최근에 대규모의 교란이 있었을 때 가장 자주 일어난다.

　제2장에서 먼저 강조하고, 제3장에서 다시 강조한 바와 같이, 농업과 임업에서 가장 큰 손실을 유발시키는 질병과 기생충, 해충의 목록에는 최근에 새로운 지역으로 또는 취약 숙주에게 도입된 종들이 많이 포함된다. 유럽의 조명나방 유충, 집시나방, 왜콩풍뎅이, 그리고 지중해의 광대파리들은 다른 대륙으로부터 미국으로 도입된 극심한 해충들의 보기이다. 국경을 거쳐서 유입되거나 유출되는 것들을 통관규정으로 엄격히 제한하는 이유는 도입된 생물종으로부터 생길 수 있는 위험 때문이다. 같은 원리들이 인간의 질병에 많이 적용된다. 가장 공포스러운 것

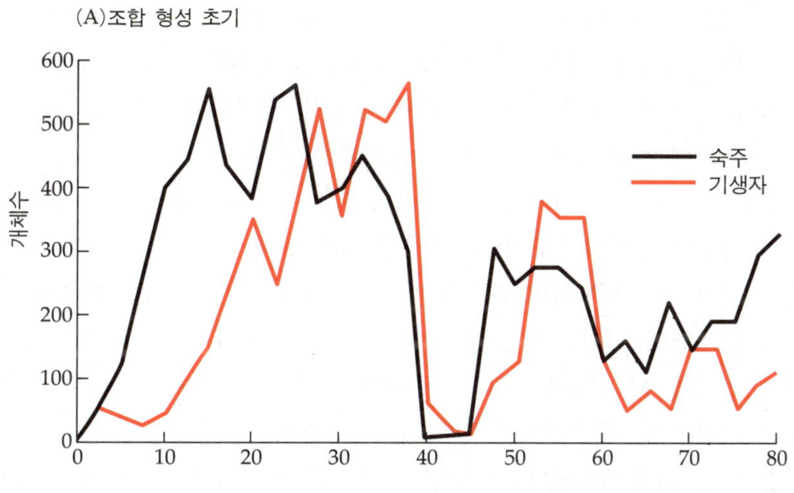

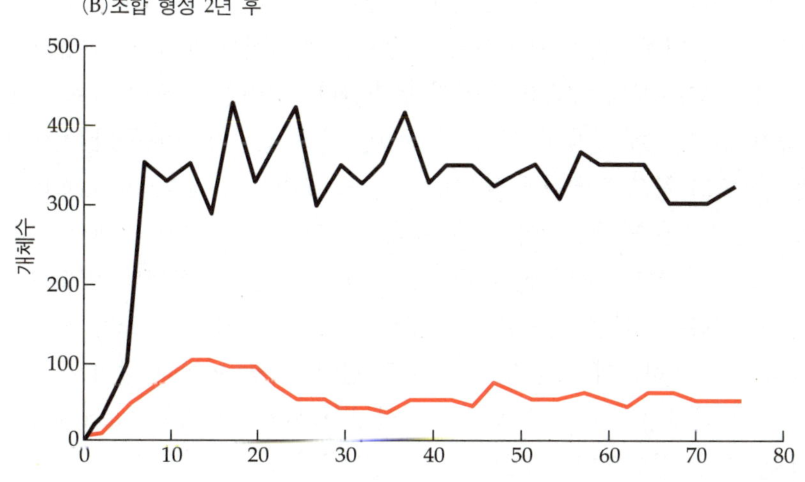

그림 6-8
집파리(*Musca domestica*)와 기생봉(*Nasonia vitripennis*) 사이의 숙주-기생자 관계에서 항상성의 진화. 밀도는 30개의 칸막이로 나누어진 우리에서 칸막이당 숫자이다. (A)새로이 짝을 이룬 개체군들은 격렬하게 증감을 반복한다. 처음엔 숙주가, 그 다음에는 기생자의 밀도가 증가하고 또 격감한다. (B)두 종이 2년 동안 짝을 이루었던 군집에서 유래된 개체군들은 격감함이 없이 더욱 안정된 평형상태에서 공존했다. 기생자의 수명이 크게 감소되었으며(암컷 한 마리당 46마리의 새끼가 있었다. 반면에 새로 짝을 이룬 계에서는 133마리의 새끼가 있었다), 기생자 개체군 크기가 낮은 밀도에서 평준화된 사실은 진화되고 있는 숙주의 적응성 저항력을 가리킨다(Pimentel and Stone 1968).

은 최근에 얻은 병이다. 대조적으로 기생자와 관련된 숙주 및 포식자와 관련된 피식자가 오랫동안 연관되어 온 곳에서는 상호작용이 온건하며, 장기적인 관점에서 손익이 뚜렷하지 않거나 이롭기도 한다.

숙주–기생이 이루는 체계에서 상호적응하는 진화에 대한 실험실 내에서 실험을 그림 6-8에서 보여준다. 집파리(*Musca domestica*)와 기생봉(*Nasonia vitripennis*)을 30개의 플라스틱 상자로 이루어져 여러 개의 방으로 나누어진 우리 안에 넣고, 약간의 파리들이 기생봉으로부터 도망갈 수 있고 기생자의 파급이 느리게 일어나도록 실험 설계를 했다. 새로이 야생의 생물 무리들을 함께 두었을 때, 처음에는 두 종의 개체군이 격렬하게 늘었다 줄었다 했다. 2년이 지나고 몇 세대가 반복된 후 파리들은 저항력을 발전시키고 기생자들은 숙주를 찾는 데 덜 활동적이 되어서 다소 안정된 평형상태를 초래했다. 그 실험은 개체군 체계에서 조절적이고 안정화시키는 기작으로서 유전적 되먹임이 어떻게 기능을 발휘할 수 있는지를 증명했다(Pimentel 1968).

자연의 세계에 적응하기 위해서는 더 많은 시간이 필요할지 모른다. 그리고 적응이 일어나기도 전에 전멸할 기회도 항상 있다. 밤나무 고조병은 적응과 사멸이 거의 한 세기 동안 저울질하고 있는 경우이다. 1904년 고조병에 저항력이 있는 동양 밤나무를 중국으로부터 북아메리카로 수입했을 때 실수로 밤나무 줄기와 껍질을 공격하는 기생성 곰팡이도 도입되었다. 애팔래치아 산맥 남부 삼림의 전 생물량의 40%를 차지하고 있던 미국 밤나무는 도입된 기생 곰팡이에 극도로 취약한 것으로 판명되었다. 1952년까지 큰 밤나무들이 계속해서 죽어갔다. 그들의 황량한 잿빛 나무줄기는 애팔래치아 경관을 특징짓는 모습이 되어갔다. 밤나무는 뿌리로부터 계속해서 싹터 올라왔다. 그러한 싹은 때때로 그들이 죽기 전에 열매를 맺었다. 그러나 궁극적인 결과가 밤나무의 전멸과 적응 중 어느 쪽으로 끝나게 될지는 아무도 예측할 수 없다(Anagnostakis 1982). 당분간은 밤나무들이 다른 활엽수(주로 참나무류)에 의해서 밀려나고 있다. 오늘날 숲의 생물량이 고조병이 있기 전 상태와 비슷하기 때문에 전체로서 삼림은 손실에 적응하고 있다. 이 경우는 또한 어떻게 중복성——즉 하나의 기능적 생태 지위 안에 한 종 이상의 종이 존재하는——에 의해 생태계 수준에서의 탄력성 resilience과 회복성 recovery이 강화되는지를 설명한다(제3장의 생물다양성에 대한 논의 참조).

상호적응의 좋은 예는 점액성 바이러스와 유럽 토끼가 관련된 내용이다. 유럽 토끼가 1859년 오스트레일리아의 빅토리아에 도입되었다. 그들은 빠르게 번져가서 양과 경쟁을 하며 방목지의 풀을 과도하게 뜯어먹었다. 1950년 그 토끼들을 제어하기 위해서 점액성 바이러스가 도입되었다. 모기에 의해서 전염되는 전염성 바이러스는 유럽에서 토끼 개체군을 제어하는 병으로 알려진 점액종을 일으켰다. 레빈과 피멘텔 Levin and Pimentel(1981)이 기술한 것처럼 처음 도입되었을 때 그 기생균은 극도로 악성이었고 수일 내에 숙주를 죽였다. 그러나 점액종의 유행은 토끼 개체군의 99.8%만 죽였다. 그 뒤에 그 악성 바이러스 종은 숙주를 죽이는 데 더 긴 시간이 걸리는 덜 악성인 종에 의해서 점차적으로 밀려났다. 그리하여 병든 숙주를 먹고 사는 바이러스를 전염시키는 데 더 많은 시간이 걸리게 했다. 비병원성의 바이러스는 병원성인 것만큼 빠르게 먹이자원(토끼)을 파손하지 않았기 때문에 점점 더 많은 비병원성 형태의 기생균이 생산되고 새로운 숙주로 전염되는 데 이용될 수 있었다. 그러므로 자연선택은 병원성보다 비병원성을 선호하는 것 같다. 그렇지 않으면 기생균과 숙주는 궁극적으로 멸종하게 된다(Alexander 1981; Anderson and May 1982).

모든 일반 원리에서 예외가 발견될 것이라는 것은 기대할 수 있다. 숙주-기생 관계에 대한 최근의 문헌조사에서 에왈드 Ewalds(1983)는 상호작용이 여러 가지 결과를 가져올 것이라고 조심스럽게 말하고 있다. 이러한 여러 가지 결과에는 시간과 함께 질병의 혹독성이 증가되는 현상도 포함된다. 그는 그것이 말라리아와 같은 경우라고 믿고 있다. 에이즈AIDS같이 새로 생겨난 질병과, 근절할 수 있다고 생각했으나 다시 살아난 전염성 질병의 독성이 증가한다는 것은 의문의 여지가 없다. 적어도 인체의 면역체계가 조절할 수 있을 때까지 말이다. 플랫 Platt(1996)은 이 조절을 어렵게 만드는 일종의 분열 요인들을 나열했다. 인구 과잉에 의한 혼잡과 깨끗한 물 및 위생설비의 부족, 불완전하게 계획된 개발, 항생제의 남용, 그리고 특히 인간 이동성(비행기를 타고 가는 여행 등과 같은)의 증가 등이 그것이다.

병균을 제어하기 위한 유전공학의 최근 연구들은 유전공학적으로 만들어진 기생자가 병균의 저항성을 키울 정도로 그렇게 유독한 것이 아니라면 그 제어가 더 오래 지속된다고 설명하고 있다. 그 극적인 예는 밀의 녹병 저항성 품종의 개발인데, 이것은 녹병곰팡이가 돌연변이를 일으킬 동기를 가지지 못할 정도의 〈낮은 수준으로 녹병을 유지시키는〉 유전자가 도입되어 있는 것이다(Science 258: 551, 1992). 똑같은 원리가 항생제에도 적용되는 것 같다. 약물의 과다 사용은 질병에 걸린 생물체로 하여금 돌연변이를 일으켜서 항생제에 저항을 갖는 새로운 생물체를 만들도록 북돋우는 것이다. 같은 맥락에서 살충제의 과다 사용 또한 저항성을 갖는 해충의 생산을 돕게 된다.

편리공생, 협동, 상리공생

우리는 이제 〈긍정적 상호작용〉이라 불러도 좋은 것을 논의하게 되었다. 〈적자생존〉에 대한 찰스 다윈의 강조는 경쟁, 포식, 그 밖의 다른 〈부정적〉 상호작용들에 특별한 관심을 쏟게 만들었다. 그러나 다윈 자신이 지적한 것처럼 상호이익을 위한 협동은 자연에 널리 퍼져 있으며 자연선택에서도 중요하다.

다윈 이후 수십 년이 지난 1902년에 러시아의 크로포트킨 Peter Kropotkin 은 『상호 도움: 진화요인 *Mutual Aid: A Factor of Evolution*』이라는 제목의 책을 출판하였다. 크로포트킨은 다윈이 피의 전쟁(테니슨 Tennyson의 〈이빨과 발톱의 피〉라는 은유)으로서 자연선택을 과대평가하였다고 지적하였다. 그는 상호이익을 위해 서로 도움을 주는 개체 또는 종이 어떻게 서로의 생존을 강화시키는지에 대해 매우 자세하게 설명하였다.

크로포트킨의 저술들은 평화공존이라고 하는 그의 개인적 철학에 크게 영향받은 것이다. 그는 후대의 간디나 마틴 루터 킹과 같이 인간의 대립에 대해 비폭력적인 해결을 굳게 신봉하는 사람이었다. 그는 책을 쓸 당시 영국에서 정치적 망명 생활 중이었다. 그의 책에서 훌륭한 점은 동물들 사이에서 뿐 아니라 원시사회, 시골 마을, 노동조합에서 상호협동의 중요성을 기술하였다는 것이다(크로포트킨에 대한 자세한 사항은 Gould 1988와 Todes 1989 참조).

둘 또는 그 이상의 종 사이에서 일어나는 긍정적 상호작용은 진화적인 연속과정으로 보아도 좋을 세 가지 형태로 일어난다. 편리공생 commensalism (+0)은 하나의 종은 이익을 얻으나 다른 것은 전혀 영향을 받지 않는 긍정적 상호작용의 한 단순한 형태이다. 두 종이 서로 이익을 주지만 서로의 생존을 위해 필수적이 아니면 그 관계는 보통 협동cooperation(++)이라 불린다. 그 관계가 아주 밀접해서 두 종의 생존에 절대적이거나 필수적이면 우리는 그 상호작용을 상리공생mutualism(++)이라고 부르는데 이런 필수적인 관계를 강조하기 위해 가끔 ++/++로 표시하기도 한다(Dindal 1975).

한 종만 이익이 되는 관계는 작은 운동성 생물들과 큰 고착성 생물들 사이에서 특히 흔하게 나타난다. 바닷가는 그러한 관계를 관찰하는 데 좋은 장소이다. 실질적으로 조개나 해면과 같이 굴을 파는 모든 무척추동물들은 여러 가지 〈초대받지 않은 손님들〉(예를 들면 갑각류, 벌레, 작은 물고기 등)을 포함한다. 이러한 손님들은 피신처나 숙주가 사용하지 않는 먹이들이 필요하며 숙주에게는 이익도 손해도 주지 않는다. 당신이 굴을 좋아해서 많이 까먹는다면 당신은 굴껍데기 안에 살고 있는 작고 섬세한 게들을 발견하게 될 것이다. 이들 게는 때때로 손님의 지위를 넘어서기도 하고, 숙주의 조직으로 들어가기도 하지만 일반적으로 혼자서 이익을 취하고 있다(Christensen and McDermott 1958). 반면에 편리공생에서 기생으로 혹은 다른 것을 돕는 행위로 가는 데는 단지 작은 행보가 필요할 뿐이다. 일방적 이익을 취하는 생물들은 기생자들만큼 특수한 숙주에 매달리지 않는다. 그러나 그들 중 일부는 단지 한 종의 숙주생물종과 관련되어 있는 것이 발견된다.

협동의 궁극적인 형태인 상리공생은 대단히 널리 퍼져 있고 또 중요하다. 많은 종의 짝 또는 집단들이 필연적인 짝꿍(어느 쪽도 혼자서는 살 수 없다)으로서 상호이익을 위하여 함께 살아가고 있다. 이를테면 제5장에서 기술한 것처럼 식물과 질소고정 세균의 상리공생은 그들 짝꿍들에게 이익을 줄 뿐만 아니라 생명을 부양하는 질소순환에서도 중추 역할을 한다.

상리공생은 분류학적으로 다른 두 종(멀리 떨어진 〈사촌관계〉조차도 아니다)을 포함하는 것이 대부분이다. 그들 각각은 그 짝의 생명에 필수적인 〈재화와 용역〉을 가지고 있다. 셀룰로오스와 다른 저항성 있는 식물질을 소화하는 미생물과 그것을 위해 필요한 효소를 가지고 있지 않은 동물들은 종종 상리공생 관계를 가진다. 반추동물과 그들의 되새김 위에 사는 세균, 그리고 흰개미와 그들의 내장에 살고 있는 편모충류들의 경우는 부니질 먹이사슬에 대한 논의와 관련하여 제4장에서 언급했다. 두 경우 모두 미생물은 셀룰로오스를 동물이 이용할 수 있는 지방과 탄수화물로 분해하고, 숙주인 동물들은 미생물들에게 살아갈 장소와 경쟁자 및 포식자에 대한 보호를 제공한다.

더욱 밀접한 상호의존성이 숙주의 체외에 살고 있는 미생물들과 함께 발달될 수도 있다. 열대지방에서 잎을 자르는 개미들은 그들이 채취해서 지하의 보금자리에 모아둔 나뭇잎에 곰팡이로 이루어진 뜰을 가꾼다. 사람들이 버섯을 양식하는 것과 똑같은 방식으로 개미들은 곰팡이 경작물에 비료를 공급하고(그들의 배설물로), 그들을 돌보며 또 수확한다. 물론 사람들이 집약농장에서 에너지가 필요한 것처럼 이들 단종재배를 보완하고 유지하는 데는 많은 〈개미 에너지〉가 필요하다.

개미와 아까시나무(열대 사바나에서 특징적으로 나타나는 콩과 교목)는 인상적인 다른 상리공생을 보여준다. 아프리카에서 나무들은 개미에 집을 제공하고 또한 먹여 살린다. 개미들은 아까시나무 가지의 특별한 구멍에 보금자리를 마련한다. 다음으로 개미는 초식성 곤충들로부터 나무를 보호한다. 실험적으로 개미가 제거되었을 때(살충제 사용 등으로) 나무는 종종 재빨리 잎을 없애는 곤충들에게 공격당해 죽었다. 신대륙의 몇몇 열대지역에서는 아까시나무가 개미에게 집을 마련해 주지 않는다. 대신에 항초식성 화학물질들을 생성함으로써 그들 자신을 보호한다. 어느 전략(개미병정을 유지하거나 방어용 화학물질을 생산하는 것 중)이 에너지 이용면에서 더 효율적인지 아무도 측정해 보지는 않았다.

다른 부류의 상리공생은 음식물을 만들 수 있는 독립영양 생물과 음식물을 만들 수 없으나 독립영양 생물들에게 보호수단 또는 영양소를 제공할 수 있는 종속영양 생물을 포함한다. 그 주요한 보기가 제8장에서 설명할 산호와 제2장에서 논의했던 균근mycorrhizae이다. 균근은 제2장에서 〈창발성〉으로서 간단히 언급되었으며, 제5장에서 영양소 순환을 논의할 때 다시 언급되었다. 질소고정 세균과 콩과 식물에서와 마찬가지로 균근은 뿌리와 상호작용하여 식물이 토양으로부터 무기영양소들을 추출하는 능력을 향상시키는 혼성의 〈기관〉을 형성한다. 균사hyphae라 불리는 얇은 곰팡이실은 연합된 곰팡이-뿌리조직으로부터 자라며 인과 다른 미량영양소들을 추출할 수 있다(킬레이션 또는 아직 잘 밝혀지지 않은 다른 방법으로). 이들 영양소들은 비균근의 뿌리에 의해서는 이용될

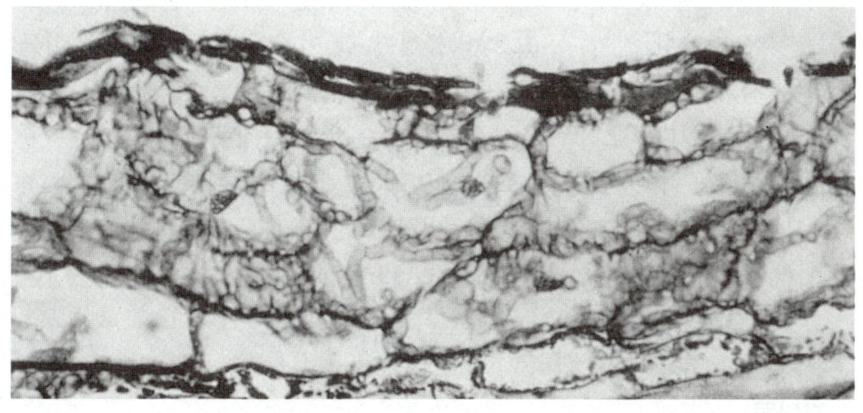

그림 6-9
균근(곰팡이‐뿌리의 상리공생)의
두 형태. (A)균근이 없는 어린 소나
무 묘목(왼쪽)과 외생균근이 풍부하
게 발달된 어린 소나무 묘목(오른
쪽). (B)뿌리세포 안에 균사체들과
작은 주머니들을 보여주는 내생균근
또는 VA균근.

수 없을 것이다. 물론 곰팡이는 그에 대한 대가로 약간의 식물광합성
물질을 공급받을 것이다.

균근의 두 가지 주요 형태를 그림 6-9에서 보여준다. 외생균근 ecto-
mycorrhizae에서 곰팡이는 활동적인 뿌리 둘레에 초 sheath 또는 얼개를
형성한다. 그 뿌리에서 균사는 토양으로 뻗이 나와 자라는데 종종 먼
거리까지 뻗친다. 이들은 대부분 교목들, 특히 소나무류와 다른 침엽
수, 열대성 나무들과 연합을 이룬다. 낭지균근 vesicular‐arbuscular

mycorrhizae 또는 VA균근[8]은 뿌리조직을 뚫고 들어가며 그 뿌리에서 특징적인 주머니 같은 구조(여기서 그 이름이 나왔음)를 형성한다. 균사는 외생균근에서처럼 토양으로 뻗어 나간다. 이들은 몇몇 속을 제외한 거의 모든 식물에 서식한다. 이들 식물은 모든 기후지역에서 자라는 초본, 경작물, 관목, 교목들을 포함한다.

균근에는 일반적으로 숙주특이성이 없다. 이것은 어떠한 식물뿌리들이 그들의 포자와 접촉하든지 빈번히 서식할 수 있다는 것을 의미한다. 몇몇 외생적인 형태는 지상부에 분산을 용이하게 하는 큰 포자낭 sporocarp 또는 버섯을 생산한다. VA형은 지하에 포자를 생산한다. 그들은 지하에 살고 있는 동물들에 의해서 전파될 수도 있다(균근에 대한 더 자세한 내용은 Wilde 1968와 Allen 1991 참조).

열대림과 경작물 생산과 관련하여 영양소의 직접순환에서 균근이 하는 역할과 중요성은 제5장에서 강조되었다. 아주 오랫동안 지속된 병렬식 경작 소작 농업체계하에서 표토 surface soil들이 침식된 미국 남부지방의 수백만 에이커에서 소나무–균근 상리공생이 아주 잘 이루어지고 있는 것은 다행한 일이다. 그 상리공생이 잘 이루어지지 않았다면 이들 침식된 지역들은 오늘날 보고 있는 양호한 소나무 임분들 대신에 사막이 되었을 것이다. 소나무들은 옮겨심기 전에 묘목장에서 아주 많은 균근에 접종되어 있어서, 제련소의 매연에 의해서 황폐화된 카퍼힐(제3장 참조)과 같은 땅에서조차 자랄 수 있다(균근연합들의 실용적인 중요성에 대한 더 자세한 내용은 Ruehle and Marx 1979 참조).

지의류

지의류 lichens의 전체 집단은 상리공생 관계인 조류와 곰팡이로 이루어져 있다. 식물학자들이 그 연합을 하나의 종으로 간주하는 것이 편리하다고 생각할 정도로 이들은 아주 밀접하게 연관되어 있다. 상리공생의 관계는 편리공생과 협동 관계에서뿐만 아니라 기생 관계에서 진화될 가능성이 있다. 예를 들어 그림 6–10A에서 보는 것처럼 어떤 원시 지

---

8) 전에는 내생균근이라 불렸다. 숙주의 뿌리 안에서 주머니 vesicle와 나뭇가지 arbuscule 모양으로 이루어진 특징적인 구조를 만든다.

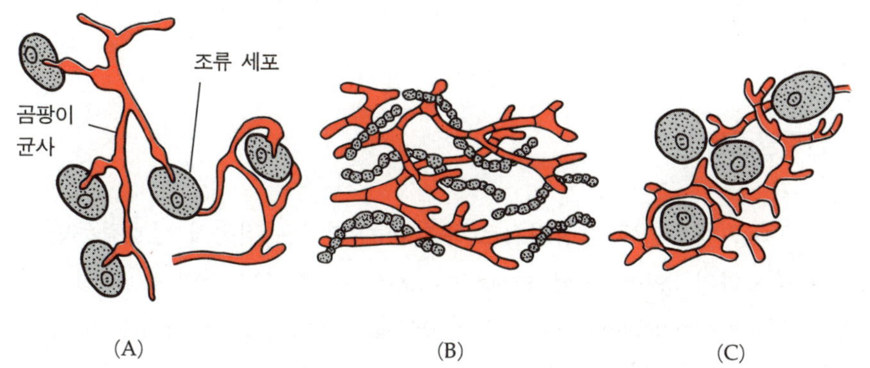

의류에서 곰팡이들은 실제로 조류의 세포로 뚫고 들어간다. 그리하여 필연적으로 조류에 기생성이다. 더 발전된 생물종들에서 곰팡이 균사체는 조류의 세포로 뚫고 들어가지는 않는다. 그러나 그들 둘은 밀접한 조화를 이루며 산다(그림 6-10B와 6-10C). 곰팡이는 조류의 세포에서 나오는 광합성 산물을 흡수하고 대가로 조류는 곰팡이의 지원과 보호를 받는다. 지의류들이 화강암 노출지대와 극지의 툰드라와 같이 혹독한 물리환경에서 살 수 있는 짝꿍 관계는 아주 성공적이다.

공생은 성숙한 삼림에서처럼 자원이 주로 생물량 속에 들어 있을 때, 또는 산호초나 열대우림에서와 같이 토양과 물에 영양소가 부족할 때 생존을 위해 특별히 가치가 있다고 밝혀졌다. 산호, 그리고 다른 매우 잘 조직된 종속영양-독립영양생물의 공생적 복합체와 같이 지의류도 자연적 결핍과 압박에 잘 적응되어 있다. 그러나 오염 압박 중 특히 대기오염에는 매우 민감하다. 대기오염에 의해 황폐화된 온타리오 서드베리에서 진행되었던 경관 복원을 위한 노력에서 지의류의 회복은 복원이 진행되고 있다는 환영 받을만한 표시이다.[9]

상리공생적인 지의류 생활형은 다른 곰팡이 계열의 가지에서부터 유래한 적어도 다섯 가지의 독립적인 기원을 가지고 있다. 적어도 모든 곰팡이 종의 20%가 지의류이다(Gargas 등 1995). 거의 한 세기 전에 크로포트킨이 제안했던 것과 같이 이러한 다중 기원은 진화에 있어서 상리공생이 경쟁보다 더 중요하다는 것을 증명한다. 다음 장에서 협동과

---

9) 제3장 상자글 〈카퍼힐의 교훈〉 참조.

상리공생 진화의 이론적인 측면과 인간사와 관련성을 고찰할 것이다.

연결망공생

생물종들 상호간에 간접적으로 주고받는 영향은 직접적 상호작용만큼이나 중요하며, 연결망공생 network mutualism에 기여할 것이다. 먹이그물 연결망 food web network 속의 먹이사슬을 생각할 때, 먹이사슬 양끝에 있는 종들은 직접적으로 상호작용하지는 않지만 간접적으로 서로 이익을 얻는다. 농어는 플랑크톤에 의해 유지되는 플랑크톤 섭식 물고기를 먹음으로써 이익을 얻는 반면 플랑크톤은 그들의 포식자 개체군이 농어에 의해 감소됨으로써 이익을 얻는다. 따라서 먹이그물 연결망에는 부정적 상호관계(포식자-피식자)와 긍정적 상호관계(공생적)가 모두 존재한다(Wilson 1986; Patten 1991).

제4장에서 논의한 바와 같이 〈보상되먹임 reward feedbacks〉 때문에 그리고 이 장에서 논의한 바와 같이 부정적 상호작용이 시간과 함께 감소하는 경향 때문에, 전체 먹이사슬을 상리공생적인 것으로 간주하는 것은 지나친 억지가 아니다(Odum and Biever 1984). 조류-초식자 관계에 대한 최근의 연구에서 스터너 Sterner(1986)는 조류가 뜯어 먹힐 때 초식자에 의해서 재생되는 질소 때문에 더욱 잘 자라는 것을 발견했다(상리공생과 그것의 중요성에 대한 일반적인 종합검토는 Boucher 1985; Boucher et al. 1982; Keddy 1990 참조).

두 종 사이의 모든 긍정적인 상호관계와 부정적인 상호관계가 군집과 생태계 수준의 먹이그물에서 함께 작동하는 것이 본원적인 현실이다. 제3장에서 자세하게 설명한 먹이그물의 에너지론은 〈하향식〉과 〈상향식〉 과정과 결합함으로써, 먹이그물을 종들의 상호관계에 대한 단순한 집합이 아니라 그 이상의 기능적인 체계로 발전시켰다. 보상되먹임을 포함한 하향식 조절은 먹이그물의 〈상위 단계〉에 속하는 구성요소가 주요 조절자인 법칙을 말한다. 예를 들어 육식동물이 초식동물을 조절하고, 초식동물은 식물을 조절하는 과정을 말한다. 상향식 조절은 일차 생산성을 결정하는 영양물질과 다른 물리적 요인에 의한 조절과정을 말한다. 생태학자들은 주어진 상태에서 가장 중요한 것이 무엇인가에 대해 논쟁

한다. 그러나 대부분의 생태학자들은 모든 자연 상태에서 아니면 일부
에서, 경우에 따라 서로 작용하는 힘은 다를지라도 두 조절이 모두 관
련되어 있다는 사실에 동의하고 있다(Hunter and Prace 1992; Polis 1994;
de Ruiter et al. 1995; Krebs et al. 1995).

*Abernathy, V. 1993. The demographic transition revisited: Lessons from foreign and U.S. immigration policy. *Ecol. Econ.* 8: 255−257.

*Acharya, A. 1995. Small islands awash in a sea of troubles. *Worldwatch* 6(6): 24−33.

*Alexander, M. 1981. Why micorbial parasites and predators do not eliminate their prey and hosts. *Annu. Rev. Microbiol.* 35: 113−133.

*Allee, W.C. 1951. *Cooperation among Animals, with Human Implications.* Henry Schuman, New York.

Allee, W.C. 1958. *The Social Life of Animals.* Beacon Press, Boston.

*Allen, M.F. 1991. *The Ecology of Mycorrhizae.* Cambridge University Press, New York.

*Anagnostakis, S.L. 1982. Biological control of chestnut blight. *Science* 215: 466−471.

*Anderson, R.M., and R.M. May. 1982. Coevolution of hosts and parasitology. *Parasitology* 85: 41−426.

Ayala, F.J. 1972. Competition between species. *Am. Sci.* 60: 348−357.

*Biswas, A.K. 1993. Land resources for sustainable agricultural development in Egypt. *Ambio* 22: 556−580.

*Bongaarts, J. 1994. Population policy options in the developing world. *Science* 263: 771−776.

*Boucher, D.H., ed. 1985. *The Biology of Mutualism.* Oxford University Press, New York.

*Boucher, D.H., S. James, and K.H. Keeler, 1982. The ecology of mutualism. *Annu. Rev. Ecol. Syst.* 13: 315−347.

*Brown, L.R., and J.L. Jacobson. 1986. *Our Demographically Divided World.* Worldwatch Paper no. 74. Worldwatch Institute, Washington, D.C.

Burkholder, P.R. 1952. Cooperation and conflict among primitive organisms. *Am. Sci.* 40: 601−631. (Considers the nine possible types of interaction as first suggested by E.F. Haskell in *Main Currents in Modern Thought,* 7: 45−51, 1949.)

Calhoun, J.B. 1962. Population density and social pathology. *Sci. Am.* 206(2): 139−148.

*Carpenter, J.R. 1940. Insect outbreaks in Europe. *J. Anim. Ecol.* 9: 108−147.

*Catton, W.R. 1987. The world's most polymorphic species: Carrying capacity transgressed two ways. *BioScience* 37: 413−419.

*Catton, W.R. 1995. Backing into the future. *Focus: Carrying Capacity Network* 5(1): 41−46. Washington, D.C.

*Christensen, A.M., and J. McDermott. 1958. Life history and biology of the oyster crab, *Pinnotheres ostreum Biol. Bull.* 144: 146−179.

*Coley, P.D., J.P. Bryant, and F.S. Chapin, Ⅲ. 1985. Resource availability and plant antiherbivore defense. *Science* 230: 895−899.

Colinux, P.A. 1982. *Why Big Fierce Animals are Rare: An Ecologist's Perspective.* Princeton

University Press, Princeton, NJ. (A delightfully written and provocative book.)

*Connell, J.H. 1961. The influence of interspecific competition and other factors on the distribution of the barnacle *Chthamalus stellatus*. *Ecology* 42: 710−723.

Dawkins, R. 1986. *The Blind Watchmaker*. Norton, New York. (Good review of evolutionary theories.)

Deevey, E.S. 1960. The human population. *Sci. Am.* 203(3): 195−204.

*den Boer, P.J. 1986. The present status of the competition exclusion principle. *Trends Ecol. Evol.* 1: 25−28.

*de Ruiter, P.C., A.M. Neutel, and J.C. Moore. 1995. Energetics, patterns of interactive strengths and stability in real ecosystems. *Science* 269: 1257−1260.

*Dindal, D.L. 1974. Symbiosis: Nomenclature and proposed classification. *Biologist* 54(4): 129−142.

Ehrlich, P.R. 1968. *The Population Bomb*. Ballantine Books, New York.

 *Ehrlich, P.R., and A.E.Ehrlich. 1992. The most overpopulated nation. *Clearinghouse Bulletin, Carrying Capacity Network* 2(8): 1−3, 7.

Ehrlich, P.R. and H.A. Mooney. 1983. Extinction, substitution, and ecosystem services. *BioScience* 33: 248−254. (Extinction of key wild species may result in loss of vital life−support services to humans.)

Enke, S. 1969, . Birth control for economic development. *Science* 164: 798−8−2. (Reducing human fertility can raise per capita income in underdeveloped countries.)

*Errington, P.L. 1946a. Predation and vertebrate populations. Q. Rev. *Biol.* 21: 144−177, 221−245.

*Errington, P.L. 1946b. Vulnerability of bob−white population ti predation. *Ecology* 15: 112−127.

*Ewald, P.W. 19831 Host−parasite relations, vectors, and the evolution of disease severity. *Annu. Rev. Ecol. Syst.* 14: 465−485.

*Freedman, D., and B. Berelson. 1974. The human population. *Sci. Am.* 231(3): 30−39.

Galle, O.R., W.R. Gove, and J.M. McPherson. 1972. Population density and pathology: What are the relations for man? *Science* 176: 23−30. (Evidence from one city suggests high density may be linked with pathological behavior, as found in John B. Calhoun's animal experiments ; see Calhoun 1962.)

*Gargas, A., P.T. DePriest, M. Grube, and A. Tehler. 1995. Multiple origins of lichen symbiosis in fungi suggested by SSUrDNA phylogeny. *Science* 268: 1492−1495.

*Gause, G.F. 1932. Ecology of populations. *Q. Rev. Biol.* 7: 27−46.

*Gordon, D.L. 1995. The development and organization of an ant colony. *Am. Sci.* 83: 50−57.

*Gould, S.J. 1988. Kropotkin was no crackpot. *Nat. Hist.* 97(7): 12−21.

*Hanski, I. 1989. Metapopulation dynamics: Does it help to have more of the same? *Trends Ecol. Evol.* 4: 113−114.

*Hardin, G. 1960. The competitive exclusion principle. *Science* 131: 1292−1297.

Hardin, G. 1986. Cultural carrying capacity. *BioScience* 36: 599−606.

*Harper, J.L., and J.N. Clatworthy. 1963. The comparative biology of closely related species of clover in mixed and pure culture. *J. Exp. Bot.* 14: 172–190.

*Harris, L.D. 1984. *The Fragmented Forest*: *Island Biogeography Theory and Preservation of Biotic Diversity*. University of Chicago Press, Chicago.

*Hunter, M.D., and P.W. Price. 1992. Playing chutes and ladders: heterogeneity and the relative roles of bottom–up and top–down forces in natural selection. *Ecology* 73: 724–732.

Hutchinson, G.E. 1978. *An Introduction to Population Ecology*. Yale University Press, New Haven, CT.

Johnson, D.D. and R. Johnson. 1989. *Cooperation and Competition*: *Theory and Research*. Interaction Book Co., Edina, MN. (Social scientists find that cooperative learning strategies ——when students work together in small groups and help and teach each other——are far more effective in developing student talent than traditional competitive approaches.)

*Keddy, P. 1990. Is mutualism really irrelevant to ecology? *Bull. Ecol. Soc. Am.* 71(2): 101–102.

*Klein, D.R. 1968. The introduction, increase, and crash of reinder on St. Matthw island. *J. Wildl. Mgmt.* 32: 350–367.

*Krebs, C.J., S. Boutin, R. Boonstra, R.E. Sinclair, J.N. Smith, M.R.T. Dale, K. Martin, and R. Turkington. 1995. Impact of food and predation on snowshoe hare cycles. *Science* 269: 1112–1115. (Enclosure experiments suggest that bottom–up, i.e., food, and top–down, i.e., predation, processes interact to generate cycles)

*Kropotkin, P. 1902. *Mutual Aid*: *A Factor of Evolution*. William Heinemann, London. (Reprinted in 1935, Extending Horizons Books, Boston.)

*Levin, S., and D. Pimentel. 1981. Selection of intermediate rates of increase in parasite–host systems. *Am. Nat.* 117: 308–315.

*Levins, R. 1969. Some demographic and genetic consequences of environmental heterogeneity for biological control. *Bull. Entomol. Soc. Am.* 15: 237–240.

*Malthus, T.R. 1798. *An Essay on the Principle of Population*. Johnson, London. (reprinted in Everyman's Library, 1914)

Mauldin, W.P. 1980. Population trends and prospects. *Science* 209: 148–157.

*McCullough, D.R. 1979. *The George Reserve Deer Herd*: *Population Ecology of a K–selected Species*. University of Michigan Press, Ann Arbor.

*McNamara, R. 1982. Demographic transition theory. In *International Encyclopedia of Population*. vol. 1. Prentice–Hall, Englewood Cliffs, NJ.

*Meyers, J.H. 1993. Population outbreaks in forest Lepidoltera. *Am. Sci.* 81: 240–251.

Myers, N. 1979. *The Sinking Ark*: *A New Look at the Problem of Disappearing Species*. Pergamon Press, Elmsford, NY.

*Myers, N. 1983. *A Wealth of Wild Species*: *Storehouse for Human Welfare*. Westview Press, Boulder, CO.

*National Academy of Sciences. 1971. *Rapid Population Growth*: *Consequences and Policy Implications*. Johns Hopkins University Press, Baltimore. (Concludes that raped human population growth has more economic disadvantages than advantages because costly problems develop faster than solutions.)

*National Research Council. 1986. *Population Growth and Economic Development*: *Policy Questions*. National Academy Press, Washington, D.C. (Rapid population growth, while not hte cause of all the problems in the Third World, is more likely to impede progress than to promote it.)

*Newell, S.J., and E.J. Tramer. 1978. Reproductive strategies in her baceous plant communities during succession. Ecology 59: 228−234.

*Norton, B.G. 1986. *The Preservation of Species*: *The Value of Biological Diversity*. Princeton University Press, Princeton, NJ.

*Odum, E.P. 1983. Population ecology. Chapters 6 and 7 in *Basic Ecology*. Saunders College Publishing, Philadelphia.

*Odum, E.P., and L.J. Biever. 1984. Resource quality, mutualism, and energy partitioning in food chains. *Am. Nat.* 124: 360−376.

Odum, H.T. 1976. Energy quality and the carrying capacity of the earth. *Trop. Ecol.* 16: 1−8. (Human carrying capacity depends on the quality as well as th quantity of available energy.)

Owens, D.F., and R.G. Wiegert. 1976. Do consumers maximize plant fitness? *Oikos* 27: 489−492.

*Paine, R.T. 1966. Food web diversity and species diversity. *Am. Nat.* 100: 65−75.

*Park, T. 1954. Experimental studies on interspecific competition. *Physiol, Zool,* 27: 177−238.

Park, T. 1962. Beetles, competition and populations. *Science* 138: 1369−1375.

*Patten, B.C. 1991. Network ecology: Indirect determination of the life−environment relationship in ecosystems. In *Theoretical Studies in Ecosystems*: *The Network Perspective*, eds. M. Higashi and T. P. Burns, pp.288−351. Cambridge University Press, Cambridge.

*Peakall, O.B., and P. N. Whit. 1976. The energy budget of an orb web−building spider. *Biochem. Physiol.* 54: 187−190.

Perry, N. 1983. *Symbiosis*: *Close Encounters of the Natural Kind*. Sterling, New York.

*Pimentel, D. 1968. Population regulation and genetic feedback. *Science* 159; 1432−1437. (Evolutionary tendency for severe negative interactions to be reduced or to become positive.)

*Pimentel., D., and F.A. Stone. 1968. Evolution and population ecology of parsite−host systems. *Canad. Entomol.* 100: 655−662.

*Platt, A. 1996. Infecting ourselves: How environmental and social disruptions trigger disease. Worldwatch Paper 129, Worldwatch Institute, Washington, D.C.

*Polis, G.A. 1994. Food webs, trophic cascades, and community structure. *Aust. J. Ecol.* 19: 121−136.

*Pulliam, H.R., and M.M. Haddad. 1994. Human population growth and the carrying capacity concept. *Bull. Ecol. Soc. Am.* 75(3): 141−157.

Quinn, J.A. 1978. Plant ecotypes: Ecological or evolutionary units. *Bull. Torrey Bot. Club* 105: 58−64.

*Riechert, S.E. 1981. The consequences of being territorial: spinders, a case study. *Am. Nat.*

117: 871-892.

*Ruehle, J.L., and D.H. Marx. 1979. Fiber, food, fuel, and fungal symbionts. *Science* 206: 419-422. (Importance of mycorrhizae in food, fiber, and fuel production.)

Scientific American. 1974. Special issue on the human population. 231(3).

Seaman, G.A. 1952. The mongoose and Caribbean wildlife. *Trans. N. Am. Wildl. Conf.* 17: 188-197.

Selye, H. 1973. The evolution of the stress concept. Am Sci. 61: 692-699. (Stress as a nonspecific response of the body to demands made on it is an important medical concept in relation to population pressure and toxic substances in the environment.)

Soulé, M.E., ed. 1986. *Conservation Biology*: *The Science of Scarcity and Diversity.* Sinauer Associates, Sunderland, MA.

*Sterner, R.W. 1986. Herbivores' direct and indirect effects on algal populations. *Science* 231: 60-607.

*Stoddard, H.L. 1936. Relation of burning to timber and wildife. *Proc. 1st N. Am. Wildl. Conf.* 1: 1-4.

*Teitelbaum, M.S. 1975. Relevance of demographic transition theory for developing countries. *Science* 188: 420-425.

*Todes, D.P. 1989. Kropotkin's theory of mutual aid. Chapter 7 in *Darwin without Malthus*: *The Struggle for Existence in Russian Evolutionary Thought.* Oxford University Press, New York.

Toft, C.A., A. Aeschlimann, and L. Bolis. 1991. *Parasite-Host Associations: Coexistence or Conflict?* Oxford University Press, New York.

*Werner, E.E., and D.J. Hall. 1974. Optimal foraging and the size selection of prey by the bluegill sunfish (*Lepomis macrochirus.*) *Ecology* 55: 1042-1052.

*Wilde, S.A. 1968. Mycorrhizae and tree nutrition. *BioScience* 18: 49-484.

*Wilson, D.S. 1986. Adaptive indirect effects. Chapter 26 in *Community Ecology*, eds. J. Diamond and T.J. Case, pp.437-444. Harper & Row, New York.

*Wilson, E.O., ed. 1988. *Biodiversity*. National Academy Press, Washington, D.C.

Wilson, E.O. 1991. Ants. *Bull. Am Acad. Arts Sci.* 45(3): 13-23. (Ants are the dominant "little-sized organisms", with greater biomass than any other insect group. Ant colonies practice "programmed demography" in that reproduction is reduced when the colony becomes large.)

*는 이 장에서 인용된 참고문헌을 가리킨다.

7

생태계 발달과 진화

생물군집은 성장 및 발달에서 생물개체와 비슷한 면을 가지고 있다. 즉 생물군집도 미숙에서 성숙으로 가는 발달과정을 거친다. 그러나 그 양상과 조절작용들은 매우 다르다. 짧은 기간 (1,000년 또는 그 이하) 동안 일어나는 생물군집의 발달은 생태적 천이 ecological succession라고 알려져 있다. 그러나 이 과정은 생태계 발달 ecosystem development로 보는 것이 아마 더 적절하리라 생각된다. 왜냐하면 유기체와 물리적 환경 변화 모두를 포함하는 능동과정이기 때문이다. 지질학적 기간(수백만 년)동안 일어나는 변화에는 유기진화 organic evolution라는 명칭이 더 적절하다.

생태적 천이는 우리들 주변의 경관에서 계속적으로 진행되고 있기 때문에 아마 많은 사람들은 이미 알고 있을 것이다. 그러나 중대한 교란이 일어나지 않는다면 예측 가능한 뚜렷한 변화 양식이 있다는 것은 알지 못할 것이다. 어떤 지역이 생물군집의 발달에 이용될 수 있게 될 때 (예를 들어, 경작지가 버려져서 거기에 자연적인 군집이 다시 발달할 수 있게 될 때) 기회주의적 식물과 동물들이 일련의 순서로 출현하여 일시적 군집이나 개척자 군집들을 이루며 그 지역을 차지한다. 이 일련의 각 과정들을 천이 단계 seral stages라 부른다. 그리고 대사과정이 평형을 이루는(예를 들어, 극상 단계에서 일차생산성(P)은 대체로 유지 에너지 또는 호흡량(R)에 가깝다) 성숙 단계 또는 극상 단계 climax stage가 뒤를 이어받을 때까지 더욱 지속적인 군집들이 점진적으로 발달한다. 극상 상태의 생물 구성은 지역 기후와 토양, 지형, 수분 조건들에 의해 결정된다.

천이의 예: 묵밭의 천이

미국 조지아 주의 버려진 경작지에서 일어난 생태적 천이의 양상이 그림 7-1 상단에 예시되었다. 이것은 심각한 자연적 또는 인공적 교란이 없는 상태에서 어떤 기간 동안 일어나는 식물 변화를 보여주고 있다. 이 식물 변화는 발달되고 있는 천이 생물군집 successive biotic communities 의 일부이다. 일년생 〈잡초〉인 바랭이, 돼지풀 등이 버려진 경작지에 처음으로 들어와 살기 시작한 식물이다. 2-3년 후에 다년생인 쑥부쟁이, 미역취, 쇠풀속 식물이, 그 다음으로 관목류, 소나무가 들어왔다. 수관이 하늘을 가리는 소나무숲은 근 100년 동안 발달이 지속되면서 점차적으로 그늘에 잘 견디는 식물에 자리를 물려주었다(참나무류와 히코리가 미국 동부 피드몬트 지역의 극상 상태 삼림을 차지하는 우점종이다). 그림 7-1에서 보는 바와 같이 새들의 천이는 식물의 변화와 병행하여 일어났다. 삼림이 성숙되어 감에 따라 개활지와 숲의 가장자리에 사는 새들은 주로 삼림의 내부에 서식하는 새들에 의해서 밀려 나갔다. 몇몇 종류의 삼림식생이 천이의 극상 상태를 차지하는 지역에서도 그림 7-1과 비슷한 변화의 양상을 쉽게 예상할 수 있다. 그러나 생태계 발달에 참여하는 식물과 동물의 종류는 지형, 기후, 지리적 위치에 따라 다르다(제3장의 〈생태적 동등종〉을 상기하라).

천이에 대한 이론: 간단한 역사

생태적 천이는 유럽인들(특히 1895년 Eugenius Warming)에 의해서 처음으로 기술되었다. 그러나 이 분야의 선구자는 세기의 전환점에 미국 네브래스카 주의 평원에서 태어나 자란 클레먼츠Frederic E. Clements이 다. 클레먼츠는 경관을 자신의 생활사를 가진 역동적인 실체로 보았다. 노련한 식물학자인 그와 그의 아내 에디스는 식생의 역사와 구조, 조성

그림 7-1

미국 동남부 지역의 버려진 농경지에 나타나는 천이의 일반적인 형태. 그림은 식생의 네 가지 생활사(초지, 관목림, 송림, 활엽수림)를 보여주는 반면에 가로 방향 막대그래프는 독립 영양 생물(식생)의 변화에 동반되는 새들의 변화를 나타낸다. 삼림이 극상 상태에 있는 어떤 지역에서도 비슷한 양상이 발견될 것이다. 그러나 그 지역의 기후와 지형에 따라 발달단계에 참여하는 식물종과 동물종들은 다르다(Johnston and Odum 1956).

* 편의상 주어진 4가지 군집형태 중 하나 이상에서 밀도가 100에이커당 5쌍 이상이 발견된 종을 임의로 공통종이라 했다.

을 조사하며 두루 여행한 지칠 줄 모르는 야외 연구가들이었다. 1916년 출판된 전공 논문 「식물천이: 식생 발달의 분석」에서 클레먼츠는 생물군집을 생물개체와 유사한 발달을 보이는 〈거대생물 superorganism〉로 묘사했다. 나아가 그는 어떤 지역에는 오직 하나의 극상 단계가 있으며, 모든 식생은 아무리 천천히 발달할지라도 그 극상을 향해서 발달하고 있다고 믿었다(그로부터 이것은 〈단극상 monoclimax〉으로 알려지게 되었는데 주어진 지역에 여러 가지 가능한 최종단계들이 허용된다고 보는 〈다극상 polyclimax〉에 대조된다).

클레먼츠와 같은 시대에 살았던 글리슨Herbert A. Gleason이 1926년 발표한 「식물군총의 개체적 개념 The Individualistic Concept of the Plant Association」이라는 논문에서는 생물군집에 대해서 완전히 다른 견해가 제의되었다. 글리슨은 군집 수준에서 일정한 종류의 체제 정비 전략이 있다는 것에 대해서 회의적이었다. 오히려 그는 개체들과 생물종들이 어떤 공간을 빼앗고 고수하려고 투쟁함에 따라서 일어나는 상호작용의 결과 생태적 천이가 생겨나는 것으로 논의했다. 클레먼츠와 글리슨 둘 다 천이변화는 전적으로 또는 거의 식물들이 맡고 있는 것으로 가정했다. 1939년 선구적 동물생태학자 셸퍼드Victor E. Shelford에 의해 처음으로 밝혀진 바와 같이, 이제 우리는 동물과 미생물들도 천이에서 지극히 중요한 역할을 담당하고 있다는 사실을 알고 있다. 클레먼츠와 셸퍼드는 공동으로 군집 수준에서 식물과 동물의 상호작용을 기술하고자 시도한 『생물생태학 Bio-ecology』이라는 제목의 책을 저술했으나 제대로 성공하지 못했다. 독립영양 생물-종속영양 생물의 상호관계가 맡고 있는 역할은 생태계의 에너지론이 연구되기 시작할 때 비로소 이해될 수 있었다.

저명한 스페인의 생태학자 마갈레프Ramon Margalef(1968)는 생태계 발달이 생산(P)과 호흡(R)에 분배되는 에너지 비율의 기본 변화와 관련 있다는 것, 즉 초기단계에서는 P가 R보다 크거나 작다가(P〉R 또는 P〈R), 극상 상태에서는 같아지는(P=R로 되는) 것을 보여준 최초의 인물 중 한 사람이다. 그러한 발달 경향은 분명히 생태계 수준에서 일어나는 하나의 전략이다.

과학에서 이론과 논박의 경우가 그러하듯이 극단적인 것은 현상에 대한 유일한 설명으로 받아들여지기가 어렵다. 〈총체적 과정 holistic processes〉과 〈개별적 과정 individual processes〉둘 다 군집 발전에 관련되어 있는 것 같다. 군집과 생태계는 〈거대생물〉이 아니다. 그러나 그들은 제4장에서 자세히 언급된 것처럼 자기체제 정비 능력을 가진 비평형계이다. 생태계 발달은 생물군집이 전체(총체적 요소들)로서 작용하여 물리적 환경을 변형시킴으로써 일어나고, 구성 개체군들(개별적 요소) 사이의 경쟁과 공존에 따른 상호작용에 의해서, 그리고 증가하는 유기적 구조를 부양하기 위해 필요로 하는 에너지가 점점 많아짐에 따라 에너지 흐름이 생산에서 호흡으로 전환(군집 대사 요소)됨으로써 일어난다는 이론들이 현재 받아들여지고 있다.

오늘날 일반적으로 수긍되고 있는 개념은 생태적 천이가 두 단계의 과정이라는 것이다. 초기 또는 개척단계에는 기회종이 정착함으로써 임의적인 경향(예를 들어, 확률적 경향)이 있으나 후기단계에는 더욱 자기조직화되는 경향(예를 들어, 결정론적 경향)이 있다.

천이 형태

처음에 생명 조건에 적합하지 않은 불모지대(예를 들어 새로 도출된 모래언덕 또는 용암)에서 시작되는 천이를 일차천이 primary succession라고 부른다. 예상되는 것처럼, 그러한 장소에서는 아주 느린 발달이 진행된다. 미시간 호가 북쪽으로 후퇴했을 때 뒤에 남은 모래언덕에서 1899년에 카울스H.C. Cowles가 처음으로 기술했던 식물천이를 올슨Olson(1958)이 다시 조사했다. 그는 바람과 물의 범람, 불도저 또는 다른 종류의 교란이 없는 것으로 가정할 때, 자연이 벌거벗은 모래언덕에서 시작하여 극상 상대의 활엽수림을 이루어 놓는 데 1,000년이 걸리는 것으로 추정했다. 물론 그런 긴 기간 동안 어떤 종류의 교란이 발달과정을 흔들어 놓을 확률은 높다. 다행히 이 모래언덕의 일부가 인디애나 주의 모래언덕 국립공원에 포함되어 있어서 일차천이에 관해서 계속 연구할 수 있는 야외 실험장이 잘 보존되고 있다.

대조적으로, 이차천이secondary succession라는 용어는 전에 잘 발달된 군집으로 점거되었던 장소, 즉 버려둔 농경지, 갈아엎은 초지, 벌목한 삼림, 또는 새로 생긴 연못과 같이, 영양소와 다른 조건들이 양호한 장소에서 진행되는 군집 발달에 대해서 사용된다. 이차천이는 초지나 수중환경에서는 수십 년, 삼림(그림 7-1)에서는 500년 내에 성숙 단계에 도달할 수 있을 정도로 빨리 일어날 수 있다. 당연히 토양 발달은 육상 군집 발달의 주요한 부분이다. 이는 제5장에서 천이가 일어나는 시간 단위 안에서 논의되었다.

독립영양 천이 autotrophic succession와 종속영양 천이 heterotrophic succession를 구분하는 것이 중요하다. 전자는 자연에서 가장 흔한 형태이다. 유기물이 거의 없는 무기적 환경에서 시작되며, 처음부터 계속하여 녹색식물(독립영양 생물)이 우세한 점이 독립영양 천이의 특징이다. 대조적으로 종속영양 천이는 처음에 종속영양 생물이 지배적으로 나타나는 것이 특징이다. 예를 들어 하수로 심하게 오염된 시냇물이나 더 작은 규모로는 썩고 있는 나무 토막들과 같이 환경에 유기물이 많은 특수한 경우에 주로 나타난다. 종속영양 천이에서는 천이 초기에 에너지 양이 최대값을 보이다가 천이가 진행됨에 따라서 부가적인 유기물이 유입되지 않는 한 독립영양 체제가 이어받을 때까지 에너지 양이 감소한다. 대조적으로 독립영양 천이에서는 에너지 흐름이 반드시 줄어들지는 않으며 보통 그대로이거나 증가된다.

생태계 발달 모형

그림 7-2는 천이의 일반적인 〈체계 모형 system model〉이다. 이는 극상 상태를 향해서 발달하고 있는 체계의 진행과정에 다소 지속적으로 작동하고 있는 내부적 또는 자생적 입력 autogenic inputs과 주기적인 외부

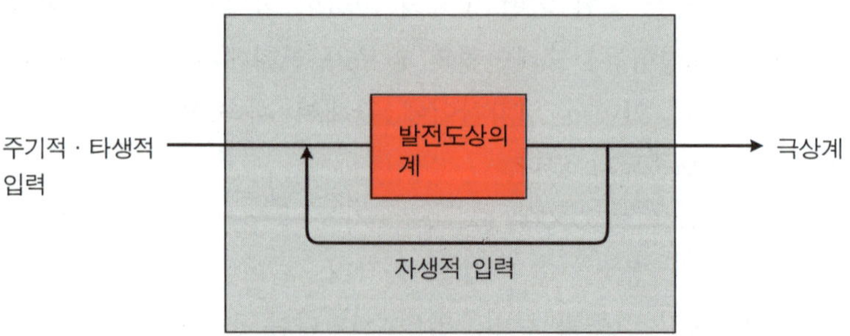

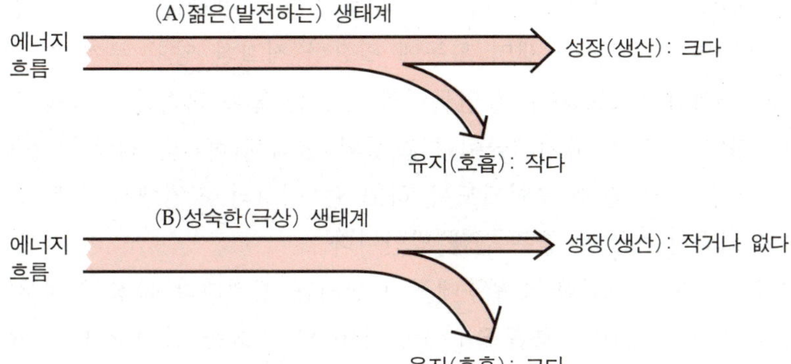

그림 7-3
생태적 천이에 대한 에너지 흐름의 모형. 발전 도상에 있는 단계(A)와 성숙된 단계(B)에서의 에너지 분배를 비교한다.

적 또는 타생적 입력allogenic inputs 모두가 영향을 준다는 개념에 바탕을 두고 있다. 이론상 자생적 힘들은 체계를 P와 R이 균형을 이루고 안정된 종구성을 가지는 평형 상태로 끌어가는 경향이 있다. 반대로 삼림이 폭풍에 파손되거나 벌채된 경우 또는 연못 속에 하수가 버려졌을 때 일어나는 것과 같이, 강한 타생적 입력들은 평형 상태로 진행되는 것을 교란하고 천이를 더욱 젊은 단계로 되돌려 놓는 경향이 있다. 때로는 타생적 입력들이 평형 상태로 향하는 발달을 촉진시키기도 한다.

에너지 흐름을 나타내는 모형인 그림 7-3은 위에서 언급한 P와 R 사이에 분배되는 에너지 비의 기본 변화를 보여준다. 부양되어야 할 생물량이 많지 않은 생태계의 발달 초기에는 이용 가능한 에너지의 큰 몫이 새로운 성장(생산)에 투자된다. 그러나 제4장에서 논의한 바와 같이, 유기적인 구조가 형성되어 감에 따라 점점 더 많은 에너지가 이 구조를 유지하고 또 무질서를 줄이기 위해 필요하게 된다. 그리하여 생산을 위해 이용될 수 있는 에너지는 더 적어지게 된다. 이 에너지 사용상의 변화와 유사한 점을 인간 사회에서도 볼 수 있다. 이 변화 경향은 환경 관리 방법 선택을 결정하는 태도에도 큰 영향을 준다. 이것은 나중에 다시 논의할 것이다.

소우주 모형

실험실 안의 배양기와 같은 유리 플라스크에 빛을 공급함으로써 소우주microcosm 규모에서 일어나는 생태계 발달을 관찰할 수 있다. 플라스크 크기의 반 정도를 생명 활동에 필요한 적절한 양의 무기염류들을 함유하는 배양액으로 채우고 연못에서 채취한 물과 퇴적물 시료를 접종한다. 다양한 작은 유기체들이나 그들의 번식체(식물의 씨앗과 동물의 알 등)들이 용기 안에 포함되도록 하고 둘 이상의 지역에서 시료를 채취하여 접종하는 것이 좋은 실행 방안이다.

그림 7-4A는 그러한 소우주에서 관찰되는 생태계의 특징 중에서 광합성에 의한 생산(P), 호흡(R), 생물량(B)의 변화를 보여준다. 연못으로부터 옮겨진 생산자인 조류algae는 처음 2-3주 동안에는 일시적으로 풍부하게 공급되는 영양소를 이용하여 빠르게 성장할 것이다. 생산자들에 의해 공급되는 먹이 증가로 세균, 원생동물, 선충류, 갑각류 같은 작은 종속영양 생물들도 비슷한 증가 추세를 보인다. 따라서 살아 있는 물질의 전체 무게인 생물량은 빠르게 증가한다. 이와 같이 배양 초기단계에는 총생산량(P_g)이 총호흡량(R)을 초과하기 때문에 P/R의 값은 1보

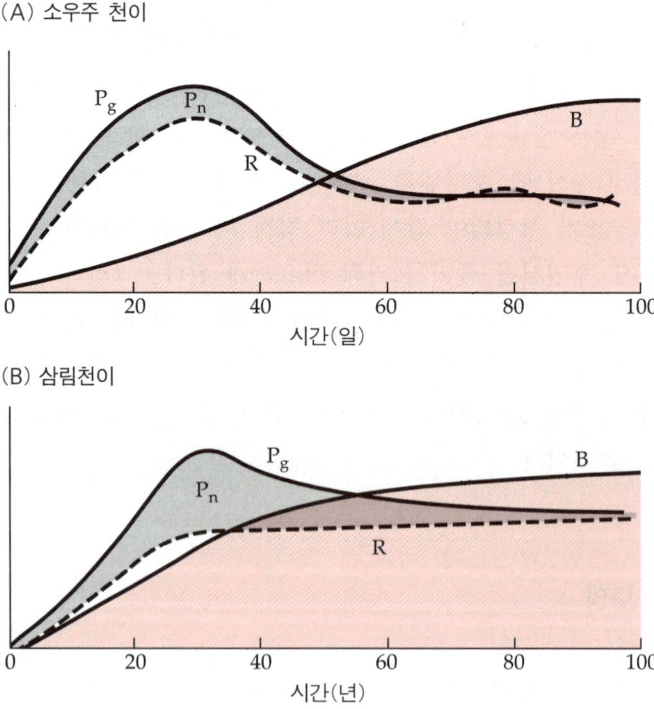

그림 7-4
삼림생태계의 에너지론(B)과 비교한 생태적 천이의 실험실 소우주 모형 (A). P_g=총일차생산성, P_n=순일차생산성, R=호흡, B=생물량.

다 크고 실질적인 순생산량 net production(P_n)은 생물량으로 축적된다.

닫힌계 closed system에서는 공간과 영양소 같은 자원의 사용이 포화 상태에 이르게 됨에 따라서, 유기물의 분해율 decomposition rate과 영양소의 재생률 regeneration rate에 의해 생산율 production rate이 제한된다. 그 다음에는 생산량과 호흡량이 균형을 이루는 맥박처럼 진동하는 극상 상태가 발달되어 P=R 또는 P/R=1이 된다. 이 단계에서는 순생산량이 없기 때문에 더 이상의 생물량 증가는 일어나지 않게 된다. 외관상 배양기는 밝은 초록빛에서 연두색으로 변하게 될 것이다. 이것은 성숙된 단계에서 〈유기 부니질 organic detritus〉들과 그것을 먹고 사는 작은 동물들이 주된 역할을 하기 때문이다. 극상 상태는 무한히 지속될 수 있으나 최초 접종물의 생물다양성이 낮으면 죽은 생태계로 변할 수도 있다. 그 까닭은 생태적 주요과정을 수행할 수 있는 생물들이 없을 수 있기 때문이다. 그러나 오래된 배양기에서 새 배양기로 접종을 다시 함으로써, 또는 오래된 배양기에 새로운 배양액을 첨가함으로써 새로운 천이를 유도할 수 있다.

위에서 보는 바와 같이, 천이는 극단적 독립영양 상태에서도 시작될 수 있고, 호흡이 생산을 능가하는 종속영양 상태에서도 시작될 수 있다. 종속영양 천이가 일어나는 흥미로운 소우주 모형으로는 원생동물이나 다른 미세 동물들을 키울 때 사용되는 배양을 들 수 있다. 일정한 양의 건초를 물로 끓인 다음 그 용액을 어둠 속에 이삼 일 정도 놓아두면, 종속영양 세균의 배양이 진행된다. 현미경적 크기의 동물들을 포함하고 있는 연못물을 첨가하면 동물천이를 한달 가량 관찰할 수 있다. 보통 단세포 동물인 편모충류들이 처음에 나타나고 *Paramecium*과 *Colpoda*처럼 섬모가 있는 원생동물들이 그 뒤를 이어서 나타난다. 그다음으로 *Hypotricha*와 *Vorticella* 같은 특수한 기능을 가진 심모충류, 아메바, 그리고 윤충들이 천천히 자리를 이어간다. 만약 조류가 없거나 또는 배양이 어둠속에서 계속되고 새로운 건초액이 첨가되지 않는다면, 소우주는 쇠퇴할 것이다. 그 까닭은 원래의 유기물이 모두 소진되면서 일어나는 먹이의 결핍으로 유기체들이 모두 죽을 것이기 때문이다.

그리하여 실험실에서 진행될 수 있는 작은 규모의 생태계를 사용하여 천이의 두 가지 유형을 비교해 볼 수 있다. 이러한 배양에서 일어나는 천이를 관찰함으로써 새로운 연못이나 인공호에서 일어날 독립영양 천이와 연못이나 시냇물에 폐수가 유입된 후에 일어날 수 있는 종속영양 천이의 초기단계에 어떤 일이 벌어질 것인지 알 수 있다(천이에 대한 모형으로서 소우주를 이용한 실험에 대한 더 많은 내용은 Cooke 1967; Gorden et al. 1969; Beyers and H.T. Odum 1993 참조).

일반적으로 실험실의 소우주는 너무 작고 닫힌계이기 때문에 물리적·생물적 다양성을 충분히 포함하고 있지 않다. 따라서 생태계 발달에 따라 일어나는 중요한 특성들을 모두 보여주지 않기 때문에 좀더 포괄적인 모형을 발전시킬 필요가 있다.

자생적 생태계 발달에 관한 표 모형

거대한 자연의 열린계open system를 연구할 때 나타나는 자생적 천이에서 예상되는 군집 구조와 기능의 중요한 변화들을 표 7-1에 요약하였다. 그 표에서는 생태계의 발달에 따라 나타나는 경향을 여러 개의 소제목들로 묶었다. 생태학자들은 지구상의 여러 곳에서 천이를 연구했지만, 대부분 종 구성이나 영양소 수준에서의 변화와 같이 서술적 측면들을 강조했다. 기능적 측면들은 최근에 와서야 고려되고 있다. 결과적으로 표 7-1에 나열된 항목들 중 일부는, 특히 표의 아래 부분에 나오는 것들은 가설이다. 즉 야외에서 수집된 적절한 자료나 실험 검정에 의해서 충분히 입증되지 않은 것으로 간주해야 한다. 이 모형에 포함된 것 중 아래의 다섯 가지 측면이 가장 의미 있고 또 좀더 많은 설명을 요구하는 것 같다.

첫째, 생태계 발달 중에 나타나는 천이 단계와 함께 존재하는 식물과 동물(그리고 미생물)의 종 구성은 변한다. 이 과정을 이어달리기식의 식물상 및 동물상 relay floristics and faunistics 교체라 부르고 있다. 어떤 종의 출현도(또는 밀도)를 시간에 대하여 그래프에 표시할 때, 그림 7-1에서처럼 특징적인 계단식 그래프가 얻어진다. 보통 그러한 양상은 새와 같은 특수한 분류학적 생물군이나 생산자 또는 초식동물과 같은 영양단계별 생물군을 고려할 때 명확하게 나타난다. 전형적으로 그러한 일련의 과정에 나타나는 어떤 종들은 다른 종들보다 더 넓은 서식지 내성을 가지기 때문에 주어진 서식지에서 더욱 오랜 기간 존속하기도 한다.

생태계 특징	생태계 발달에 따라 나타나는 경향 초기 단계→극상 미숙→성숙 성장 단계→안정 상태
군집 구조	
생물종의 구성	처음에는 빠르게, 차차 느리게 변화 된다(식물상과 동물상이 이어달리기 하듯 자리바꿈을 한다).
개체의 크기	커지는 경향
종의 다양성	처음에는 증가, 개체의 크기가 증가함에 따라 성숙된 단계에서는 안정되거나 감소한다.
총생물량(B)	증가한다.
비생물적 유기물질	증가한다.
에너지 흐름(생물군집의 대사)	
총생산성(P)	일차천이의 초기 단계에는 증가한다. 이차천이 동안은 거의 또는 전혀 증가하지 않는다.
순군집생산성	감소한다.
군집의 호흡(R)	증가한다.
P/R 비율	P〉R에서 P=R로 되어간다.
P/B 비율	감소한다.
B/P와 B/R 비율 (단위 에너지당 유지되는 생물량)	증가한다.
먹이사슬	선형에서 더욱 복잡한 먹이그물로 된다.
생지화학적 순환	
물질순환	폐쇄적으로 되어간다.
필수원소의 대사 회전 시간과 저장력	증가한다.
내부순환	증가한다.
영양물질 보존력	증가한다.
자연선택과 제어	
성장형	r-선택(빠른 성장)에서 K-선택(피드백 조절)으로 변한다.
생활사	전문화, 길이, 복잡성이 증가한다.
공생(더불어 살기)	점점 상리공생적이 된다.
엔트로피	감소한다.
정보	증가한다.
에너지와 영양소 이용 효율	증가한다.

예를 들어, 미국 피드몬트에서는 소나무나 홍관조들이 천이 기간에 비교적 오랫동안 서식지를 차지하는 생물이다. 일반적으로 서식지를 차지할 수 있는 생물군(분류학적이든 생태학적이든)에 많은 종이 포함되면 될수록 새로운 생물종의 출현은 더욱더 제한된다. 종의 숫자가 많은 만큼 시간이 진행됨에 따라 경쟁-공존의 상호작용이 더 심각해지기 때문이다.

둘째, 다양성은 천이와 함께 증가하는 경향이 있다. 특히 일차천이 동안 그리고 이차천이의 초기 단계에서 더 그렇다. 가장 높은 다양성은 천이의 중간 단계에서 빈번하게 일어난다(Sousa 1984). 그러나 그러한 경향들은 분류학적 그리고 영양단계적 생물군에 따라 다를지도 모른다. 예를 들어 독립영양 생물들의 다양성은 삼림천이의 초기 단계에 최대점에 이르며 나무들이 커짐에 따라서 감소된다. 반면에 종속영양 생물들의 다양성은 극상 상태까지 계속 증가될지도 모른다. 그러한 상반되는 경향들의 상호작용 때문에 천이와 함께 나타나는 다양성의 일반 경향을 도출하기 어렵다. 유기적인 구조의 증가와 서식지의 다양화는 종다양성을 증가시키는 경향이 있는 반면에, 개별 생물들의 크기 증대와 경쟁의 증가는 다양성을 감소시킨다. 주기적인 교란(이를테면 산불, 폭풍, 포식 등)은 가끔 종다양성을 증가시킨다. 교란되지 않은 생물군집 안에서 생존할 수 없는 종들이 서식할 수 있는 영역을 열어주기 때문이다. 이와 관련된 〈중간교란가설 intermediate disturbance hypothesis〉은 제3장에서 간단히 논의했다. 만약 교란이 계속된다면, 천이는 초기 단계로 되돌아가거나 비평형 상태(관련된 개념으로서 맥박식 안정 준극상 pulse-stabilized subclimax이 이 장에서 논의될 것이다)에서 유지된다.

셋째, 생물량과 유기물의 현존량은 천이와 함께 증가한다. 수중 및 육상생태계 모두에서 살아 있는 물질의 총량(생물량)과 분해되고 있는 유기물(유기물 조각과 부식질)의 양은 대략 평형 상태(입력=출력)에 이를 때까지 시간이 흐르면서 증가한다. 용존 유기물(DOM)은 살아 있는 세포뿐만 아니라 분해되고 있는 물질들로부터도 누출되는데 그 양과 다양성이 증가하면서 누적된다. 제4장에서 간단히 논의했듯이, 이들 〈잉여대사물질 extrametabolites〉은 미생물 먹이사슬에 에너지를 제공할 뿐만 아니라 어떤 산물들은 성장과 종 구성에 영향을 주는 억제제(항생제)와 성장촉진제(이를테면, 비타민)로 작용한다. 점점 증가하는 유기환경의 조성은 생물군집이 생물종의 천이를 용이하게 하는 주요 방법들 중의 하나이다.

넷째, 순생산량의 감소와 그에 상당하는 호흡의 증가는 천이에서 가장 뚜렷하고 중요한 경향들이다. 이들 변화는 이 장의 앞부분에서 설명되었는데 그림 7-3은 이를 그림으로 보여준다.

다섯째, 천이 중에 〈생활양식 life-style〉과 〈생활사 life history〉는 변하게 된다. 천이가 일어나는 동안 생물종들은 왔다가 사라질 뿐만 아니라 적응 생활 양식이 r-선택적인 것에서 K-선택적인 것으로 변천하게 된다(r-선택형과 K-선택형에 대한 것은 제6장에서 논의했다). 천이의 개척기 또는 초기 단계에 나타나는 종들은 가끔 높은 생식률과 단순한 생활사를 보여주는 r-전략을 구사한다. 대조적으로 제한된 자원들과 함께 붐비는 세계에서 살 수 있는 능력 또는 K-전략은 극상 상태에서 더욱 큰 생존가 survival value를 가진다. 생태계가 성숙함에 따라서, 더욱 중요하게 되는 특성은 생식능력보다는 큰 몸집 또는 증가된 저장능력, 그리고 종들 사이의 더 많은 협동(상호 부조 관계)이다. 만약에 어떤 하나의 종이 개척 단계에서부터 성숙된 체계까지 변하는 생물군집들 안에서 시종일관 살아야 한다면(사실 그럴 수 있는 종은 거의 없다), 그 종의 생활 양식에 극적인 변화가 있어야 한다. 인간은 붐비지 않던 개척기 사회에서 붐비는 성숙된 사회로의 진보에 따라 생활 양식을 재조정해야 하는 문제에 직면하게 되었다.

이제 우리는 생태적 천이라는 내용에서 가설적이고, 논쟁이 일어날 소지가 있으며, 검정하기 어려운 부분에 이르렀다. 표 7-1의 모형에서 개략적으로 나타낸 대부분의 경향들은 생태학자들에 의해서 잘 실증되고 수긍이 되는 반면에, 그것이 〈어떻게〉, 그리고 〈왜〉 그러한지에 대해서는 클레먼츠와 글리슨의 시대에서처럼 논쟁의 여지가 남아 있다. 천이는 (개별 생물의 발달에서처럼) 집중화된 최종 제어에 의한 〈목적 지향적〉 발달이 아니라, 하부체계들에 의한 되먹임 확산망의 결과 스스로 조직체계를 갖추어가는 비평형계 고유능력의 결과이다(그림 3-11을 보라). 브룩스와 윌리 Brooks and Wiley(1986)는 다음과 같이 주장했다. 열역학 제2법칙의 산물은 자기 조직화 self-organization이다. 이것은 엔트로피라는 비용 때문에(엔트로피라는 비용에도 불구하고가 아니라) 살아 있는 계의 복합성이 승가됨과 동시에 일어난다. 전체적인 〈전략〉은 (1) 엔트로피(무질서)를 감소시키는 것, (2) 정보를 증가시키는 것, (3) 생태계가 교란으로부터 살아남을 수 있는 능력(저항 안정도)을 증가시키는 것, (4) 에너지와 영양소 이용 효율을 증가시키는 것을 포함한다. 많은 생태학자들은 이 가설을 받아들이지 않는다. 오늘날 진행되고 있는 진화적 변화 기작에 대한 논쟁의 결과에 따라 많은 것이 달라질 소지가 있다. 이 진화적인 측면은 이 장의 뒷부분에서 간단히 언급할 것이다.

연결망 이론network theory에 기초하여, 울라노비치 Robert Ulanowicz (1980)는 생태계 발달의 자연 경향은 상승 ascendancy의 방향으로 일어난다고 제안했다(예를 들어, 체계는 더욱 성숙된 짜임 configuration으로 〈상승〉된다). 그는 적어도 이론적으로 생태계 발달 과정의 주요 경향(종 풍부도 증가, 순환과 되먹임 현상 증대, 서식지 특수성 증가, 대사작용 증대: 표 7-1 참조)을 〈연결망 상승지수 network ascendancy index(체계의 활동과 영양 단계(먹이그물) 조직 trophic organization에 대한 내용)〉로 요약하여 정량화할 수 있다고 생각한다.

시간 요인과 타생적인 힘

그림 7-4와 표 7-1에서 보여준 변화들은 지리적 위치나 생태계 유형과 무관한 것 같다. 반면에 물리적 환경과 타생적 힘들은 천이가 진행되는 데 필요한 시간——즉 시간 단위(그림 7-1과 7-4에서 x축)를 주일, 달 또는 해의 길이 중 어느 것으로 측정해야 할지——과 극상의 상대적 안정도 및 지속성에 강한 영향을 주게 된다. 배양실험에서처럼 개방된 수계 open water system에서 생물군집은 단지 작은 정도로 물리적 환경을 바꾸어 놓을 수 있다. 결과적으로, 천이가 일어난다 하더라도 간단하며 아마도 단 2, 3주일 동안 계속된다. 극상이 일어난다고 말할 수 있다고 하더라도 그것은 제한된 수명을 가질 것이다. 마갈레프 Margalef(1968)는 해안 물기둥 water columns에서 나타나는 계절적 천이 경사를 관찰하고 그 변화를 다음과 같이 요약했다.

1) 식물 플랑크톤 세포의 평균 크기가 증가하고 식물 플랑크톤 중 운동성 형태의 상대 수도 relative abundance가 증가한다.

2) 생산율은 둔화된다.

3) 밝은 초록에서 연두색으로 되는 식물색소의 변화에 의해서 예시되는 바와 같이 식물 플랑크톤의 화학적 조성이 변한다.

4) 동물 플랑크톤의 조성은 수동적 여과에 의한 음식물 섭취형 passive filter feeders에서부터 더욱 능동적이고 선택능력을 가진 사냥형 active selective hunters으로 변한다. 이것은 먹이가 보다 조직화된 (성층을 형성한) 환경에 있는 수많은 작은 입자들로부터 더 큰 단위로 농축된 드문드문 흩어져 있는 것들로 바뀐 것에 반응하여 일어난다.

5) 천이 후기 단계에서 전체 에너지 이동은 더욱 적을지도 모른다. 그러나 그 효율은 좋아지는 것 같다.

표 7-1에서 보여주는 경향들과 마갈레프의 관찰이 아주 가까운 유사성을 가짐에 주목하라.

다른 극단적 경우인 삼림생태계에서는 생물군집이 물리적 환경을 폭넓게 바꾸어 놓을 수 있다. 자생적인 진행과정들이 폭풍과 같은 심각한 교란에 의해 방해받지 않거나 또는 방해받을 때까지 오랜 기간에 걸쳐 커다란 생물량이 축적되고 군집 구조가 예측할 수 있는 양식으로 계속 변한다. 삼림천이를 예측 또는 모형화하기 위해서는 고려되고 있는 공간 및 시간 영역에서의 교란체제 disturbance regimes가 포함되어야 한다 (Shugart 1984). 매사추세츠 주에 있는 하버드 숲의 작은 지역에서 일어난 식생 역사에 관한 연구에서 올리버와 스티븐스 Oliver and Stephens (1977)는 1803년과 1952년 사이에 불규칙한 간격으로 그리고 여러 가지 규모로 일어난 열네 건의 자연적 및 인공적 교란들을 기록할 수 있었다. 그리고 1803년 이전에는 두 건의 태풍과 한 건의 화재가 일어났던 증거가 있었다. 작은 교란들은 더 이상의 새로운 수목종들을 들여 놓지 않았다. 그러나 검은자작나무 black birch, 붉은단풍 red maple, 북미산 솔송나무 hemlock와 같이 임관 아래에 이미 있던 식물종들이 임관부까지 올라오는 것을 허용했다. 태풍, 대화재와 같은 대규모 교란들은 흰자작나무 white birch, 벚나무 pin cherry와 같은 천이의 초기 식물종들이 침입할 수 있는 빈터를 만들어 놓았다. 올리버와 스티븐스는 그들의 연구로부터 현존하는 삼림의 종 구성은 자생적인 발달보다는 타생적인 힘들의 결과인 것으로 결론을 내렸다. 달리 표현하면 오늘날의 삼림은 성숙 단계와 초기 단계에 있는 식생 및 교란에 의해 변경된 식생들의 혼합물로 판단된다. 삼림의 발달이 폭풍우, 산불, 또는 과도한 목축 같은 교란에 의해 〈방해〉받았을 때, 회복은 원래 상태나 일차 천이보다는 종의 교체가 있는 다른 경로, 전향 천이deflected succession라 부르는 경향을 가질 수도 있다(Goodwin 1929 ; Gibson and Brown 1992).

역동적 해변

해변은 자생적 · 타생적 과정들의 상호관계를 관찰할 수 있는 좋은 장소이다. 파도 활동이 강하지 않고, 모래의 들고남이 균형(즉 조류와 파도에 의해서 제거되는 만큼의 모래 양이 쌓이는 것)을 이루고 있는 한, 바람은 모래언덕을 만들고 그 위에 순서가 잡힌 일련의 식생이 발달한다. 해변 벼과 식물, 그리고 그 다음에는 단단한 초본성 쌍자엽 식물들, 목본성 관목, 향나무류, 소나무류, 참나무류 같은 교목들의 순으로 생물 군집은 점차적으로 모래언덕을 안정시켜서 강한 조류와 일상적인 폭풍우들에 견딜 수 있게 된다. 모래가 들고나는 수지 타산이 양의 .값을 가

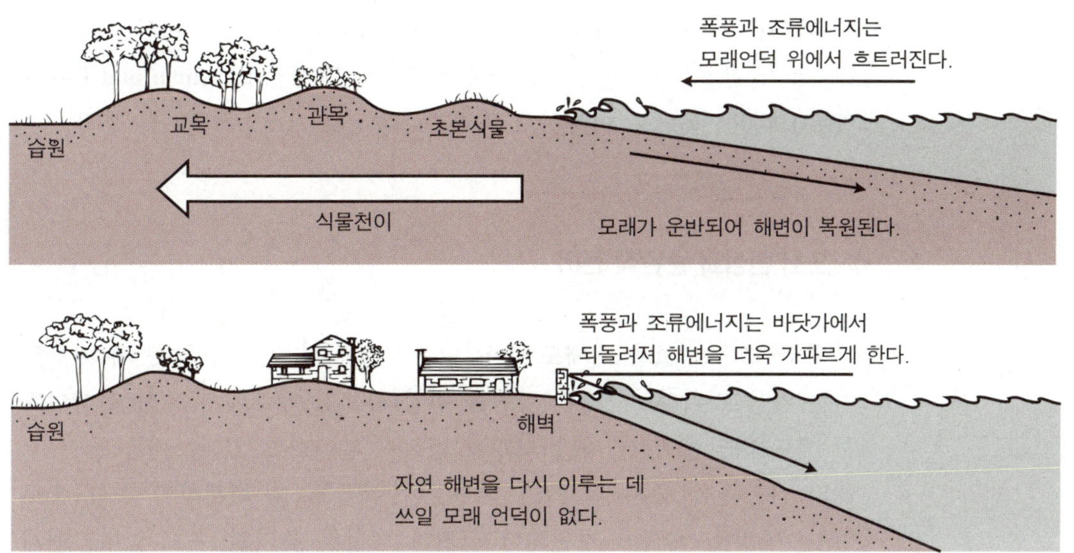

지면[1] 해변은 바다 쪽으로 이동하여 모래언덕의 천이가 더 많이 일어난다. 그러나 아마 해안 조류의 변화, 해수의 상승 또는 인간에 의한 준설과 매립 활동 때문에 모래 수지가 음의 값을 가지면 해변은 육지 쪽으로 이동한다. 그리고 식생의 피복에도 불구하고 모래언덕은 침식되기 시작할지도 모른다. 그러면 모래언덕은 해안을 채우고 유지하는 데 필요한 모래 공급원이 된다.

최근에 와서야 과학자들은 지질물리학적 힘과 생물학적 힘들의 상호작용을 이해하기 시작했다. 과거에는 값비싼 비용이 드는 해벽, 바위-잡석, 수제, 다른 인공적인 방벽들이 해변의 침식 문제를 해결하는 것으로 생각되었다. 그러나 많은 경우에 그러한 조치들은 일시적인 것으로 밝혀졌을 뿐만 아니라 실제로 해변의 침식을 가속화시킨다. 장애물이나 다른 방벽들로 파도와 조류의 모든 에너지는 바다로 되돌려지며, 이때 모래를 씻어내어 해안을 더욱 가파르게 한다. 그리고 자연 치유를 위한 모래 공급원은 그 장애물에 의해서 잘려 나간다. 이러한 경향들을 그림 7-5에서 도식으로 표현했다. 그러므로 해벽을 설치하는 것은 일시적으로 해안 별장을 보호해 줄지는 모르지만 처음에 별장을 세우게

---

1) 해변으로 들어오는 모래 양이 나가는 양보다 많으면.

된 이유인 해변을 사라지게 하는 결과를 초래한다. 해안의 역동성에 대해 더 많은 것을 알기 위해서는 코프먼과 필키 Kaufman and Pilkey (1983)의 책 『해안은 이동하고 있다 *The Beaches Are Moving*』를 보라.

노쇠 현상과 순환적 천이

외부 교란이 없을 때에도 극상 단계가 영구히 변하지 않은 채 지속되지는 않을 것이다. 오래된 삼림을 관찰해 보면 개체에서 노쇠 현상이라고 해도 타당할 만한 자기 파괴적 변화가 일어나고 있다. 예를 들어 오래된 나무들이 죽은 뒤 어린 나무들이 이들을 잘 대체하지 못할 수도 있고, 영양소 재생이 지연되어 군집의 대사가 늦어질 수도 있다. 현재로서는 자연군집들이 성숙한 상태에 도달한 이후에(개별적인 유기체들처럼) 노쇠 현상의 어려움을 겪고 있는지, 또는 교란되지 않은 생물군집들은 유기체들과는 달리 고유의 무한한 자기 유지 기능을 가지고 있는지 말할 수 없다. 이에 대한 정량적인 연구들이 거의 없기 때문이다.

흔히 임업 관계자들은 더 이상의 알짜 성장이 없기 때문에, 그리고 큰 나무들은 죽고 또 썩어가고 있기 때문에, 새로운 세대의 어린 나무들의 성장을 촉진시키기 위해서 임분을 수확하거나 솎아 주어야 한다고 주장함으로써 오래된 숲(그들은 〈너무 늙은 것〉으로 등급을 매긴다)의 벌목을 옹호한다. 임업 관계자들이 진실로 앞일을 생각하고 있는지 알 수 없기도 하지만 이러한 주장은 그 결과 생기는 많은 수입에 의해서 자극되기 십상이다. 그 수입은 자라는 데 수백 년이 걸리는 큰 나무들이 가진 양질의 목재를 대가로 생기는 것이다. 분명히 오래된 나무들의 미학적, 그리고 휴양 및 생명부양 가치는 소유주뿐만 아니라 직업적 임업 관계자들에 의해서도 인식된다. 그러나 이 가치는 매우 비시장적이기 때문에 경제적인 것이 주요 고려 사항일 때 보전은 벌목에 의하여 밀려나게 된다. 반면에 소유주는 문제가 되고 있는 땅이 자신의 유일한 수입원이 아니라면 보전을 선택할지도 모른다. 도시인들이 점점 많은 시골땅을 소유하고, 또 그 삼림이 큰 도시를 이웃해 있을 때 그러한 경우가 가끔 생긴다(Healey and Short 1981).[2] 다음 장에서 다시 지적할 것처럼 경제학과 미학 사이에는 중간 지점이 있다.

애틀란타와 조지아 주에 있는 피드몬트를 하나의 예로 들어보자. 그림 7-1에서 보는 바와 같이, 천이는 소나무숲에서 활엽수림으로 진행된다. 소나무는 활엽수림보다 더욱 높은 시장가치를 가지기 때문에 상업적인 산림 경영은 천이의 경향을 붙잡아 두려는 방향으로 유도되어 소나무숲의 단계가 유지되고 재생될 수 있다. 그러나 도회인들은 그들의 토지에 대해 펄프용 목재 생산보다는 휴양 별장으로서의 가치에 더 큰 관심을 가지고 있다. 존슨과 샤프 Johnson and Sharpe(1976)는 1961년과 1972년 사이에 피드몬트 지역들에서는 소나무숲을 유지하려는 임업적인 노력들에도 불구하고 활엽수림들이 증가했다고 보고했다. 그리고 그들은 30년을 고려한 모형을 바탕으로 단지 자연천이만 관련될 경우 일어날 수 있는 것보다 느린 속도이긴 하지만 계속 활엽수림 단계의 숲이 증가할 것으로 내다보았다. 도시화와 산불 방제 정책은 둘 다 소나무숲보다 활엽수림을 유리하게 하는 것으로, 그 모형에서 중요한 요소였다. 그리하여 피드몬트 산림의 종조성이 현재 소나무 생산 요구에 의해 강한 영향을 받고 있지만, 예측된 장래 식물 조성은 자연천이 경향을 따르게 된다는 것이다.

질병과 폭풍우, 화재 등이 극상 상태 또는 극상 전단계 군집의 죽음을 재촉하여 새로운 천이 단계의 순환을 시작하게 하는 많은 상황에서, 성숙한 체계의 노쇠 현상과 안정성의 문제는 학문적인 주제가 될지도 모른다. 영국의 생태학자 와트 A.S. Watt(1947)가 순환 천이 cyclic succession라고 부른 것은 빈번히 나타나는 양상이다. 제2장에서 처음으로 언급한 캘리포니아 주의 관목림(채퍼랠)이 좋은 보기이다. 이 난쟁이 삼림은 산불에 의한 주기적인 파괴가 그 자체에 거의 프로그램되어 있는 것 같다. 군집이 성숙함에 따라서 길고 건조한 여름 동안 낙엽 및 낙시와 죽은 나무가 분해될 수 있는 것보다 더 빨리 쌓인다. 관목이 생산한 항생 화학물질은 지피식물들의 성장을 억제한다. 그리고 군집은 더욱더 불에 쉽게 탈 수 있는 상태가 된다. 조만간에 불은 숲을 휩쓸게 된다. 쌓였던 낙엽 및 낙지는 없어지고, 항생물질들은 완화되며, 관목과 교목들은 죽어서 지면 수준으로 돌아간다. 그러면 천이 발달이 반복된다. 초본성 식생은 씨앗으로부터 발달되고, 목본성 식생은 살아남은

---

2) 이러한 상황이 우리 나라에도 적용될 수 있을지는 의문이다.

그루터기로부터 다시 싹이 나와서 성숙 상태로 자란다. 이 방식으로 노화된 군집은 잠깐 동안 다시 젊어지게 된다. 고산지역의 삼림에서 스프루겔과 보어만 Sprugel and Bormann(1981)이 파상 – 생성 천이 wave – generation succession라고 부른 것은 순환 천이의 또다른 보기이다.[3] 나무들이 크게 자람에 따라서 큰 나무들은 쓰러져 더 어린 것들의 성장으로 대체되는 경향이 있다. 그리하여 휩쓸고 있는 바람 방향으로 젊은 식생과 늙은 식생의 천이가 경관 위로 파도처럼 움직여 가듯이 나타난다.

맥박식 안정 준극상

지금까지 외생적 · 물리적 격동들에 의한 〈탈안정화 효과 destabilizing effects〉를 강조해 왔다. 그러나 매서운 교란이 규칙적인 맥박처럼 일어나고 거기에 적응한 생물종들이 그것을 〈추가 에너지 보조 extra energy subsidy〉로 활용할 수 있게 되면 안정화될 수도 있다. 사실상 바깥으로부터 부과된 주기적이고 단기적인 교란들은 성숙과 미숙의 절충을 일으켜서 생태계를 발달 순서의 어떤 중간점에 머무르게 할 수 있다. 우리가 변동 수위 생태계 fluctuating water level ecosystems라 부르는 것은 그 보기이다. 하구, 조간대 intertidal shores, 논, 플로리다의 에버글레이즈, 뉴욕 만(제1장에서 논의됨)은 하루 또는 계절 주기로 일어나는 수위의 상하 변동에 의하여 높은 생산성을 가지는 천이의 초기 단계들을 고수한다. 이런 계에 살고 있는 생물군들의 생활사는 주기적 변화에 강하게 적응되어 있다. 맥박식 안정 준극상 pulse – stabilized subclimax(여기서 준극상은 교란이 없을 경우 발달될 극상 단계 이전에 형성되는 또는 극상 단계에 미치지 못하는 발달 단계를 의미한다)은 젊은 계처럼 높은 순생산성을 유지하기 때문에 경관에서 매우 중요한 구성요소이다. 그 생산의 일부는 계를 빠져나가 이웃한 계의 육성에 도움이 된다. 그리하여 그 이웃 계는 생산성이 낮다 하더라도 미적 · 생명부양적 가치를 가지며, 천이

---

3) 일정한 지역에 걸쳐 천이의 초기단계 식물과 후기 단계 식물들이 교대로 나타나서 숲을 위에서 내려다 보면 외양이 마치 물결치는 듯한 모양으로 보이는 데서 유래된 명칭이다.

초기 단계에서는 발견되지 않는 값진 종들을 존속시킬 수 있다(제4장의
발생−소멸 에너지론에 대한 논의 참조).

토지 이용 계획에서 생태계 발달의 중요성

자연이 수행하는 토지 이용 계획 land use plan은 일정량의 에너지 흐름에 대해서 생태계의 구조와 복잡성을 증가시키는 발달 경향(높은 B/P 효율을 향한 발달)이 있다. 이러한 경향은 생산성을 최대한 늘리고자 하는, 즉 주어진 토지에서 시장성 있는 생산품을 최대로 수확하고자 하는 인간의 경제 목표(높은 P/B 효율의 추구)와 대조되며, 때로는 갈등을 일으키기조차 한다. 자연환경과 인간이 길들인 환경의 차이를 인식하는 것은 토지 이용상의 갈등을 이해하는 데 도움이 된다. 그 갈등은 우리가 장기적으로 최선의 이익을 얻기 위해서 토지 이용에 대한 합리적 정책을 입안하고자 노력할 때 발생하게 된다. 우리는 자연적 천이를 〈보호 전략 protective strategy〉으로 간주할 수 있다. 이는 마치 저축이 경제적으로 어려운 시기에 가정을 보호할 수 있는 것 같이, 축적된 유기적 구조, 저장된 영양소, 그리고 경관에서의 다양성은 불리한 시기를 대비한 울타리와 같기 때문이다. 대조적으로 인간이 사용하는 〈생산 전략 productive strategy〉은 천이 초기 형태의 생태계를 발달시키고, 유지시키려는 것과 관련된다. 이 천이 초기 단계의 생태계는 최고조의 성장으로 수확되는 식량과 직물, 기타의 생산물을 만들어낸다. 이 생산 전략은 기상요소, 폐기물 및 다른 불확실한 물리적 요소들로부터 경관을 보호하기 위한 것은 거의 아무것도 남겨놓지 않고 생산해버리는 것이다. 그러나 인간은 식량과 직물만으로 살지 못한다. 우리는 대기의 이산화탄소/산소 비율의 균형, 대양이나 많은 식생에 의해 이루어지는 기후 변화의 완충 작용, 문화적·공업적 용도의 깨끗한 물도 역시 필요로 한다.

한마디로 말하면 우리는 생산기능과 동시에 보호기능을 제공하는 생태계를 필요로 한다. 우리가 살기에 가장 쾌적하고 확실히 가장 안전한 경관은 서로 다른 천이 단계의 군집들이 혼재하는 곳이다. 즉 경작지, 삼림, 호소, 하천, 식물이 있는 길섶, 습지, 해변, 그리고 〈폐기물 저장소〉 등을 다양하게 포함한 경관이다. 이 책에서 여러 번 지적한 바와

같이, 높은 에너지를 포함하며 고도로 발달되었으나 생태적으로 기생적인 도시지역을 유지하기 위해서는 자연적이고 적절히 가꾼 넓은 지역이 필요하다.

같은 시간, 같은 계 내에서 서로 상충되는 이용을 동시에 극대화하는 것은 불가능하다. 따라서 〈과자를 가지고 있어야 하고 또 그것의 약간을 먹어야 할 때〉 두 가지 해결책을 제안할 수 있다. 우리는 생산을 해야 하고 또 환경의 질을 유지해야 하는 문제를 절충할 수 있다. 혹은 심사숙고하여 경관을 여러 구획으로 나누어(바라건대 위대한 지혜와 혜안으로) 높은 생산형과 뛰어난 보호형을 유지하도록 할 수 있다. 예를 들어 집중적인 생산 활동으로부터 야생지역 관리에 이르는 범위의 서로 다른 관리전략을 구사할 수 있는 분리된 단위들로 지역을 나눔으로써 생산기능과 보호기능을 유지할 수 있다. 보존경운 conservation tillage에 의한 농사는 알맞은 농산물 생산과 토질을 유지하고, 이웃한 수자원의 화학물질 오염을 감소시키기 때문에, 이와 같은 절충을 성공적으로 구사하는 전략의 좋은 보기이다. 우리가 공원과 다른 개발되지 않은 완충지대와 녹지공간을 지정해 두고, 적절한 용도지역지구제에 관한 조례, 보존지역권, 열린 공간에 대한 법령들을 제정할 때 바람직한 구획이 이루어진다.

다른 나라에서와 마찬가지로 미국에서도 자연환경 부분은 공원, 국립 및 주립 삼림, 야생생물 보호지역, 야생지역 등으로 설정되어 있다. 그 면적의 크기는 많은 동, 중부의 주들처럼 주 전체 면적의 10% 미만을 차지하는 것에서부터 서부지역의 50% 이상에 이르기까지 다양하다. 야외 여가 활동을 위한 요구와 증대 일로에 있는 도시 문화의 생명부양 환경의 필요라는 관점에서 보면, 최소한 전체 면적의 20%(서부지역과 같이 건조한 기후에서는 더 많이 필요할 것이다)에 해당하는 지역이 토지 이용 계획에서 합리적인 목표가 될 것 같다. 이상적으로는 모든 아이들이 자연지구로 그것의 비밀을 탐방하기 위해 도보나 자전거로 갈 수 있어야 한다.

연결망 복잡성 이론

생태적 천이의 가장 중요한 경향으로서 인용했던 성장으로부터 유지로 향한 에너지 이용의 전환은 성장하고 있는 도회와 시골에서도 비슷한 면을 가지고 있다. 인구밀도가 증가하고 도시 공업화가 강화됨에 따라 이미 개발되어 있는 것을 유지하며, 복잡하고 높은 에너지계에서 고질적으로 나타나는 〈무질서를 몰아내는〉 일이 필요하다. 따라서 이 일을 수행하는 사회 봉사 부분(예를 들어 상수도, 오수처리, 교통, 경찰)에 더욱더 많은 에너지, 재화, 관리 노력, 세금이 들어가야 한다. 그러나 일반 대중과 정부는 이것을 예상하는 데 완전히 실패하고 있다. 새로운 성장을 위한 에너지 이용도는 낮아지고 새로운 성장은 이미 존재하는 발전을 희생함으로써만이 가능하게 된다. 〈정보 이론 information theory의 아버지〉인 섀넌 C.S. Shannon은 무질서도의 증가가 모든 복합계[4]의 특징이라고 설명한다. 연결망 법칙 network law으로서 알려져 있는 것은 다음과 같이 표현할 수 있다.

$$C = \frac{N(N-1)}{2} \quad \text{또는 대략적으로} \quad \frac{N^2}{2}$$

---

4) 흔히 complex system을 복잡계라고 번역하지만 이는 어떤 유형의 질서가 있는 계를 의미하며 complicated system과 구분하여 복합계라고 하는 것이 적절하다.

바꾸어 말하면, 연결망network(N)을 유지하기 위한 서비스 비용 cost(C)은 N의 (대략적으로 2차 함수) 제곱식이다. 즉 도시나 개발의 규모가 두 배가 되었을 때, 유지 비용은 네 배로 증가한다(Pippenger 1978 참조).

천이가 일어나지 않을 때

위 제목은 우드웰George M. Woodwell(1992)이 쓴 에세이의 제목이기도 하다. 그는 환경에 대한 인류의 어리석은 행동과 대기오염, 지구 온난화와 같은 전지구적 위협에 대처하여 어떤 행동을 취해야 한다고 간결하면서도 위급한 어조로 글을 썼다. 경관이 태풍, 화재 혹은 다른 주기적 재앙에 의해 황폐화되었을 때는 보통 생태계를 회복시키는 치료과정으로서 생태적 천이가 일어난다. 그러나 경관이 오랜 기간에 걸쳐서 심하게 훼손되었을 때(삼림 벌채, 토양 침식, 염분 침투, 독성 폐기물에 의한 오염 등)에는 땅이나 물이 너무 척박해져 훼손이 중단되어도 천이가 일어날 수 없게 된다. 그러한 곳은 복구를 위해 인위적인 노력을 하지 않는 한 영원히 버려진 땅으로 남게 되는 새로운 종류의 환경이다. 우드웰은 인도의 삼분의 일이 이미 이렇게 황폐화된 상태에 있다고 주장한다.

생태계 발달이 일어나지 않을 때 우리는 생태계 재발달을 위해 노력해야 한다. 아마도 이것이 최근 많은 책과 저널, 논문들에서 소위 복원생태학restoration ecology에 대해 그렇게 많이 다루고 있는 이유라 하겠다(그 중 Cairns et al. 1971, 1992; Jordan et al. 1987을 들 수 있다).

생물권의 진화

생태계의 단기적 발달의 경우와 마찬가지로 생물권의 장기적 진화는 지질적·기후적 힘들과 살아 있는 구성원들의 활동으로부터 유래된 자생적 과정들의 상호작용으로 이루어진다. 우리는 이미 제3장에서 가이아 가설의 논의와 관련하여 지구상에서 일어난 생명의 역사에 대한 윤

유기체와 군집 수준에서 일어나는 발달 사이에 유사성이 있는 것과 마찬가지로 생태계와 인간 사회의 발달 사이에도(이들 유사성들이 같은 인과 관계에 바탕을 두고 있지는 않지만) 흥미로운 유사성이 있다. 천이 초기 단계에서처럼, 개척 사회에서는 인간개체군의 생존과 성장을 위해서 기회주의적 환경 개발과 자원의 축적이 필요하다. 따라서 〈토지 정리 작업〉은 사업의 첫 순서가 된다. 사회 발달의 초기 단계에서는 사람에 대한 착취(노예화)도 흔히 나타나고 있다. 이 단계에서는 생명부양 자원(그리고 그 문제에 대한 인간의 권리)들을 보호하고 유지하는 것에 큰 우선권이 주어지지 않는다. 이것은 주로 공급이 수요보다 여전히 크다는 것이 인식되고 있기 때문이다. 세계 여러 곳에서 일어난 문화 붕괴와 인간이 만들어 놓은 사막들은 이런 증거로 우뚝 서 있다. 인구 성장과 경제 성장(때때로 전쟁)이 먼저 자리를 잡은 사회들은 생산환경과 마찬가지로 보호환경이 필요하다는 것을 인지하지 못한 채 종종 시기를 놓치게 된다. 언덕이 벌거숭이가 되고 토양이 씻겨 나간 후에는 외부 자원의 대량 유입만이 그 토지를 회복시켜 놓을 수 있다(지금 이스라엘에서 이와 같은 현상이 어느 정도 일어나고 있다). 마찬가지로 도시 성장이 무제한 확장되도록 둔다면 공기와 물의 질을 보호하는 일은 너무 늦게 될지도 모른다.

곽을 간단히 살펴보았다. 생물군의 진화와 연관된 대기의 산소 증가와 그에 따른 생물권의 발달을 그림 7-6에서 보여준다.

우리는 결코 이 지구상에서 어떻게 생명이 시작되었는지 정확하게는 알 수 없다. 그러나 일반적으로 받아들여지는 이론은 최초의 생물은 아주 작은 혐기성 종속영양 생물이었다는 것이다. 이 생물들은 무생물적 과징으로 합성된 유기물실을 섭취하여 살았다. 그 당시의 대기 조성은 주로 화산에서 방출된 기체상의 물질들로 결정되었다. 지질학자들은 이것을 〈지각 기체배출 crustal outgassing〉에 의한 대기의 형성이라고 말한다(Cloud 1988). 이 '원시' 대기는 많은 질소와 수소, 이산화탄소, 수증기를 포함하고, 또한 일산화탄소와 염소, 황화수소도 인간과 오늘날의 많은 생물들에게는 유독할 정도로 많이 포함하고 있었다. 지구 초기의 환원성 대기 reducing atmosphere(오늘날 산화성 대기 oxygenic atmosphere에 대조적인 용어)는 지금 화성과 목성의 대기와 비슷했다. 기체 상태의 산

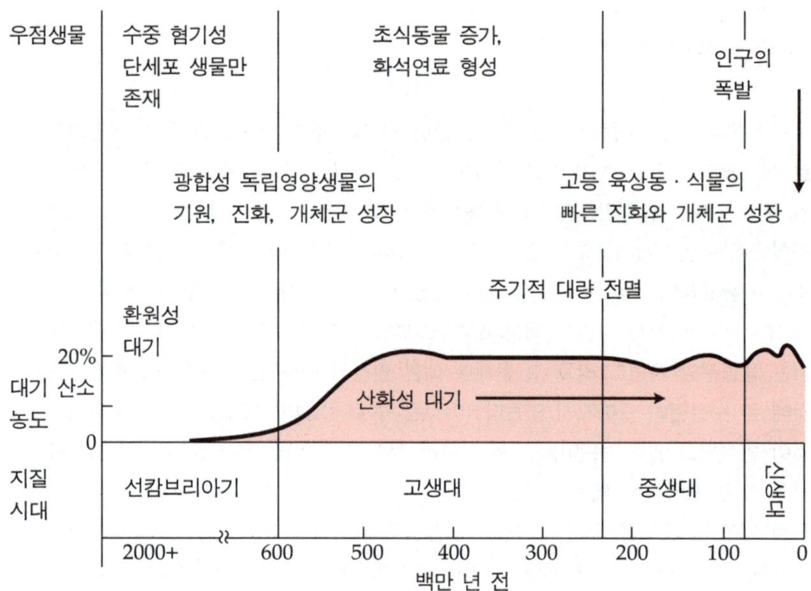

그림 7-6
생물권의 진화와 대기에 미치는 영향.

소가 없이는 지금 있는 오존층도 없을 것이다. 그리하여 처음에 생물은 단지 물이나 다른 어떤 방어물로 보호될 때만 존재할 수 있었다. 그러나 말하기 이상하지만 〈화학적 진화chemical evolution〉를 일으킨 것으로 생각되는 것은 이러한 방어물들을 뚫고 지나갈 수 있는 짧은 파장의 태양광선이었다. 이 화학적 진화가 초기 생명의 〈구성단위building block〉가 된 복잡한 유기분자들을 유래시켰다. 이 견해에 따르면 그러한 방법으로 유기물로부터 생명을 창조한 조건들은 이제 지구상에 존재하지 않는다. 그리고 그러한 조건들은 대부분의 현존 생물들에게는 치명적이다.

시아노박테리아: 최초의 커다란 변화

10억 년 또는 그 이상의 기간 동안 광폭한 물리적 세계에서 생명은 서식지와 에너지 자원이 제한된 채 아주 작은 발판을 확실히 유지했다. 커다란 변화는 적어도 20억 년 전 최초의 광합성 미생물인 시아노박테리아cyanobacteria(조류는 아니지만 남조류라 부르기도 한다)의 출현으로 시작되었다. 이 미생물은 태양에너지를 사용하여 간단한 무기물로부터 먹이를 만들 수 있었고 부산물로서 기체 상태의 산소를 방출했다. 산소가 대기로 확산되어감에 따라서 에너지 효율이 훨씬 더 높은 호기성 유기체들이 진화했다. 그리고 오존 보호막이 발달되어 생명이 지구 곳곳으로 퍼져나가는 것을 가능하게 했다. 점점 더 복잡한 다세포 유기체들의 발달이 거의 폭발적으로 뒤따랐다. 긴 기간 동안 생산은 호흡을 초과했다($P/R>1$). 그래서 고생대에는 오늘날의 수준으로 산소가 증가되고 이산화탄소는 감소되었다(그림 7-6). 생산(P)이 호흡(R)을 큰 폭으로 초과하여 오늘날보다 지구의 더 넓은 표면 부분을 덮고 있던 얕은 바다와 습지에서 식물 잔여물질들이 화석화되던 시기에, 지금의 화석연료들 또한 형성되었다.

　물론 생명의 발상지는 깊은 곳의 혐기성 퇴적물 속에서 아직도 우리와 함께 남아 산소 호흡자들이 살고 있는 거대한 호기성 세계에 잘 통합되어 있다. 혐기성 과정들이 생지화학적 순환들과 대기의 안정성 유지에 기여하는, 확실한 중추적인 역할들은 제3장과 제5장에서 기술하였다.

　지질 역사를 보면 지구에 혜성이 떨어지고 화산이 폭발하는 등의 대격변기에 많은 생물종들이 절멸하기는 하였지만 그래노 지금까지 생물

다양성은 전체적으로 증가되어 왔다. 대격변의 사건들 이후, 살아남은 각 종들의 개체수는 빠른 시간 내에(지질학적 시간 규모에서) 다시 증가되어 회복되었지만 종다양성은 다시 회복되는 데 매우 오랜 시간이 걸렸다(Signor 1990). 우리는 이러한 현상을 인간들이 파괴한 서식지의 회복시에 볼 수 있다. 파괴된 서식지가 자연적으로 회복되든 적극적인 회복책을 강구하여 회복시키든 개체수는 빠르게 증가되지만 종다양성은 좀처럼 회복되지 않는다.

진화 기작

진화(라틴어 *evolutio*는 〈펼치는〉 또는 〈전개하는〉을 뜻한다)는 시간적인 변화, 즉 시간에 따른 변화에 대해서 널리 사용된다. 보통 그 변화가 더 나은 것(예를 들어 낮은 곳에서 더 높은 곳으로, 또는 단순한 것에서 더욱 복잡한 상태로 가는 것)을 향한다는 함축성을 지니고 있다. 그리하여 우리는 개성의 진화 또는 자동차와 비행기의 진화에 대해서 말하게 될지도 모른다. 유기 진화는 시간과 함께 일어나는 유기체의 변화를 말한다. 일반적으로 이 변화는 단순한 것에서 더욱 복잡한 또는 잘 적응된 상태로 진행되는 장기적 발달을 의미한다. 찰스 다윈의 획기적인 논문집 『종의 기원』(1859)에서 윤곽을 제시한 바와 같이, 환경 및 경쟁하고 있는 생물의 압력으로 생기는 자연선택 natural selection이 유기체와 종을 변화시키는 주요 원인이다. 그리하여 가장 잘 살아남아서 가장 많은 자손을 생산할 수 있는 개체들은 자연과정에 의해서 〈선택되어〉 다음 세대의 개체군을 이룬다. 다윈은 이것을 〈적자생존〉이라고 말했다. 그리고 오늘날 〈적자 fittest〉라는 말은 〈그 종이 다음 세대를 존속시킬 수 있는 능력〉을 가리키는 말로 사용되고 있다――〈적자〉란 반드시 가장 크거나 가장 강하거나 또는 가장 잘 싸우는 경쟁자를 말하는 것이 아니다. 많은 종들은 위장이나 협력 등의 특이한 방법들을 써서 오랫동안 생존해 오고 있다.

다윈은 극단적이지 않은 자연선택을 잘 인식하고 있었고 크로포트킨 Kropotkin은 1902년 공생의 중요성에 대한 글을 쓰면서 진화의 중요한 요인으로서 공생을 피력하였다(제6장 참조). 크로포트킨은 또 자연선택에 두 가지 종류가 있는데 하나는 개체 대 개체 간의 경쟁을 통한 존속 투쟁이고 다른 하나는 개체 대 환경 간의 공생을 통한 존속 투쟁이라고 하였다. 생물체는 생존을 위해서 다른 생물체와는 경쟁하지만 환경과는 경쟁보다는 환경에 적응하거나 환경을 변화시킴으로써 군집이 협력하도록 만든다.

유전학에 대한 지식이 진보됨에 따라서, 정기적으로 되풀이해서 일어나는 돌연변이 mutation(개체의 유전자에서 일어나는 변화)와 유전적 부동 genetic drift(유전자 빈도 gene frequency의 확률적이고 무작위적인 변화)으로부터 유발되는 유전자 빈도의 변화가 자연선택이 작용하는 변이 variation들을 제공한다는 것이 증명되었다. 진화에 있어서 유전적 부동의 중요성은 저명한 유전학자 라이트 Sewall Wright(1938)에 의해서 처음으로 지적되었다. 유전적 부동은 개체군의 크기가 매우 작을 때 멸종을 초래할지도 모를 유전 또는 개체군 장애 현상의 하나의 요인이다.

대진화 대 소진화

과학자들에게 유기 진화는 이론이라기보다 사실로서 인정된다. 그러나 관련된 기작들에 대해서는 많은 불확실성과 논쟁이 있다. 다윈 이래로 생물학자들은 일반적으로 진화적 변화가 많은 작은 돌연변이들과 유전자 구조의 변화들(이러한 돌연변이와 변이는 개체를 위해서 생존가를 가지는 유전적인 변화들에 대한 연속적인 자연선택을 동반한다)을 포함하는 느리고 점진적인 과정이라는 관념을 고수해 왔다. 그러나 화석 기록상의 빠진 부분과 중간 형태(〈채워지지 않은 연결 부분〉)를 찾는 데 실패했다. 이는 많은 고생물학자들로 하여금 굴드와 엘드리지 Gould and Eldredge (1977)가 단속평형 punctuated equilibrium이라 부른 이론을 믿도록 하고 있다. 이 이론에 따르면 종들은 오랜 기간 동안 변하지 않은 채 어떤 종류의 진화적인 평형이 남아 있다. 그런 다음 이따금 작은 하나의 개체군이 떨어져 나가서, 화석기록으로 퇴적된 중간 형태를 남기지 않을 정도로 완전히 다른 종으로 빠르게 진화될 때 그 평형은 끝나게 된다.

지금까지 아무도 무엇이 〈대진화적 도약 macroevolutionary leap〉들을 일으켰는지에 대한 좋은 설명을 제시하지 못하고 있다. 다윈과 진화적인 사고, 형태와 기능, 지구 역사, 자연 역사, 과학, 인종 차별, 기타 흥미 있는 주제들에 대한 매혹적인 에세이들이 스티븐 굴드의 책 『다윈 이후』(1977)[5]와 잡지 《디스커버 *Discover*》에 「다윈주의의 정의: 사실과 이론의 차이」라는 제목으로 실려 있다.

종분화

종분화 speciation, 즉 새로운 종의 생성과 종 다양성의 발달은 공동 유전자 저장소 내의 유전자 흐름이 고립 기작에 의해 저지될 때 일어난다. 공동 조상으로부터 유래된 개체군들이 지리적 격리를 통하여 고립

---

5) 이 책은 홍동선, 홍욱희에 의해서 한글로 번역되어 1988년 범양사출판부에 의해 출간되었다.

태형동물문[6]의 화석 기록은 종분화가 얼마나 갑자기 일어나는지를 설명해 준다. 잭슨과 치담 Jackson and Cheetham(1994)이 설명했듯이 새로운 동물종은 기나긴 진화적 정체기(변화가 거의 또는 전혀 없는 시기)를 거친 다음 돌연히 출현한다. 이러한 현상을 도약성 진화 jerky evolution라고 한다. 이러한 양상의 원인은 무엇일까? 한 가지 가능한 설명은 항상 일어나는 작은 임의적 돌연변이는 적합성을 증가시키지 않는다는 것이다. 자주 일어나지 않는 매우 큰 돌연변이만이 생존 가치를 가지고 따라서 새로운 종형성을 가져온다는 것이다(Santiago et al. 1996).

될 때는 이소적 종분화 allopatric speciation가 일어난다. 고립이 생태적 또는 유전적 방법을 통하여 같은 장소에서 일어날 때는 동소적 종분화 sympatric speciation가 가능한 형태이다.

이소적 종분화는 일반적으로 하나의 종이 생겨나는 일차적 기작으로 가정되고 있다. 그 고전적인 보기가 유명한 비글호 항해 동안 다윈이 에콰도르 해변에서 약간 떨어진 갈라파고스 군도들을 방문했을 때 처음으로 기술한 다윈 피리새들이다. 몇몇 종이 공동 조상으로부터 다른 섬들에 고립되어 진화되고 적응 방산 adaptive radiation되었다. 즉 피리새들은 그 섬들에 있는 가지각색의 서식지와 생태적 지위를 이용하기 위해서 변화되었다. 그림 7-7에서 보는 바와 같이, 오늘날 존재하는 종에는 가는 부리를 가진 곤충 포식자, 땅에서 먹이를 찾는 새와 나무에서 먹이를 찾는 새, 큰 몸집의 새와 작은 몸집을 가진 새, 심지어는 나무 껍질 속의 곤충들을 파내기 위한 도구로서 가시를 사용하는 딱따구리와 비슷한 피리새들이 포함된다. 여러분은 안내자를 동반한 여행에서 갈라파고스를 방문하여 이것을 스스로 확인해 볼 수 있다. 또는 랙David

---

6) Bryozoa는 태형동물문 또는 태충류 동물이라 하며, 〈태충〉의 〈태 bryo〉 자는 이끼를 뜻한다. 이끼와 같은 모습의 군체를 이루어 살기 때문에 그와 같은 이름이 붙여졌다. 작고 식물처럼 보이지만 대부분 바위나 바다 속 부착면에 외피를 형성하여 고착생활을 하는 선구동물의 일종이며, 체강 body cavity을 가지고 있으나, 체절, 배설계, 순환계, 호흡계는 없다(연세대학교 최인호 교수 설명).

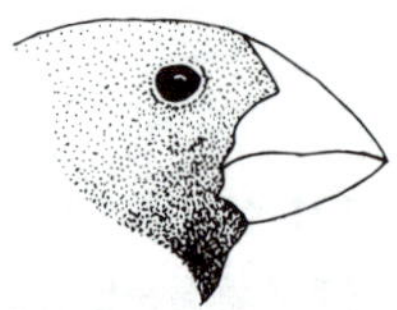

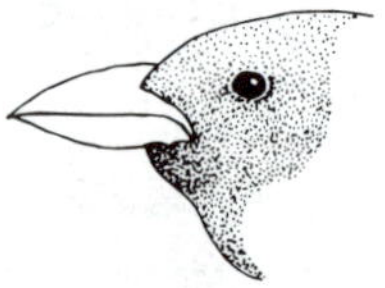

그림 7-7
다윈의 피리새들. 각 새들은 자신의 먹이잡이에 적합한 특징적인 부리 모양을 가졌다(Bowman 1961).

Lack의 1947년 책 『다윈의 피리새들 *Darwin's Finches*』, 또는 그랜트 Grant(1986)의 논문에서 이 새들에 관하여 읽을 수 있다.

육상생물과 담수생물의 고립과 그에 따르는 종분화는 대륙 이동 continental drift에 의해서 크게 영향을 받는다. 여기서 대륙 이동이란, 커다란 대륙 공동체로부터 오늘날의 대륙들로 분리된 것을 말한다. 고생대 후기의 어떤 시기에 북구의 대륙들(북아메리카, 유라시아)이 분리되기 시작했다. 그 다음 중생대에 남아메리카 대륙과 아프리카 대륙이 나누어지고 오스트레일리아 대륙은 아시아 대륙으로부터 분리되었다. 대륙 이동 이론은 이제 대부분의 지질학자들이 인정하고 또 화석 기록들에 의해서 뒷받침되고 있다(Kurten 1969; J.T. Wilson 1972; Van Audel 1995).

종분화가 일어나기 위하여 엄격한 지리적 격리가 반드시 필요하지는 않으며 이미 알고 있는 것보다 동소적 종분화가 더욱 널리 퍼져 있다는 증거가 쌓이고 있다. 정착colonization, 번식체의 제한된 전파, 무성생식, 포식 등과 같은 변화 결과로 개체군들은 동일 장소 내에서도 유전적으로 서로 격리될 수 있다. 어떤 때는 한 지역에서 이종교배interbreeding를 방해할 정도로 충분한 유전적 차이들이 축적되기도 한다.

인공선택과 유전공학

사람들이 식물과 동물을 그들 자신의 필요에 적응시키기 위해 수행한 선택은 자연선택에 대조하여 인공선택artificial selection이라 한다. 넓은 의미에서 식물의 재배와 동물의 가축화를 포함하여 사용하는 용어, 순치 domestification는 생물종의 유전 요소를 변경하는 이상이다. 이것은 길들여진 것과 길들이는 것들 사이에 상호적응을 요구하기 때문이다. 이를테면 옥수수가 우리들에 의존하는 만큼[7] 우리들은 옥수수에 의존한다. 옥수수에 의존하는 사회는 소 떼에 의존하는 사회와는 매우 다른 문화를 발전시킨다. 따라서 길들이기는 공생의 특수한 형태를 초래하고 제1장에서 기술한 대로 특수한 형태의 경관을 창출했다.

유전물질(DNA)의 생화학적 특성에 대한 획기적 발견들과 세포 수준에서 유전자들을 더하고 제거하며 변경시키는 기술, 즉 유전자 연접 gene splicing의 발달은 인공선택을 크게 가속시킬 전망을 가지고 있다. 지금 유전공학genetic engineering 또는 생물공학biotechnology으로 알려져 있는 것이 주요한 기술혁신으로 발전되고 있다. 이전의 기술혁명(예를 들어, 제4장에서 논의한 원자력 에너지의 개발과 화학적 살충제의 개발) 동안 일어났던 것을 생각해 본다면 우리는 이 기술혁신으로부터도 이익을 기대할 수 있다. 그러나 특히 우리가 그것의 전체적인 영향을 이해하기 전에 기술이 너무 빨리 발달한다면 그에 따르는 비용과 문제들도 예상할 수 있다. 보통 기대와 이익은 과대평가되는 반면에, 그에 대한 비용과 문제들은 과소평가되거나 새로운 기술의 개발 초기 단계에서는 예측되지도 못한다. 현재까지 유전학적으로 제조된 미생물들에 의한 인슐린과 같은 약품의 생산은 생명공학이 준 가장 유용한 결과 중 하나이다.

환경으로 방출되어 또는 도망가서 변질된 유기체들이 해충이 될 가능성은 앞으로의 주요 관심사이다. 지금까지 몇몇 장에서 설명한 바와 같이, 지금 우리가 싸우고 있는 가장 나쁜 질병과 해충 중 많은 것들은 새로운 환경으로 도입된 자연적으로 생긴 유기체들이다. 따라서 유전적으로 변조된 유기체들의 방출이 일어나기 전에 자연의 열린계를 모의하는 조건 아래서 광범위한 검토를 요구하는 것은 신중한 처사인 듯싶다. 생명공학과 관련하여 고려되어야 할 많은 법적·윤리적 의문들이 있다.

유전적으로 변경된 유기체의 의도적 방출에 대한 첫 논쟁들 중 하나는 빙핵 세균ice-nucleating bacteria인 *Pseudomonas syringae*와 관련된 것이다. 이 생물은 캘리포니아 주의 채소 경작물에 서리의 해를 조장한다. 그 미생물로부터 지질단백질의 외피 생성을 조절하는 유전자를 제거함으로써 얼음의 핵이 되는 능력을 없앨 수 있다. 그 다음 변형된 세

---

7) 옥수수 경작이 유지되기 위해서는 사람의 힘이 필요한 것을 의미한다.

균이 자연형을 대체하도록 희망하면서, 서리 해를 감소시킬 수 있을 정
도로 충분히 오랜 시간 동안 양딸기 식물의 잎에 변형된 세균을 대량으
로 방출하는 계획을 세웠다. *Pseudomonas syringae*가 〈해롭기만 한 생
물〉이 아니라 비를 조성하는 보상적인 특징도 가지고 있다는 것을 발견
하기 전까지 이것은 환경에 해를 줄 가능성이 거의 없는 합리적인 실험
처럼 보였다. *Pseudomonas syringae*에서 지질단백질 외피가 벗겨져 공
중을 떠돌다 구름으로 들어갔을 때 이들이 강우에 필요한 얼음 형성의
이상적인 핵을 생성하는 것 같다. 강우의 감소는 서리 해보다 훨씬 더
나쁠 수 있다. 이 보기는 의도적 방출의 일차적인 효과뿐만 아니라 이
차적인 영향도 고려해야 하는 필요성을 예증한다(E.P. Odum 1985).

바라건대, 생물공학의 전망과 문제점들이 원자력에너지의 경우에서
보다 더 잘 예측되고 다루어지기를 희망한다. 두 경우 모두 환경적 고
려가 성공과 실패를 주로 좌우할 것이다. 우리가 얼마만큼 새로운 생명
을 실제적으로 창조하고 진화의 방향을 유도할 수 있을 것인지는 살펴
보도록 남겨 둔다.

섬생물지리 이론

섬은 진화를 연구하기 위한 좋은 자연 실험실이다. 그리고 이와 같은
이유로 다윈이 갈라파고스를 방문한 이래 생물학자와 생태학자들을 매
혹하고 있다. 섬에서의 고립, 이주, 그리고 사멸의 상호관계는 맥아더와
윌슨 MacArthur and Wilson (1967)이 섬생물지리 이론 island biogeography을
발표한 이래로 관심을 끌고 있다. 간단히 기술하면, 그 이론은 하나의
섬에서 종의 수와 조성은 역동적이며(끊임없이 변하며) 새로운 종의 이
주와 이미 있던 종들의 사멸 사이에 일어나는 평형관계에 의해서 결정
된다고 주장한다. 생물종의 수는 대략 로그함수적으로 증가하고 감소하
기 때문에, 그리고 이주와 사멸의 속도는 섬의 크기와 생물종 근거지인
본토와의 거리에 달려 있기 때문에, 그림 7-8에서 보여주는 바와 같이
일반 평형 모형 general equilibrium model이 도식화될 수 있다. 그리하여
섬이 작으면 작을수록, 본토의 해변에서 멀리 떨어지면 떨어질수록 종
의 수는 적고 조성은 불안정하다.

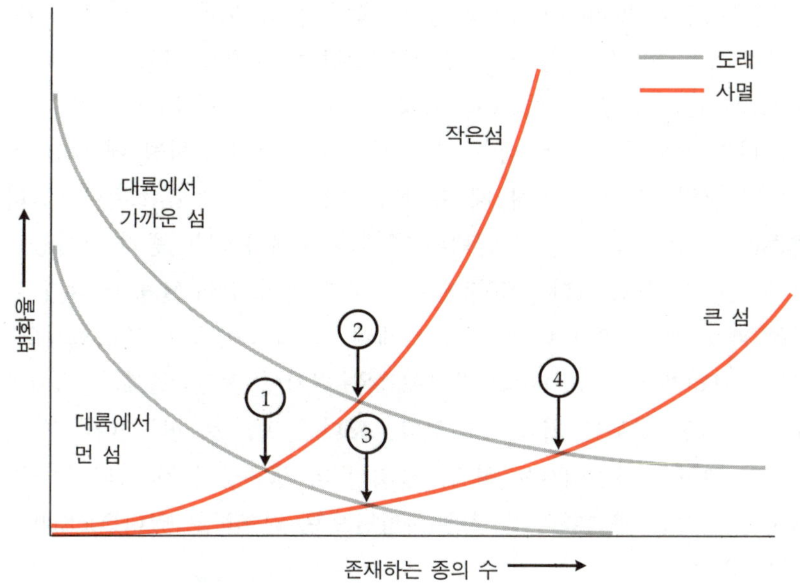

그림 7-8
섬생물지리 이론. 어떤 섬에서 생물 종의 수는 생물의 이주와 사멸의 균형관계에 의해서 결정된다. 섬이 크고 작은 그리고 대륙의 해변에 가깝고 먼 네 가지 다른 조합의 평형점을 보여준다(MacArthur and Wilson 1963).

　　스코너와 스필라Schoener and Spillar(1995)는 버뮤다 지역의 섬에 거미를 도입하여 흥미로운 실험을 수행했다. 포식자인 도마뱀이 서식하는 큰 섬, 포식자가 없는 큰 섬, 포식자가 있는 작은 섬이라는 세 유형에 대해 각각 다섯 개의 섬을 선택하고 그곳으로 실험 대상이 아닌 곳에 사는 거미종을 채집하여 도입하였다. 도입된 거미들은 포식자인 도마뱀이 없는 큰 섬에서 가장 잘 생존했다. 앞서 말한 바와 같이 섬 크기와 포식자 모두 군집 형성을 결정하는 데 중요하다는 결과를 보여 주었다.

　　섬생물지리 이론은 제6장에서 설명했었던 메타개체군 이론과 함께 경관 계획과 자연보전지구 지정에 유용한 지침들을 제공한다. 자연지역은 점점 파편화의 압력을 받고 있다. 그리고 그곳의 자연 서식지는 인위적으로 변형되거나 도시화된 경관 안에 남아 있는 〈생태적 섬〉이 된다(그림 3-7 참조). 큰 보전지구는 조각난 여러 지역이 모여 같은 면적을 차지하는 것보다 더 나을지도 모른다. 그것은 보전지구가 크면 클수록 부양될 수 있는 생물다양성이 더 크기 때문이다. 만약 작은 공원을 설립해야 한다면 그것들은 서로 가까이 있거나 종들의 연속적인 교환을 용이하게 하는 통로에 의해서 서로 연결해야 한다. 미국에서는 기존의 또는 계획하고 있는 자연지역들 사이에 〈야생생물 통로〉의 그물 연결망 형성을 현재의 주와 지방 자치 단체 수준에서 활발히 장려하고 있다.

<자연보존협회 Nature Conservancy>와 같은 사립 보존 단체들과 주립 자연자원부와 <미국 어류·야생생물보호청 United States Fish and Wildlife Service> 같은 공공기관들 모두 이것을 장려하고 있다(Harris 1984).

하나의 개체군이 작은 섬과 같은 서식지 조각에 고립될 때 또는 작은 고립된 군락으로 나누어질 때 유전적 다양성은 크게 감소된다. 그리고 생존은 가까이 있는 더 큰 군락의 존재와 문제가 되는 종의 전파능력에 따라 달라질 수도 있다. 제6장에서 논의한 바와 같이 멸종을 막기 위해서는 때로 보다 크고 더욱 다양한 개체군들의 재공급이 필요할지도 모른다. 브리젠호크 Vrijenhoek 등(1985)은 위기에 몰린 물고기 개체군에 대해 그러한 경우를 기술하고 있다. 또다른 보기로 미국 대륙 북서부 태평양 연안의 삼림에서는 점박이올빼미[8]의 생존을 돕기 위해 삼림벌채 때문에 생기는 파편화의 영향을 다방면으로 연구하고 있다(McKelvey et al. 1993).

공진화

둘 또는 그 이상의 유기체군들이 밀접한 생태적 관계를 가지고 있으나 유전정보 교환 없이(상호교배가 없는) 서로 주고받는 자연선택을 하는 경우 공진화 coevolution한다고 한다. 얼릭과 레이븐 Ehrlich and Raven (1965)이 처음으로 이 용어를 사용했는데, 다음과 같은 가설을 제안하기 위한 기반으로서 호랑나비 애벌레와 식물에 대한 연구를 활용했다. 식물들은 가끔 일어나는 돌연변이와 유전자 재조합을 통하여 화학물질을 생산한다. 이것은 아마도 버려야 할 부산물로서 생산되는데, 그 식물에는 해롭지 않으나 애벌레와 같은 식물을 먹는 곤충에게는 독성인 것이 판명되었다. 그러한 식물은 이제 초식동물의 공격으로부터 보호되기 때문에 번성할 것이고, 뒤따르는 세대들에 유리한 변이를 전달해 줄

---

8) 점박이올빼미 northern spotted owl(*Strix occidemtalis caurina*)는 중요한 서식지인 미국 북서부 워싱턴 주와 오리건 주의 노령림이 벌채로 파편화되면서 절멸 위기를 맞게 되어 그에 대한 연구가 활발하다. 이들의 서식지로서 생태계의 보전과 목재 생산을 통한 경제적 이해 사이의 갈등을 보여 주는 좋은 보기이기도 하다(김진수, 손요한, 신준환, 이도원, 최재천, 『보전생물학』, 사이언스북스, 2000: 이도원, 『경관생태학: 환경 계획과 설계, 관리를 위한 공간생리』, 서울대학교출판부, 2001)

것이다. 그러나 살충제에 면역성을 가지게 되어 곤충이 엄청나게 증가하는 데서 볼 수 있듯이 곤충은 그 독성물질에 내성을 가진 변종을 진화시킬 수 있다. 돌연변이 또는 유전자 재조합을 유발하는 물질에 의해서 이전에는 보호되던 식물을 먹을 수 있는 곤충개체군이 출현하게 된다면, 자연선택은 그 곤충의 유전적 가계를 유리하게 할 것이다. 달리 말하면, 한쪽의 진화가 다른 한쪽의 진화에 의존한다는 의미에서 식물과 초식동물은 공동으로 진화하게 된다. 피멘틸 Pimentel(1968)은 이런 종류의 진화에 대해서 유전적 되먹임 genetic feedback이라는 표현을 사용했는데, 제6장에서 기술한 바와 같이 파리와 말벌을 이용하여 실험적으로 이 현상을 보여주었다.

공진화는 제6장에서 기술한 것과 같은 식물과 동물, 동물과 미생물 등의 사이에서 일어나는 상리공생들의 시발에 어떤 역할을 하는 것으로 여겨진다. 그러나 먹이나 다른 자원의 요구에 의해서 밀접하게 연관되어 있지 않은 종들 사이에 일어나는 협동은 공진화로 설명하지 못하고 있다.

협동과 복합성의 진화: 집단선택

많은 과학자들은 생물권에 있는, 믿을 수 없을 정도의 다양성 및 복합성과 종들 사이에 널리 퍼져 있는 상호이익을 위한 협동을 설명하기 위해서 자연선택이 개체와 생물종의 수준 이상에서, 그리고 공진화의 범위 이상에서 작동한다고 가정하고 있다. 따라서 집단선택 group selection은 반드시 상리공생으로 연결되어 있지는 않은 생물 집단들 사이에서 일어나는 자연선택으로 정의된다. 이론적으로 집단선택은 전체로서 개체군과 군집들에게는 유리한(공익 public good), 그러나 개체군 내의 개체들에게는 선택적으로 불리할 수도 있는 특성을 유지하도록 유도한다. 집단선택에 대한 경우를 윌슨 D.S. Wilson(1980)은 다음과 같이 표현했다.

개체군은 으레 그들의 적합도를 결정하는 다른 개체군들을 고무하거나 위축시키면서 진화한다. 그와 같이 한 유기체의 적합도는 공동체에 미친 그것의 영향과 그 유기체에 대한 공동체의 반응이 주로 반영되어 진화적 시간에 걸쳐서 나타나는 것이다. 이 반응이 충분히 강하다면 그들 공동체에 긍정적인 영향을 가지는 유기체들만이 살아남아서 유지될 것이다.

협동과 정교한 상리공생의 관계가 어떻게 시작되고 유전적으로 어떻게 고정되었는가를 진화이론으로 설명하기는 어렵다. 그것은 개체들이 처음으로 상호작용할 때 개개의 개체가 협동하는 것보다 그들 자신의 이익을 위해서 행동하는 것이 거의 항상 유리하기 때문이다. 예를 들어 어떤 곰팡이가 어떤 나무 뿌리를 만날 때, 그 곰팡이는 나무 뿌리를 빨아 먹고 사는 것이 유리하며, 나무는 곰팡이를 물리치는 것이 유리하다. 그런데 균근 체계는 두 종류의 생물이 상호이익을 가지고 협동을 하는데, 그들은 어떻게 진화되었을까? 액설로드와 해밀턴 Axelrod and Hamilton(1981), 그리고 액설로드(1984)는 전통적인 경쟁에 기초한 적자생존 이론 survival-of-the-fittest theory의 연장으로서 상호보상이 발전하게 되는 한 가지 과정을 제안했다. 그들은 두 〈참가자들〉이 즉각적인 이익을 위해서 협력할 것인지 말 것인지 결정하는 〈죄수의 딜레마 게임 prisoner's dilemma game〉에 기반을 둔 모형을 개발했다. 첫 만남에서

◪ 대치할 때와 협동할 때

상황이 어려운 최근에 나타난 초강대국들의 관계 변화는 상리공생의 자연적 발달과 비슷한 점이 있다. 수십 년 동안 미국과 러시아는 국방을 명목으로 무기 생산을 증가시켜 왔다. 이러한 대치에 지불된 경비는 각 국가 재산의 15-20%에 달했다. 방어 목적은 유권자의 표를 얻어 선거에서 승리하거나 독재를 유지하는 데 사회적·정치적으로 영향력 있는 수단이기 때문에, 소비자와 사회적·환경적 요구는 무시되었다. 이러한 내부적 요구를 표출시키는 압력이 점점 절박해짐에 따라, 두 나라에서 냉전으로부터 협력으로 전환하는 기회들이 이해되었다. 우리가 아는 바와 같이 이러한 전환은 어렵고 시간을 요구하지만 핵전쟁보다 낫다. 요컨대 대치와 협동이 우세한 때와 장소가 있다. 질서를 유지하고 국토와 문화를 보호하기 위해 어떤 종류의 대치는 필요하다. 그러나 인류가 누릴 삶의 질을 유지시키는 데 필요한 평화와 협력이 더 중요하다(Odum 1992).

협동을 하지 않은 이기적인 결정은 다른 쪽이 무엇을 하든 상관없이 각자의 결정에 최고의 보상을 안겨 준다. 그러나 만약 협력하지 않는 쪽을 선택한다면 협력하는 경우보다 둘 다 더욱 나빠질 것이다. 둘이 상호관계를 계속 가진다면(즉 〈게임〉이 계속된다면), 시도를 해본 결과 또는 단순히 무작위적으로 협력이 선택될 가능성이 생긴다. 그때 협력이 둘에게 이익이 된다면 개인 수준에서 작용하고 있는 자연선택에 의해서 짝꿍관계가 확립될 것이다.

월슨과 액설로드 모두 생물공동체 안에서 공동체의 적합 대 개인의 적합이라는 문제와 인간 사회 안에서 공익 대 사익이라는 역설 사이에 존재하는 비슷한 점을 찾아냈다. 나아가 액설로드는 국가들이 경쟁관계에서 협력관계로 옮겨 가야 할 시기라고 제안했다. 올먼 Allman(1984)은 액설로드의 일과 착상들을 바탕으로 「인심 좋은 사람이 성공한다 Nice Guys Finish First」라는 제목을 가진 문제의 논문을 발표했다. 집단선택이 일어난다는 것을 의심하고 있는 진화학도는 거의 없지만 진화 역사에서 그것의 중요성은 논란의 여지가 있다. 그러나 우리는 일반적으로 유기진화가 일어났으며 계속 일어날 것을 의심하지 않는다. 하지만 그것이 어떻게 일어나고 있는가 하는 복잡한 기작은 아직 제대로 이해하지 못하고 있다. 단기적으로 일어나는 생태적 천이와 마찬가지로 장기적 진화는 개별적 요소와 총체적 요소들을 함께 지니고 있을 것 같다. 달리 말해 자연선택은 한 가지 수준 이상에서 일어난다고 할 수 있다. 공진화, 집단선택 그리고 전통적인 다윈주의 모두 진화를 설명하는 위계 이론 hierarchy theory의 일부이다(Gould 1982).

*Allman, W.F. 1984. Nice guys finish first. *Science 84* 5(8): 24−32. (A review of Axelrod's book *The Evolution of Cooperation.* Theme: cooperation pays in nature and society.)

*Axelrod, R. 1984. *The Evolution of Cooperation.* Basic Books, New York.

*Axelrod, R., and W.D. Hamilton. 1981. The evolution of cooperation. *Science* 211: 1390−1396.

*Berkner, L.V., and L.C. Marshall. 1965. History of major atmospheric components. *Proc. Natl. Acad. Sci.* USA 53: 1215−1226. (Literary account in the Tenth Anniversary Issue of *Saturday Review*, May 7, 1966, pp.30−33.)

*Beyers, R.J., and H.T. Odum. 1993. *Ecological Microcosm.* Springer−Verlag, New York.

*Bowman, R.I. 1961. Morphological differentiation and adaptation in the Galapagos finches. *Occ. Pap. Calif. Acad. Sci.* 58: 1−302.

*Brooks, D.R. and E.O. Wiley. 1986. *Evolution as Entropy.* University of Chicago Press. (Outcome of the constraints of the second law of thermodynamics is self−organization with the result that living systems exhibit increasing complexity and self−organization because of, not in spite of or at the expense of, entropy.)

*Cairns, J., ed. 1992. *Restoration of Aquatic Ecosystems.* National Academy Press, Washington, D.C.

*Cairns, J., K.L. Dickson, and E.E. Herricks, eds. 1977. *Recovery and Restoration of Damaged Ecosystems.* University Press of Virginia, Charlottesville.

Carson, H.L. 1987. The process whereby species originate. *BioScience* 37: 715−720. (Excellent discussion of current views on speciation.)

*Clements, F.E. 1916. Plant succession; An analysis of the development of vegetation. Publication no.242. Carnegie Institution of Washington. (Reprinted in book form in 1928 by Wilson, New York.)

*Clements, F.E., and V.E. Shelford. 1939. *Bio−ecology.* John Wiley, New York.

*Cloud, P.E. 1988. *Oasis in Space*: *Earth History from the Beginning.* Norton, New York.

Connell, J.H., and R.O. Slayter. 1977. Mechanisms of succession in natural communities and their role in community stability and organization. *Am. Nat.* 111: 1119−1144. (Reviews several theories of succession.)

*Cooke, G.D. 1967. The pattern of autotrophic succession in laboratory microecosystems. *BioScience* 17: 717−721.

*Cowles, H.C. 1899. The ecological relations of the vegetation of the sand dunes of Lake Michigan. *Bot. Gaz.* 27: 95−391. (The pioneer American study of ecological succession.)

*Darwin, C. 1859. *The Origin of Species.* John Murray, London. (Facsimile edition ed. by E. Mayr. 1964. Harvard University Press, Cambridge, MA)

Dawkins, R. and J.R. Krebs. 1979. Arms race between and within species. *Proc. R. Soc. London B* 205: 489−511.

Dolan. R., P.J. Godfrey, and W.E. Odum. 1973. Man's impact on the barrier islands of North Carolina. *Am. Sci.* 61: 152−162. (Illustrated account of auto−and allogenic impact on beaches.)

*Ehrlich, P.R., and P.H. Raven. 1965. Butterflies and plants: A study of coevolution. *Evolution* 18: 586−608.

*Gibson, C.W.D., and U.K. Brown. 1992. Grazing and vegetation change: Deflected or modified succession? *J. Appl. Ecol.* 29: 120−131.

*Gleason, H.A. 1926. The individualistic concept of the plant association. *Bull. Torrey Bot. Club* 33: 7−20.

*Goodwin, H. 1929. The sub−climax and deflected succession. *J. Ecol.* 17: 144−147.

*Gorden, R.W., R.J. Beyers, E.P. Odum, and R.G. Eagon. 1969. Studies of a simple laboratory microecosystem. *Ecology* 50: 86−100.

Gosselink. J.G., E.P. Odum, and R.M. Pope. 1974. *The Value of the Tidal Marsh*, LSU−SG−74−03. Center for Wetland Resources, Louisiana State University, Baton Rouge.

*Gould, S.J. 1977. *Ever Since Darwin.* Norton, New York.

*Gould, S.J. 1982. Darwinism and the expansion of evolutionary theory. *Science* 216: 380−387.

*Gould, S.J. 1987. Darwinism defined: the difference between fact and theory. *Discover* 8(1): 64−70.

*Gould, S.J., and N. Eldredge. 1977. Punctuated equilibria: The tempo and mode of evolution reconsidered. *Paleobiology* 3: 11−151.

*Grant, P.R. 1986. *Ecology and Evolution of Darwin's Finches.* Princeton University Press, Princeton, NJ.

*Harris, L.D. 1984. *The Fragmented Forest: Island Biogeography Theory and Preservation of Biotic Diversity.* University of Chicago Press, Chicago.

*Healy, R.G., and J.L. Short. 1981. *The Market for Rural Land.* The Conservation Foundation, Washington, D.C.

*Jackson, J.B., and A.H. Cheetham. 1994. Phylogeny reconstruction and the tempo of specification in Cherlostone Bryozoa. *Paleobiology* 20: 407−410.

*Johnson, W.C., and D.M. Sharpe. 1976. An analysis of forest dynamics in the north Georgia Piedmont. *For. Sci* 22: 307−322.

*Johnston, D.W., and E.P. Odum. 1956. Breeding bird populations in relation to plant succession of the Peidmont of Georgia. *Ecology* 37: 50−62.

*Jordan, W.R., M.E. Gilpin, and J.D. Aber, eds. 1987. *Restoration Ecology.* Cambridge University Press, New York.

*Kaufman, W., and O.H. Pilkey Jr. 1983. *The Beaches Are Moving.* Duke University Press, Durham, NC.

*Kropotkin, P. 1902. *Mutual Aid: A Factor of Evolution.* William Heinemann, London. (Reprinted in 1935, Extending Horizons Books, Boston.)

*Kurten, B. 1969. Continental drift and evolution. *Sci. Am.* 220(3): 54–65.

*Lack, D.L. 1947. *Darwin's Finches.* Cambridge University Press, Cambridge.

*Loehle, C. 1988. Tree life history strategies: The role of defense. *Canad. J. For. Res.* 18: 209–222.

*MacArthur, R.H., and E.O. Wilson. 1967. *The Theory of Island Biogeography.* Princeton University Press, Princeton, NJ. (See also MacArthur and Wilson. 1963. *Evolution* 17: 373–387.)

*Margalef, R. 1963. Succession of populations. *Adv. Front. Plant Sci.*(New Delhi, India) 2: 137–188.

*Margalef, R. 1968. *Perspectives in Ecological Theory.* University of Chicago Press, Chicago.

*Margulis, L. 1982. *Early Life.* Science Books International, Boston.

*Margulis, L. and D. Sagan. 1986. *Microcosmos*: *Four Billion Years of Microbial Evolution.* Simon and Schuster, New York.

*Mckelvey, K., B.R. Noon, and R.H. Lamberson. 1993. Conservation planning for species occupying fragmented landscapes: The case of the northern spotted owl. In *Biotic Interactions and Global Change*, eds. P. Kareiva, J. Kingsolver, and R. Huey, pp.424–450. Sinauer Associates, Sunderland, MA.

Odum, E.P. 1969. The strategy of ecosystem development. *Science* 164: 262–270.

*Odum, E.P. 1985. Biotechnology and the biosphere. *Science* 229: 1338.

*Odum, E.P. 1992. When to confront and when to cooperate. *Georgia Landscape 1992*, p. 4 School of Environmental Design, University of Georgia, Athens, GA.

*Oliver, C.D., and E.P. Stephens. 1977. Reconstruction of a mixed species forest in central New England. *Ecology* 58: 562–572.

*Olson, J.S. 1958. Rates of succession and soil changes on southern Lake Michigan sand dunes. *Bot. Gaz.* 119: 125–176.

*Pimentel, D. 1968. Population regulation and genetic feedback. *Science* 159: 1432–1437.

*Pippinger, N. 1978. Complexity theory. *Sci. Am.* 238(6): 114–124.

*Santiago, F.E., V.S.Casper, and R.E.Lenski. 1996. Punctuated evolution caused by selection of rare beneficial mutation. *Science* 272: 1802–1804.

*Schoener, T.W., and D.A. Spillar. 1995. Effect of predators and area in invasion: An experiment with island spiders. *Science* 267: 1811–1813.

*Shugart, H.H. 1984. *A Theory of Forest Dynamics*: *The Ecological Implications of Forest Succession Models.* Springer–Verlag, New York.

*Signor, P.W. 1990. The geologic history of diversity. *Annu. Rev. Ecol. Syst.* 21: 509–539.

*Sousa, W.P. 1984. The role of disturbance in natural communities. *Annu. Rev. Ecol. Syst.* 15: 353–391.

*Sprugel. D.G., and F.H. Bormann. 1981. Natural disturbance and the steady state in high–altitude balsam fir forests. *Science* 211: 390–393.

Stearns, S.C. 1983. Rapid evolution in ecological time. *BioScience* 33: 460.

Stanley, S.M. 1987. Periodic mass extinctions of the earth's species. *Bull. Am. Acad. Arts. Sci.* 40(8): 29–48. (Mass extinctions appear to be pulsed at intervals of 20 million years or so, suggesting extraterrestrial causes such as comets striking the earth. Ice ages had little effect, as ice sheets covered only a small part of the globe.)

Ulanowicz, R.E. 1980. A hypothesis on the development of natural communities. *J. Theor. Biol.* 85: 223–245.

Ulanowicz, R.E. 1986. *Growth and Development: Ecosystem Phenomenology.* Springer–Verlag, New York.

Van Audel, T.H. 1985. *New Views of an Old Planet: Continental Drift and the History of the Earth.* Cambridge University Press, New York.

*Vrijenhoek, R.C., M.E. Douglas, and G.K. Meffe. 1984. Conservation genetics of endangered fish populations in Arizona. *Science* 229: 400–402.

*Warming, E. 1909. *Oecology of Plants.* Clarendon Press, Oxford, England. (Originally published in Danish in 1895.)

*Watt, A.S. 1947. Pattern and process in the plant community. *J. Ecol.* 35: 1–22.

Wilson, D.S. 1976. Evolution on the level of communities. *Science* 192: 1358–1360.

*Wilson, D.S. 1980. *The Natural Selection of Populations and Communities.* Benjamin Cummings, Menlo Park, CA.

Wilson, J.T., ed. 1972. *Continents Adrift.* W.H. Freeman, San Francisco.

*Woodwell, G.W. 1992. When succession fails. In *Ecosystem Rehabilitation: Preamble to Sustainable Development*, vol. 1, ed. M.K. Wali, pp.27–35. SPB Academic Publishers, The Hague.

Wright, S. 1938. Size of population and breeding structure in relation to evolution. *Science* 89: 430–431. (The <Sewall Wright effect> and the importance of genetic drift.)

*는 이 장에서 인용된 참고문헌을 가리킨다.

세계 주요 생태계

이 책의 대부분은 생태학 연구의 접근 기반을 생태적 계로서 경관 단위들의 분석에 두었다. 수중이든 또는 육상이든, 자연적이든 또는 인공적이든, 모든 상황에 적용되는 원리와 공통 요소들이 강조되었다. 행성 지구를 위한 생명부양선으로서 자연환경의 중요성과 에너지가 가지는 추진력의 중요성이 강조되어 왔다. 제6장에서는 또다른 유용한 방법, 즉 진화적 변화의 전달 수단인 개체군들의 연구에 집중하는 접근이 소개되었다. 또 지리학적인 접근 방법을 들 수 있는데 이는 지각 형태, 기후, 생물권을 이루는 생물군집들에 대한 연구를 포함하고 있다. 이 장에서는 지구상에 존재하는 생명이 갖는 놀랄 만한 다양성의 기초로서 지질학적·생물학적 차이점을 강조하면서 주요한 생태적 형성과정들 혹은 쉽게 인지되는 생태계의 유형들을 나열하고 그들 생태계의 특징들을 간단하게 기술할 것이다(표 8-1). 이러한 방식으로 우리는 이 책의 〈맺음말〉 부분에서 다룰 주제에 대한 범지구적 규범틀을 마련할 수 있기를 희망한다. 〈맺음말〉은 인류기 당면한 문제들을 포괄적으로 공략하기 위한 새로운 도전에 대해 다루고 있다.

해양생태계
    표영성 대양 pelagic ocean
    대륙붕의 물(연해의 물)
    용승지역(생산적인 수단으로 비옥한 지역)
    깊은 바다(열수분출)
    강어귀(연안의 만, 내포, 하구, 갯벌)

담수생태계
    정수(멈춘 물): 호소와 연못
    유수(흐르는 물): 강과 개천
    습지: 소택지와 늪지 삼림

육상 생물군계
    툰드라: 극지와 고산
    북부 침엽수림
    온대 낙엽수림
    온대 초지
    열대 초지와 사바나
    채퍼랠: 겨울 우기, 여름 건기 지역
    사막: 초본류 및 관목
    반상록 열대림: 뚜렷한 우기와 건기
    상록 열대우림

길들여진 생태계
    농경생태계
    식재림과 혼농임업 체계
    농촌 기술생태계(수송 도로, 작은 읍, 공장들)
    도시-공업 기술생태계(대도시 지구)

우리는 가장 크고 가장 안정된 생태계인 바다와 함께 멋있는 세계 여행을 시작할 것이다. 아마도 바다는 최초의 생태계였을 것이다. 왜냐하면 생물은 소금물 환경에서 생겨났다고 생각되기 때문이다.

해양

주요 해양(대서양과 태평양, 인도양, 북극해, 남극해), 그리고 그들의
연결부와 연장 부분들은 지구 표면의 약 70%를 차지하고 있다. 해양에
서는 물리적 요인들이 생물들을 지배한다(그림 8-1A). 파도, 조류, 해
류, 염도, 온도, 압력 그리고 빛의 세기(조도) 등이 생물군집들의 조성
을 주로 결정하며 이 군집들은 해저 퇴적물의 조성과 해수, 대기 기체
들의 성분에 상당한 영향을 준다.

해양에 대한 물리학, 화학, 지질학, 생물학적 연구는 해양학 oceanography
이라는 〈거대과학〉으로 결합되는데 이는 국제 협력을 위한 기초로서 점
점 중요해지고 있다. 해양에 대한 탐사가 외계 우주의 탐험에 비해 그렇
게 많은 비용이 드는 것은 아니지만 선박 비용, 해양 연구소, 장비, 전

(A)

(B)

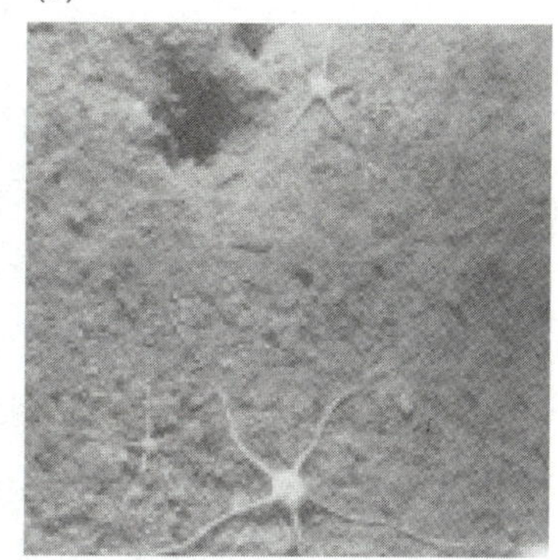

(C)

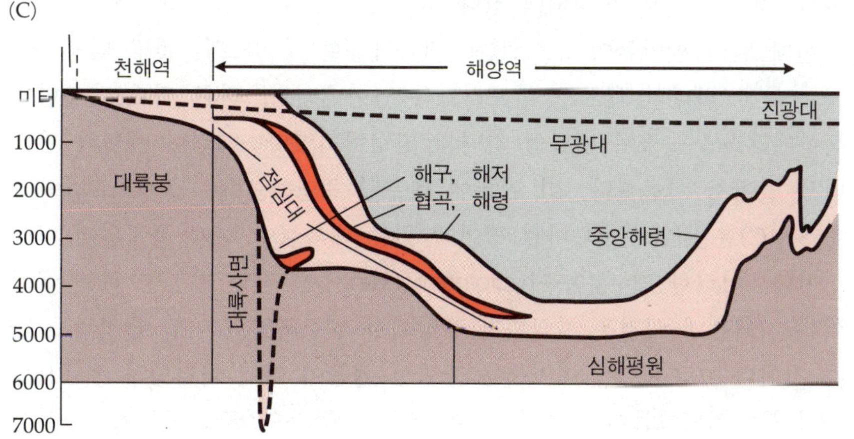

그림 8-1
(A)해양. 사진에서 끊이지 않는 파
도의 움직임은 해양에서 물리적 뇨인
의 우세성을 보여준다. (B)많은 곳에
서 해저는 (표면과 대조적으로) 비교
적 조용하고 안정된 환경이다. 사진
은 대서양의 버뮤다와 케이프 코드
사이를 잇는 횡단대에서 깊이
1.500m의 가로 17인치, 세로 20인
치의 면적을 보여준다. 벌레들과 벌
레가 사는 두 개의 큰 구멍과 함께
불가사리 몇 마리가 보이다 (C)대서
양의 지형 구분과 해저등고선
(Heezen et al. 1959).

문가 등이 필요하다. 그런 이유 때문에 대부분의 해양학적 연구가 부유한 몇몇 나라의 정부 보조가 많은 연구소에서 이루어지고 있다.

대양의 먹이사슬은 크기가 가장 작은 독립영양 생물들로 시작되어 크기가 가장 큰 동물들(거대한 물고기, 오징어, 고래)로 끝난다. 작은 녹색 편모류, 조류, 세균류들은 너무 작아서 플랑크톤에 포함되지 않는데 생산자라고 하는 생태적 지위를 생각할 때 먼저 생각되는 플랑크톤보다도 먹이사슬에 있어서는 더 중요한 기초가 된다(Pomeroy 1974, 1984). 일차생산의 많은 부분이 용존 형태(DOM, 제4장 참조)이기 때문에 용존 유기물 먹이사슬이 해양에서는 중요하다(그림 4-10 참조). 점액을 내서 미생물과 부식질 입자를 잡아들이는 동물들, 즉 원생동물에서부터 연체동물의 범주에 드는 다양한 동물은 작은 독립영양 생물들과 큰 소비자를 연결해 주는 역할을 한다.

인류의 바다 이용에 관한 전망과 문제점들을 평가하기 위해서는 그림 8-1C와 같은 해저 등고선의 관찰이 필요하고 해양의 각 부분들에 대해 해양학적 표준 명칭을 부여하는 것이 필요하다. 국민의 한 사람으로서 당신은 대륙의 경계를 가르는 대륙붕 continental shelf에 대해 많이 들었을 것이다. 대륙붕의 해저에는 유류자원과 광물자원이 풍부할 뿐 아니라 우리가 수확하고 있는 대부분의 해산물들이 생산되고 있다. 대륙붕의 가장자리에서부터 해양 깊은 곳까지 급속히 경사져 있는 대륙사면 continental slope의 폭은 위치마다 일정치 않고 다른데, 이곳의 지형은 화산활동과 사태에 의해 거대한 계곡과 마루가 계속 번갈아 나타나는 것처럼 되어 있다. 마루와 지각구조판이 뻗어 있는 곳곳에는 분출구, 황온천, 용출지 등이 형성되어 있다.

현재 널리 받아들여지고 있는 〈대륙이동설〉에 따르면 몇몇 대륙――――특히 하나의 짝으로 아프리카와 남아메리카, 다른 짝으로 유럽과 북아메리카――들이 옛날엔 하나의 땅덩어리였다. 그러나 세월과 함께 따로 떨어져 이동했다. 이 이론에 따르면 중앙해령 mid-ocean ridges(그림 8-1C)은 지금 수백 마일 떨어져 있는 대륙들이 한때 접합되어 있던 선이다. 이러한 열수분출구 hydrothermal vent에는 지열 발전을 하는 군집이 유지되는데 이것은 지금까지 해양에서 발견되었던 어떤 군집과도 다른 것이다(그림 8-2). 여기에는 광합성 생물이 아닌 화학합성 세균으로 시작되는 먹이그물이 존재한다. 이 세균은 황화수소나 다른 화학물질을

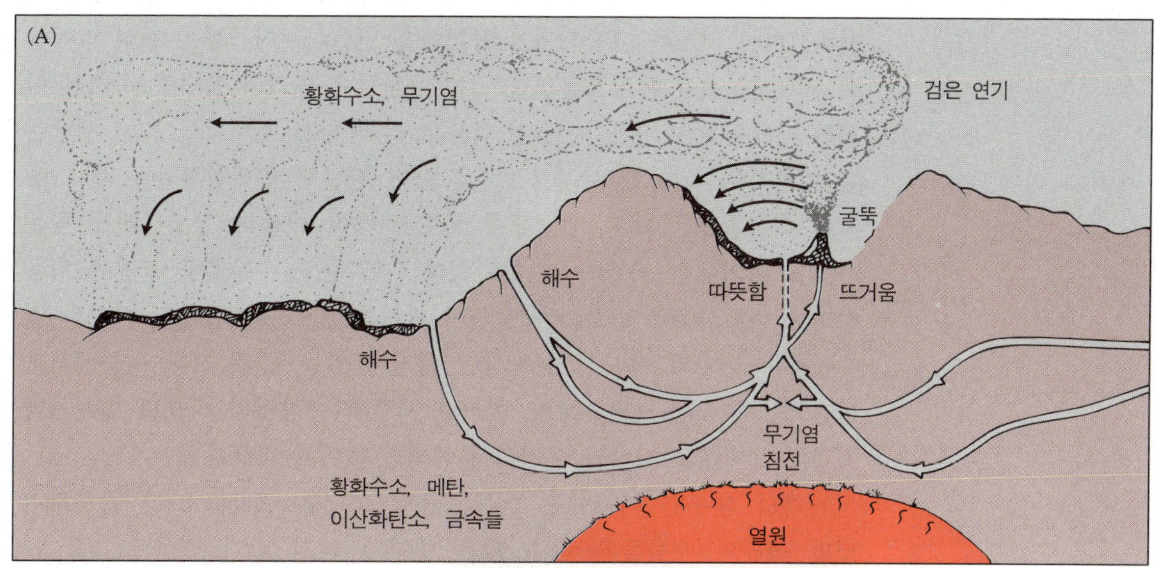

그림 8-2

(A)열수분출구의 양상. 해령 한가운데의 화산 분출로 많은 황화수소와 무기염류를 포함하는 검은 연기의 물기둥이 생긴다. 물기둥에서 나오는 침전물질들이 확산, 침전되어 떨어지는 해저 바닥까지(영양물질이 공급되는 곳까지) 분출구 군집이 존재한다. (B)1,500m 깊이의 열수분출구에서 황화수소가 많이 포함된 물기둥이 솟구쳐 나와 물의 온도는 335℃까지 올라간다. 열수분출구는 삿갓조개류와 해저 벌레들로 뒤덮여 있다. (C)열수분출구(수온 약 15℃)에서는 자루벌레 tubeworm (*Riftia pachyptila*)가 생태계를 우점한다. 내장이 있는 어린 나팔벌레는 플랑크톤을 섭식하여 영양물질을 얻지만 다 큰 것들은 내장이 없고 대신 그들 체내 조직에 사는 황세균과 공생을 하여 영양물질을 얻는다. 게와 쌍각류 조개들도 또한 침전물이 많은 곳에 집을 만든다.

산화시켜서 탄소를 고정시키고 유기물을 만들어낸다. 물을 걸러 먹이를 획득하는 동물들과 부유물질을 먹는 동물들은 뜨거운 물기둥 속에서 이러한 세균들을 소비한다. 달팽이나 그 밖의 다른 소비자들이 이 세균층을 먹어치우고 더 큰 동물들, 예를 들면 관벌레나 대합류들은 체내 조직에 화학합성을 하는 세균들을 살도록 하여 이들과 공생관계를 맺는다. 또 여기에는 어류나 조개도 있다. 1977년 열수분출구 군집이 처음 알려진 이후 300종 이상의 생물들이 발견되었다. 흥미롭게도 이러한 열수분출구 군집과 유사한 동물상이 해저에 있는 죽은 고래의 몸에서도 발견되었다(Smith et al. 1989). 이러한 서식지는 삼림의 대규모 벌채지역처럼, 그 거대한 시체가 완전히 분해되면 없어져 버린다.

바다의 해수면 아래에는 〈식물 플랑크톤 phytoplankton〉이 존재하며 몇몇 형태의 생물들은 아주 깊은 곳까지 퍼져 있기 때문에(그림 8-1C), 해양은 생태계 중에서 가장 크고 두텁다. 바다는 또한 중요한 많은 종들이 오직 해양에서만 발견되기 때문에 생물학적으로도 매우 다양성이 높다. 물의 위층에 살고 있는 아주 작은 〈플랑크터 plankter〉들의 부유장치에서부터 어둡고 추우며 먹이가 부족한 곳에서 살고 있는 심해 물고기의 입과 위에 이르기까지 해양생물들은 믿을 수 없을 정도로 많은 환경 적응 양상들을 보여주고 있다. 제4장의 그림 4-6에서 보여준 바와 같이, 대륙붕 지역들은 꽤 생산성이 높다. 여기서 수확되는 바다식량은 인류를 위한 중요한 단백질과 무기영양소의 공급원이다. 가장 생산성이 높은 지역과 가장 큰 어장들은 용승 upwelling으로 알려진 과정, 즉 해류에 의해서 영양물질들이 〈진광대 euphotic zone〉로 옮겨지는 과정의 혜택을 입는 곳이다. 강한 용승은 몇몇 대륙의 서해안을 따라 나타나는 어떤 특정 지역들에서 일어난다. 페루 해안의 용승지역은 세계에서 가장 생산성이 높은 자연지역 중 하나이다. 반면, 광활하게 펼쳐진 해저의 대부분은 반사막이다. 그곳의 총에너지 흐름은 상당하지만(큰 면적 때문에) 단위면적당 에너지 흐름은 높지 않다. 독립영양층(유광대 photic zone)은 종속영양층(무광대 aphotic zone)에 비해 아주 작기 때문에 독립영양층의 영양물질 공급은 쉽게 고갈된다. 전기를 생산하기 위해 수직적인 온도 차이가 가지는 잠재 에너지를 뽑아 내어(제4장에서 대략 설명된 내용), 그 일부를 바다로부터 식량을 수확하는 데 사용할 수도 있다. 해초, 게, 조개들을 양식하는 부유판 floating platforms이나

〈암초들〉을 이용하는 실험들은 어떤 종류의 전망을 보여준다. 비록 우리가 심해로부터 많은 식량을 얻을 수 없다 하더라도 심해는 우리에게 매우 중요하다. 바다는 육지에서 기후가 온화해지도록, 그리고 대기에서는 이산화탄소와 산소의 농도가 적당히 유지되도록 도와주는 거대한 통제소로서의 역할을 한다.

   극지방의 빙산이나 고산의 만년설은 극단적인 생물 환경이다. 그러나 이곳에 생명이 없는 것은 아니다. 스완Swan(1992)은 강풍 생물군계 Aeolian biome를 얼음에 사는 조류algae와 툰드라와 삼림에서부터 날려온 유기쇄설물의 에너지를 근거로 생긴 생태계라고 말했다. 미생물과 심지어 몇몇 곤충들도 그곳에서 발견할 수 있다. 물론 인간은 이 빙산이나 만년설에서 무엇이 일어나고 있는지에 대해 상당히 많은 관심을 가지고 있다. 왜냐하면 만약 그것들이 녹으면 해수면이 올라가고 아마도 세계 인구의 절반이 큰 피해를 입을 것이기 때문이다.

강어귀와 해안

   바다와 대륙들 사이에는 다양한 생태계들이 놓여 있다. 이들은 정확히 전이지대는 아니지만 자신만의 생태적 특징을 가지고 있다. 비록 염도, 온도와 같은 물리적 요인들이 바다 그 자체에서보다 해안 가까이에

그림 8-3

연안 생태계의 네 가지 형태. (A)캘
리포니아 주 연안의 바위투성이 해
변. 물밑의 해초밭, 다양한 색깔의
무척추동물이 있는 조류웅덩이, 바
다사자(물개)와 바다새(물속과 해안
가의 바위에서 보인다)들이 그곳의
특징을 이룬다. (B)굴 가까이에 유
령게가 있는 모래 해변.

(C)

(D)

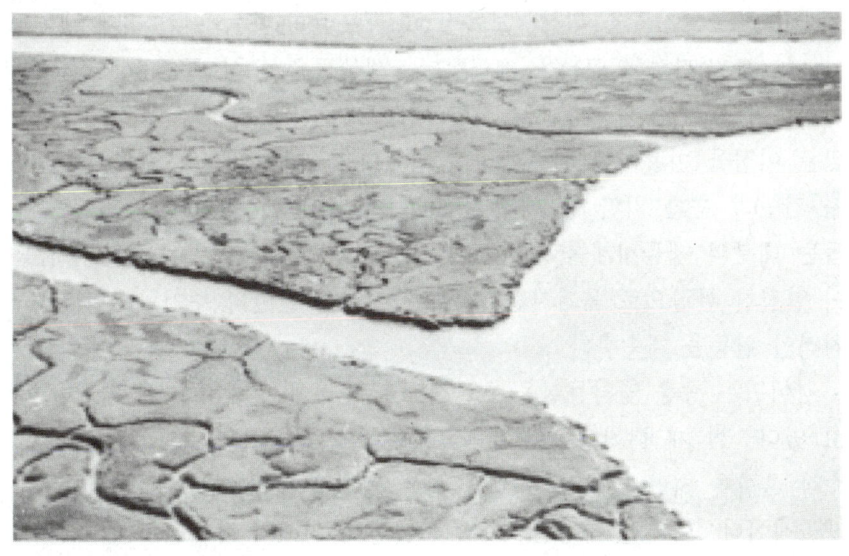

(C)썰물 때 매사추세츠 주의 조간대 갯벌 평탄지. 벌 표면은 사막같이 보이지만, 인간에 의해 오염이나 남용되지 않는다면, 조개류와 다른 동물들의 아주 큰 개체군들을 부양할 수 있다. (D)조지아 주 연안의 생산성이 높은 조수지역의 강어귀, 내포, 조수 간만의 영향권에 있는 시내들의 얼개, 넓은 면적의 염습원들을 보여준다. 얕은 시내와 습원은 움직이지 않는 풍부한 유기체들을 부양힐 뿐 아니라 나중에 해안에서 멀리 이동하여 저인망으로 수확되는 새우류나 어류늘의 치어 양식장으로도 도움이 되고 있다.

서 더 잘 변하지만 그곳에는 먹이가 풍부해서 생물들로 가득 채워져 있다. 대양, 대륙 또는 담수에서는 발견되지 않는 수천의 잘 적응된 생물종들이 해변가를 따라 살고 있다. 네 종류의 해안생태계들, 즉 (1) 바위 투성이의 해안, (2) 모래 해변, (3) 조간대 갯벌 평탄지 intertidal mud flat, (4) 염습원이 지배하고 있는 강어귀를 그림 8-3에서 보여준다.

강어귀 estuary란 단어(조류라는 뜻의 라틴어 *aestus*에서 유래)는 강 입구나 해안의 만과 같이 반쯤 둘러싸인 수체 water body를 말한다. 그곳의 염도는 민물과 바닷물 염도의 중간 정도이고, 조수작용이 중요한 물리적 조절자이며 에너지 보조자이다. 강어귀와 연안 해수는 세계에서 자연적으로 가장 비옥한 곳에 포함된다. 다음과 같은 독립영양 생물의 세 가지 주요 생활형들이 강어귀에서 종종 섞여 있으며, 이들은 높은 총생산성의 유지에 여러 가지 역할을 하고 있다.

1) 식물 플랑크톤.
2) 저서 미세식물(진흙, 모래, 바위, 동물들의 몸이나 껍질에서 사는 조류).
3) 대형식물(해초, 침수된 거머리말류, 물 위에 솟아 있는 늪지의 벼과식물을 포함하는 대형 부착식물들 그리고 열대에서는 맹그로브).

강어귀는 강어귀에서뿐만 아니라 근해에서도 잡히는 대부분의 해안성 조개류와 물고기들을 위한 〈보육장 nursery ground(즉, 어린 단계 생물들이 빠르게 성장하는 곳)〉을 제공한다. 생물들은 조석 주기 tidal cycle에 대처하여 수많은 적응방법을 진화시킴으로써 강어귀에서 얻을 수 있는 많은 이점을 이용하여 살 수 있게 되었다. 꽃발게와 같은 동물들은 조수 간만의 순환 기간 중 가장 유리한 시간에 먹이잡이 활동을 하도록 돕는 내부의 생물시계를 가지고 있다. 만약 실험적으로 이러한 동물들이 일정한 환경으로 옮겨지면, 그들은 여전히 간만의 주기와 일치된 규칙적인 활동을 계속한다.

강어귀는 종종 영양물질을 효율적으로 걸러내는 제거 장치 역할을 하고 있다. 이 제거 장치는 부분적으로는 물리적이며(염도의 차이는 물의 수직 혼합을 지연시키지만 수평 혼합은 방해하지 않는다), 부분적으로는 생물적이다. 이러한 특성은 2차 처리과정에 의해서 유기물이 감소된 하수에 포함된 영양물질을 흡수하는 강어귀의 능력을 증가시킨다. 제1장 뉴욕 만에 대한 설명에서 예시된 것처럼 강어귀는 전통적으로 많이 이용되어 왔지만, 해변 도시들을 위한 무료 하수처리장으로서의 중요성은 거의 인정받지 못하고 있다. 1970년 이래로 강어귀의 가치에 대한 인식과 연구가 크게 증가하고 있다. 미국 대부분의 주정부들은 이러한 가치들을 보호하기 위한 법률을 시행하고 있다.

맹그로브와 산호초

열대와 아열대지역의 해안 점이대에는 흥미롭고 분명한 두 가지 군집, 맹그로브와 산호초가 있다. 두 가지 모두 섬을 형성하고 해안을 확장시키는 잠재적인 〈토지 조성자 *land builder*〉이다.

맹그로브mangroves는 해양의 염도에 내성을 갖는 몇 가지 식물들 중 하나이다. 종종 물과 접하는 곳에서부터 더 위쪽의 조간대까지 종들이 천이를 형성한다(그림 8-4A). 맹그로브의 강하고 굵은 뿌리는 무산소층의 진흙속으로 깊이 파고 들어가서 그곳에 산소를 공급해 줄 뿐 아니라 그 표면에 대합, 굴, 삿갓조개, 그 밖의 다른 해양동물들이 부착할 수 있는 장소를 제공해 준다. 중미와 동남아시아(베트남 등)에서는 맹그로브 숲이 육상 삼림과 비슷한 정도의 생물량을 가지고 있는데 그 목재는 매우 단단해서 상업적으로도 가치 있다. 또한 열대의 많은 맹그로브 숲 지대는 조간대 습지를 형성하고 있어 염습지에서처럼, 예를 들면 어류나 새우의 산란지와 같은 중요한 역할을 한다(W.E. Odum and Mclvor 1990).

산호초coral reefs(그림 8-4B)는 따뜻하고 수심이 낮은 물에 널리 분포하는데 대륙을 따라 장벽을 형성하고(호주 대륙을 둘러싸고 있는 거대 장벽 산호초) 섬 주변을 둘러싸거나 환상 산호초(해저 화산 위에 발달하는 말발굽 모양의 산호능선)를 형성한다. 산호초는 어떤 생물군집보다도 생산성이 높고 다양하며 심미적 즐거움을 준다. 누구든지 최소한 한번쯤은 산소 마스크나 스노클을 하고서 이 색색으로 아름답게 번창하는 자연도시를 탐험해 보아야 한다.

산호초는 해류 때문에 영양물질이 적은 곳에서 공생관계를 유지하면

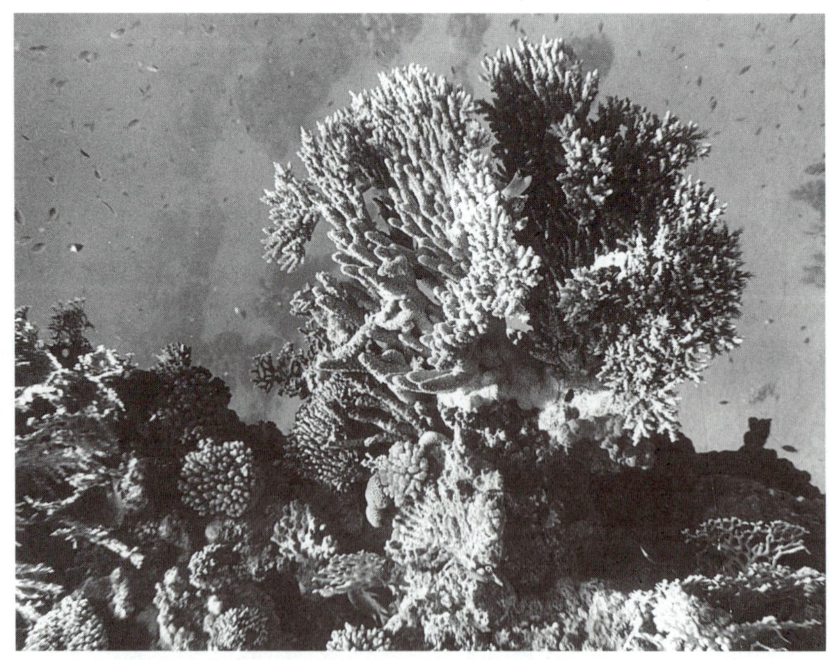

그림 8-4

(A)붉은 맹그로브는 보통 맹그로브 숲의 점이대에서 최외곽 종으로 발견된다. 이 나무의 단단한 뿌리는 굴과 다른 많은 해양생물들이 살 수 있는 장소를 제공해 준다. 씨가 떨어져서 물 속에서 유영하다가 물이 얕은 곳에 이르러 자리를 잡고 새로운 섬을 형성한다. (B)해저 산호초 사진으로 해류가 부드러운 곳에는 가지를 많이 뻗은 산호구조가 발달해 있고 밖으로 노출된 부위에는 많은 〈두상화〉가 있다(E. P. Odum, 『Fundamental of Ecology』 제3판, 1971 참조).

서 계속 커간다. 산호는 미세쌍편모조류[1]라고 하는 조류가 폴립이라는 동물의 체내 조직에서 자라는 〈초개체〉이다. 폴립은 자신의 뱃속에서 자라는 조류로부터 〈식물〉성 먹이를 얻고, 석회질의 집(산호) 사이로 물고기가 지나갈 때 촉수를 내밀어 〈동물〉 플랑크톤을 섭취한다. 이 식물과 동물의 군체는 바닷물에 풍부한 탄산칼슘을 축적함으로써 만들어진다. 산호의 다른 동반자인 식물은 이곳에서 보호를 받으면서 동물로부터 질소와 다른 영양물질을 공급받는다.

자원이 없어져 가는 이 세상에서 우리 인간이 계속 번창하면서 살아가기 위해서는 이 산호초 생태계가 어떻게 효율적으로 자원을 보유하고 사용하며 재활용하는가를 보고 배울 필요가 있다(Muscatine and Porter 1977). 하지만 복잡하고 에너지 소모적인 대도시처럼, 섬세하게 조율된 산호초는 오염이나 수온 상승 같은 교란에 대해 저항성도 신축성도 없다. 최근 몇 년 사이에 세계 곳곳에서는 지구 온난화와 해양오염 등의 초기 경고로서 산호초 생태계의 파괴 증상이 나타나고 있다. 공생하는 조류가 산호초를 떠났을 때 나타나는 〈백화현상 bleaching〉은 파괴가 일어나고 있음을 나타내는 초기 징후이다.

하천과 강

인류의 역사는 종종 물의 공급과 운송, 쓰레기 처분의 수단을 제공하는 강에 의해서 크게 영향받아 왔다(그림 8-5A). 비록 강과 하천의 총면적이 바다와 육지의 면적보다 작기는 하지만, 강은 인간에 의해 가장 많이 사용된 자연생태계 중 하나이다. 강어귀의 경우에서와 같이, 다목적 용도의 필요성(농경지와 같은 생태계에서 실시되는 단일 목적을 위한 사용과 대조되는 것으로서)은 강과 하천의 여러 가지 이용(예를 들어, 물의 공급, 쓰레기 처분, 물고기의 생산, 홍수 조절)을 나누어서 따로 고려

---

1) 미세쌍편모조류 zooanthellae는 해양무척추동물의 조직 안에서 자라는 매우 작은 조류로서 편모가 2개 있다. 강장동물은 두 가지 형태를 지니고 있다. 하나는 폴립으로 폴립끼리 군체를 이루면 고착 생활을 하는 것으로 히드라가 여기에 속하며, 다른 하나는 메듀사 medusa로 물 속에서 우산처럼 둥둥 떠 살아가는데 대표적인 보기가 해파리이다.

(A)

(B)

그림 8-5

세 종류의 담수생태계. (A)뉴저지 주 북부에 있는 두 개의 강이 만나는 곳. 전면에 있는 하천은 교목과 초본식물에 의해 보호된 유역으로부터 흘러 온다. 왼쪽에서 들어오는 강은 잘못된 농사의 결과로 발생한 침식물로 심하게 오염되어 있다. (B)캐나다 서부의 초지 지역에 있는 자연못. (C)미국 캘리포니아 주의 새크라멘토 국립 야생생물 보호구역에 있는 민물 습지. 기러기 떼들이 생산성이 높은 수생 및 반수생 식생에서 은신처와 휴식처를 찾고 있다.

(C)

할 것이 아니라 동시에 고려할 것을 요구한다.

　발원지에서부터 하구까지 강의 특성은 변화한다. 크기와 물의 양이 증가할 뿐만 아니라 군집의 신진대사, 종 조성, 종 다양성도 함께 변화한다. 하천 생태학자들은 이러한 강의 길이를 따라 나타나는 질서를 강의 연속성 river continuum이라고 부른다. 상류 하천은 흔히 종속영양적이다. 즉 호흡이 생산보다 크고, P/R(광합성/호흡)이 1보다 작다. 생물군집은 유역의 육지(또는 때때로 인접한 호수)로부터 씻겨 나온 유기물에 크게 의존한다. 하천의 중류에서는 강의 폭이 더 넓어지며 조류와 더 많아진 다른 수생 녹색식물에 의해 종종 독립영양적(P/R이 1 또는 1보다 큰)이 된다. 일반적으로 강의 중류에서 종 다양성은 최고값에 이른다. 큰 강의 하류에서는 흐름의 속도가 감소하고, 보통 물이 혼탁하여 빛의 투과도와 수중의 광합성이 감소한다.

　비록 하천은 분해 가능한 폐기물의 폐수처리장으로서 자연스럽게 적응되어 있지만(제1장 〈무료 하수장〉에 대한 언급들을 상기하라), 거의 모든 세계의 주요 강들은 인간 문명의 잔여물질들로 과중한 짐을 지고 있다. 세계 곳곳의 강에는 광범위하게 댐과 제방을 쌓고, 수로를 만들어서 진정한 자연적인 야생 하천은 점점 찾아보기 어렵다. 우리는 연속성 있는 강 대신에 그것을 계속 불연속적으로 만들어 왔다. 이러한 막대한 비용을 치른 대가로 일시적인 국가적 이익은 얻지만 그것을 바로잡는 데는 더 많은 비용이 드는 것으로 판명되고 있다(홍수 통제 계획에서처럼). 따라서 과거에 피할 수 없는 〈천재(天災)〉였던 홍수 피해가 이제는 점점 더 피할 수 있는 〈인재(人災)〉가 되어가고 있다. 벨트 Belt(1975)는 그런 상황이 미시시피 강에서 어떻게 나타나는가를 설명하였다. 작은 범람은 제방에 의해 막을 수 있지만, 큰 범람이 일어나 물이 제방을 넘어가게 되면 물은 범람원 너머로 멀리 퍼진다. 그리고 수로를 제한하지 않았을 때보다 더 많은 피해를 입게 된다. 앞으로는 하천에 어떤 종류의 변화를 유발할 계획이 제안되는 경우 과거보다 훨씬 더 철저한 비용편익 분석을 해야만 할 것이다.

　하천 생태학자들은 〈유수생태계 flowing water ecosystem〉를 다음과 같이 둘로 나누어 고려하는 것이 편리하다는 것을 발견하였다.

　1) 유역이 침식되고 있어서 강바닥이 일반적으로 단단한 하천.

2) 물질이 집적되어 있어서 바닥이 부드러운 퇴적물들로 되어 있는 하천.

작은 하천에서 물의 흐름이 빠른 지대와 물이 고이는 지대가 보이는 것처럼, 많은 경우에 이러한 상황들은 같은 하천에서 번갈아 나타난다. 수서 생물군집들은 다른 존재 조건들 때문에 두 가지 상황에서 차이가 나타난다. 물이 완만하여 고이는 부분, 곧 물웅덩이(또는 소)의 생물군집은 식물 플랑크톤이 상당히 발달하는 연못의 군집을 닮았으며, 어류와 수중 곤충 종 또한 못이나 호수에서 발견되는 것들과 같거나 비슷하다. 그러나 바닥이 단단하고 유속이 빠른 곳, 즉 여울의 군집은 미세한 비단그물을 만들어 흐르는 물에서 먹이 부스러기들을 잡아내는 날도래 유충과 같이, 독특하고 전문화된 형태의 종들로 구성되어 있다.

세계의 주요 강을 통해 해양으로 유실되는 침식 토양의 과다는 인간의 토지 남용을 보여주는 것이다. 고대 문명의 발상지이며 토지에 인간의 압력이 가장 많이 가해진 대륙인 아시아는 토지 1평방마일당 매년 1,500톤의 흙을 강을 통해 방류한다. 반면, 배수되는 토지 1평방마일당 북아메리카는 연간 245톤, 남아메리카는 160톤, 유럽은 90톤의 토양이 유실된다.

호수와 연못

지질학적 의미로, 지금 흐르지 않는 물을 포함하고 있는 대부분의 유역들은 비교적 젊은 지역이다. 연못의 수명은 계절에 따라 나타났다 없어졌다 하는 작은 연못의 경우 몇 주일이나 몇 달이고, 더 큰 연못의 경우는 몇 백 년에 달한다. 러시아의 바이칼 호수와 같은 몇몇 호수는 아주 오래되었지만, 많은 커다란 호수들은 그 연대가 단지 〈홍적세 빙하기Pleistocene Age〉 이후에 생성된 것들이다. 〈정수생태계standingwater ecosystem〉는 크기와 깊이에 다소 반비례하는 속도로 시간에 따라 변화할 것으로 예상된다. 담수의 지리적 불연속성은 종분화를 촉진하겠지만 시간상 격리가 없는 점은 종분화에 유리하지 못하다. 일반적으로 말해서, 종다양성은 담수에서 낮고, 같은 분류군들(종, 속, 과)이 대륙 전체에 걸쳐, 심지어는 인접한 대륙 사이에 넓게 분포할 수 있다. 생태학 연구를 도입하는 데 편리한 크기의 생태계로서 연못의 예는 제3장에서 자세히 고찰하였다.

뚜렷한 지역 구분zonation과 성층현상stratification은 호수와 큰 연못의 특징이다. 호숫가를 따라 뿌리를 내린 식물을 포함하는 연안대 littoral zone, 플랑크톤이 우세한 호소대 limnetic zone, 종속영양 생물만을 포함하는 심호대 profundal zone로 구분할 수 있다. 이 구분들은 그림 8-1B에서 볼 수 있는 바다의 영역 구분과 유사하다. 온대지역에서 호수는 여름과 겨울 동안 서로 다른 가열과 냉각 때문에 수온에 의해서 층이 나누어진다. 호수의 따뜻한 윗부분(또는 표수층 epilimnion)은 물질의 교환을 방해하는 장애물과 같은 역할을 하는 변온대 thermocline zone에 의해 차가운 아랫부분의 물(또는 심수층 hypolimnion)과 일시적으로 격리된다. 결과적으로, 심수층에서는 산소 공급이, 표수층에서는 영양물질 공급이 부족하게 된다. 봄과 가을에는 전체 수체가 같은 온도에 접근함에 따라 물의 혼합이 일어난다. 식물 플랑크톤의 〈물꽃현상 blooms〉은 이러한 생태계의 계절적인 갱신 뒤를 이어 나타난다. 난대 기후에서는 물의 혼합이 오직 한 번(겨울) 일어나는 반면, 열대지방에서의 물의 혼합은 점진적이거나 불규칙한 과정이다.

정수생태계에서 일차생산은 유역의 화학적 특성과 하천이나 육지로부터 유입되는 물질의 특성에 따라 달라진다. 대양에 대한 논의에서 이미 언급되었던 것과 마찬가지로 대개 얕은 호수는 깊은 호수보다 더 비옥하다. 따라서 1평방에이커당 물고기의 수확량은 일반적으로 평균 깊이에 반비례한다. 호수는 생산성에 따라서 빈영양형 oligotrophic type(적은 먹이)과 부영양형 eutrophic type(많은 먹이)으로 분류된다.

대도시지역들과 인구가 조밀한 휴양지 부근의 호수에서는 현재 인위적 또는 문화적 부영양화 eutrophication로 알려져 있는 곤란한 문제가 발생하고 있다. 배출하수의 무기질 비료성분들은 호수의 일차생산율을 증가시켜서 일반 대중에게 달갑지 않은 방향으로 수중 생물군집의 조성을 변화시킨다. 송어와 같은 물고기는 차갑고, 깨끗하며 산소가 풍부한 물을 필요로 하기 때문에 사라질 것이다. 조류와 다른 수중식물의 성장이 너무 지나쳐 수영, 보트타기와 낚시를 방해할 정도가 된다. 또한 분해되지 않은 용존 유기물은 정수치리 후에도 물의 맛을 나쁘게 만들 것이다. 그래서 물의 사용과 휴양의 관점에서 볼 때, 생물학적으로 빈곤한 호수가 영양물질이 풍부한 것보다 더욱 바람직하다. 다시 우리는 역설적인 상황을 볼 수 있다. 즉 생물권의 어떤 부분에서는 식량 생산을 위해서 수체의 비옥도를 증가시키는 데 가능한 모든 일을 하는 반면에, 다른 곳에서는 유쾌한 환경을 유지하기 위하여 (영양물질, 독성물질 등을 제거함으로써) 비옥도를 막는 가능한 모든 일들을 하고 있다. 많은 물고기를 생산할 수 있는 비옥한 녹색의 연못은 훌륭한 수영장으로 간주되지 않는다.

어떤 호수로부터 도시 폐기물을 멀리하려는 노력들은 문화적 부영양화가 반전될 수 있다는 것을 보여주고 있다. 호수에 더 이상의 영양물질들을 쏟아 넣지 않을 때 수질이 개선되고(인간의 사용면에서) 덜 비옥한 상태로 되돌려질 것이라는 의미에서 그러하다. 시애틀에 있는 워싱턴 호는 이를 잘 증명해 주는 경우이다(Edmondson 1968). 플로리다 주의 오키초비 호Lake Okeechobee 같은 얕은 호수의 복원은 그리 빠르지 못하다. 왜냐하면, 바람에 의한 물의 흐름이 바닥의 침전물을 휘저어 놓아 축적되어 있던 인과 다른 영양물질들을 계속적으로 방출하기 때문이다.

인공 연못과 호수를 건설하는 것은 물이 부족한 지역에서 사람들이 경관을 눈에 띄게 바꾸어 놓는 방법 중 하나이다. 현재 미국의 거의 모든 농장은 적어도 하나의 농장 연못을 가지고 있으며, 실제로 거의 모든 강에 댐이 건설되고 있다. 이런 활동들 대부분은 사람들과 경관 양쪽 모두에 이익을 주는 방향으로 작용한다. 왜냐하면 부가되는 다양성은 물과 영양소의 순환이 안정되고 단조로운 경관을 만드는 경향을 가진 우리에게 훌륭한 변화이기 때문이다. 그러나 물을 가둔다는 착안은 정도가 지나칠 수 있다. 비옥한 땅을 물로 덮어서 식량을 많이 생산할 수 없도록 만드는 것은 최선의 토지 이용이 아닐지도 모른다.

이상하게도 사람들은 인공 연못과 호수의 생태적 천이로부터 나타나는 변화들에 준비가 되어 있지 않은 것 같다. 웬일인지 호수가 하나 만들어지면 마천루나 다리처럼 변함없이 똑같은 상태로 남아 있을 것이라고 기대한다. 물론 그렇지 않고 제7장에서 기술했던 천이의 모든 과정이 일어난다. 이는 생물군집의 활동(자생적 과정)에서 비롯된다. 그리고 특히 연못과 얕은 호수의 천이과정은 유역으로부터 유입된 침전물(외생적 과정)에서 비롯된다. 그림 8-6에서 보는 바와 같이, 새로 만들어진

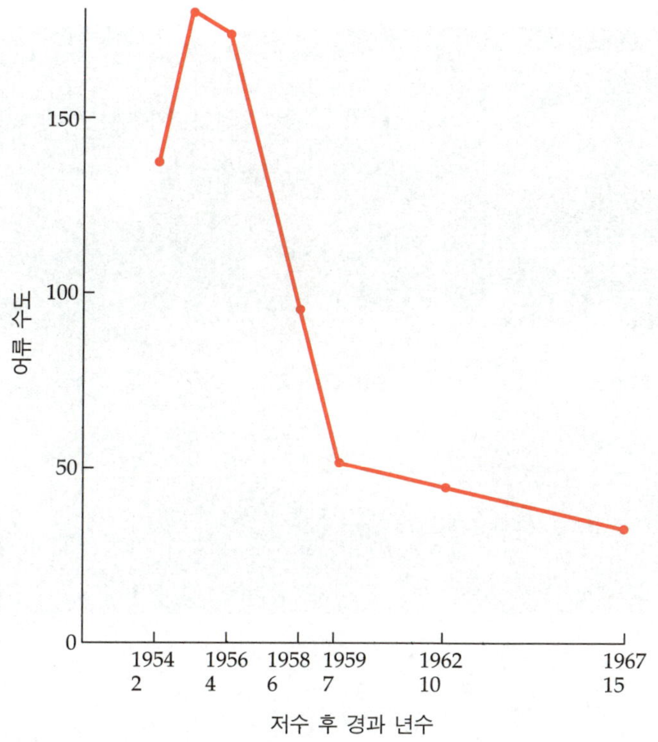

그림 8-6
미국 사우스다코타 주의 프란시스 케이스 호수에서 댐 완성과 저수 완료 후 2년에서 15년 사이 미주리 강 상류의 새로운 본류 저수지에 나타난 물고기 수도. 두 표본추출법에 의해 얻은 평균값을 기초로 했다.

인공호에서 처음 몇 년 간은 보통 낚시가 잘 되지만 그 유역에 홍수가 나서 과다한 영양물질들이 유입되고 수체가 나이를 먹어감에 따라 낚시는 잘 안 된다.

담수습원

강어귀에 대해서 얘기한 것들 중 많은 부분이 담수습원freshwater marsh에도 적용된다(그림 8-5C). 이 또한 자연적으로 비옥한 생태계인 경향이 있다. 조수활동이 몇몇 해안의 하천습원에서 일어나고, 강우의 계절적 변화와 연변화로 주기적인 수위 변동이 하천에서 일어나서 조수활동과 같은 역할을 수행한다. 즉 이런 곳에는 큰 안정성과 비옥도가 유지된다. 건기 동안 일어나는 불은 축적된 유기물을 없애고, 웅덩이를 깊게 하여 많은 물을 보유할 수 있게 하며, 호기성 분해와 용존성 영양

그림 8-7
담수습원과 염습원. (A)조류에 의해 강변에 생기는 담수습원은 여름에는 푸른 풀과 잎이 많은 식생을 형성한다. (B)겨울 동안 담수습원 식물들은 분해되어 진흙 속으로 돌아간다. (C)염습원에서는 대조적으로 섬유질이 많은 습원 초본류가 많아서 1년 내내 잘 분해되지 않고 비슷한 크기를 유지한다.

(C)

분의 방출을 촉진시킨다. 그리하여 결국 생산성을 높이게 된다. 사실상 수위 변동과 불의 발생이 없다면, 퇴적물과 토탄(썩지 않는 유기물)이 축적되어 육지 산림식생의 침입이 유도될 것이다. 사람들이 둑을 만들어 수위를 조절하는 습원에서는(예를 들어 물오리들을 보존하고 사냥을 할 목적으로) 목본류들이 늪 쪽에서 자라는 것을 막기 위해 주기적인 벌채를 하거나 화학적 제초제 또는 다른 기계적 방법을 써야 한다.

조류에 의해 해안 평야지대의 강을 따라 생기는 담수습원의 생물들은 조석에 따른 이익을 취하면서 염습원과는 달리 염분에 의한 스트레스는 받지 않는다. 따라서 고등식물과 동물의 다양성이 연안의 염습원보다 더 크다. 또한 담수습원에는 그림 8-7A와 8-7B에서 보여주는 것처럼 여름에 섬유질 성분이 적은 종류의 식생이 많이 형성되고 이것은 겨울에 잘 분해되어 진흙으로 돌아가기 때문에 섬유질이 많이 포함된 습원 초본류가 겨울에도 잘 분해되지 않아 일년 내내 비슷한 임상을 형성하고 있는 염습원(그림 8 7C)과는 다르다. 염습원에서는 주로 황화수소를 생성하는 혐기성 미생물들이 많이 나타나는 반면 담수습원에서는 주로 발효 미생물들과 메탄형성 미생물들이 우세하게 나타난다. 일반적으로 염습지에서 1차생산은 수생동물들——어류, 새우, 조개류——에 축적되는 반면 담수습원에는 양서류, 파충류 등의 반수생 생물들과 오리 등의 조류에 더 많이 축적되는 경향이 있다(두 가지 습원 형태의 비교에 대한 보다 자세한 설명은 W.E. Odum 1988 참조).

◢ 습지의 가치

습지는 육지와 물 사이에 놓인 점이대이다(제3장 참조). 이 장에서 설명 또는 묘사하고 있는 것은 육지와 바다를 연결하는 염습원과 맹그로브 군집, 담수습원 그리고 강과 호수를 둘러싸고 있는 삼림 습지 등이다. 이 밖에 육지와 지하수 사이의 점이대에 생기는 습지도 있고 다른 많은 종류의 습지들도 있다. 습지에서는 태양에너지의 전환과 물의 흐름에 따른 에너지 전환이 강하게 일어나기 때문에 대부분 생산성이 높다(〈자연 보조 태양동력 생태계〉라고 할 수 있다. 제4장 참조). 따라서 수문학은 습지의 구조와 기능에 있어 중요한 열쇠라 할 수 있다.

습지는 인간의 토지 이용 발달과 계속 증가되는 심각한 수자원 문제를 해결하기 위한 완충지대로서 마땅히 보호받아야 한다. 수질을 유지하는 데 중요한 역할을 할 뿐만 아니라 어패류에게는 산란 및 번식지로서, 물새들과 그 밖의 다른 희귀한 야생동물의 서식지로서, 또 상업적으로 가치 있는 활엽수나 다른 물질의 생산지로서, 범람된 물을 흡수하여 홍수의 피해를 줄여주는 곳으로, 폐수의 자연적 처리지로서 그리고 지구적 차원에서는 탄소의 저장고로서 역할을 하고 있다.

미국과 몇몇 나라에서 해안습지는 법적으로 보호받고 있으나 더 내륙쪽의 습지들, 즉 범람 평야, 강기슭 등은 토지 이용 발달에 따라 적절히 보호받지 못하고 잠식되고 있다. 공공정책 결정자들은 (1)습지는 강, 호수, 강어귀, 또는 지하수 등과 직접적으로 연결되어 있으므로, 이것은 수자원의 일부로서 자유방임주의자들의 사유지가 아닌 공공의 것이라는 점과, (2)장기적으로 볼 때 자연 상태 그대로의 습지가 갖는 경제적 가치가 훨씬 더 크다는 점을 인식해야 한다(E.P. Odum).

습지의 가치에 대해 가장 설득력 있는 책으로는 그리슨Greeson 등(1977)이 쓴 책이 있고 그 외에도 미취와 고셀링크Mitsh and Gosselink(1986)가 쓴 책도 있다. 미국 어류·야생생물보호청에서는 다양한 습지를 소개하기 위해 〈Community Profile〉이라는 간행물을 내놓고 있다(다음 주소에서 안내 책자를 얻을 수 있다: National Wetland Center, 1010 Gause Boulevard, Slidell, LA 70458).

플로리다 에버글레이즈Florida Everglades는 예외적으로 크고 자연적인 수위 변동에 의한 담수습원이 매우 많은 것이 특징이다. 이러한 큰 습원들은 해안도시의 지하 수면을 일정하게 유지하는 데 있어 중요한 역할을 한다. 건기인 겨울에는 수위가 내려가는 경향이 있고 우기인 여름에는 올라가는 경향이 있다. 최근 이 대습원의 북쪽에 둑을 쌓고 배수로를 만들어 물의 흐름을 바꾸는 등의 활동이 있었는데, 이는 이 지역의 계절적인 수위 변화를 깨뜨려 버렸고 결국 작은 물고기들이 고립된 연못에 모여 있는 건기 동안 새끼를 낳으려는 황새들이 이 습원을 떠나 계절적 수위 변동이 더 큰 곳을 찾아가게 만들었다. 플로리다 서쪽 골드 해안Gold Coast의 생명 부양 단위인 대습원을 복구하기 위해 많은 계획안들이 제안되고 있다(Lodge 1994; Davis; Ogden; Parks 1995 참조).

지금까지 인간에 의해서 고안된 가장 생산적이고 믿을 만한 농사 형태 중의 하나인 벼농사가 실제로 담수습원 생태계의 하나라는 것은 의미가 있다. 해마다 발생하는 논의 범람, 배수, 신중한 재건은 비옥도와 벼의 생산성을 계속 높게 유지하려는 것과 많이 관련되어 있다. 벼 그자체가 일종의 경작되는 습원 벼과 식물의 일종인 것이다.

삼림 습지

삼림 습지와 범람 평야 삼림은 강 하류에 나타나는데 흔히 큰 강이 해안 평야를 가로지르는 곳에서 소택지와 혼합되어 나타난다. 보통 이들은 커다랗게 함몰된 지역(예를 들면 오키퍼노키 습지. 그림 8-8), 석회질 토양의 침몰지, 그리고 일정 시기 동안 범람에 의해 물에 잠기는 저지대 등에서 볼 수 있다. 이러한 곳에서는 수문학적 양상이 종조성과 생산성을 결정하는 중요한 요소가 된다. 삼나무와 고무나무 등은 상시적 범람지역에 잘 적응되어 있는 종들이고 저지대 식물종인 참나무, 서양물푸레나무, 느릅나무, 단풍나무 등은 범람이 주기적인 곳, 즉 범람 평야에 잘 적응되어 있는 종들이다. 토양 표면이 겨울이나 봄에는 물에 잠겨 있고 생장기인 여름과 가을에는 상대적으로 건조한 곳에서 생산성이 가장 높다. 범람이 습지에 끼치는 영향에 대한 일반적인 그래프 모형은 그림 8-9에서 볼 수 있다.

그림 8-8

삼림 습지: 조지아의 오키퍼노키 늪. (A)앞쪽에 담수습원이 있고 그 뒤에 습지삼림이 있다. (B)실편백나무의 아래쪽이 부풀어 있고 그림의 아래 부분에는 잦은 범람에 따라 생기는 무릎처럼 생긴 그루터기가 발달해 있다.

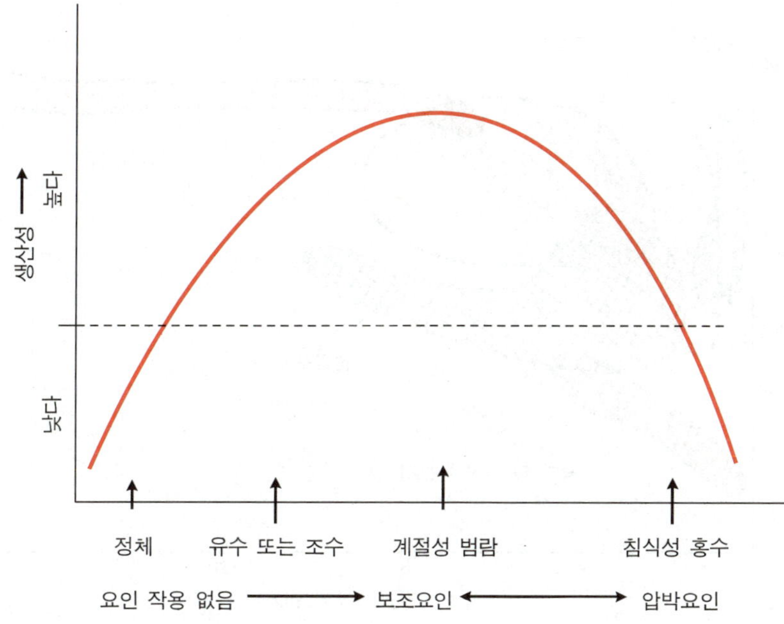

그림 8-9
보조-압박 모형(그림 5-17 참조)을 이용해 나타낸 생산성과 범람 수위 사이의 관계. 점선은 보조요인으로서 적절한 계절성 범람과 압박요인으로서 정체되거나 침식을 일으킬 정도로 매우 빠른 범람이 있는 지역의 생산성 정도를 나타낸다.

육상 생물군계

크고 쉽게 인지되는 육상의 군집단위들은 생물군계 biome로 알려져 있다. 하나의 주어진 생물군계 전체를 통하여 극상 상태에 있는 식생들의 생활형(극상의 개념에 대한 설명은 제7장에서 설명되었다)은 일정하고, 그 생물군계를 인지하는 주안점이 된다. 즉 지리학적으로는 서로 다른 지역이면서 같은 초지 생물군계에 속하는 각각의 지역에서 우점하는 벼과 식물의 종은 다르지만, 그 초지 생물군계의 극상에서 우점하는 식생은 벼과 식물이다. 그 생물군계에 다른 형태의 식생이 포함될 것이다. 예를 들면 〈삽초〉가 나타나는 천이단계들의 식물들, 지역적인 토양과 수분 조건들에 따른 삼림의 준극상들, 경작식물들, 다른 도입된 식생들과 같은 것이 포함된다.

그림 8-10에서는 온도, 강우와 관련하여 주요한 여섯 가지 생물군계의 분포를 보여준다. 주변에 극상식물이 전혀 없는 도시의 한가운데 앉아 있을지라도 우리 지방의 연평균 온도와 강우를 검토하면 우리가 살고 있는 곳의 생물군계를 그림 8-10에서 결정할 수 있다. 채피렐, 열대 사바나, 가시 관목, 열대 몬순림과 같은 다른 몇 가지 생물군계들

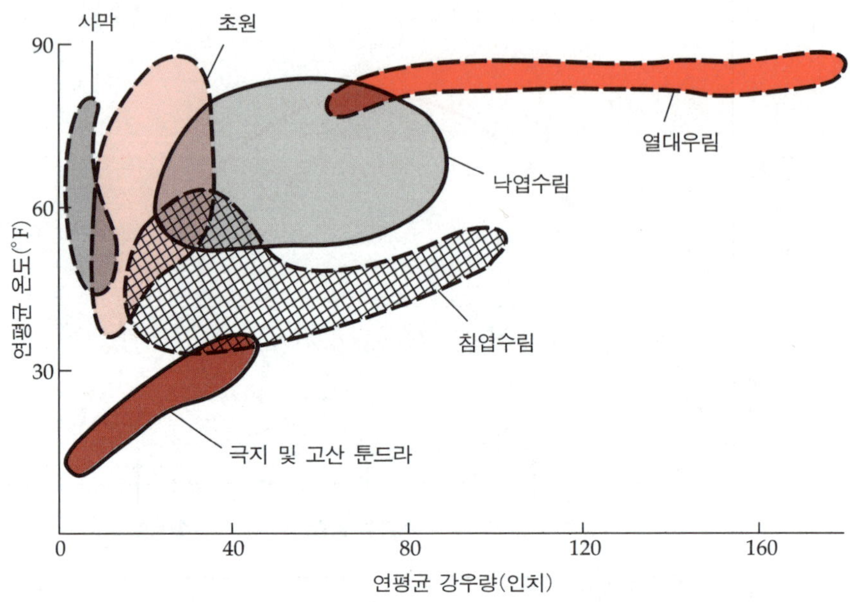

그림 8-10
연평균 온도와 연평균 강우량에 의하
여 나누어지는 여섯 가지 주요 생물
군계의 분포.

(그림 8-10에서 포함되어 있지 않은)은 연평균 강우량보다 강우의 계절
적인 분포와 관련되어 있다.

사막

사막 생물군계 desert biome는 연강우량이 10인치(24㎝) 이하인 지역들
과 때때로 더 많은 강우가 있으나 연주기로 볼 때 불균등하게 분배되어
있는 더운 지역들에서 나타난다. 중위도지방에서 나타나는 강우의 부족
은 종종 그 지역이 안정된 고기압 지대들이기 때문이다. 온대지역에서
사막은 종종 〈비 그늘 rain shadows〉, 즉 높은 산이 바다로부터 오는 습
기를 막는 곳에 놓여 있다. 북미의 두 가지 형태 사막을 그림 8-11에서
보여준다. 남가새과에 속하는 관목식물들과 선인장들이 현저하게 출현
하는 애리조나 주의 〈뜨거운〉 사막(그림 8-11A)과 쑥속의 관목식물들이
있는 워싱턴 주의 〈차가운〉 사막 (그림 8-11B)이 그것이다. 사막 식생
의 특징적인 공간 분포와 해충을 쫓아내는 기작을 가진 식물들의 잠재
력은 제6장에서 논의되었다. 북미의 사막은 아프리카의 사하라 사막이

나 아시아의 고비 사막과 같은 몇몇 사막만큼 정도가 극심하지는 않다. 어떤 계절엔 비를 기대할 수도 있다. 그러나 혹심한 사막들에서는 비 없는 기간이 수년씩 계속되기도 한다.

식물의 네 가지 뚜렷한 생활형이 사막생태계에 적응되어 있다. 일년생 식물들(그림 8-11B에서 보는 바와 같은 털빕새귀리류)은 적당한 수분이 있을 때만 자람으로써 가뭄을 피한다. 사막의 관목들은 짧은 중심줄기에서 뻗어 나온 수많은 가지와 건조한 기간에는 떨어져 버리는 가시 투성이의 작은 잎을 가지고 있다. 그들은 시들기 전에 휴면기를 가지는

(A)

(B)

그림 8-11
북미 서부에 나타나는 사막의 두 가지 형태. (A)애리조나 주의 〈뜨거운〉 사막. (B)이른 봄 워싱턴 주 동부의 〈차가운〉 사막. 사막의 관목 생활형이 (A)에서는 짙은 남가새과에 속하는 관목으로, (B)에서는 쑥벅의 관목들로 나타난다. 특히 (A)에서는 관목들의 비교적 고른 간격을 주목하라. (A)에서는 다육질 식물인 선인장, (B)에서는 쑥덤불 사이에서 자라는 털빕새귀리가 일년초들을 대표한다. (B)에 보이는 방사능 추적자 실험의 목적은 금속으로 마든 둥근 구획 안에 자라는 두 가지 생활형의 식물에 의해 흡수되는 토양 영양염류의 상대적인 양을 결정하는 것이었다.

능력으로 살아남게 된다. 차가운 사막에서 관목은 매우 깊은 곳의 수분을 빨아 올릴 수 있는 근계를 발달시킨다. 이 깊은 곳에는 지표가 완전히 말라버린 후에도 이용할 수 있는 물이 남아 있다. 그러한 경우에 잎과 줄기는 여름 내내 푸르고 활기를 띤 채 남아 있게 된다. 신세계의 선인장들이나 구세계의 대극과 식물euphorbia과 같은 다육식물succulent은 그들의 조직에 물을 저장한다. 미세식물microflora에는 토양 안에서 휴면하며 남아 있다가 차거나 습한 기간에 재빨리 반응할 수 있는 이끼류, 지의류, 시아노박테리아cyanobacteria가 포함된다.

몇몇 파충류와 곤충들은 방수가 되는 외피와 건조한 배설물이 적은 양의 물로도 살아갈 수 있게 해주기 때문에 사막에 먼저 적응되었다. 하나의 집단으로서 포유동물들은 사막에 잘 적응되어 있지 않다. 그러나 아주 적은 몇몇 종들은 이차적으로 적응해 오고 있다. 예를 들어 야행성 설치류의 몇몇 종들은 농축된 소변을 배설하거나 온도 조절을 위해 물을 사용하지 않기 때문에 물을 마시지 않고도 사막에서 살 수 있다. 낙타 같은 다른 동물들은 주기적으로 물을 마셔야 하지만 일정 기간 동안 생리적으로 조직의 탈수에 견딜 수 있도록 적응되어 있다(사막 동물들의 적응에 대하여 더 많은 내용은 Schmidt-Nielsen 1973 참조). 과거에 인류는 사막에 적응된 식물들과 가축들을 포함하여 사막의 가장자리를 따라, 또는 사막 안에서 생활하기 위해 괄목할 만한 문명을 발전시켜 왔다. 사실 건조한 지역에서의 생활은 지혜와 보존 윤리가 요구되는데, 이 두 가지 특징은 좀더 온화한 지역에서 더욱 절실히 필요하다.

사막에서의 지배적 제한요인은 물로서 사막 지역의 생산성은 거의 강우량에 대한 1차함수이다. 캘리포니아 모하비 사막에서는 연강우량이 100㎜일 때 순생산량이 600kg/ha정도 된다. 반면 강우량이 200㎜이면 대략 1,000kg/ha까지 순생산량은 증가될 것이다. 증발 손실이 적은 좀더 추운 그레이트 베이슨[2] 사막에서는 강우량이 200㎜이면 1,500-2,000kg/ha을 생산한다.

토양이 적절한 곳에서 관개는 사막을 가장 생산적인 농토로 바꿀 수 있다. 생산력이 계속 유지될 것인지 아니면 단지 일시적 생산 증가에 그칠지는 인간이 그 새로이 증가된 생산율에서 생지화학적 순환과 에너

---

2) 대분지라는 뜻.

지 흐름을 얼마나 잘 안정시킬 수 있느냐에 달려 있다. 방대한 양의 물이 관개 시설을 통해 흐르면서 증발될 때에는 염분이 토양에 남게 되고, 만약 이러한 문제의 해결책이 강구되지 않는다면 해를 거듭함에 따라 소금기가 축적되어 극한상황에 이를 것이다. 그리고 이것이 제5장에서 서술했던 염화 과정이다. 만약 물을 공급하는 유역이 남용되면 물 공급 자체가 어려워질 수 있다. 구대륙의 사막지대에 있던 오래된 관개시설과 그 관개시설들이 부양하던 문명의 폐허는 환경을 크게 바꾸는 일이 거의 항상 이익뿐만 아니라 문제를 발생시킨다는 것을 보여준다. 또한 우리가 이러한 문제에 더 이상 손댈 수 없게 되기 전에 상황을 이해하고 적절히 행동하지 않는다면, 사막에서의 계속적인 번영은 있을 수 없다는 점을 경고한다.

툰드라

지구의 북반구에는 남쪽으로의 삼림과 북쪽으로의 북극해 및 북극 만년설 사이에 북극 툰드라라고 불리우는 곳이 있다. 이 지역에는 대략 500만 에이커에 달하는 나무 없는 지대가 원형의 띠 형태로 놓여 있다 (그림 8-12). 높은 산의 〈수목한계선 tree line〉 바로 위에 존재하며, 규모는 더 작지만 생태적으로 툰드라와 비슷한 지역을 고산툰드라 alpine tundra라고 부른다. 사막에서처럼 물리적 제한요인들이 이 지역을 지배한다. 그러나 생물학적 기능의 관점에서 보면 부족한 것은 물이 아니라 도리어 열이다. 강우량 역시 적지만 낮은 증발률 때문에 물이 제한요인으로 작용하지는 않는다. 따라서 우리는 툰드라를 북극의 사막으로 생각힐 수도 있시만, 수분이 많은 북극의 초지, 또는 일년 중 어떤 기간 동안 얼어붙어 있는 습한 북극 초지나 추운 습원으로 표현하는 편이 나을 것이다.

툰드라는 비록 〈메마른 땅〉으로 알려져 있고 생물학적으로도 비교적 생산성이 낮은 땅으로 생각되지만, 놀라울 정도로 많은 생물종들이 추위에 살아남을 수 있는 훌륭한 적응력을 키워오고 있다. 얇은 식물 피복 plant mantle들은 지의류와 벼과 식물, 그리고 사초류들로 구성되어 있는데, 이들은 육지식물들 중에서 가장 강인한 것 중에 포함된다. 짧은 여름의 긴 낮 동안 이루어지는 빛 공급 시간(긴 광주기)에는 지형 조건 topographic condition이 좋은 지역(그림 8-12A의 아래 그림에서)에서 일차생산성이 매우 높다. 이웃한 북극해와 함께 수천 개의 얕은 연못들은 툰드라에서 일어나는 먹이사슬에 부가적인 먹이를 공급한다. 사실상 물과 육지의 연합된 순생산은 여름 동안 새끼를 치는 철새들과 출현하는 곤

(A)

(B)

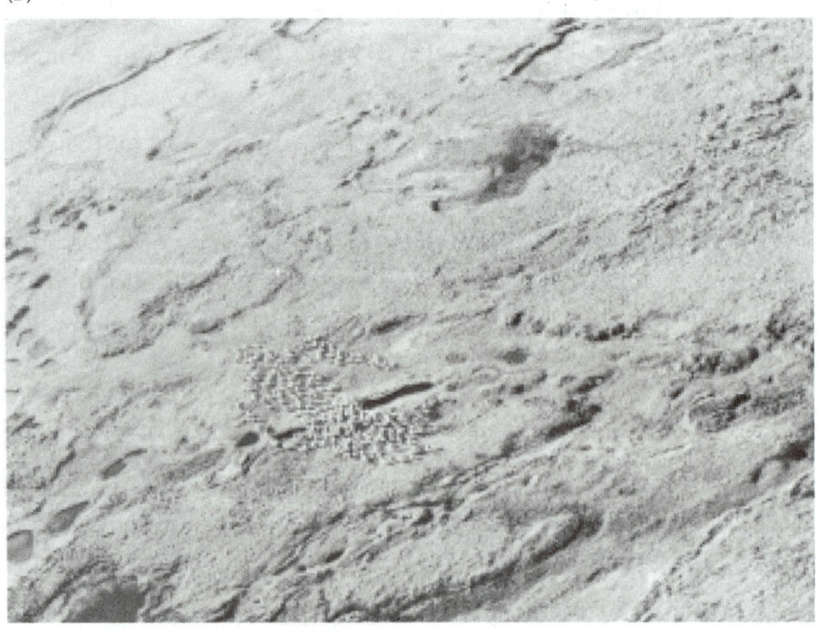

그림 8-12

툰드라. (A)알래스카 주 포인트 바로우의 북극 연구 실험실 근처에서 8월에 찍은 툰드라의 근접 촬영 사진. 벼과 식물과 사초속의 식물들이 보인다. (B)순록 떼를 보여주는 툰드라의 항공사진. 울퉁불퉁한 경관의 특성은 서리의 작용 때문이다. 수없이 많은 작은 연못들을 주목하라.

충들뿐만 아니라 일년 내내 활동하는 영구 거주 포유동물들까지 부양하기에 충분하다. 영구 거주 포유동물들은 사향소, 순록(그림 8-12B), 북극곰, 늑대, 해양 포유동물에서부터 식생덤불 안 여기저기에 터널을 뚫는 나그네쥐에 이르는 범위를 가진다. 나그네쥐 밀도의 극적인 증감은 제6장에서 논의한 바 있다. 거대한 육지 초식동물은 주로 이동성이다. 이는 제한된 지역 안에서는 식물의 순생산성이 그들을 부양할 만큼 충분하지 않기 때문이다. 인간들이 가축화하기 위해서 이들 큰 동물들을 울타리 안에 가두거나, 길들인 순록과 같이 비이주성 변종을 선택하려고 노력하는 곳에서는, 현명한 순환방목으로 그 초식동물들의 비이동성을 상쇄하지 않는 한 지나친 초식을 피할 수 없다. 극지방에서 나는 광물자원과 석유를 개발하려고 함에 따라 툰드라에 대한 인간의 영향도 커질 것이다.

초지

자연초지 natural grassland는 강우량이 사막과 삼림지역 중간 정도인 곳에 나타난다(그림 8-13). 온도, 강우량의 계절적 분포 그리고 토양의 용수량 water-holding capacity에 따라 다르지만, 온대에서 초지는 일반적으로 연평균 10-30인치(25-60㎝)의 강우량을 가진다. 열대성 초지는 긴 건기와 교대로 나타나는 우기에 집중적으로 60인치(120㎝) 정도의 강우량을 갖는다. 토양 수분은 특히 미생물 분해와 영양소 순환을 제한하는 주요 요인이다. 거대한 초지지대가 북미와 유라시아 대륙 내부를 차지한다. 다른 광대한 자연초지는 남아메리카 대륙의 남부와 중·남아프리카 그리고 오스트레일리아에 위치한다.

북미 초지의 여러 가지 양상들을 그림 8-13에서 보여준다. 우세한 식물 생활형은 벼과 식물들이다. 이들은 키가 큰 종(5-8피트)에서부터 작은 종(6인치 이하)까지 다양하다. 그들은 〈총생형 bunch grass type(다발을 이루어 자라는)이거나 포복형 sod formers(지하경을 가진)〉이다. 잘 발달된 초지 군집은 여러 가지 수준의 온도에 적응한 생물종들을 포함한다. 서늘한 계절 기간(봄, 가을) 동안에 자라는 것(C_3형 식물)과 더운 기간(여름)에 자라는 것들(종종 C_4형 식물)이 있다. 그리하여 전체

로서 초지는 이렇게 온도에 대한 〈보상 능력〉을 가짐으로써 일차생산
기간을 확장한다. C_3와 C_4형태 광합성의 역할은 제4장에서 논의되었다.
초본성 쌍자엽식물들도 때때로 중요한 구성요소이다. 목본성 식물 또한
초지에서 나타나는데 종종 시내나 강을 따라 띠나 집단을 이루고 있다.
동아프리카와 다른 적도지방의 광대한 지역은 초지생물군계의 한 변형
된 형태인 열대 사바나가 차지하고 있다. 이 열대 사바나에는 우산 모
양의 특징적인 나무들이 초지 위에 널리 흩어져 있다.

두 지역이 원래 같은 모암으로 시작할지라도 초지 군집은 삼림과는
완전히 다른 형태의 토양을 만든다.. 초지식물들은 수목에 비하여 수명
이 짧기 때문에 많은 양의 유기물이 토양에 첨가된다. 유기물 분해의
첫 단계는 빨라서 거의 낙엽을 남기지 않지만 많은 부식질을 남겨놓는다.
다른 말로 하면 부식화 humification는 빠르지만 무기화 mineralization는
느리다. 결과적으로 초지 토양은 삼림 토양의 5-10배가 되는 부식질을
함유한다. 짙은 색깔의 초지 토양은 경작성 벼과 식물인 옥수수, 밀과
같은 주요 식용 식물에 가장 적절한 토양이다(그림 8-13D).

온난하거나 다습한 지역에서 초지 식생이 목본성 식생과 경쟁하면서
유지되는 데 있어 불의 역할은 제5장에서 논의하였다(제5장의 그림 5-8
참조). 대형 초식동물들은 초지의 특징적인 한 모습이다(그림 8-13A).
이들은 대부분 커다란 포유동물이지만, 초식성의 큰 새들은 뉴질랜드의
시조동물에서 생겨난 것으로 알려지고 있다. 지질적으로 서로 다른 지역
의 초지에 나타나는 들소와 영양류, 캥거루의 〈생태적 동등성 ecological

(A)

(B)

(C)

(D)

그림 8-13
초지의 네 가지 양상. (A)몬태나 주의 국립 들소 구역에 들소 떼가 있는 자연초지. (B)양호한 상태의 초지에서 풀을 뜯고 있는 소 떼들. (C)지나치게 풀을 뜯이먹이 인공사막 모양이 된 초지. (D)집약적 곡물 농장으로 전환된 초지.

equivalence)은 제3장에서 언급하였다. 커다란 초식동물은 두 가지 생활형으로 나타난다. 하나는 위에서 언급한 뛰어다니는 형이며 다른 것은 땅다람쥐 ground squirrel, 뒤쥐 gopher와 같이 굴을 파는 형이다. 초지지대가 자연 목초지로 인간에 의해 사용될 때, 고유의 초식동물은 종종 길들여진 사육종인 소나 양 또는 염소 등에 의해서 밀려난다. 초지는 초식을 바탕으로 하는 먹이사슬을 따라 많은 양의 에너지 흐름에 잘 적응되어 있기 때문에 그러한 변화는 생태학적으로 건강하다. 그렇지만 인간은 과도한 방목(그림 8-13C)과 지나친 경작을 끊임없이 해온 초지 자원 남용의 역사를 지니고 있다. 결과적으로 많은 초지가 사람이 만든 사막으로 되어버렸다. 지나친 방목을 조기 발견하는 데 있어 생태학적 지표 생물들의 중요성은 제5장에서 언급되었다.

아르헨티나에서 소의 방목과 불의 상호작용에 대한 메렐로 Merello (1970)의 탁월한 연구는 어떻게 해서 아르헨티나의 초지가 가시가 많은 관목으로 덮이게 되었는가를 밝혔다. 메렐로의 연구는 집중적인 소의 방목이 연소하기 쉬운 물질을 감소시키고, 그 결과 초지 표면을 유지하는 데 필요한 불이 더 이상 일어나지 않는다는 것을 보여주었다. 그 결과로서 전에는 간헐적으로 불에 의해 저지를 받던 가시가 많은 관목들이 대신 들어서게 되었다. 목초 생산력을 복구하는 단 하나의 방법은 연료 에너지를 사용하여 목본성 식물을 기계적으로 또는 불태워서 제거하는 것이다. 이는 많은 비용을 들여야 인간이 만든 식생을 자연 상태로 되돌려 놓을 수 있다는 것을 보여주는 하나의 보기이다.

다양한 초식성 포유동물들이 있는 아프리카의 초지를 놓고 무슨 일을 할 것인가는 그 지역 신생국가들이 직면하고 있는 문제 중 하나이다. 이는 이들 나라에서 늘어나는 인구의 영양 수준을 높이려고 하고 있어서 생기는 문제이다. 동물 떼들의 이동 행위를 수용하기 위해서는 국립공원과 다른 보호 구역이 충분히 커야 하며 또한 통로에 의해서 연결되어야 한다. 그들을 우리 안에 완벽하게 가두어둠으로써 구제할 수는 없다. 몇몇 생태학자들은 소로 대체하기 위해서 영양류와 하마, 남아프리카 들소들을 완전히 없애기보다는 적정량을 기준으로 일부를 수확하는 것이 바람직할 것이라고 믿고 있다. 우선 자연적인 다양성은 일차생산의 더욱 폭넓은 활용을 의미한다. 더욱이 토착종들은 동물 떼를 괴롭히는 많은 열대성 기생충이나 병에 더 강하다.

삼림

현존 생물량과 내생적·외생적 조절들의 상대적인 중요성을 비교해 볼 때, 대양과 삼림은 생물권에 있는 자연생태계의 극단적인 형태라는 것을 제3장에서 다루었다. 제7장의 그림 7-1에서 본 바와 같이, 긴 시간에 걸쳐 일어나는 질서 정연한 생태적 천이는 삼림지역에서 특징적으로 나타난다. 여기서는 대부분의 경우 나무들보다 초본식물들이 앞질러 나타난다. 결과적으로는 한 삼림지역에서 풀과 나무의 혼합 식생을 보게 된다. 그것은 특이한 토양과 습도에 적응한 삼림의 변형들뿐만 아니라 삼림이 아닌 천이 단계의 식물도 삼림에 포함되기 때문이다.

삼림의 발달을 허용하는 온도 범위는 아주 넓기 때문에 남북을 따라 일련의 여러 가지 삼림 형태가 줄지어 있다. 수분은 벼과 식물보다는 나무에 더 결정적인 역할을 한다. 하지만 삼림은 건조한 상태에서부터 극도로 습한 상태에까지 꽤 넓은 습도 범위를 가진다. 그림 8-14에서는 남북을 따라 뚜렷이 다르게 나타나는 세 가지의 삼림 형태를 보여준다. 첫째로, 가장 북쪽 삼림(그림 8-14A)은 툰드라 남쪽에서 지구의 윗부분을 둘러싼 넓은 벨트 모양의 지대를 이룬다. 여기는 가문비나무속(*Picea*)과 전나무속(*Abies*)의 상록 침엽수가 대표적으로 나타난다. 이 지역은 종다양성이 매우 낮아서 종종 하나 또는 두 종의 나무들이 단순림을 이룬다. 극지방 주위를 둘러싸고 있는 이 침엽수림은 지구에 있는 삼림 생물량의 약 4분의 1, 그리고 아마도 침엽수 탄소량의 약 절반을 차지할 것이다. 따라서 이 삼림은 인간 활동에 의해 생산된 과도한 이산화탄소를 흡수할 수 있는 중요한 저장고이다. 인구가 밀집되어 있는 온대지대로 맑은 공기를 불어넣는 곳은 이 숲의 띠이다. 따라서 목재공급을 하지 않는다고 하더라도 이 위대한 숲은 매우 큰 가치를 지니고 있다.

둘째로, 낙엽성 삼림(그림 8-14B)은 보다 남쪽의 습도와 온도가 높은 지역의 특성을 보여준다. 이 삼림들은 뚜렷한 성층현상 stratification 과 보다 큰 다양성을 가지고 있다. 이 삼림은 도시와 농촌 개발에 의해 광범위하게 파편화되고 있다(그림 3-7 참조). 종종 천이 단계로서 소나무속 식물들이 북부 침엽수림과 온대 낙엽수림 지역에서 발견된다.

세번째의 삼림 형태인 열대삼림(그림 8-14C)은 1년 내내 고른 분포의 강우량이 풍부한 상록활엽열대림에서부터 건기 동안 낙엽이 지는 열대 낙엽수림의 범위를 포함한다. 특히 두 가지의 생활형, 즉 열대성 덩굴식물 lianas과 착생식물(공기식물 air plant)은 열대삼림을 특징짓는다. 적은 수의 이 생활형 몇몇 종은 북부 삼림에서도 발견되지만 오직 열대에서만 뚜렷한 생물학적 구조를 형성한다. 열대우림에서는 동물과 식물

(A)

(B)

(C)

그림 8-14
남북 기온 경사에 나타나는 세 가지 삼림 형태. (A)아이다호 주에 있는 북부 전나무 침엽수림. (B)인디애나 주에 있는 참나무류, 히코리 그리고 다른 활엽수들로 이루어진 낙엽수림. (C)푸에르토리코의 열대우림지.

종의 다양성이 높다. 유럽의 전체 식물군과 동물군보다 열대우림지의 수에이커 면적에 더 많은 식물과 동물종들이 있다. 잎에 대한 새로운 목재 생산의 비가 열대우림에서는 약 1:1로서 온대에서의 1:6과 비교된다고 조던Jordan(1971)은 지적했다. 이것은 열대성 나무들이 순생산을 목질부보다 잎에 더 많이 저장한다는 것을 의미한다. 따라서 열대지방에서는 온대지방에 비해서 연간 낙엽량은 더 많고 단위건량당 잎의 에너지 함량은 더 낮다.

열대우림지역에서만 나타나는 독특한 영양소 순환과, 이 지역을 농업지역으로 전용할 때 미치는 영향에 대해서는 제5장에서 자세히 논의하였다. 열대우림은 삼림 생물량 내부에 다양한 상리공생과 재순환 기작을 발달시켜 영양분이 부족한 토양에서도 번성할 수 있다. 따라서 삼림이 제거될 때는 이러한 적응 기작들이 파괴되어 토양은 매우 빈약한 경작지나 초지로 바뀌게 된다(그림 8-15).

습도 경사의 양쪽 끝에 위치하는 보기로 들 수 있는 두 가지 삼림 형태를 그림 8-16에서 보여준다. 채퍼랠(그림 8-16A)은 겨울의 우기와 여름의 건기가 있는 지역에 나타나는데 자연적으로 불이 일어나기 쉬운 환경이어서 불에 적응되어 있는 〈화재형 fire type〉이다(제2장 참조). 이런 종류의 난쟁이숲은 지중해 지역에서는 〈마키관목지대〉가, 호주에서는 〈말리관목지대〉가 알려져 있다. 건조한 기후의 난쟁이숲 형태에는 미국 서부 산악지대의 낮은 고도에 있는 피년-쥬니퍼와 아프리카의 열대가시관목이 포함된다. 대조적으로 캘리포니아 주 북부부터 워싱턴 주까지(그림 8-16B) 해안을 따라 있는 온대우림은 습기가 풍부한 곳에서 발생한다. 온대우림은 열대우림만큼 다양성이 크지 않지만 개별 수목들은 키가 크고 전체 목재량도 더 크다. 캘리포니아산 미국삼나무숲은 이 삼림 형태의 변형이다.

기후 및 지층에 따른 삼림 형태를 관찰하기 좋은 곳은 미국의 그레이트 스모키 산군 국립공원으로 테네시 주와 노스캐롤라이나 주의 경계를 따라 위치한다. 스모키에 있는 작은 지리적 변화들을 관찰하기 위해서는 해수면 높이에서부터 수백 마일을 여행해야 한다. 그림 8-17은 생태학자의 눈으로 경관을 볼 수 있도록 도와주는 그림이다. 고도의 변화가 남북을 따라 나타나는 온도 경시를 일으킨다. 반면에 골짜기와 산 능선의 지세는 주어진 고도에서 습도 경사를 만든다. 5월과 6월 초에는

그림 8-15
열대우림. (A)처녀림. (B)열대우림
지역에서 양분은 주로 토양보다는
생물량에 들어 있기 때문에 흔히 삼
림을 베어낸 지역의 목초지나 경작
지는 황폐해진다.

그림 8-16
습도 차이에 순응된 두 가지 형태의 삼림. (A)캘리포니아 주 해안의 〈겨울 비-여름 가뭄〉 기후에 나타나는 난쟁이 삼림인 채퍼랠 숲. 주기적 화재가 주요한 환경 요인이다. (B) 워싱턴 주 올림픽 국유림으로 다습 침엽수림의 보기이며 때로 온대우림이라고도 한디. 대형 교목의 크기와 지피 고사리, 교목 하부를 장식하고 있는 착생 이끼류를 주목하라. 나무 모두베기의 문제점에 대해 논란이 있는 삼림형이다.

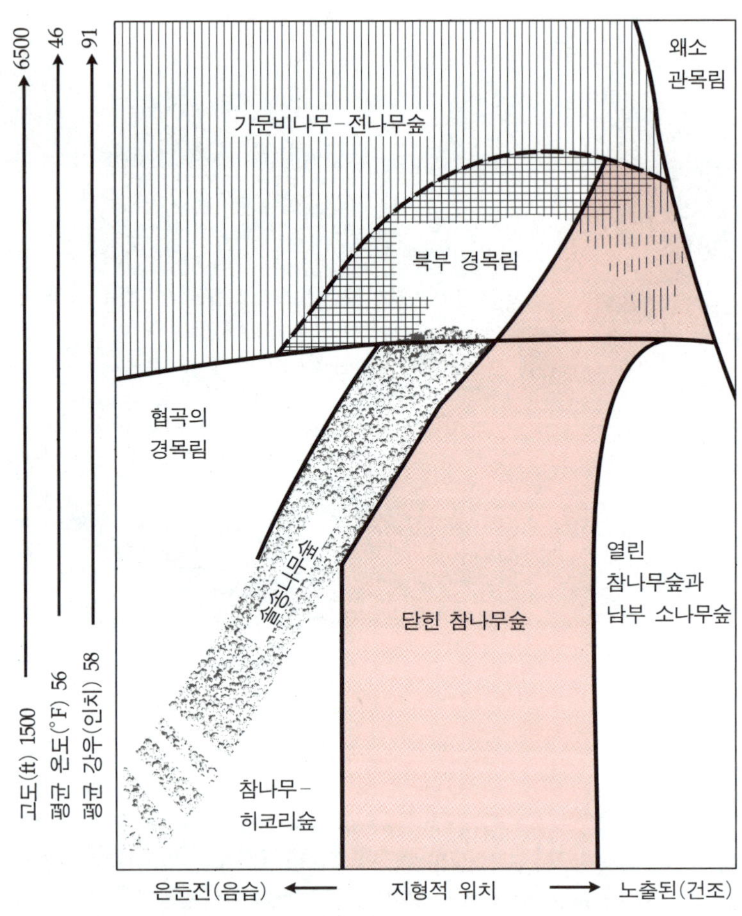

그림 8-17
기온과 습도 경사와 관련된 것으로서
미국 그레이트 스모키 산군 국립공원
에 나타난 삼림식생 유형(Whittaker
1952를 따라 Roshanks에 의해 준
비된 그림).

그 경사를 따라 식생의 양상이 가장 두드러지게 달라진다(이때가 식물상이 장관을 이루는 때이기도 하다). 그러나 삼림이 지형과 기후에 적응하는 것을 1년 내내 명백하게 볼 수 있다.

그림 8-17에서 보는 것처럼 스모키의 삼림은 낮은 고도의 건조하고 따뜻한 경사면에 있는 개활지의 떡갈나무와 남쪽 소나무 임분에서부터 춥고 습한 정상부에 있는 가문비나무와 전나무들이 있는 북쪽 침엽수림까지의 범위를 가진다. 남부 소나무 임분은 노출된 산 능선을 따라 뻗어 있고, 북부 솔송나무숲은 습기와 국지적인 기후 조건이 고위도지방과 비슷하기 때문에 후미진 골짜기 아래에 뻗어 있다. 온도 경사에서는 대략 중간 정도에 위치하며 움푹 들어가서 보호되는(즉 습기가 많은) 곳에서 수목의 최대 다양성이 나타난다.

스모키의 높고 노출된 경사면 일부가 나무 대신에 상록성 철쭉 덤불이나 벼과 식물로 덮여 있는 이유는 적절히 설명되지 않고 있다. 이들 〈왜소관목림 balds〉 부분은 고산 툰드라가 아니다. 왜냐하면 고도가 실제 수목이 없을 만큼 충분히 높지 않기 때문이다. 그것이 나타난 원래 이유(아마 불인 것 같다)가 무엇이든지 관목 군집은 이제 아주 잘 자리를 잡아서 삼림의 침입에 저항한다. 이러한 상황에서 우리는 군집 내의 식물 개체뿐 아니라 전체 군집이 서로 어떻게 경쟁하고 있는지 관찰할 수 있다. 그 최종 결과는 불이나 폭풍 같은 교란이 균형을 깨뜨리고 두 생태계 중 어느 쪽에 유리하게 작용하느냐에 달려 있다.

삼림의 수확

목재 생산과 삼림의 관리 정책은 두 가지 단계를 거친다. 첫째 단계는 일정 기간에 걸쳐 목재로 저장된 순생산량의 수확과 관련된다. 과거의 축적된 성장물이 소진되었을 때, 우리가 조금이라도 목재 생산을 기대한다면 연간 수목의 성장량 이상으로 목재를 수확하지 않도록 삼림 관리 정책을 조정해야 한다. 미국 북서부에서는 이 첫 단계가 여전히 진행 중이다. 이 지역에서 연간 목재 수확량은 목재 생산량의 약 2배가 된다. 대조적으로 두번째 단계가 미국 남동부에서 나타나고 있다. 여기에서는 오래된 목재 대부분이 벌채되었다. 그리하여 연간 목재 수확과 수목의 성장이 균형을 이루고 있는 어린 삼림에 대해 삼림 관리 정책이 주로 시행되고 있다. 종종 오래된 삼림에서보다 어린 삼림에서 연간 순생산량이 더 크지만 목재로 사용되는 나무의 질은 그렇게 좋지 못하다. 왜냐하면 빨리 자라는 어린 나무의 목재는 느리게 자라는 오래된 나무만큼 강하지 않기 때문이다. 많은 경우에서 그러하듯이 양과 질 사이의 상충적인 관계를 인식해야 한다. 우리가 그 두 가지를 모두 가지기는 어렵다. 어떠한 상태의 목재를 자르도록 만드느냐 하는 문제는 어떻게 세금을 부과하는가 하는 문제와 관련이 깊다. 만일 매년 목재 현존량이 가지는 시장가격에 따라 세금을 매기면 그 목재 소유주는 세금을 줄이려고 매년 수확을 하려 할 것이다. 반대로, 그 목재를 잘라시 실제로 소득이 실현되었을 때 세금을 매긴다면 목재의 품질이 좋아질 때까지 오랫동안 남겨지게 될 것이다.

최근 몇 년 동안, 북서태평양 연안의 숲, 특히 국유림에서의 오래된 나무들의 대규모 개발에 대해 많은 논쟁이 있었다. 워싱턴 대학의 프랭클린 Jerry Franklin은 신세대 임학자들을 대변하고 있다. 이들은 숲을 단지 목재 생산의 장소로만 파악할 것이 아니라, 유역 보호나 생명부양의 기능을 포함한 다차원적인 효용과 가치를 가진 생태계로 파악할 것을 주장한다. 토양 교란의 감소, 숲에 통나무나 잔가지들을 남기기, 시내를 따라 벌목하지 않은 완충지역의 설정, 수확 후 종자로 이용될 나무를 남기기, 동물들의 통로를 고려한 벌목 등이 제안되고 있다. 이러한 제안들은 〈조림 농장이냐, 완전한 보전이냐 하는 경직된 선택(Franklin 1989)〉의 대안이라고 할 수 있다.

동굴

세계 여기저기 엄청나게 많은 동굴 안에서 매우 흥미로운 종속영양 군집이 발견되고 있다. 다른 곳에서는 찾아볼 수 없고 특정 지방에서만 발견되는 많은 동굴의 고유한 유기체들은 대부분 동굴 안으로 씻겨 들어오는 유기물질을 먹고 살아간다. 최근에, 사부 Sarbu 등(1996)은 지열을 에너지 원천으로 한 화학적 독립영양 생태계가 발달한 동굴을 탐사했다. 이 체계는 황화수소가 에너지 원천으로 공급되는 해저 분출구계(그림 8-2)와 유사하다.

숲 가장자리 서식지

인류 문명은 원래 삼림과 목초지였던 곳, 그 중에서도 특히 온대지역에서 가장 집약적인 발전을 한 것으로 보인다. 결과적으로 대부분의 온대삼림과 초지는 그것들의 초기 상태와 달리 크게 변화되었다. 그러나 이러한 생태계의 본질은 결코 변하지 않았다. 사실상 인간은 그들의 거주지 안에 초지와 삼림의 특징을 결합시키려는 경향이 있다. 이곳을 우리는 숲 가장자리 forest edge라 불러도 좋을 것이다. 인간이 초지지역에 정착할 때, 집과 마을, 그리고 농장 주위에 나무를 심었다. 그리하여 나무 없는 시골이던 곳에 작은 조각숲들이 퍼지게 되었다. 이와 비슷하게, 우리가 숲에 정착할 때 (숲에서는 식량이 거의 얻어지지 않기 때문에) 그 대부분을 초지와 농경지로 바꾸었다. 하지만 농장과 주거지역 주위에 원래 삼림의 일부분을 남겨두었다. 원래부터 삼림과 초지에서 발견되던 작은 동물들과 식물들은 이제 인간들과 길들여진 또는 경작되는 생물종들과 아주 밀접한 연관을 가지고 적응하며 번성할 수 있게 되었다. 예를 들어, 예전엔 숲 속의 새였던 미국산 울새는 인간이 만든 숲 가장자리에 매우 잘 적응해서 그 수가 증가했을 뿐만 아니라 지리적인 범위도 확장되었다. 유럽의 숲에 살던 새들 대부분은 숲으로부터 정원, 도시 그리고 울타리로 자리를 옮겼다. 이렇게 적응하지 않았다면, 파손되지 않은 숲 지대는 더 이상 존재하지 않기 때문에 그들은 멸종되었을 것이다. 인간이 아주 심하게 정착한 지역에 존속하는 대부분의 토착종들은 숲 가장자리 생태계의 쓸모 있는 일원이 되었지만, 일부는 해충이 되기도 한다. 그러나 가장 나쁜 해충은 제2장에서 논의되었던 것과 같이 아주 멀리서 도입된 종들이기 십상이다.

농경지와 목장을 변형된 목초지 또는 천이의 초기 형태로 간주한다면 다음과 같이 말할 수 있다. 인간은 식량을 얻기 위해서 목초지에 의존하지만 숲과 같은 은신처에서 살거나 휴양하고 싶어하고, 또 그 숲에서 유용한 목재를 얻으려고 한다. 상황을 지나치게 단순화시키는 것일 수도 있지만, 인간은 다른 종속영양 생물들과 마찬가지로 경관에서 두 가지 기본적인 것, 즉 생산과 보호를 구한다고 할 수 있다. 그러나 하등 생물과 달리 우리는 자연 경관의 아름다움에서 미적 기쁨도 발견한다. 인류를 위하여 숲은 세 가지 필수품 모두를 제공하지만 특히 뒤의 두 가지가 중요하다. 대부분의 경우에, 만약 목재 모두를 한꺼번에 수확한다면, 수확한 목재의 화폐 가치는 본래의 숲이 가지는 가치보다 훨씬 적다. 이 본래의 숲은 적당한 목재 수확뿐 아니라 휴양, 유역 보호, 그 밖의 생명부양 서비스, 그리고 집터를 제공한다(Bergstom and Cordell 1991 참조).

농경생태계

기본적으로 농경생태계 Agroecosystem는 초지 또는 삼림과 같은 자연생태계와 도시와 같은 인공생태계의 중간 형태인, 길들여진 생태계이다. 농경생태계는 자연생태계처럼 태양에너지가 동력으로 공급되기는 하지만, 자연생태계와는 많은 점에서 다르다.

1) 생산성을 높이는 보조 에너지원이 자연 에너지라기보다는 가공된 연료(동물이나 인간의 노동과 함께)이다.
2) 특정 식량이나 생산품의 수확량을 극대화하기 위한 인간의 관리로 종 다양성이 크게 감소된다.
3) 우점하는 식물이나 동물들은 자연선택보다 인공선택을 받고 있다.
4) 조절작용은 자연생태계에서 하부체계들의 되먹임에 의해 내부적으로 일어난다기보다 외부적이고 목적 지향적이다(그림 3-11 참조).

제1장에서 설명한 바와 같이, 식재림은 경작지처럼 농경생태계, 즉 목재와 섬유 생산을 늘리기 위해 계획된 〈나무 농장〉이다(그림 1-2B 참조). 머지않아 다른 작물들에게 영향을 주고 있는 문제——토양 질의 손상, 해충 방제, 수확으로 제거된 영양물질을 대체하기 위한 인공 비료 공급 그리고 기타 등등——와 동일한 관리문제가 식재림에서도 다루어져야 한다. 작고 빨리 자라는 나무와 식량 작물을 병렬로 심어 수확하는 것과 관련된 방법 등을 다루는 혼농임업 agroforestry에 대한 관심이 증대되고 있다(MacDicken and Vergara 1990).

농경생태계는 외부에 대한 막대한 의존과 영향을 가지는 점에서 도시-공업계와 비슷하다. 즉, 둘 다 커다란 입력환경과 출력환경을 가지고 있다. 농경생태계는 종속영양적이기보다는 독립영양적이라는 점에서 도시와 다르다. 경제적 후진국에서와 같이, 산업화 이전의 농경생태계의 동력밀도 수준(단위면적당 에너지 흐름의 속도)은 자연생태계의 그것과 크게 다를 바 없었다. 그러나 공업화된 농업의 동력밀도는 높은 에너지와 화학적 보조물들로 자연생태계보다 약 10배 가량 크다. 따라서 농경생태계의 농업 화학 오염물과 토양 침식이 수로, 대기권 그리고 지구의 생명부양계에 끼치는 영향은 그 심각성에서 도시-공업지역과 거의 비숫할 수 있다.

　농경생태계의 특징과 이것이 다른 생태계에 미치는 영향은 지난 반세기 동안 미국과 다른 공업화된 국가에서 크게 변화되어 왔다. 오늘날의 문제점과 연구 필요성을 조망하기 위해서는 이러한 역사를 재검토하는 것이 중요하다. 오클레어 Auclair(1976)는 미국 중서부의 집약 농업 발전을 다음과 같이 세 단계로 기술하였다.

1) 1833년부터 1934년까지 평원의 약 90%, 저습지의 75%, 그리고 양호한 토양에 자리한 삼림 토지 모두가 농경지, 목초지, 목재 생산지로 바뀌었다. 자연식생은 경사지와 토심이 얕고 척박한 토양에 제한되어 있었다. 그러나 일반적으로 농업은 규모가 작고, 농작물은 다양했으며, 인간과 동물의 노동이 널리 사용되었다. 그래서 물과 토양, 공기에 미치는 농업의 영향은 전반적으로 해로운 것이 아니었다.

2) 1934년부터 1961년까지 값싼 연료와 화학적 보조물, 기계화, 경작물 전문화 및 단종재배의 증대와 관련된 농업이 강화되었다. 더 적은 수의 농부들에 의하여 더 작은 면적의 토지에서 더 많은 식량이 수확됨에 따라 총농경지 면적은 감소되었고 삼림 범위는 10% 증가되었다.

3) 1961년부터 1980년까지 대부분 수출을 겨냥하여 재배된 곡물, 콩과 같은 시장작물의 끊이지 않는 경작이 강조되었고, 가장 양호한 토양에서 에너지 보조와 농장의 크기, 농경의 강화가 모두 증대했다. 농부들은 늘어난 에너지와 기계 비용을 충당하기 위해 더욱더 많이 시장작물을 생산하려고 하게 되었고 그에 따라 윤작과 휴경, 계단식 농지, 수로의 식물 피복 같은 보전 책략은 감소되었다. 이 기간 동안 단위면적당 수확량은 증가했다. 그러나 몇몇의 곡류작물에 대해서만 극대값을 이루었다. 도시화와 토양 침식으로 농토의 손실이 가속화되었으며 과다한 화학비료와 살충제의 유입 때문에 수질 저하도 가속화되었다.

　브루검 Brugam(1978)은 코네티컷 주에 있는 한 호수(린즈리 호)의 바닥에서 원통형의 퇴적물을 채취하여 퇴적 시간별로 화학적 성분을 분석했다. 이 분석은 이웃한 생태계에 농업과 도시화가 미치는 영향의 변화에 대한 역사를 보여주었다. 1800년대 초기의 농경은 호수에 거의 영향을 주지 않았지만, 1915년 이후로 농업의 강화는 화학물질의 유입 때문에 호수의 부영양화를 일으키는 원인이 되었다. 1960년부터 현재까지 급속한 도시화와 증가된 농경의 집약은 많은 양의 토양, 중금속, 그 외의 유독물질들을 호소로 들어오게 하는 막대한 토양침식과 농경폐기물을 발생시켜서 〈과대부영양화 hypereutrophication〉를 유발했다. 입력환경과 관련된 생물군에서의 두드러진 변화가 이 호수에서 기록되고 있다.

에너지와 오염 모두 그 비용이 증가하고 있기 때문에 농경 및 도시생태계의 입력 비용을 감소시키는 주요한 기술적, 경제적, 정치적 노력이 있어야만 한다. 그러지 않으면 그 중 하나 또는 둘 모두의 과다로 그들을 유지하는 자연 생명부양계의 능력이 곧 위태롭게 될 것이다. 농경지, 목초지, 식재림지를 더 큰 지역적·범지구적 생태계 속의 기능적인 부분인 종속생태계 dependent ecosystem로 간주하는 것은 장기 목표를 달성하는 데 필요한 분야들을 통합하는 첫 단계가 된다. 이른바 세계 식량 문제는 농학과 같은 어떤 한 분야의 노력으로는 완화될 수 없다. 생태학이 즉각적이거나 직접적인 해결을 제공하는 학문은 아니지만, 생태학 이론의 기초가 되는 총체적 접근과 〈계-수준 접근 systems-level approach〉은 여러 분야들의 통합에 기여할 수 있다.

전통적 농경생태계와 산업적 농경생태계

저개발국에서 오랜 시간에 걸쳐 지속되어 온 많은 전통적 농업 활동들이 점차 많은 관심을 받고 있다. 이 농업 활동들은 에너지 효율적이고 생태적으로 지속가능하며 지역 주민들에게 적절한 식량을 제공하기 때문이다. 그러나 이 활동들은 잉여 농산물이나 수출하여 현금으로 바꿀 수 있는 상품성 있는 농산물을 생산해내지는 못한다. 따라서 작은 나라들은 그들의 전통적인 농경생태계를 산업적 농경생태계로 바꾸도록 압력을 받고 있고, 오염의 피해, 소농들이 자신들의 땅으로부터 초만원인 도시로 쫓겨가게 되는 피해는 고려되지 않고 있다.

태국은 그러한 나라의 좋은 예이다. 쌀을 주로 경작하는 농경생태계에서, 전통적인 범람 에너지는 화석연료, 비료, 그리고 농약의 공업적 투입으로 대체되고 있다. 그 결과로 단위면적당 산출량은 증가되었으나, 에너지 효율(곡물 산출량에 대한 에너지 투입의 비율)은 감소했다 (Gajaseni 1995). 또 다른 예로 발리를 들 수 있다. 이곳에서는 시장경제 내에서의 단기간 수익을 얻기 위해 합성 화학물질의 사용이 증가된 것에 더해, 1,000년 동안 지속되어 왔던 중력 관개체계가 연료 동력 양수체계로 대체되었다(Steven 1994).

요약하면 다음과 같다. 먼저 순치생태계는 우리의 다른 일반 환경과 비교적 조화를 이루고 있었다. 도시화 및 인구증가의 압력과 함께, 시장과 다른 정치적·경제적 요인들이 농경생태계를 〈순치〉생태계에서 〈인조〉생태계로 변형시켰다. 이러한 인조생태계는 에너지와 물질 수요 및 폐기물 생산이 점점 증가되어 도시─공업생태계를 더욱더 닮게 되었다. 그러나 이미 강조한 바와 같이 다행히도 시사 잡지 기고가 사이디 Sidey(1992)의 말을 빌리자면, 〈농장에서의 혁명, 예를 들면 토양을 보호하고 더 많은 수확을 가져다 주는 잔재 관리residue management로 쟁기가 없어지는 것 같은 혁명〉에 의해 이러한 경향들은 바뀌고 있다.

도시─산업기술─생태계

도시, 근교, 공업 개발지역──즉 대도시, 또는 나베 Naveh(1982)의 용어를 빌리자면 〈기술생태계〉──은 자연 경관과 농업 경관을 기반으로 존재하는 작지만 매우 활동적인 섬에 해당하는 지역이다(Dornet and McClellan 1984). 제1장에서 강조했듯이, 이런 순치환경은 생물권의 기생자이다. 이것은 도시를 얕잡아 보는 것이 아니라 아주 실제적인 표현이다.

도시를 인류의 가장 훌륭한 성과물이라고들 생각한다. 고대 그리스의 계획된 도시, 중세의 도시국가, 오늘날 뉴욕이나 여타 대도시의 고층 빌딩들은 경탄과 경외를 자아낸다. 디즈니랜드에서 묘사된 것과 같은 미래의 도시들은 모두 사람들이 부유하고 많은 여가 시간 속에 완전한 행복을 구가하는 기술 유토피아이다. 그러나 불행하게도 더 나은 경제 여건을 위해 많은 사람들이 도시로 모여들고 있는 와중에도, 오늘날 대부분의 도시들은 무질서 속에 쇠락하고 있다. 도시의 성장은 특히 저개발국에서 급속하게 일어나고 있다. 2000년까지 멕시코 시와 브라질의 상파울로 시는 각각 2천5백만의 인구를 수용할 계획을 갖고 있다. 이 숫자는 도쿄를 제외한 선진국의 어느 도시보다도 많은 것이며, 뉴욕의 두 배에 달하는 것이다. 또 2010년이 되면, 세계 인구의 50-80%가 도시에 거주하리라는 예측도 있다(푹스Fuchs 등이 편집한 1994년 United Nations 보고서 참조).

　제6장에서 예시하였듯이, 무엇이든 급격하고 위험스럽게(아무런 계획이나 조절 없이) 그리고 생명부양의 고려 없이 성장하면, 그 성장을 유지하는 데 필요한 하부구조의 능력을 벗어나 경기와 불경기의 순환이 계속 일어나게 된다. 자유의지를 가진 개인으로서는 이러한 것을 좋아할 수도 있고 그렇지 않을 수도 있지만, 사회의 구성원으로서는 도시계획 문제에 심각하게 참가해야만 한다. 도시의 곤경을 다루고 있는 대부분의 문헌은 기반시설의 질 저하와 범죄 등 내부 문제에 초점을 맞추고 있다. 그러나 존 라일John T. Lyle이 지적했듯이, 미래의 도시는 〈경관에 대한 생태학을 도시와 따로 떼어 생각하지 않고 함께 포함해야〉 할 것이다. 따라서 도시 재건은 도시와 생명을 부양하는 토지를 다시 연결시키는 것에 더욱더 의존할 것이다. 이는 이미 앞에서 지적했던 바와 같이, 숙주가 양호한 상태로 유지될 때만이 기생동물이 번영할 수 있기 때문이다(또한 Haughton and Hunter 1994 참조). 이러한 상황을 다룰 때, 생태학에서 얻을 수 있는 교훈에 관해서는 맺음말에서 다루도록 하겠다.

BIOGEOGRAPHY

Brown, J.H., and A.C. Gibson. 1983. *Biogeography*. Mosby, St. Louis.

Cox, C.B., I.N. Healey, and P.D. Moore. 1973. *Biogeography: An Ecological and Evolutionary Approach*. 2nd ed. Blackwell Scientific, Oxford.

Hallam, A. 1972. Continental drift and the fossil record. *Sci. Am.* 227(5): 56–66.

MacArthur, R.H. 1972. *Geographical Ecology*. Harper & Row, New York.

Pielou, E.C. 1979. *Biogeography*. John Wiley, New York.

THE OCEANS

Barber, R.T., and R.L. Smith. 1980. Coastal upwelling ecosystems. In *Analysis of Marine Ecosystems*, ed. A.R. Longhurst. Academic Press, New York.

Bretherton, F.P., ed. 1986. Changing climates and the oceans. *Oceanus* 29(4)(special issue). (Twelve articles, several illustrated in color.)

Carson, R. 1952. *The Sea Around Us*. Oxford University Press, New York.

*Cloud P.E. 1969. *Resources and Man*. W. H. Freeman, San Francisco.

Falkowski, P.G., ed. 1980. *Primary Productivity in the Sea*. Plenum Press, New York. (See also the 1981 review in *Science* 212: 794)

*Heezen, B.C.M. Tarp, and M. Ewing. 1959. *The floors of the ocean. I. North Atlantic*. Special Paper no. 65, Geological Society of America, Boulder, CO.

MacIntyre, F. 1970. Why the sea is salt. *Sci. Am.* 223(5): 104–115.

Odum, E.P. 1971. *Fundamentals of Ecology*, 3rd ed. Chapter 12. Saunders, Philadelphia.

Pomeroy, L.R. 1974. The ocean's food web, a changing paradigm. *BioScience* 24: 499–504.

*Pomeroy, L.R. 1984. Significance of microorganisms in carbon and energy flow in aquatic ecosystems. In *Current Perspectives in Microbial Ecology*, eds. M. J. Lug and C. A. Reddy, pp.405–411. American Society of Microbiologists, Washington, D.C.

Revelle, R., ed. 1969. The ocean. *Sci. Am.* 221(3).(Special issue)

*Smith, C.R., H. Kukert, R.A. Weatcroft, P.A. Jumers, and J.W. Deming. 1989. Vent fauna on whale remains. *Nature* 341: 27–28.

*Swan, L.W. 1992. The Aeolian biome: Ecosystems of the earth's extremes. *BioScience*, 42: 262–270.

Thorson, G. 1971. *Life in the Sea*. McGraw–Hill, New York.

*Tunnicliffe, V. 1992. Hydrothermal vent communities of the deep sea. *Am. Sci.* 80: 336–349.(See also back–to–back articles by Grassle and by Jannasch and Mottl in *Science* 229: 713–725, 1985.)

COASTAL WATERS, ESTUARIES, AND SEASHORES

Amos, W.H. 1966. *The Life of the Seashore*, Our Living World of Nature Series. McGraw–Hill, New York.

Carson, R. 1956. *The Edge of the Sea.* Houghton Mifflin, Boston.

Goldreich, P. 1972. Tides and the earth–moon system. *Sci. Am.* 226(4): 42–52.

Kaufman, W., and O.H. Pilkey. 1983. *The Beaches are Moving.* Duke University Press, Durham, NC.

MacLeish, W.H., ed. 1976. Estuaries. *Oceanus* 19(5)(special issue). (Articles by 10 authors explore various aspects of estuaries.)

Mann, K.H. 1982. *Ecology of Coastal Waters.* Studies in Ecology, vol. 8. University of California Press, Berkeley.

*Muscatine, L., and J.W. Porter. 1977. Reef corals: Mutualistic symbioses adapted to nutrient–poor environments. *BioScience* 27: 454–460.

Odum, E.P. 1961. The role of tidal marshes in estuarine production. *The Conservationist*, June–July, 12–15.

Odum, E.P. 1980. The status of three ecosystem–level hypotheses regarding salt marsh estuaries. In *Estuarine Perspectives*, ed. V. S. Kennedy. Academic Press, New York.

Odum, W.E. 1970. Insidious alteration of the estuarine environment. *Trans. Am. Fish. Soc.* 90: 836–847.

*Odum, W.E. and C.C. McIvor. 1990. Mangroves, In *Ecosystems of Florida*, eds. R.J. Myers and J.J. Ewel, pp.517–548. University of Central Florida Press, Orlando. FL.

Pearse, A.S., H.J. Humm, and G.W. Wharton, 1942. Ecology of sand beaches. *Ecol. Monogr.* 12: 136–190.

Stephenson, T.A., and A. Stephenson. 1973. *Life between Tidemarks on Rocky Shores.* W.H. Freeman, San Francisco.

Teal, J., and M. Teal. 1969. *Life and Death of the Salt Marsh.* Little, Brown, Boston.

Warner, W.W. 1976. *Beautiful Swimmmers: Watermen, Crabs, and the Chesapeake Bay.* Penguin Books, New York.

Wiegert, R.G., and B.J. Freeman. 1990. *Tidal Salt Marshes of the Southeastern Atlantic Coast: A Community Profile.* Biological Report no. 86(7.29), Fisheries & Wildlife Service, Washington, D.C. (See also W. E. Odum, 1988 in the nest section.)

FRESH WATERS AND WETLANDS

Baxter, R.M 1977. Environmental effects of dams and impoundments. *Annu. Rev. Ecol. Syst.* 8: 225–284.

*Belt, C.B. 1975. The 1973 Flood and man's construction of the Mississippi River. *Science* 189: 681–684.

Cummins, K.W. 1974. Structure and function of stream ecosystems. *BioScience* 24: 631–641.

Cushing, C.E., and K.W. Cummins, eds. 1995. *Ecosystems of the World.* Vol. 22. *River and Stream Ecosystems.* Elsevier, Amsterdam.

*Davis, S.M., J.C. Ogden, W.A. Parks, eds. 1995. *Everglades: The Ecosystems and its* *restoration*. St Lucie Press, Delray Beach, FL.(Paper by 57 authors)

Deevey, E.S. 1951. Life in the depths of a pond. *Sci. Am.* 185(4): 68−72.

*Edmondson, W.T. 1968. Water quality management and lake eutrophication: the Lake Washington case. In *Water Resources Management and Public Policy*. University of Washington Press, Seattle.(A pollution abatement success story ; see also Sunday supplement, *Seattle times*, Aug. 4, 1985, and Edomndson 1970.)

Edmondson, W.T. 1970. Phosphorus, nitrogen, and algae in Lake Washington after diversion of sewage. *Science* 169: 690−691.

Eliassen, R. 1952. Stream pollution. *Sci. Am.* 186(3): 17−21.

Fisher, S.G., and G.E. Likens. 1972. Stream ecosystem: organic energy budget. *BioScience* 22: 33−35.

Gasaway, C.R. 1970. *Changes in the Fish Population of Lake Francis Case in South Dakota in the First 16 Years of Impoundment*. Technical Paper no. 56. Bureau of Sport Fisheries and Wildife Washington, D.C.

Good, R.E., D.F. Whigham, and R.L. Simpson. 1978. *Freshwater Wetlands*: *Ecological Processes and Management Potential*. Academic Press, New York.

Greeson, P.E., J.R. Clark, and J.E. Clark, eds. 1979. *Wetland Functions and Values*: *The State of Our Understanding*. American Water Resources Association, Minneapolis. (All you want to know about wetlands, and more!)

*Holeman, J.N. 1968. The sediment yield of major rivers in the world. *Water Res.* 4: 737−747..

Kitchell, J.F. 1992. *Food Web Management*: *A Case Study of Lake Mendota*. Springer−Verlag, New York. (Fish and algal blooms in one of the most intensively studied North American lakes.)

*Lodge, T.E. 1994. *The Everglades Handbook*: *Understanding the System*. St Lucie Press, Delray Beach, FL.

Lugo, A.E., S. Brown, and M.M. Brinson. 1988. Forested wetlands in freshwater and saltwater environments. *Limnol. Oceanogr.* 33(4, part 2): 894−909.

Miller, J.A., ed Ecology of large rivers. Special issue of *BioScience*, 45: 134−203

*Mitsch, W.J., and J.G. Gosselink. 1986. *Wetlands*. Van Nostrand−Reinhold, New York.

Niering W.A. 1966. *The Life of the Marsh*. Our Living World of Nature Series. McGraw−Hill, New York.

*Odum, E.P. 1988. Wetland values in retrospect. In *Freshwater Wetlands and Wildlife*, eds. R. R. Sharitz and J. W. Gibbons, pp.1−8. Department of Energy Symposium Series no. 61. Office of Technological Information, Oak Ridge, TN. (See also E.P. Odum 1983, *J. Soil Water Conserv.* 38: 546−549.)

*Odum, W.E. 1988. Comparative ecology of tidal freshwater and salt mashes. *Annu. Rev. Ecol. Syst.* 19: 137−176.

Patrick, R. 1970. Benthic stream communities. *Am. Sci.* 58: 546−549.

Porter, K.G. 1977. The plant−animal interface in freshwater ecosystems. *Am. Sci.* 65: 159−170.

Ragotzkie, R.A. 1974. The Great Lakes rediscovered. *Am. Sci.* 62: 454−464.

Smith, R.A., R.B. Alexander, and M. G. Wolman. 1987. Water−quality trends in the nation's rivers. *Science* 235: 1607 – 1615.

Wolman, M.G. 1971. The nation's rivers. *Science* 1974: 905 – 918. (Excellent graphs and tables on water quality indices).

THE TERRESTRIAL BIOMES

Aber, J.D., and J.M. Melillo. 1991. *Terrestrial Ecosystems.* Saunders, Philadelphia.

Allen, D.L. 1967. *The Life of Prairies and Plains.* Our Living World of Nature Series. McGraw – Hill, New York.

Barbour, M.G. and W.D. Billings. 1988. *North American Terrestrial Vegetation.* Cambridge University Press, New York.

*Bergstrom, J.C. and H.K. Cordell. 1991. An analysis of the demand for and value of outdoor recreation in the United States. *J. Leisure Res.* 23: 67 – 86. (The economic value of the National Forests to wilderness and recreation users – $122 billion per year – is nine times the aggregate value of round wood timber harvest.)

Bormann, F.H. and G.E. Likens. 1979. *Pattern and Process in a Forested Ecosystem.* Springer – Verlag, New York.(Synthesis of research at Hubbard Brook in New Hampshire, a pioneer ecosystem – level watershed study.)

Caufield, C. 1984. *In the Rainforest*: *Report from a Strange, Beautiful, Imperiled World.* University of Chicago Press, Chicago.

Cox, T.R., R.S. Maxwell, P.D. Thomas, and J.J. Malone. 1985. *This Well – Wooded Land*: *Americans and Their Forests from Colonial Times to the Present.* Universtity of Nebraska Press, Lincoln.

Denison, W.C. 1973. Life in tall trees. *Sci. Am.* 228(6)74 – 80.

Douglas, I. 1967. Man, vegetation, and sediment yields of rivers. *Nature* 215: 925 – 928.

*Franklin, J. 1989. Towards a new forestry. *American Forests* Nov. – Dec. pp.37 – 44. (There is an alternative to the stark choice between tree farms and total preservation.)

Flanklin, J.F. 1993. Lessons from old growth. *J. Forestry* 91: 10 – 13.

Hadley, N.F. 1972. Desert species and adaptation. *Am. Sci.* 60: 338 – 347.

Hunt, C.B. 1973. *Natural Regions of the United States and Canada.* W.H. Freeman, San Francisco.

*Jordan, C. 1972. A world pattern in plant energetics. *Am. Sci.* 59: 426 – 433.

McCormick, J. 1966. *The Life of the Forest.* Our Living World of Nature Series. McGraw – Hill, New York.

*McNaughton, S.J., M. Oesterheld, D.A. Frank, and K.J. Williams. 1991. Primary and secondary production in terrestrial ecosystems. In *Comparative Analysis of Ecosystems*, eds. J. Cole, G. Lovett, and S. Findley. Springer – Verlag, New York. (Primary production is strongly influenced and sometimes controlled by herbivores and other secondary producers, and is an integrated variable of processes throughout the ecosystem.)

*Morello, J. 1970. Modelo de relaciones entre pastizales lenosas colonzodores en el Chaco – Argentino.(A model of relationships between grassland and woody colonizer plants in the Argentine Chaco.) *Idia* 276: 31 – 51.

Richards, P.W. 1973. The tropical rain forest. *Sci. Am.* 229(6): 58−67.

*Sarbu, S.M., T.C. Kane, and B.K. Kinkle. 1996. A cheoautotrophically based cave ecosystem. *Science* 272: 1953−1955.

Schmidt−Nielsen, K. 1973. *Desert Animals*: *Physiological Problems of Heat and Water*. Oxford University Press, Oxford.

Shelford, V.E. 1963. *The Ecology of North America*. University of Illinois Press, Urbana.

Shelford, V.E., and S. Olson. 1935. Sere, climax and influent animals with special reference to the transcontinental coniferous forest of North America. *Ecology* 16: 375−402. (A classic paper documenting how animals link together various developmental stages of vegetation within a major biome type.)

Shugart, H.H., and D.C. West. 1981. Long−term dynamics of forest ecosystems. *Am. Sci.* 69: 647−652.

Sinclair, A.R.E., and M. Norton−Griffiths, eds. 1979. *Serengeti*: *Dynamics of an Ecosystem*. University of Chicago Press, Chicago.

Sutton, A., and M. Sutton. 1966. *The Life of the Desert*. Our Living World of Nature Series. McGraw−Hill, New York.

Terborgh, J. 1992. *Diversity and the Tropical Rain Forest*. Scientific American Library, W.H. Freeman, New York.(Beautifully illustrated, moderately technical account of the legendary tropical rain forest.)

Walter, H. 1973. *Vegetation of the Earth and Ecological Systems of the Geobiosphere*, 3rd ed. Springer−Verlag, New York.

Waring, R.H., and J.F. Franklin. 1979. Evergreen coniferous forests of the Pacific Northwest. *Science* 204: 1380−1386.

Waring, R.H., and W.H. Schlesinger. 1985. *Forest Ecosystems*: *Concepts and Management*. Academic Press, Orlando, FL.

Whittaker, R.H. 1952. Vegetation of the Great Smoky Mountains. *Ecol. Monogr.* 26: 1−80.

AGROECOSYSTEMS

Altieri, M.A. 1987. *Agroecology*: *The Scientific Basis of Alternative Agriculture*. Westview Press, Boulder, CO. (Contrasts chemical−mechanized agriculture with traditional farming in underdeveloped countries and conservation tillage emerging in developed countries.)

*Auclair, A.N. 1976. Ecological factors in the development of intensive management ecosystems in the midwestern United States. *Ecology* 57: 431−444.

*Brugam, R.B 1978. Human disturbance and the historical development of Linsley Pond. *Ecology* 59: 19−36.

Carroll, C.R., J.H. Vandermeer, and P.M. Rosset, eds. 1990. *Agroecology*. McGraw−Hill, New York.

Dover, M.J., and L.M Talbot. 1987. *To Feed the Earth*: *Agroecology for Sustainable Development*. World Resources Institute, Washington, D.C.

Edwards, C.L., R. Lal, P. Madden, R.H. Miller, and G. House, eds. 1990. *Sustainable Agricultural Systems*. St. Luicie Press, Delray Beach, FL.

*Gajaseni, J. 1995. Energy analysis of wetland rice systems in Thailand. *Agr. Ecosyst. Environ.* 52: 173–178.

Gliessman, S.R., ed. 1990. *Agroecology*: *Researching the Ecological Basis for Sustainable Agroecology.* Springer–Verlag, New York.

Lowrance, R., B.R. Stinner, and G.J. House, Eds. 1984. *Agricultural Ecosystems*: *Unifying Principles.* John Wiley, New York.

*MacDicken, K.G., and N.T. Vergara. 1990. *Agroforestry.* John Wiley, New York.

Sidey, H. 1992. Revolution on the farm. *Time* 139(26): 54–56.

*Steven, J.E. 1994. Science and religion at work. *BioScience* 44: 60–64. (Replacement of long–term ecologically sound irrigation system with commodity–based market system.)

Worster, D. 1990. Transformation of the earth: Towards an agroecological perspective in history. *Am. Hist.* 76: 1087–1106.

URBAN–INDUSTRIAL TECHNO–ECOSYSTEMS

Dornet, R.S., and P.W. McClellan. 1984. The urban ecosystem, its spatial structure, its subsystem attributes. *Environment* 16(1): 9–20.

*Fuchs. R.L., E. Prennon, J. Chamie, F.C. Lo, and J.L. Vito. *Mega–City Growth and the Future.* United Nations Publishing, New York.

*Haughton, G., and C. Hunter. 1994. *Sustainable Cities.* Jessica Kingsley. London.

Lowe, M.D. 1991. *Shaping Cities*: *The Environmental and Human Dimensions.* Wroldwatch Paper no. 105. Worldwatch Institute, Washington, D.C.

*Lyle, J.T. 1985. *Design for Human Ecosystems.* Van Nostrand Reinhold, New York.

*Lyle, J.T. 1993. Urban Ecosystems. *In Context* 35: 43–45.

Morris, D. 1982. *Energy and the transformation of Urban America.* Sierra Club Books. San Francisco.

Naveh, Z. 1982. Landscape ecology as an emerging branch of human ecosystem science. *Adv. Ecol. Res.* 12: 189–237.

Vining, D.R. 1985. The growth of core regions in the third world. *Sci. Am.* 253(4): 42–49. (Explosive growth of third world cities is creating intractable economic, environmental, and social problems.)

*는 이 장에서 인용된 참고문헌을 가리킨다.

맺음말

> 경제적 적자가 뉴스의 주요 머릿기사를 채우고 있다. 그러나 생태적 적자가 우리의 미래를 지배할 것이다.
>
> —— 레스터 브라운 등

미래를 예측하는 것은 흥미진진한 게임이며 특히 위기의 시대에는 많은 사람들의 관심을 끈다. 실제로 아무도 정확하게 미래를 예측할 수 없다. 너무 많은 미지의 사실들과, 너무 많은 새로운 사건들과 기술 혁신들, 그리고 예견할 수 없는 다른 요인들이 있다. 그럼에도 불구하고 다가올 사건들의 가능한 범위를 설정해 둘 필요는 있다. 그러면 우리는 그것의 확률, 주어진 현황, 이해, 아는 정도를 추정할 수 있을 것이다. 무엇보다 중요한 것은 바람직스럽지 못한 미래가 다가올 가능성을 줄이기 위해 무엇인가를 할 수 있을 것이라는 점이다.

지금까지 확실한 것은 대충 다음과 같은 것들이다.

1) 어느 시기까지 인구는 계속 증가할 것이다(제6장의 그림 6-5 참조).
2) 우리의 생명부양계(특히 대지)가 오염되고 있는 것에 대비하여 무엇인가를 해야 할 것이다.
3) 인류는 에너지 사용면에서 화석 연료의 사용을 줄이거나 중단하는 대신 불확실하고 불리한 자원을 이용하는 매우 고통스런 전환을 해

야 할 것이다.

4) 마지막으로 인류는 호황과 불황을 반복하면서 많은 자원을 소진시
켰고, 여러 가지 방책들을 망치고 있는 것처럼 보이기 때문에, 자
신의 안전한 수용능력을 넘어설 것이다. 그렇게 되면 미래의 문제
는 이러한 초과량을 어떻게 피할 것인가가 아니라 어떻게 살아남을
것인가 하는 것이다.

대부분의 미래학자들은 에너지 사용이 더 효율적이어야 하고 에너지
폐기로 일어나는 오염을 감소시켜야 한다고 믿는다. 이것은 오늘날의
막대한 폐기물을 감소시키고, 양질의 적은 에너지로 보다 많은 일을 해
내기 위해서 필요한 것이다. 또한 공업국가에서 개인당 에너지 소비량
을 현재의 수준 이상으로 증가시키는 것은 생활의 질을 개선시키기보다
오히려 역효과를 야기할 것이라는 점에 대부분의 의견이 일치하고 있
다. 또 대부분의 미래학자들은, 선진국에서 개인당 에너지 소비량을 줄
인다면 실제로 삶의 질을 개선할 뿐만 아니라 빈국에서 삶의 질 개선에
도움이 될 것이라는 것에 동의하고 있다(Nader and Beckerman 1978).

급성장은 해결할 수 없는 속도로 사회 문제와 환경 문제를 일으키는
경향이 있다. 이와 같은 점만으로도 급성장은 피해야 한다는 데 대부분의
미래학자들의 의견은 일치하고 있다. 인구 급성장과 도시-공업 발전은
수용능력 이상의 영구한 악영향을 초래하는 계기를 만든다(National
Academy of Sciences 1971과 Catton 1980을 보라). 1992년 저명한 미국의 국
립학술원과 런던 왕립학회가 합동으로 다음과 같은 성명을 발표했다는
점은 시사하는 바가 크다.

세계 인구는 매년 거의 1억 명이라는 미증유의 속도로 증가하고 있
고, 인간의 활동은 전 지구적인 환경 변화를 야기하고 있다. 만일 현재의
인구 증가 예측이 정확하고 인간의 활동 양태가 변화하지 않는다면, 과
학 기술로는 돌이킬 수 없는 환경 파괴나 세계 곳곳에서 일어나고 있는
빈곤을 막을 수 없다.

현존하는 인류의 곤경을 평가하는 연구와 보고서, 그리고 일반 서적
이 부족한 것은 아니다. 많은 사람들은 지금의 범지구적인 문제들에 대

해서 오히려 우울한 그림을 그리지만 미래에 대해서 낙관하는 사람들도 있다. 일반 사람들과 마찬가지로 학자들이 미래를 보는 견해도 다양하다. 즉 보통의 새로운 기술을 완전히 신뢰하여 문제를 해결할 수 있다고 믿는 사람들(〈같은 것이 많으면 된다〉는 철학)에서부터 자원이 한정되어 있는 이 세계를 다루기 위해서는 사회가 완전히 재편(권력 붕괴)되어야 하며, 새로운 총체적 국제 정치, 경제 조치들이 발전되어야 한다는 믿음을 가진 사람들까지 다양하다. 칸 Herman Kahn(『다음 200년 *The Next 200 years*』, 1976)과 경제학자 사이먼 Julian Simon(『최후의 자원 *The Ultimate Resource*』, 1981)은 전자의 견해를 가지는 사람이다. 반면에 생물학자 얼릭 Paul Ehrlich(『인구 폭탄 *The Population Bomb*』, 1968), 슈마허 E.F. Schumacher(『작은 것이 아름답다 *Small is Beautiful*』, 1973), 와트 Kenneth Watt(『불안정한 상태 *The Unsteady State*』, 1977), 물리학자 캐프라 Fritjof Capra(『전환점 *The Turning Point*』, 1982), 그리고 경제학자 데일리 Herman Daly(『정상경제를 향하여 *Toward a Steady-State Economy*』, 1973) 등은 세계 지도자들 사이에서 더욱더 합의가 이루어진 근본적인 변화가 필요하다고 주장한다. 그리고 효과적이고 깨끗한 수소 경제 hydrogen economy(탄소가 주성분인 지저분한 화석 연료를 대체할), 땅이 불필요한 농업, 쓰레기가 없는 산업, 그리고 다른 미래 기술들이 100억 이상의 인구에게 필요한 생명부양, 위험에 처한 종들의 보존, 그리고 자연의 즐거움을 제공해 주는 충분한 자연 환경과 공존할 수 있게 해 줄 것이라고 보는 낙천적이고 풍요를 꿈꾸는 기술자들도 있다(Ausubel 1996 참조).

범지구적 모형

여러 연구자들의 공동 연구 결과 보고서로서 가장 포괄적으로 미래를 다룬 것 중에는 로마 클럽에서 만든 보고서나 미국과 다른 정부들, 그리고 유엔에 의해 만들어진 범지구적 모형이 있다.

로마 클럽은 이탈리아의 페체이 Arillio Peccei 박사가 구성한 과학자, 경제학자, 교육자, 인도주의자, 실업가와 시민 봉사자들의 집단이다. 페체이 박사는 인류가 처할 미래의 곤경을 다루는 일련의 책을 시급히 준비해야 할 필요성을 느꼈다. 이들이 처음으로 발행한 가장 잘 알려진 책, 『성장의 한계 *The Limits to Growth*』(Meadows et al. 1972)는 모형에 기초하여, 현재의 정치 경제적 방법들이 변하지 않고 계속된다면 심각하고 어지러운 상황이 일어날 것이라고 예고했다. 본질적으로 이 첫 로마 클럽의 연구는 〈인류에게 경고를 하고 있는〉 더 오래된 고전들에다 현대의 체계적인 분석 방법을 채용한 것이다. 그러한 고전이란 마쉬 George Perkins Marsh의 『사람과 자연 *Man and Nature*』(1864, 1965년에 재발행), 폴 시어스 Paul Sears의 『습원 위의 사막 *Deserts on the Marsh*』(1935), 보그트 William Vogt의 『생존의 길 *Road to Survival*』(1948), 오즈번 Fairfield Osborn의 『약탈당한 우리의 행성 *Our Plundered Planet*』(1948), 카슨 Rachel Carson의 『침묵의 봄 *Silent Spring*』(1962)과 같은 것이다. 그 보고서는 사회의 모든 수준들(개인, 가족, 회사, 국가)에서 더욱 풍요롭고, 더욱 크며, 더욱 영향력 있는 성장을 추구하려는 강박관념을 비난했다. 거기에서는 인간의 기본 가치와 무제한적·무계획적 자원 소비에 따른 최종 비용, 생명부양 환경이 받을 스트레스를 고려하지 않고 있다.

『성장의 한계』를 뒤이어, 현재의 상황과 미래의 가능한 추세들에 대해 더욱 자세히 기술할 뿐만 아니라, 갈피를 잡을 수 없는 최후의 심판을 피하기 위해서 따라야 할 행동들에 대해 제안하는 일련의 보고서가 나왔다. 이 보고서들은 책으로 간행되었다. 그 중에는 『전환점에 선 인류 *Mankind at the Turning Point*』, 『국제 질서의 재조정 *Reshaping the International Order*』, 『인류를 위한 목표들 *Goals for Mankind*』, 『부와 복리 *Wealth and Welfare*』, 『배움의 무한성: 인간 격차의 해소 *No Limits to Learning: Bridging the Human Gap*』 등이 있다(이들 모두는 Pergamon Press, New York에서 출판되었다). 공학자, 경제학자, 철학자, 역사학자, 교육자 등 다양한 분야의 저명한 학자들이 이러한 노력에 공헌했다. 라즐로 Laszlo(1977)는 이러한 보고서가 전체적으로 어떤 영향을 미쳤는지에 대해 다음과 같이 평가했다.

문제투성이의 세계에 대한 국제적인 자각이 빠르게 증가하고 있는 점에서 로마 클럽의 노력에 크게 감사드린다. 의학적으로 비유하자면, 로마 클럽은 진찰을 통해 처방전을 마련하는 길을 개척했다. 그러나 치료 방법에서는 거의 아무것도 제시하지 못했다. 또다른 비유를 하자면, 로마 클럽은 길을 가르쳐 주었지만 그 길을 따르는 의지를 일으키는 데는 거의 아무것도 하지 못했다.

1971년과 1981년 사이에 수많은 범지구적 모형이 완성되었다. 이들 모형은 세계의 물리적 사회·경제체계를 컴퓨터 프로그램화한 수학적 모의 운행이다. 이 모형에 쓰인 자료와 가정들의 논리적 결과로 미래가 예측된다(각 모형은 그것을 유도한 가정들에 있어 독특한 특징들을 가진다는 점이 강조되어야 한다). 이들 모형은 하나의 그룹으로서, 기술 평가 의회 사무실 Congressional Office of Technology Assessment(OTA 1982)과 메도우스 Donella Meadows 등(1982)에 의해서 검토 비교되었다.

모형들은 서로 다른 가정을 가지고 있고 한쪽에 치우친 점들이 있음에도 불구하고 다음과 같은 점에 모두 일치하고 있다.

1) 기술 진보는 예상되며 필수적이다. 그러나 사회, 경제, 정치 변화 또한 필요할 것이다.
2) 한정된 지구에서 인구와 자원은 영구히 성장할 수 없다.
3) 인구 성장률과 도시 및 산업 발전의 급격한 감소는 생명부양계에서 과잉 또는 붕괴가 발생활 확률을 대폭 줄일 수 있을 것이다.

4) 〈성장을 지향하는 기업 활동〉을 계속하는 것은 바람직한 미래로 이끌지 않을 것이다. 대신에 바람직스럽지 못한 격차(예를 들어 빈부의 격차)의 폭을 더욱 넓힐 것이다.

5) 경쟁적인 단기 정책들보다는 상호 협동적인 폭넓은 접근들이 모든 참여자들에게 더 많은 혜택을 안겨줄 것이다.

6) 사람, 국가, 환경 사이의 상호 의존도는 흔히 상상하고 있는 것보다 더 크기 때문에 의사 결정은 총체적(체계적) 맥락에서 이루어져야 한다. 현재의 바람직하지 못한 추세들(예를 들어 공기의 독성화)을 개선하기 위한 조속한 조치는, 뒤로 미루었을 때 취해야 할 행동보다 더욱 효과적이고 적은 비용을 지출할 것이다. 문제가 모든 사람들에게 뚜렷이 나타날 때는 이미 너무 늦을지도 모르기 때문에 강력한 정치 지도력과 함께 활발한 대중교육을 필요로 한다.

1990년대에 메도우스와 그 연구자들은 컴퓨터를 다시 돌려 『성장의 한계』 후속편인 『한계를 넘어 *Beyond the Limits*』(1992)를 내놓았다. 그들은 전 지구적인 환경 상태가 1972년 예상했던 것보다 훨씬 더 나쁘다고 결론지었다. 그러나 위에서 언급한 여섯 가지 지적이 심각하게 받아들여지고 수행된다는 가정 아래, 지속 가능한 미래의 가능성을 배제하지 않았다. 그들은 사람들로 하여금 공동의 목표를 위해 일할 수 있도록 고전적인 〈사랑〉의 개념이 필요하다고 주장했다. 제7장의 생태계 발달에서 병렬 경향에 대해 논의했듯이, 자원이 희소해지는 곳에서 상호주의는 증가한다.

모형에서도 마찬가지이다. 자료와 경향들을 잘 통합하기는 하지만, 인류의 결의나 능력(혹은 그것의 결핍)을 파악하지는 못한다. 맺음말의 나머지 부분에서는 우리가 처한 곤경을 이해하는 데 필요한 몇 가지 접근 방법과 이 혼란에서 벗어나기 위해 취할 수 있는 선택들에 대해 살펴보도록 하겠다.

염려스러운 격차들

국가, 인류, 환경이 조화로운 관계를 가지기 위해서 좁혀야 할 격차들을 고려해 보는 것은 인류의 곤경을 평가할 수 있는 한 가지 좋은 방법이다. 이미 제4장에서 이러한 격차들 중 몇 가지는 언급되었는데 다음과 같은 것들이 포함된다.

1) 소득 격차: 한 국가 내에서나 공업화된 국가(세계 인구의 30%)와 비공업국(세계 인구의 70%) 사이에서 부유한 사람들과 가난한 사람들 사이의 격차
2) 식량 격차: 잘 먹는 사람들과 못 먹는 사람들 사이에 나타나는 격차
3) 가치 격차: 시장성 재화와 용역, 비시장성 재화와 용역 사이에 나타나는 격차
4) 교육 격차: 읽고 쓸 수 있는 사람과 못하는 사람 사이, 숙련자와 비숙련자 사이에 나타나는 격차

과거 수십 년 동안 이러한 격차 중 어느것도 그렇게 많이 좁혀지지 않았다. 사실상 소득과 가치 격차는 더욱 벌어지고 있다. 셀리그슨Seligson(1984)에 따르면 부유한 나라와 가난한 나라 사이의 일인당 소득 격차는 1950년과 1980년 사이에 3,617달러에서 9,648달러로 벌어졌다. 부유한 나라들이 가난한 나라들을 도우려는 선의의 노력은 대개의 경우 성공하지 못하였다. 이것은 원조가 문화 환경에 미치는 악영향을 예상하지 못했기 때문이다. 예를 들어 비옥한 계곡에 저수지를 건립하는 것은 농부들로 하여금 경작에 적당하지 않은 상류지방으로 옮겨가도록 강요한 셈이며, 유역의 심각한 침식 및 삼림 황폐화, 그리고 결과적으로 저수지의 퇴적 현상을 초래했다. 모어하우스와 시거드슨Morehouse and Sigurdson(1977)은 부유한 나라에서 가난한 나라로 공업 기술의 이전이 소규모의 도시지역에는 혜택을 주었지만 가난한 농촌지역에는 혜택을 주지 못하였다는 점을 지적했다. 사람들 사이에 문화, 교육 및 자원의 깊은 격차가 있다 해도 풍요한 물이 높은 곳에서 아래로 흘러내리듯이 가난한 사람들에게로 흘러가지는 않는다. 제4장에서 강조한 바와 같이, 양질의 에너지가 필요한 공업 및 농업 기술은, 그것을 유지하는 데 필요한 양질의 에너지도 함께 제공되어야 하므로 가난한 나라로 쉽게 이전되지 않는다. 가난한 나리들이 스스로 〈높은 수준의 기술〉로 갈 수 있을 때까지 〈낮은 수준의 현재 기술〉 운용을 개선하는 것이 더 나은

방책일 수 있다. 자연계에서처럼 국가들도 점진적 발전 단계들을 거쳐서야 극상 상태로 발전하게 된다.[1]

생태학적 평가

범지구 모형의 결과뿐만 아니라 로마 클럽 보고서에 공헌한 많은 사람들의 지혜는 생태계 기본 이론과 거의 일치하고 있다. 특히 다음 세 가지 패러다임과 일치한다.

1) 복잡한 체계를 다룰 때는 총체적인 접근이 필요하다.
2) 한계점(자원들 또는 다른 것들)에 접근하고 있을 때는 경쟁보다 협동이 더 큰 생존가를 가진다.
3) 생물군집에서처럼 인간 공동체의 질서 정연하고 지속적인 발전을 위해서는 양성 되먹임뿐만 아니라 음성 되먹임도 필요로 한다.

다른 곳에서 강조한 바와 같이(E.P. Odum 1977), 이러한 학자들의 결론들은 다음과 같은 상식적인 격언에 나타나는 인간의 오래된 지혜와도 일치한다. 〈뛰어오르기 전에 살펴보라Look before leap〉, 〈모든 달걀을 한 광주리에 두지 마라Don't put all your eggs in one basket〉, 〈서두름은 낭비를 낳는다Haste makes waste〉, 〈작은 예방은 큰 치료와 맞먹는 가치를 가진다An ounce of prevention is worth a pound of cure〉, 〈권력은 타락한다Power corrupts〉, 이외에도 더 많은 격언들이 있다.

아놀드 토인비가 『역사 연구』(1961)에서 말한 것과는 대조적으로 문명은 하나의 체계이지 유기체가 아니다. 유기체와 같이 문명도 자라고, 성숙하며, 노화하고, 죽는 과정이 과거에 있었지만(예를 들어 로마 제국의 흥망) 반드시 그러한 과정을 거쳐야 하는 것은 아니다. 지리학자부처 Karl Butzer(1980)는 높은 유지 비용이 생산 부문에 지나친 부담을 지우는 관료제도가 성행하면 문명은 불안정하게 되고 붕괴한다고 보았다. 그러한 관점들은 수용 능력(제6장), 에너지 흐름(제4장), 복합성(제

---

1) 제7장 생태계의 발달과 진화가 발전적인 중간 단계를 거치지 않고는 안정 단계로 가지 못한다는 사실을 상기하라.

3장) 등과 같은 생태학적 이론에 잘 부합된다. 계속 지적하듯이 우리는
생태학적 연구에서 인류가 처한 곤경에서 벗어나는 데 도움이 되는 많
은 것들을 배울 수 있다.

역사적 전망

   인류학자인 번스타인 Brock Bernstein(1981)에 의해, 그 지역의 자원만
으로 살아가야 하는 고립된 문화권에서는 미래에 치명적일 행위들을 미
리 감지하고 그것을 피하려 한다는 것이 관찰되었다. 만일 그 고립된
문명이 크고 복잡한 공업화 사회에 편입되면 의사 결정 과정에 지역적
인 되먹임 과정이 사라진다. 번스타인이 말했듯이, 〈경제학은 모든 수
준의 집단 조직에 적용될 수 있는 의사 결정 행위에 관한 일관된 이론
을 개발해야만 한다. 이것은 자신의 이익이라는 것을 소비보다는 생존
의 문제로 규정짓도록 강제할 것이다〉. 이러한 변화들로 인해 경제 행
위들은 자연선택과 유사하게 될 것이다. 자연선택은 수십억 년 동안 지
구 위에서 생명들이 번성할 수 있도록 작동해 온 원리이다.
   환경 남용을 피하는 데 장애물이 되는 것 중 하나는 하딘 Garrett Hardin
(1968)이 「공유지의 비극 the tragedy of the commons」에서 다루고 있다. 하
딘은 인구와 환경 문제의 진퇴 양난을 깊이 있게 다룬 인류 생태학자이
다. 그에게 〈공유지〉라는 말은 아무도 그 인녕에 대해서는 책임지지 않
은 채 모든 사람들에게 이용될 수 있도록 개방된 환경 부분을 의미한

다. 예를 들어, 많은 목축업자들이 초지와 개방된 방목 구역을 공유하는 경우를 생각해 보자. 목축업자들은 가능한 한 많은 소 떼를 그곳에 방목하려 하기 때문에, 전체적인 합의가 이루어져 그 수를 제한하지 않는다면 그곳의 수용능력을 넘어서는 방목이 이루어질 것이다. 산업혁명 이전에는 많은 공유지들이 공동사회의 규제와 관습에 의해서 보호될 수 있었다. 원시 목축 사회에서는 어떤 한 장소에서 과도한 방목이 일어나기 전에 규칙적으로 소들을 다른 장소로 옮김으로써 그 문제를 해결했다. 많은 유럽의 도시들은 큰 공원과 그린벨트의 형태로 공유지를 유지하는 오래된 전통을 가지고 있다. 오늘날 토지 이용에 있어서의 〈비극〉은 용도지역지구제 법령에 구체화되어 있는 토지 이용에 대한 규제가 〈큰돈 big money(단기적 이익에 눈이 어두워 삶의 질을 저하시키는 개발에 악용될 수 있는 자본)〉의 압력에 아주 쉽게 뒤집어진다는 것이다. 이런 현상 때문에 오늘날 많은 도시의 시민들은 과밀한 건축으로부터 근린지역을 보호하기 위하여 부단한(그리고 오래도록 지속되는) 전쟁을 치러야 한다.

하딘(1984)은 최근의 그의 책에서 가장 흥미를 끄는 한 가지 질문을 던지고 있다. 사람들과 환경을 착취하지 않고 산업혁명이 일어날 수 있었을까? 19세기의 노동 남용과 대기 및 수질오염에 대한 철저한 무관심을 다룬 디킨스의 소설을 상기해 보라. 확실히 인간 착취(예를 들어 스웨터 공장)와 환경의 무분별한 오염은 오늘날 풍요로운 공업세계의 바탕인 자본축적을 크게 가속시켰다. 개발 초기 단계에서는 물질적 풍요를 이루기 위해 인간과 환경을 남용할 수밖에 없었다는 것은 정당화될 수도 있을 것이다. 그러나 이제 역사적 전환기에 있다는 것을 우리는 깨닫기 시작했다(하딘이 이미 지적했던 것처럼).

우리는 이제 하딘의 말처럼 더 이상 〈비용은 공유하고 이익은 사유화〉하는 일을 계속할 수 없고 범지구적 생명부양계에 만연해 있는 상처를 치료하지 않고서 빠른 성장과 발전만을 위해 환경과 인간을 희생시킬 수도 없다. 성장 관리 growth management라는 말은 관련 학문 분야들과 특수한 이익 집단들 간의 의사 소통을 열어주는 데 자주 쓰이는 용어이다. 이들 학문 분야와 이익 집단은 삶의 질을 보호하기 위해 필요한 새로운 정치적, 경제적 하부기구들을 발전시키는 데 함께 노력해야 한다.

사회적 함정

개인 혹은 사회의 단기적 이익 추구 과정에서 장기적으로는 최선의 이익이 되지 않고, 오히려 비용이 비싼 또는 해로운 일이 일어나는 상황을 사회적 함정 social trap이라 부른다(Platt 1973; Cross and Guyer 1980). 먹음직스런 미끼로 동물을 유인하는 함정과 비슷한 것이다. 동물은 손쉽게 먹이를 구하려고 그 함정에 빠지지만 그 다음 도망가는 것이 어렵거나 불가능하다는 것을 알게 된다. 담배를 피우는 것은 행동사회적 함정의 보기이다. 반면에 유해 폐기물을 함부로 내다버리는 행위, 습지(또는 다른 생명부양 환경들)의 파괴, 그리고 핵전쟁은 환경사회적 함정이다. 에드니와 하퍼 Edney and Harper(1978)는 공유지의 비극에 대한 사회적 함정의 관계를 예시하는 간단한 게임을 소개했다. 포커 게임에서 사용하는 칩이 한 무더기 준비되어 있다. 각 경기자는 하나에서부터 세 개까지의 칩을 가져갈 수 있다. 한 경기가 끝난 다음 남아 있는 수에 비례해서 칩 무더기는 새로 마련된다. 만약 경기자 각자가 눈앞의 단기적인 이익(즉 탐욕스러운 것)만을 생각하여 최대 허용 개수인 세 개씩을 가져간다면 공유하는 무더기는 점점 작아져서 재생 가능한 자원은 결국 없어져버릴 것이다.[2] 각 경기마다 하나의 칩을 가져간다면 재생 가능한 자원은 그대로 유지될 것이다. 이 놀이를 통해 〈모든 세대의 아이들〉은 탐욕의 우둔함을 깨달을 수 있다.

크로스와 가이어 Cross and Guyer(1980) 및 코스탄자 Costanza(1987)는 장기적으로 해로운 상황을 일으키는 데 책임이 있는 집단들로부터 세금과 벌금을 거두어들임으로써, 예를 들어 유해 폐기물 유발자에게 오염세를 거두어들임으로써, 사회적 함정을 만든 대가를 지불하도록 할 것을 제안했다. 이 방법으로 거두어들인 돈은 신용기금에 넣어서 환경 영향을 추적하고 경감하는 데 활용될 수 있다. 영향이 원래 예측했던 것보다 덜 해로우면 그 유발인에게 되돌려주거나 앞으로의 세금을 줄여서 받을 수 있다. 에드니와 하퍼의 게임에서 둘 또는 세 개의 칩을 가져가는 경기자가 각각 하나 또는 두 개의 칩을 세금으로 낸다면 하나 이상의 칩을 가지는 이점은 없을 것이다. 그러면 그 함정을 없앨 수 있을 것이다.

---

2) 새로 마련하는 데 기준이 되는 칩의 수는 곧 환경 자원 재생의 근거에 비유된다.

한 바퀴 돌아서 제자리로

제7장에서 논의한 바와 같이, 자연군집이 생태적 천이과정을 거치고 개인이 소년기에서 성인기로 가는 것처럼, 인간 사회는 개척 상태에서 성숙한 상태로 간다. 이미 주지시킨 바와 같이, 처음에는 적절하고 필요하지만 성숙기에는 부적절하고 해로운 과정들이 많이 있다. 예를 들어 사회가 계속 단기적으로 행동하고 한 가지 문제에 대해 한 가지 해결책만을 제시하는 데에 길들여지면, 사회가 점점 커지고 복잡해짐에 따라 경제학자 칸A.E. Kahn(1966)이 〈작은 결정의 횡포the tyranny of small decisions〉라고 부른 현상을 초래하게 된다. 지방의 매연 문제를 곧바로 해결하기 위해 굴뚝 높이를 올리는 것은 많은 〈작은 결정들〉이 더 넓은 지역의 공기를 오염시킨다는 더 큰 문제를 초래하는 좋은 보기이다(제5장 그림 5-7 참조). 오덤 W.E. Odum(1982)은 다른 보기를 제시한다. 예전에는 아무도 미국 북동부 해안을 따라 존재하는 습지를 의도적으로 파괴하고자 하지 않았다. 그러나 1950년에서 1970년 사이 수백 가지 소규모의 개발 사업이 이곳에서 이루어짐으로써 전체 습지의 50%가 파괴되었다. 주정부의 입법기관들은 값진 생명부양 환경이 파괴되고 있다는 사실을 깨달았고 남아 있는 습지를 구제하려는 노력으로 습지 보호 법안들을 하나씩 통과시켰다.

이러한 모든 것은 인간 사회에 전환기가 왔거나 곧 올 것이라는 것을 의미한다. 즉 〈한 바퀴 돌아서 제자리로 가거나〉 예전에 받아들이던 개념이나 과정들에 대해 〈되돌아볼 필요〉가 있는 것이다.

다음의 여덟 개 소제목에서는 서로 다르지만 상호 연관된 관점들로부터 성장-성숙의 주제를 다루고 그러한 딜레마에 대한 해결책을 함께 제시하고자 한다. 그리고 마지막으로 범지구적 생존 모형과 이중 자본주의 개념을 소개하면서 결론을 맺을 것이다.

지배 대 관리

흥미롭게도 성경에 미숙-성숙의 주제와 유사한 내용이 있다. 태초에 성경에는 〈번성하라 그리고 세상을 지배하라〉고 기록되어 있다(창세기

1:28). 이 내용에 대한 한 가지 해석은 이것이 단지 인간에게만 적용되는 것이 아니라 모든 생명체에 적용된다는 것이다(Bratton 1992). 성경의 다른 구절에서도(누가복음 12:48, 고린도전서, 시편 37:27-28 등) 우리가 〈관리자〉의 역할을 수행하고(〈관리자〉란 단어 자체가 〈집의 관리인〉에서 유래하였다) 세상을 보살피라고 경고하고 있다. 논리적으로 해석해 보면, 이러한 구절들은 모순되는 것이 아닐 뿐 아니라, 옳고 그름의 문제가 아닌 순차적인 시간의 문제임을 알 수 있다. 즉 각각에 적절한 시간과 때가 있는 것이다.

문명의 초기 태동시에는 환경을 지배하고 자원을 남용하는 것(농경지를 개간하고, 자원, 에너지를 얻기 위해 채광하는 것)과 높은 출생률 등이 인류의 생존을 위해 필요했다. 그러나 우리 사회가 점점 복잡해지고 자원의 수요가 증가하고 기술적으로도 복잡해지면서, 대가족이나 아동 노동력의 필요성이 감소하고, 우리는 여러 가지 결정적인 한계에 봉착하여 우리의 생명부양계를 유지하기 위한 관리인의 역할로 전환할 수밖에 없게 되었다. 제6장에서 언급했듯이, 이 시기를 인구통계학적 전이라고도 부를 수 있다.

개인과 생태계의 발달에서도 이와 유사한 미숙-성숙이 있다. 인간 발달의 전이를 모두가 겪는 어려운 시기인 사춘기라 한다. 생태계의 전이는 생태적 천이(제7장에서 다루었다)라고 한다. 다음 절에서 보듯이, 세계의 많은 지도자들이 경제발전에서 이러한 전이들에 대한 논의를 시작하였다.

경제성장 대 경제개발

1987년 환경과 개발위원회는 「우리 공동의 미래 Our Common Future」라는 제목의 보고서를 발행했다. 이 보고서는 노르웨이 수상이며 그 위원회의 회장이던 브룬틀란드 Brundtland 여사의 이름을 따서 〈브룬틀란드 보고서 Brundtland Report〉로 알려져 있다. 이 보고서는 경제발전과 그에 수반되는 환경의 질적 저하는 지속될 수 없다고 결론 내리고 있다. 지구생태계의 돌이킬 수 없는 손상은 세계 인구 중 많은 부분의 경제적 지위를 억누르고 있다. 생존은 바로 지금의 변화에 달려 있다. 변화의 첫 단계는 나라들 사이의 다각적인 협력을 고무하는 방법을 찾는 것이다. 그래야만 범지구적인 지속성을 향해서 함께 일할 수 있다. 이 보고서는 무엇보다도 개발국과 저개발국들로부터 모인 23명의 정치 지도자와 과학자 집단이, 범지구환경의 건강은 모든 사람의 장래를 위해서 중요하다는 데에 의견을 일치할 수 있었다는 점에서 중요하다.

1991년 유네스코는 「환경적으로 지속 가능한 경제 개발Environmentally Sustainable Economic Development: Building on Brundtland」(Goodland et al. 1991)이라는 제목의 보고서를 내놓았다. 이 보고서는 양적인 성장을 의미하는 경제성장이라는 개념과 적절히 지속 가능한 양 이상의 에너지와 물질 소비가 없는 질적인 성장을 의미하는 경제개발을 구분하였다. 이 보고서는 〈현 경제 상태를 5-10배 정도 확장(어떤 경제학자들은 세계적인 빈곤을 줄이기 위해 이 정도가 필요하다고 한다)하는 것은 현재의 장기적인 비지속성을 머지 않아 급속한 붕괴로 이끌 것〉이라고 결론지었다. 따라서 빈곤 퇴치(특히 저개발 국가에서)를 위한 경제성장은 반드시 부국의 성장 억제를 통해 균형이 잡혀야만 한다.

1992년, 세계의 지도자들은 브라질의 리우데자네이루에서 지구 정상 회담Earth Summit을 열어 오염, 빈곤, 자원의 남용으로부터 지구를 구하기 위한 국제적인 합의를 모색하였다. 부유한 〈북반구〉와 빈곤한 〈남반구〉 국가들 사이의 대립이 주를 이루어 의미 있는 합의를 이끌어내지는 못했지만 경제적인 요구와 생태적인 요구의 결합 수단으로서 지속 가능한 개발이라는 개념이 등장하였다. 그 회담에 참석했던 많은 사람들은 앞으로 국가간의 협력을 위한 길이 열리고 있다는 기분을 가지고 헤어졌다.

인간의 성향이 지금과 같은 상태(즉, 문제가 정말로 악화되어서야만 행동을 취한다)라면, 환경 친화적인 계획과 우리가 논의한 전이를 시작하는 데 혼란과 재난을 초래할 것이다. 재난 이후에 도시의 성장 없이 경제 개발을 이룩한 예를 다음의 경우에서 볼 수 있다(Flanagan 1988).

1972년 사우스다코타 주의 래피드 시는 래피드 강에서 파괴적인 홍수를 겪었다. 이 범람으로 1,200채의 건물이 부서지고, 238명이 사망하는 등 1억 6천만 달러의 재산 피해를 입었다. 바넷 Don Barnett 시장의 지휘 아래, 지역 주민들은 모범이 될 만한 범람원 복원 프로그램을 마련하여, 범람으로 피해를 입은 주택들을 철거하고 도시를 관통하는 길이 6마일, 폭 0.25마일의 그린웨이 Greenway(공원을 연결하는 보행자, 자전거 전용 도로)를 만들었다. 현재 이 도로는 공원과 산책로, 골프 코스 등을 포함하고 있다. 또 래피드 강에는 물고기가 떼지어 있어 사우스다코타 주 내에서 가장 인기 있는 낚시터가 되었다. 래피드 시는 재난을 상업과 관광 산업을 포함하여 도시 전반에 이익을 주는 다용도의 지역 사회로 바꿈으로써, 선도적인 지도력을 갖춘 창조적인 예가 되었다.

인공경관: 설치의 우선 순위

세계 각 지역에서 인류가 직면한 어려움은 큰 차이가 있으므로, 해답을 찾는 우선 순위도 그에 따라 달라져야 한다. 현재의 경제 상황과 인구 분포에 따라, 클라크 William Clark(1989)는 세계를 다음의 네 지역으로 구분하였다.

   1) 저소득, 과밀지역(인도, 멕시코 등)
   2) 저소득, 저밀지역(아마존 유역, 말레이시아/보르네오 등)
   3) 고소득, 저밀지역(미국, 캐나다, 산유국 등)
   4) 고소득, 고밀지역(일본, 북서유럽 등)

저소득지역에서의 우선 과제는 가난을 해소하는 것, 즉 지속 가능한 경제성장을 이루는 것이다. 인구 고밀지역의 경우, 가족계획 등의 수단으로 출산율을 낮추는 것이 중요하다. 고소득 국가의 경우, 폐기물과 자원의 과소비를 줄이는 것이 최우선 과제인데, 이것은 앞 절에서 언급한 양적 성장에서 질적 성장(진정한 경제발전)으로의 전환을 의미한다. 대부분의 고소득 국가는 이미 인구통계학적 전이(즉 인구 증가율의 둔화) 단계에 돌입했다.

기술개발의 역설

복지를 향상하고 번영을 가져다 주는 모든 기술적 발전에는 항상 밝은 면과 함께 어두운 면도 있다. 또는, 공학자이며 MIT 학장인 그래트 Paul Grat(1992)가 말했듯이, 〈우리 시대의 역설은 거의 모든 기술적 개발에서 나타나는 혼재된 축복이다〉. 앞 장에서 이미 식물 질병 방제 기술이나 녹색혁명 등을 포함하여, 이러한 역설들의 보기를 제시했다. 장점은 적은 노동력으로 더 많은 식량을 생산했다는 것이다. 단점은 과량의 비료, 살충제, 기계 등을 사용하여 대기, 수질, 토양 오염 등을 야기했고, 저항성 병균의 등장과 농촌에 심각한 실업 문제를 야기했다는 것이다. 다른 예로는 미국 대부분 지역에서 전기를 공급하는 화력발전소를 들 수 있다. 이것은 산성비의 주원인이다.

여기서 강조하고자 하는 것은 새로운 기술을 추구할 때 예견되는 어두운 측면을 단지 예측만 할 것이 아니라 해결해야 한다는 점이다. 때로는 적어도 치명적인 영향만이라도 완화할 수 있는 대응 기술counter-technology이 필요하다. 농업의 경우, 보존 경운이 널리 쓰이는 대응 기술이다(제4장과 제5장의 그림 5-15 참조). 발전소의 경우 산성 물질의 배출을 줄일 수 있는 〈청정 석탄 기술〉이 가능하다(Spencer et al. 1986).

군비 경쟁의 전개과정에서와 같이(제7장 참조), 작용-반작용은 자연뿐만 아니라 인간사에서도 일반적이다. 자연에서는 특별히 방해받지 않는 한 자연선택에 의해 반작용이 다스려지지만, 사람의 경우에는 인위적으로 음성 되먹임을 가해서 저지해야 한다. 위험은 이 반작용의 필요성을 예측하지 못하거나, 너무 오래 미룸으로써 행동할 수 없게 되는 데에 있다. 예를 들어, 청정 석탄 기술의 도입이 늦추어지고 있는 것은 전환 비용transition cost의 문제 때문이다. 정부는 흔히 하던 것처럼 기업을 장려하는 대신에 세금 감면, 보조금, 기타 동기 유발책들을 제공함으로써 전환을 도와야 한다. 일반 시민인 당신이 정치가들에게, 일시적인 비용이 든다고 하더라도 건강과 삶의 질을 개선시키는 변화를 원한다고 말하지 않으면 정부는 늘 해오듯이 할 것이다. 여러 차례 강조했듯이, 환경과 삶의 질을 개선하는 모든 활동은 결국에는 경제에도 도움이 된다.

복원생태학 재고

〈천이가 실패할 때〉(제7장)의 소제목에서 언급했듯이, 환경이 자연의 복구 능력 이상으로 파괴되었기 때문에 훼손된 생태계를 복원한다는 것은 중대한 일이 되었다. 습지가 생명부양 완충지로서의 가치가 인식되기 전에 이미 파괴되거나 배수되었을 경우, 이를 복원하는 수단은 특히 활발한 연구 분야이다. 복원생태학 restoration ecology이라는 새로운 분야를 개척한 선구자는 케언스John Cairns이다. 1971년 이후 그는 이 주제에 대한 책을 여러 권 저술하고 편집했다. 1992년에 미국 국립학술원에 제출하려고 준비한 보고서에는 수많은 사례 연구를 제시해 놓았다. 이러한 환경공학 프로젝트를 검토해 보면, 세 개의 주요 부분, 즉 시민, 정부기관, 사업체가 협동하여 같이 일을 해 나갈 때 그 사업이 성공한다는 것을 알 수 있다. 이 세 부분의 어느 하나라도 강하게 연합되지 않았을 때 복원은 장기적인 지속이 불가능하다(생태공학에 대한 자세한 내용은 Mitsch and Jorgensen 1989 참조).

입력관리 재고

출력보다 입력을 관리하는 전략은 오염을 감소시키는 수단으로서 필요한 하나의 〈전향〉으로 이미 제1장에서 언급하였다. 생산체계(예를 들어 농업, 발전소, 제조업)의 입력관리 input management는 생명부양계의 질을 개선하고 지속시켜 줄 실용적이며 경제적으로 가능성 있는 접근이다. 이 개념을 그림 1에서 예시한다. 그림 1A에서 보는 바와 같이, 과거에는 출력, 즉 수확량을 증가시키는 데 관심의 초점을 두었다. 이는 효율과 원하지 않은 출력(비점원 오염)의 양에는 거의 상관 없이 자원(예를 들어 비료와 화석연료)을 쏟아 넣음으로써 수행되었다. 그림 1B에서 보는 바와 같이, 입력관리는 하나의 전향을 의미한다. 이는 원하는 생산품으로 효율적 전환이 일어날 수 있는 것들만 사용하는 입력 감소 목표를 가지고 있다. 입력관리는 또한 하향식 관리 top-down management라고 부를 수 있다. 그것은 먼저 전체 체계에 대한 입력(외부 조절 기능)의 평가를, 그 다음에 내부적 역동성과 출력의 평가를 수행하는 과

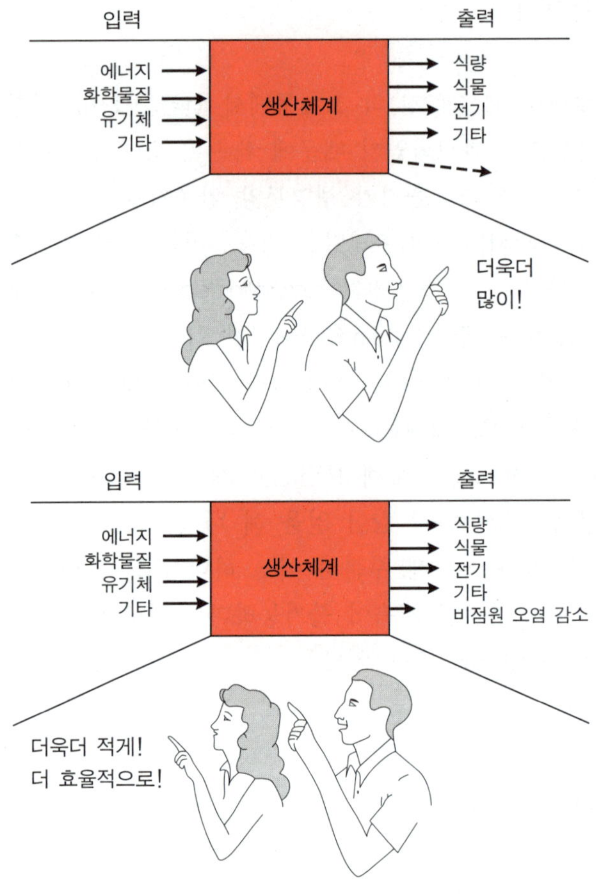

그림 1
생산체계 관리에서 필요한 전향.
(A)수확량과 같은 출력에 초점을
둠. 결과적으로 비점원 오염의 증가
가 일어난다. (B)입력관리로 변천.
비점원 오염을 감소하기 위해 효율성
과 환경 손상을 일으키는 비싼 입력
의 감소에 초점을 둔다(Odum
1987).

정을 포함하고 있기 때문이다. 폐기물에 이 개념을 적용하면 폐기물 생
성요인 감소가 폐기물 처리보다 선행한다는 의미를 가진다. 제1장에서
강조한 바와 같이, 뉴욕 시가 폐기물의 양을 감소시키지 않고서 폐기물
을 계속 처리할 수 있는 방법은 없다.

1988년 미국 조지아 대학의 세미나에서 남중국 농업대학의 루오시밍
교수는 농업을 발전시키기 위해 취할 제3세계 국가들의 노선을 제안했
다. 그것은 적은 에너지 보조와 환경을 적게 파괴하는 화학물질을 필요
로 하는 식물을 만들 수 있는 새로운 유전공학적 기술의 도입과 함께, 폐
기물이 많은 입력 단계를 피하며, 전통적인 농업에서 곧장 입력이 낮은
새로운 책략으로 가는 것이다. 공업 발전에도 이와 동일한 전략이 왜
구사되지 못할까?

제1장에서 체서피크 만에 대해 다루면서 만을 구하기 위해 어떠한 움직임이 필요하다는 대중적 합의가 있었고, 다양한 이해관계자들의 제휴를 형성하기 위한 노력이 시작되었다는 점에 주목했다. 이 문제를 위해 함께 일해야 하는 이해관계자에는 (1) 능동적인 공공기관과 민간기관(예를 들어, 만을 사랑하는 사람들의 모임), (2) 정부, 특히 지방자치단체와 주정부, (3) 좋은 환경의 유지가 결국 사업에 도움이 되는 사업상 이해관계자, (4) 이 문제에 요구되는 이론과 기술을 제공할 수 있는 교육·연구 기관들이 포함된다. 이 특정 이해 집단들 중 어떤 집단도 큰 규모의 작업에서 혼자 힘으로는 어떤 것도 이룰 수 없다. 이 장에서는 복원생태학에 대한 논의에서 이러한 점이 강조되었다.

인간 행동과 환경 변화

맺음말 앞부분에서 언급했던 것처럼 인간은 이성적으로 올바른 행동을 하기 전에 상황이 아주 나빠질 때까지 기다리는 성향을 가지고 있다. 이러한 성향이 왜 그렇게 되는지를 이해하는 것은 어려운 일이다 (Holden 1988; Stern 1993). 윌슨Wilson(1975)이 사회생물학에 관한 그의 저서에서 강조했던 것처럼 인간과 동물은 행동상에 있어 같은 유전적 기본을 공유하고 있다. 이처럼 아마도 과거에 적대적인 세계와 경쟁 관계에 있는 부족을 대응하기 위해 무기를 개발하는 데 요구되었던 생존 전략 때문에, 우리는 화를 냄으로써 가해지는 압박에 대응한다. 사회학자인 캐턴Catton(1976)은 사람들이 북적대면 〈짐승과 같이 사납게〉 되는 경향에 대해 우려를 표시한 바 있다. 그는 만약 사람들이 압박을 줄이는 데 어떤 변화들이 필요한지를 이해하게 된다면, 이러한 성향이 개선될 지도 모른다고 제안했다.

환경윤리와 미학

환경의 질을 유지하고 개선하기 위해서는 윤리적 뒷받침이 요구된다.

자연 생명부양계를 남용하는 것은 자연의 법칙을 거스를 뿐만 아니라 비윤리적인 것으로 받아들여져야 한다. 환경윤리학 environmental ethics의 주제 중에서 가장 널리 읽혀지고 인용되는 에세이는 레오폴드 Aldo Leopold의 글이다. 이는 1933년에 처음 발표된 그의 고전적인 저서, 『샌드 카운티 연감 *A Sand County Almanac*』(1949)에 포함된 「토지 윤리 The Land Ethic」이다.[3]

레오폴드는 초기 몇 년 동안, 말을 타야 갈 수 있고 여전히 늑대 소리가 들리는 미국 서부에서 삼림 연구가로 있었다. 뒤에 그는 야외활동 분야를 개척하고 교수가 되었다. 그는 가족들과 호수와 많은 모래 언덕을 볼 수 있는 위스콘신 강 근처 낡은 농가의 오두막을 복원하여, 아름다운 자연 속에서 많은 시간을 보냈다(이후 그 오두막집은 보존주의자들을 위한 성지가 되고 있다). 레오폴드는 거기에서 쓴 글로 사람들에게 기억되고 있다. 그의 책은 뉴잉글랜드 주의 대변인인 소로 Henry David Thoreau가 쓴 야생과 아름다움에 대한 글만큼이나 가치 있는 책이다.

레오폴드의 「토지 윤리」는, 그리스의 오디세이가 트로이 전쟁에서 돌아오자마자 그가 없는 동안 추잡한 행동을 한 것으로 의심되는 일단의 여자 노예들을 어떻게 매달았는지 기술하면서 시작한다. 〈그가 매단 여자들은 의심할 것 없이 그의 재산이었다. 오늘날과 마찬가지로 그 당시 재산을 버리는 것은 편의적인 것이었지 인권을 탄압한다거나 부정한 행위는 아니었다.〉 인권 혹은 부정한 행위의 개념이 고대 그리스에 없는 것은 아니었다. 그러나 그 개념이 노예들에게까지 적용되지는 않았다. 물론 그 이후 인간의 권리는 법적·정치적으로뿐 아니라 점점 더 윤리적으로도 관심의 대상이 되었다. 다른 유기체들과 환경은 어떤가? 레오

---

3) 이 책은 우리나라에서 윤여창/이상원 그리고 송명규에 의해 각각 1999년과 2000년에 『모래땅의 사계』와 『모래 군의 열두 달』이라는 제목으로 번역되었다. 미국의 행정구역에서 주 State는 여러 개의 카운티 County로 이루어져 있다. 카운티는 크기와 기능면에서 우리나라 행정단위인 군(郡)과 비슷하지만 위스콘신에 실제로 샌드 카운티는 없다. 이 글의 배경이 된 소크 카운티 Sauk County의 위스콘신 강 주변에는 빙하가 남기고 간 호수와 모래 퇴적물이 두텁게 쌓여 있고, 이러한 모래땅은 비옥도가 낮아 농부들이 농경지를 버리게 됨으로써 레오폴드가 책에서 묘사하고 있는 바와 같은 황량한 경관이 도처에 나타나게 되었다(Aldo Leopold Foundation의 Buddy Huffaker가 위스콘신 대학교에 있는 강호정 박사를 통해 제공한 자료. 더 자세한 내용은 전자우편 주소 buddy@aldoleopold.org, 홈페이지 주소 www.aldoleopold.org 를 통해서 구할 수 있다).

폴드는 윤리를 생태학적으로는 생존경쟁에서 행동의 자유를 제한하는 것, 그리고 철학적으로는 반사회적 행동으로부터 사회적인 행동을 구분하는 것이라고 정의했다. 그는 윤리의 확대가 시대 변천에 따라 다음과 같은 순서에 의해 이루어져 왔다고 주장했다. 첫째, 인간 대 인간의 윤리로서 종교의 발달이 있다. 그 다음, 인간 대 사회의 윤리로서 민주주의가 온다. 그리고 마지막으로 발전되어야 할 윤리적 관계가 인간과 환경 사이에 있다. 레오폴드에 의하면 〈여전히 토지와의 관계는 엄격하게 말해 경제적 특권을 가지는 것이지 의무를 가지는 것은 아니다〉.

이 책에서 기술하고 있는 바와 같이, 생명부양 환경을 포괄하는 윤리학의 연장이 인간의 생존을 위해서 필요하다는 제안에 대해 강력한 과학적·기술적 이유들을 지금 제시할 수 있다. 지주들로 하여금 세금 감면 또는 다른 유리한 경제적 고려 사항들을 위해, 재산을 개발하려고 하는 선택권들을 매매하도록 자극할 수 있는 많은 법적 기구들이 있다. 과거 10년 동안 환경윤리를 다루는 논문, 책, 대학의 과목들과 정기 간행 논문집의 수가 크게 증가하고 있다는 것은 대단히 고무적인 일이다 (Rolston 1986; Callicott 1987; Potter 1988; Hargrove 1989; Ferre and Hartel 1994).

이중 자본주의

이 책에서 반복되는 주제는 세계 시장과 정치를 지배하고 있는 편협한 경제 이론과 정치의 중첩이, 비시장과 시장 재화와 서비스에 대한 우리의 욕구기 합리적이고 상식적인 균형을 이루는데 주요한 장애물이라는 논의였다. 20세기 전환점에서 자기 자신을 〈총체적 경제학자 holistic economist〉라고 부르는 학자 모임이 현대의 경제 모형의 학구적 비평을 이루었다(Grundy 1943). 그러나 그 당시 총체적 경제학을 세우려고 했던 노력은 말하자면 금전적 물질적 부에서 빠른 성장을 한 원유의 홍수 속에서 침몰해버렸다. 고전적 성장 이론은 저렴한 원유 공급이 수요를 훨씬 넘어버릴 때까지는 그 역할을 잘 해냈다. 원유 시대가 지금 절정을 이루고 있고 지구적 오염과 초과가 만연하고 있기 때문에 금전적 가치와 함께 문화적·환경적 가치를 포함하는 몇 종류의 총체경제학

holoeconomics이 재발전하는 그런 시대가 올 것으로 보인다——여기서 총체경제학이라 함은 시장 자본과 자연 자본을 함께 고려하는 경제학이라 할 수 있다(Daly 1990).

시간이 지나면서 점차적으로 이러한 이중 자본주의dual capitalism가 발전하기 위해서는 적절한 규제와 유인요소를 곁들인 대책이 있어야 할 것이다(Odum 1997). 그런 체계 안에서 산업은 새로운 생산물이나 서비스에 대한 시장 가능성뿐만 아니라 가능한 한 적은 오염과 많은 재활용으로 효율적인 자원 이용을 가진 생산물과 서비스를 어떻게 생산하느냐에 대한 계획을 고려할 것이다(여기에는 새로운 기술에 대한 많은 기회들이 있는 것이다!). 게다가 어떻게 자원 감축과 폐기물 관리 비용을 습득해서 세금 부담자보다 소비자가 폐기물 관리에 대한 지불을 할 것인가에 대해서도 고려할 것이다.

1982년에 경제학과 생태학의 결합에 대한 첫 국제 회의가 있었을 때(Jansson 1984), 경제학과 생태학의 공유영역에 대한 관심이 높아지고 있는 것은 고무적인 일이다.

이것을 개관하려면 데일리와 타운센드Daly and Townsend(1992)에 의해 편집된 수필집을 추천할 수 있다.

인간과 생물권에 대한 숙주 - 기생자 모형

제1장에서 지적하고 다시 제6장에서 언급했던 것처럼, 생물권에서 인류는 기생자이다. 제6장에서 이미 자세하게 논의하였지만 기생자-숙주 관계에 대한 생태학적 연구 결과들은, 기생자가 숙주를 완전히 제거하지 않음으로써 결국 자신들이 계속 살아남도록 공진화하여 상호적응되었다고 밝히고 있다. 외부 교란이 너무 많지 않다면 숙주는 저항성을 가지게 되고 기생자는 그들의 유해성을 감소시키면서 숙주에게 이익이 되는 〈보상 되먹임〉을 만든다. 그림 2는 숙주-기생자 체계로서 묘사된 생존 모형이다.

만약 우리가 현명한 기생자로 생존을 계속하려면, 폐기물을 감량하고 자원 파괴와 과잉 인구를 줄이기 위한 주의와 노력을 더 많이 기울여서 유독성을 줄여야 한다. 또 지구를 보호하기 위한 투자(그림 2에서 보여

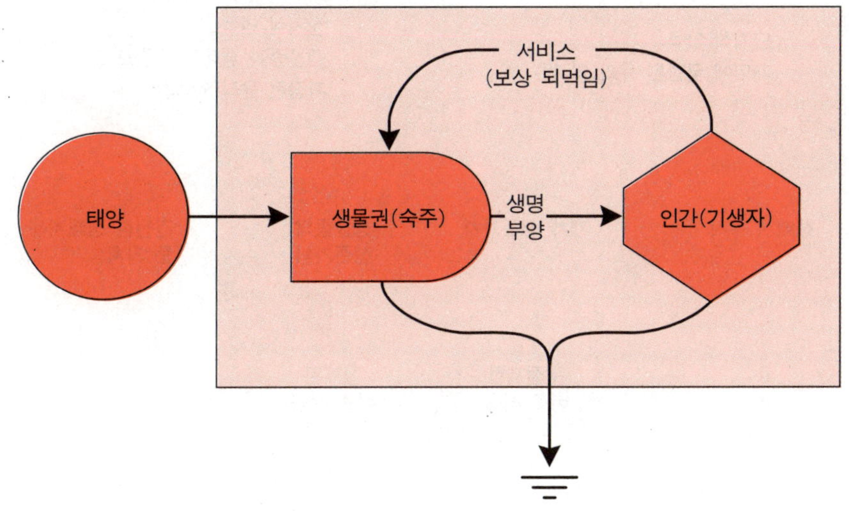

그림 2
숙주-기생자 체계로 표현된 생명부양 모형. 품질이 좋은 생명부양 상품과 서비스를 계속 받기 원한다면, 인류는 현명한 숙주로서 생물권에게 서비스(즉 보존, 유지, 복원)를 제공해야 한다.

주는 서비스/보상 되먹임)를 더 많이 하는 것도 중요하다. 그렇게 하지 않으면 우리는 결국 우리의 숙주를 완전히 파괴시켜 버리는 악성 암적 존재가 되고 말 것이다.

윤리적 생존 모형

다가올 인류 생존의 질을 결정하게 될지도 모를 두 가지의 서로 상반되는 시나리오를 그림 3에서 보여준다. 그림 3의 시나리오는 우리가 이미 강조한 대로 실제로는 아무도 미래를 예측할 수 없기 때문에 예측이 아니다. 그것들은 맞거나 틀릴 수 있는 확률을 가진 일기예보와 매우 흡사하다.

이 그림의 왼편에 있는 일련의 과정들은 우리가 단기적인 견해를 가지고 개인의 안녕을 보호하고 조장하기 위해 윤리와 법을 제한한다는 가정(즉 개인에게 좋은 것은 항상 사회와 세계를 위해서 좋다고 가정하며 공공의 안녕은 거의 상관히지 않는)으로부터 출발한다. 가치를 개인에만 두는 논리의 귀결은 세계 인구의 지속적이며 급격한 확장과 압박 받고 질이 저하된 생명부양 생태계들이다. 더불어, 공기, 식량, 물의 질이 점점 나빠지고 공급이 부족해지기 때문에 몇몇 부자들을 제외한 모든

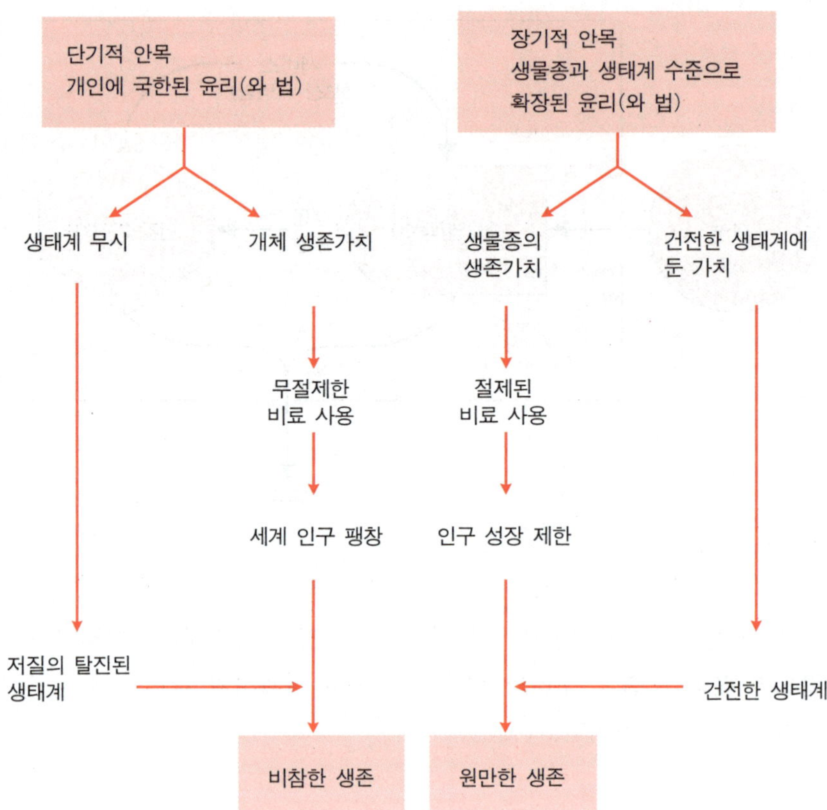

그림 3
두 가지 대조적 시나리오의 생존 모형(Potter 1988).

사람들에게 만족스럽지 못한 삶을 초래할 것이다.

또다른 시나리오(오른쪽)는 생물종들(우리와 다른 모든 것)과 세계적으로 건전한 생태계의 유지에 가치를 두는 장기적인 관점에 더욱더 많은 관심을 돌린다는 가정에 기반을 둔다. 생물종과 생태계로 확장된 윤리와 법규의 논리적 귀결은 인구 성장의 감소(다음 세기에 안정화되며)와 건전한 생명부양계로 모든 사람들과 모든 생명들을 위해서 유리한 생존을 가져올 것이다.

요약: 길고 긴 과도기

성숙에 이르기 위한 체계와 장기적인 선행 조건 사이에서 미숙에서 성숙으로 가는 길을 그림 4에 요약했다. 만약 인간 사회가 그러한 과도기에 이른다면 그때 인류의 미래에 대해 낙관할 수 있다. 이것을 이루기 위해 〈사는 곳에 대한 연구〉(생태학)와 〈사는 곳에 대한 관리〉(경제학)가 통합되어야 하고 윤리학이 인간의 가치와 아울러 환경 가치가 포함하도록 확장되어야 한다. 따라서 이들 〈3E〉[4]를 하나로 묶는 것은 궁극적인 총체주의이며 미래를 위한 위대한 도전이 된다. 필요한 도전과 개혁을 불러일으키기 위해서는 〈2C〉 즉, 합의consensus와 제휴coalition를 더욱더 해야 할 필요가 있다. 마지막으로 만약 현대 자본주의를 〈이중화〉할 수 있다면 전정으로 우리는 미래에 대해 낙관적일 수 있다.

<table>
<tr><td colspan="1" align="center">미숙에서 성숙으로 가는 길</td></tr>
</table>

개인: 과도기는 〈사춘기〉라 한다.
생물군집: 과도기는 〈생태적 천이〉라 한다.
사회: 과도기는 〈인구통계학적 전이〉이라 한다.
경쟁-협력: 발달 초기에는 에너지의 주요한 흐름이 성장에 쓰여진다.
　　발달 후기에는 증가한 유효 에너지의 상당 부분이 무질서의 통제와
　　질서 유지에 사용된다(제7장 그림 3 참조).
연결망 〈법칙〉: 유지 비용(C)은 연결망 서비스의 수(N)의 지수 함수로
　　(대체로 제곱으로) 증가한다. 도시의 크기가 두 배가 되면
　　유지 비용은 두 배 이상이 필요하다(제7장 참조).

<table>
<tr><td colspan="1" align="center">성숙을 위한 선행 조건(지속 가능성)</td></tr>
</table>

1. 시장 자본주의가 이중 자본주의로
2. 호황과 불황이 반복하는 성장에서 S자형 성장으로(또는 양적인 성장이 질적인 성장으로)
3. 우연한 발전이 광역적인 토지 이용 계획으로
4. 경쟁에서 상호주의(또는 맞대결이 협력으로)

<table>
<tr><td colspan="1" align="center">궁극적인 대책</td></tr>
</table>

$$P \geq R$$

생물군집: 생산≥호흡
인구: 출생≥사망
사회: 생산≥유지
R이 P를 초과했을 때 체계는 유지될 수 없다.

그림 4
개인과 생물군집 그리고 사회가 미숙에서 성숙으로 가는 길에 보이는 유사성과 성숙하는 데 필요한 선행 조건.

---

4) 생태학ecology, 경제학economics, 윤리학ethics 세 가지의 약칭. 이들 영어 단어는 모두 E로 시작된다.

■ 참고문헌

Ambio. 1992. Special issue: Environment and Biodiverstity Loss. Vol. 21(3).(A Journal of the human environment, published by the Royal Swedish Academy, Stockholm.)

*Ausubel, J.H. 1996. Can technology spare the earth? *Am. Sci.* 84: 166–178.(See also "The Liberation of the Environment", special issue, *Daedalus*, vol. 125. n.3, 1996).

*Bernstein, B.B. 1981. Ecology and economics: Complex systems in changing environments. *Annu. Rev. Ecol. System.* 12: 309–330.

*Bratton, S. 1992. *Six Billion and More*: *Human Population Regulation and Christian Ethics*. Westminster/John Knox, Louisville, KY.

*Brown, L.R., ed. *The State of the World*. Worldwatch Institute, Washington, D.C.(Annual volumes, the first published in 1984, reviewing the status of environment and resources).

*Butzer, K.W. 1980. Civilizations: Organisms or systems? *Am. Sci* 68: 517–523.

*Cairns, J. 1988. *Rehabilitating Damaged Ecosystems*. CRC Press, Boca Raton, FL.

*Cairns, J. 1992. *Restoration of Aquatic Ecosystems*. National Academy Press, Washington, D.C.

*Callicott, J.B., ed. 1987. *Companion to A Sand County Almanac*. University of Wisconsin Press, Madison.

*Capra, F. 1982. *The Turning Point*. Bantam Books, New York.

*Carson, R. 1962. *Silent Spring*. Houghton Mifflin, Boston.

Catton, W.R. 1976. Can irrupting man remain human? *BioScience* 26: 262–267.(Reprinted in *Carrying Capacity Network*: *Focus* 3(2): 19–25, 1993).

*Catton, W.R. 1980. *Overshoot*. University of Illinois Press, Urbana.

*Clark, W.C. 1989. Managing planet Earth. *Sci. Am.* 261(3): 47–54.

Conrad, M. 1983. *Adaptability*: *The Significance of Variability from Molecule to Ecosystem*. Plenum Press, New York.

*Costanza, R. 1987. Social traps and environmental policy. *BioScience* 37: 407–412.

Costanza, R., ed. 1991. *Ecological Economics*: *The Science and Management of Sustainability*. Columbia University Press, New York.

Costanza, R., B. Norton, and B. Haskell, eds. 1992. *Ecosystem Health*: *New Goals for Environmental Management*. Island Press, Covelo, CA.

*Cross, J.G., and M.J. Guyer. 1980. *Social Traps*. University of Michigan Press, Ann Arbor.

*Daly, H. 1973. *Toward a Steady–State Economy*. W.H. Freeman, San Francisco.

*Daly, H. 1989. Economics, environment, and community. *Earth Ethics* 1(1): 9–11. (Emphasizes the difference between quantitative and qualitative growth.)

Daly, H. 1990. Towards some operational principles of sustainable development. *Ecol. Econ.* 2: 1–6

*Daly, H., and J. B. Cobb. 1989. *For the Common Good*: *Redirecting the Economy Toward Community for the Environment and a Sustainable Future.* Beacon Press, Boston.

Daly, H., and K.N. Townsend. 1992. *Valuing the Earth*: *Economics, Ecology, Ethics*, 2nd ed. M.I.T. Press, Cambridge, MA. (Fourteen essays, several of which have become classics.)

Eckholm, E.P. 1982. *Down. to Earth*: *Environment and Human Needs.* W.W. Norton. New York.(Report prepared in commemoration of tenth anniversary of the historic Stockholm conference on the human environment.)

*Edney, J.J., and C. Harper. 1978. The effect of information in resource management: a social trap. *Human Ecol.* 6: 387 – 395.

*Ehrlich, P.R. 1968. *The Population Bomb.* Ballantine Books, New York.

Ehrlich, P.R., and A.H. Ehrlich. 1990. *The Population Explosion.* Simon & Schuster, New York.(A sequel to *The Population Bomb*)

Ferre, F., and P. Hartel, eds. 1994. *Ethics and Environmental Policy.* University of Georgia Press, Athens.

*Flanagan, R.D. 1988. Planning for multi–purpose use of greenway corridors. *Natl. Wetlands Newsletter* 10(2): 7 – 8(Published by the Environmental Law Institute, Washington, D.C.)

Gilliand, M.W., ed. 1978. *Energy Analysis*: *A New Public Policy Tool.* AAAS Selected Symposium, no.9. Westview Press, Boulder, CO.

Gore, A. 1992. *Earth in the Balance*: *Ecology and the Human Spirit.* Houghton Mifflin, Boston.(The vice president proves he is environmentally literate and understands the tough political choices that must be made.)

*Gray, P.E. 1989. The paradox of technological development. In Technology and *Environment*, pp.192 – 205. National Academy Press, Washington, D.C.

*Goodland, R., H. Daly, S.E. Serafy, and B. von Droste, eds. 1991. *Environmentally Sustainable Economic Development*: *Building on Brundtland.* United National Education, Scientific, and Cultural Organization (UNESCO), Paris.

*Grundy, A.G. 1943. *Modern Economic Thought*: *The American Contribution.* Prentice – Hall, Englewood Cliffs, NJ.

*Hardin, G. 1968. The tragedy of the commons. *Science* 162: 1243 – 1248.

*Hardin, G. 1985. *Filters against Folly.* Viking Press, New York.

*Hargrove, E.C. 1989. *Foundations of Environmental Ethics.* Prentice – Hall, Englewood Cliffs, NJ.

Hawkins, P., J. Ogilvy, and P. Schwartz. 1982. *Seven Tomorrows*; *Toward a Voluntary History.* Bantam Books, New York.(Stanford "think tank" argues that nations and people move ahead when there is a common vision that motivates. They forecast the development of a "transformational alternative" that takes the best from both the "left" and the "right" thus combining the individual and the public good.)

Holden, C. 1990. Multidisciplinary look at a finite world. *Science* 249: 18 – 19.(Staff writer's account of an ecological economics meeting at the World Bank.)

*Jansson, A. – M. ed. 1984. *Integration of Economy and Ecology*: *An Outlook for the Eighties.* Proc. Wallenberg Symposia, Stockholm.

*Kalm, A.E. 1966. The tyranny of small decisions: market failures, imperfections and the limit of economics. *Kyklos* 19: 23–47.

*Kahn, H., W. Brown, and L. Martel. 1976. *The Next 200 Years.* William Morrow, New York.

*Laszlo, E. 1977. The Club of Rome of the future vs. the future of the Club of Rome. In *Goals in a Global Community*, ed. E. Laszlo and J. Bierman. Pergamon Press, New York.

*Leopold, A. 1949. The land ethic. *A Sand County Almanac.* Oxford University Press, New York.(See also earlier version in J. For. 31: 634–643, 1933.)

*Marsh, G.P. 1864. *Man and Nature, or Physical Geography as Modified by Human Nature.* 1965 reprint, edited by. D. Lowenthal. Harvard University Press, Cambridge, MA.(For an evaluation of Marsh's classic, see F. Russell in Horizon 10: 17–23, 1968.)

*McHarg, I.L. 1992. *Design with Nature.* John Wiley, New York.(revised edition of a book first published in 1969. McHarg pioneered the map–overlay method of land–use planning in metropolitan districts.)

*McNamara, R.S. 1984. Time bomb or myth: The population problem. *For. Aff.* 62: 1107–1131.

McPhee, J. 1989. *The Control of Nature.* Farrar, Straus & Giroux, New York.(McPhee, and award–winning journalist, has written more than 20 books on human encounters with the forces of nature. Here he explores the engineering mind–set bent on controlling the Mississippi River, ice flows in Iceland, and mud slides in California.)

*Meadows. D.H., D.L. Meadows, J. Randers, and W.W. Behrens. 1972. *The Limits to Growth*: *A Report for the Club of Rome's Project on the Predicament of Mankind.* Universe Books, New York.(This is the book that started worldwide controversy on the future of growth economics.)

*Meadows, D.H., J. Richardson, and C. Bruckmann. 1982. *Groping in the Dark*: *The First Decade of Global Modeling.* John Wiley, New York.

*Meadows, D.H., D.L. Meadows, and J. Randers. 1992. *Beyond the Limits*; *Confronting Global Collapse, Envisioning a Sustainable Future.* Chelsea Green, Post Mills, VT.

*Mitsch. W.J. and S.E.J. Orgensen. 1989. *Ecological Engineering*: *An Introduction to Ecotechnology.* John Wiley, New York.

Moore, J.W. 1986. *The Changing Environment.* Springer–Verlag. New York.(Reviews principal environmental issues of the day in both industrial and developing nations.)

*Morehouse, W., and J. Sigurdson. 1977. Science, technology and poverty. *Bull. Atom. Sci.* 33: 21–28.

*Nader, L., and S. Beckerman. 1978. Energy as it relates to the quality and style of life. *Annu. Rev. Energy* 3: 1–28.

Nash, R. 1982. *Wilderness and the American Mind.* 3rd Ed., Yale University Press, New Haven, CT.(In the Epilogue, Nash contrasts a future dominated by huge cities and urban sprawl and a completely domesticated "garden world" of dispersed rural development and small cities. In both cases, there will be no wilderness or other completely natural areas unless they are preserved by positive "zoning" with some kind of licensing system to regulate the number of users.)

*National Academy of Sciences. 1971. *Rapid Population Growth.* Johns Hopkins Press,

Baltimore.

*National Academy of Sciences/The Royal Society of London. 1992. *Population Growth, Resource Consumption, and a Sustainable World.* Joint statement.

*Odum, E.P. 1977. Ecology – the common sense approach. *The Ecologist* 7: 250–253.

Odum, E.P. 1983. Epilog. *Basic Ecology.* Saunders College Publishing, Philadelphia.

*Odum, E.P. 1989. Input management of production systems. *Science* 243: 177–182. (See also J. *Soil Water Conserv.* 42: 412–414, 1982.)

Odum, E.P. 1997. Source reduction, input management, and dual capitalism (in Press).

*Odum, W.E. 1982. Environmental degradation and the tyranny of small decisions. *BioScience* 32: 728–729.

*Office of Technology Assessment, U.W. Congress. 1982. *Global Models, World Futures, and Public Policy.* U. S. Government Printing Office, Washington, D.C.

Orr, D.W. 1992. *Ecological Literacy: Education and the Transition to a Postmodern World.* State University of New York Press, Ithaca.

*Osborn, F. 1948. *Our Plundered Planet.* Little, Brown, Boston.

*Platt, J. 1973. Social traps. *Am. Psychol.* 28: 641–651.

*Potter, V.R. 1988. *Global Bioethics: Building on the Leopold Legacy.* Michigan State University Press, East Lansing.(See also: *Persp. Biol. Med.* 30: 157–169, 1987.)

Rapport, D.J. 1992. Evaluating ecosystem health. *J. Aquat. Ecosyst.* 1: 15–24.

Renner, M. 1991. *Jobs in a Sustainable Economy.* Worldwatch Paper no. 104. Worldwatch Institute, Washington, D.C.(Jobs lost in extractive and polluting industries can be replaced with new jobs in service, recycling, pollution control, and renewable energy industries. The government should subsidize the transition costs.)

*Rolston, H. 1986. *Philosophy Gone Wild: Essays in Environmental Ethics.* Prometheus Books, Buffalo, NY.

Schmidheiny, S. 1992. *Changing Course: A global Perspective on Development and the Environment.* MIT Press, Cambridge, MA.(Examples of how business in changing to meet the challenges of the global environment.)

Schneider, S.H. and L. Morton. 1981. *The Primordial Bond: Exploring Connection between Man and Nature through the Humanities and Sciences.* Plenum Press, New York.

*Schumacher, E.F. 1973. *Small Is Beautiful: Economics As if People Mattered.* Harper & Row, New York.(But unfortunately big is more powerful!)

*Sears, P. 1935. *Deserts on the March.* University of Oklahoma Press, Norman.

*Seligson, M.A. 1984. *The Gap between Rich an Poor: Contending Perspectives on Political Economy and Development.* Westview Press, Boulder, CO.(Between 1950 and 1980, the per capita income gap between rich and poor nations grew from $3,677 to $9,648. The gap is also widening within rich nations.)

*Simon, J.L. 1981. *The Ultimate Resource.* Princeton University Press. (Human ingenuity can overcome any resource shortage!)

Simon, J. L. and H. Kahn, eds. 1984. *The Resourceful Earth: A Response to Global 2000.* Blackwell, New York.

Spencer, D.F., A.S. Alpert, and H.H. Gilman. 1986. Cool water: Demonstration of a clean and efficient new coal technology. *Science* 232: 609–612.

Speth, J.G. 1984. *The Global Possible*: *Resources, Development and the New Century*, World Resources Institute, Washington, D.C.

Stern, P.C. 1993. A second environmental science: Human–environment interactions. *Science* 260: 1897–1899.

Teitenberg. T.H. 1991. Managing the transition: The potential role of economic policies. In *Preserving the Global Environment*, ed. J.T. Mathews. Norton, New York.

*Toynbee, A. J. 1961. *A Study of History*. Oxford University Press, New York.

Villee, C. A., ed. 1986. *Fallout from the Population Explosion*. Paragon House, New York. (Compilation of contemporary writings that avoid extremes of hysteria and complacency.)

Vitousek, P. M. 1992. Global environmental change: An introduction. *Annu. Rev. Ecol. Syst.* 23: 1–14. (Commentaries on changes in the atmosphere, climate, ozone, land use, biodiversity, and biological invasions.)

*Vogt, W. 1948. *The Road to Survival*. Sloane, New York.

*Watt, K. E. F., L. F. Molloy, C. K. Varshney, D. Weeks, and S. Wirosardjono. 1977. *The Unsteady State*: *Environmental Problems, Growth, and Culture*. University Press of Hawaii, Honolulu.

*Wilson, E. O. 1975. *Sociobiology*. Harvard University Press, Cambridge, MA.

*World Commission on Environment and Development. 1987. *Our Common Future*. Oxford University Press, New York.

*는 이 장에서 인용된 참고문헌을 가리킨다.

개정판을 옮기고 나서

19 95년 이 책의 제2판을 고쳐 옮긴 다음 같은 대학원에 계시는 한 교수로부터 남의 책에 왜 그렇게 시간을 보내느냐는 핀잔을 들었다. 그 물음에는 시간이 아깝지 않느냐는 암시가 묻어 있었다. 번역이라는 것이 한 번 정도 경험해 볼 가치는 있지만 과연 시간을 투자한 만큼 번역자 자신에게 수확이 있는가? 물론 책에 따라 다르겠지만 나는 이에 대해 부정적인 대답을 지니고 있었고 내심 번역은 너 이상 하지 않기로 작심까지 했다. 그럼에도 불구하고 다시 남의 책을 고쳐 옮기게 되었다.

*　*　*

1998년 늦가을 나는 캘리포니아 대학교 버클리 캠퍼스에서 안식년을 즐기고 있었다. 전자우편으로 서너 번 연락을 주고받았던 중국계 교수를 만나 그가 진행하는 생태계 모형에 대한 강의에 참여하기로 했다. 그는 자기가 소속되어 있는 환경과학·정책·관리학과에 한국 학생이 한 명 있다고 하더니 금방 전화 연락을 했다. 그의 주선으로 한 유학생을 만났다.

얼마 간 이야기를 나누어 본 후, 나는 그 학생이 소위 한국의 일류대학에서 물리학으로 석사학위를 받은 다음 전공을 바꾸어 캘리포니아 대학교에 생태학 분야 박사 과정을 지원했다는 사실을 알았다. 물리학, 수학, 화학공학에서 박사학위를 받고 생태학 분야에서 유명해진 외국 교수들 몇몇을 알기는 했지만 우리나라에서는 보기 드문 경우였다.

「석사를 마친 다음 전공을 바꾸게 된 특별한 계기가 있었던가요?」

「환경운동단체에서 자원 봉사를 1년 가까이 하면서 막연히 생태학에 관심을 가지게 되었는데, 민음사에서 나온 『생태학』이라는 책이 마음을 굳히는 데 결정적인 계기가 되었지요」

「어떤 책인가요?」

「번역된 책인데……」

이때 나는 그것이 이 책의 제2판을 말하는 것으로 대충 짐작했다.

「누가 번역했어요?」

「서울대학교 환경대학원 교수인데 이름은……」

「그래요?」

한국에서 생태학을 전공하고 버클리 캠퍼스 동일 학과로부터 입학 허가도 받지 못하는 학생들을 보았는데 그는 유학 첫해에 등록금 면제와 장학금을 받는 조건으로 입학 허가를 받았다. 그만큼 대학이 생태학을 할 수 있는 기본을 갖추었다고 판단한 셈이다. 이미 그 정도의 공부가 되어 있었다면 예사로운 마음으로 전공을 바꾼 것은 아닐 것이다.

이렇게 하여 남의 책이라도 옮겨놓은 덕분에 그런 영향력이 발휘되었다면 책을 옮기지 않겠다는 결심을 재고할 필요가 생겼다. 이 무렵, 인문사회과학을 공부한 분, 그리고 토목공학을 공부한 분은 앞서 번역했던 것이 비전공자가 읽기에 가장 좋은 생태학 책이라는 칭찬을 해오셨다. 그러나 여전히 나서서 책을 옮기는 수고는 다시 하고 싶지 않았다. 그런 까닭에 미국 출판사에서 보내주었던 제3판의 원서는 내 책꽂이에 몇 년 동안 꽂혀 있었다. 그런데 지난 여름 개정판으로 고쳐달라는 독자의 요청이 있다고 사이언스북스로부터 연락이 왔다. 선뜻 마음이 내키지 않았지만 고려해 보겠다고 대답을 흐렸다. 그런 다음 바뀐 부분을 확인하고 초벌 옮김을 할 의사가 있는 대학원생을 찾았다.

그렇게 하여 공동번역자로 참여하게 된 사람이 김은숙과 장현정이다. 이들은 원서의 제2판과 제3판을 일일이 대조하여 바뀐 부분을 확인하고 우리말로 옮겼다. 새로 삽입된 상자글의 번역은 제2판의 공동역자였던 박은진 박사가 맡았다. 그렇게 옮긴 내용들은 필자가 다시 세 번에 걸쳐 확인을 하고, 또 서울대학교 환경대학원에 있는 조지연과 서형원, 이은주가 검토했다.

이 과정에서 역자의 주석을 보충하고 모두 각주로 처리했으며, 애매한 용어들에 대해서는 문태영(고신대학교), 신현철(순천향대학교), 이준호(서울대학교), 정근(강원대학교), 최인호(연세대학교), 최재천(서울대학교) 교수와 박찬열(서울대학교), 박상규(캘리포니아 대학교 데이비스 캠퍼스) 박사에게 자문을 구하여 확인했다. 일부 용어는 제2판에 대한 독자의 지적이 있어 이번 기회에 고쳤다. 여전히 모든 용어들이 깔끔하게 정리되었다고 보기 어렵지만 많이 나아졌다. 사이언스북스 편집부와 함께 이렇게 개정 작업 과정에 도움을 준 모든 분들에게 감사한다.

*　*　*

1996년 이후 매년 학생들과 함께 참여하는 미국 생태학회에서 오덤 선생님을 몇 번 만날 기회가 있었다. 지난 8월 초 미국 유타 대학교에서 열린 모임에 선생님은 조지아 대학교 농업생태학 시험장에서 지난 20년 동안 참여해 오신 장기 생태 연구의 의미를 소개하실 연사로 예정되어 있었다. 아흔을 바라보는 연로하신 몸으로 학회에 대한 열정은 여전하시다는 생각을 하며 무리가 아닐까 하는 걱정도 했다. 역시 의사의 충고를 받아들여 여행을 취소하셨다는 말을 나중에 전해 들었다. 안타깝지만 한편으로는 다시 지겨운 옮김 작업을 더 이상 하지 않아도 된다는 짐작을 하게 한다. 선생님과의 지난 인연에 감사한다.

2001년 2월
이도원

생태학

1판 1쇄 펴냄 1995년 11월 20일
1판 9쇄 펴냄 2000년 8월 25일
개정판 1쇄 펴냄 2001년 3월 5일
개정판 16쇄 펴냄 2024년 9월 15일

지은이 유진 오덤
옮긴이 이도원, 박은진, 김은숙, 장현정
펴낸이 박상준
펴낸곳 (주)사이언스북스

출판등록 1997. 3. 24. 제16-1444호
(우)06027 서울특별시 강남구 도산대로1길 62
대표전화 515-2000 팩시밀리 515-2007
편집부 517-4263 팩시밀리 514-2329

한국어판 ⓒ (주)사이언스북스, 2001. Printed in Seoul, Korea.

ISBN 978-89-8371-914-0 93470